普通高等教育“十一五”国家级规划教材　计算机系列教材

教育部–英特尔精品课程

北京市高等教育精品教材立项项目

方　娟　编著

计算机系统结构

（第2版）

清华大学出版社
北京

内容简介

计算机系统结构是计算机专业的必修课程，旨在使学生了解计算机系统结构的发展及新技术，掌握计算机系统的基本设计分析方法。本书系统地讲述了计算机系统结构的基本概念、基本原理、基本结构以及计算机系统结构发展的主流技术和最新发展，并介绍了 MIPS 体系结构、多核技术、云计算、异构计算、RISC-Ⅴ等前沿领域的技术和发展。每章均有小结，学生可对各章的内容清楚地理解和掌握。

全书共 11 章，分别介绍计算机系统结构的基本概念、指令系统、存储系统、流水线技术、并行处理机和多处理机、输入/输出系统、MIPS 体系结构、多核技术、非冯·诺依曼型计算机、异构计算、云计算技术，以及 RISC-Ⅴ指令集(附录)。

本书章节安排合理，在多年计算机专业本科生教学的基础上，总结经验，将现代大多数计算机采用比较成熟的思想、结构和方法以系统结构的角度呈现给学生。

本书既可作为计算机专业本科生的教材，也可以作为深入学习计算机体系结构领域知识人员的参考书。

图书在版编目(CIP)数据

计算机系统结构/方娟编著. —2 版. —北京：清华大学出版社，2022.6(2025.1重印)
计算机系列教材
ISBN 978-7-302-60757-1

Ⅰ.①计… Ⅱ.①方… Ⅲ.①计算机体系结构－高等学校－教材 Ⅳ.①TP303

中国版本图书馆 CIP 数据核字(2022)第 074639 号

责任编辑：张 民 薛 阳
封面设计：常雪影
责任校对：韩天竹
责任印制：曹婉颖

出版发行：清华大学出版社
网 址：https://www.tup.com.cn，https://www.wqxuetang.com
地 址：北京清华大学学研大厦 A 座 **邮 编**：100084
社 总 机：010-83470000 **邮 购**：010-62786544
投稿与读者服务：010-62776969，c-service@tup.tsinghua.edu.cn
质量反馈：010-62772015，zhiliang@tup.tsinghua.edu.cn
课件下载：https://www.tup.com.cn，010-83470236
印 装 者：三河市天利华印刷装订有限公司
经 销：全国新华书店
开 本：185mm×260mm **印 张**：23.75 **字 数**：566 千字
版 次：2011 年 3 月第 1 版 2022 年 8 月第 2 版 **印 次**：2025 年 1 月第 4 次印刷
定 价：69.90 元

产品编号：084734-01

前　言

计算机系统结构是从程序设计者角度看到的一个计算机系统的属性，即概念性结构和功能性特性。本书系统地讲述了计算机系统结构的基本概念、基本原理、基本思想和基本结构，通过本书的学习，计算机设计者可以根据用户的需求和当前技术发展水平等方面设计计算机系统，获得较高的性能价格比。本书内容是结合笔者多年的教学经验，将最适合计算机专业本科生学习的计算机系统结构知识编写在本书当中，深入地论述了计算机系统结构发展中的主流技术以及未来的发展方向，对 MIPS 系统、多核技术、云计算技术、异构计算和新型计算机系统等相关知识也做了介绍。

本书的编写以并行技术发展为主线，对计算机系统结构的基本概念、存储体系、流水线技术、超级计算机、多处理机系统到云计算技术均做了详细说明。

全书共分为 11 章。第 1 章介绍了计算机系统结构的基本概念和层次结构以及计算机系统结构的分类，计算机系统结构、组成和实现三者之间的关系和影响，计算机系统的设计要遵循 Amdahl 定律和软硬件取舍的原则等方面。第 2 章介绍了指令系统及与指令系统直接相关的数据表示和寻址技术、数据表示、IEEE 浮点数标准、自定义数据表示、RISC 技术等方面。第 3 章分析并给出了存储系统的层次结构，并介绍了各级存储器的性能指标，还介绍了主存与 Cache 之间的三种映像方式。第 4 章介绍了流水线技术，如流水线的分类、衡量流水线性能的标准等内容。第 5 章介绍了并行处理机和多处理机，并行处理机包括分布式存储器结构和集中式共享存储器组成的并行处理机结构，各个处理机之间的互连网络连接方式以及多处理机的操作系统。第 6 章介绍了输入/输出系统的基本概念、基本特点，三种基本输入/输出方式、通道的基本概念、基本功能、通道处理技术，以及输入/输出系统。第 7 章介绍了 MIPS 体系结构及其发展历程。第 8 章介绍了多核的基本概念和多核技术的发展趋势，还介绍了多线程的定义以及多线程技术。第 9 章介绍了几种非冯 · 诺依曼计算机，包括基于数据驱动的数据流计算机、基于需求驱动的归约机、基于模式匹配驱动的智能计算机。第 10 章介绍了异构计算的基本概念、工作原理等，以及目前的集中深度学习芯片的案例分析。第 11 章介绍了云计算的基本概念、体系结构、核心技术以及云平台实例。

本书内容丰富，涵盖系统结构的新技术，每章均有大量例题和习题，可作为计算机专业本科生和有关专业研究生的教材，也可作为计算机科学工作者的参考书。

本书的先修课程是“数字逻辑”“计算机组成原理”“汇编语言”“数据结构”等课程，也可以在“操作系统”“编译原理”等课程同时或之后开设，参考学时是 64 学时。读者可根据情况调整。

本书由北京工业大学方娟编著。北京科技大学王昭顺教授、北京工业大学张载鸿教授对本书提出了很多宝贵的意见和建议，在此表示衷心的感谢。同时，感谢北京工业大学的相关老师和研究生对本书提出的修改建议。清华大学出版社为本书的出版做了大量工作，在此表示衷心的感谢。

由于计算机技术发展迅速，加上作者水平有限，书中难免有不当之处，敬请广大读者批评指正。

方娟

2022年5月

目　　录

第 1 章　计算机系统结构的基本概念

1.1　计算机系统结构

世界上第一台电子数字计算机已经问世七十多年了，在其发展过程中经历了五次更新换代。无论是运算速度、处理能力，还是存储容量都发生了人们难以预料的巨大变化。

第一代计算机(1945—1954)：采用电子管和继电器存储器。

第一代计算机的主要特点是采用电子管作为基础元件，使用汞延迟线作为存储设备，后来逐渐过渡到使用磁芯存储器。输入、输出设备主要使用穿孔卡片，用户使用起来很不方便；系统软件还很原始，用户必须掌握用类似于二进制机器语言进行编程的方法。

20 世纪 50 年代是计算机研制的第一个高潮时期，计算机中的主要元器件都是用电子管制成的，后来人们将用电子管制作的计算机称为第一代计算机。在这一时期，美籍匈牙利科学家冯·诺依曼提出了“程序存储”的概念，其基本思想是把一些常用的基本操作都制成电路，每一个操作用一个数代表，这个数可以指令计算机执行某项操作。程序员根据解题的要求，用这些数来编制程序，并把程序和数据一起放在计算机的内存中。计算机运行时，依次从存储器中取出程序里的一条条指令，逐一执行，完成全部计算的各项操作。“程序存储”使全部计算成为真正的自动过程，它的出现被誉为电子计算机史上的里程碑，而这种类型的计算机被人们称为“冯·诺依曼机”。

第二代计算机(1955—1964)：采用晶体管。

第二代计算机采用性能优异的晶体管代替电子管作为逻辑元件，晶体管的寿命长、速度快、体积小、重量轻、省电，用它来作基础元件，使计算机结构和性能都产生了质的变化，其计算速度达到了每秒几万到几十万次。磁记录设备的应用是第二代计算机的又一个特点，主存储器用磁芯，外存储器用磁鼓，主存储器的容量从几千字节提高到十万字节。

与此同时，现代计算机体系结构中的许多具有深远意义的特性相继出现，例如字节、批处理、浮点数据表示、变址寄存器、中断、输入/输出处理机等。程序系统也发展得非常快，提出了高级语言及其编译程序的思想，出现了 ALGOL、FORTRAN、COBOL 等高级语言，使计算机的总体性能大大提高。

第三代计算机(1965—1974)：采用中小规模集成电路。

集成电路将众多晶体管、电阻、电容等元件集成在一块薄薄的硅片上，集成电路使计算机的体积、可靠性、速度、功能、成本等方面都有了大幅度的改善。它的体积比晶体管计算机又缩小了 100 倍以上，运算速度和内存容量比第二代计算机提高了一个数量级，分别达到每秒上千万次和十几万字节，通用性提高，软件支持成倍增加，有利推动了计算机的普及。

在体系结构上，第三代计算机的最大特点是采用了微程序设计技术，系统软件和应用软件都有很大的发展，随着功能增多，软件规模急剧扩大，使大部分机器系列兼容。在存储技术方面，出现了速度更快、更可靠的半导体存储器，代替了磁芯存储器。

第四代计算机(1975—1990)：采用大规模或超大规模集成电路。

根据摩尔定律，微电子技术以惊人的速度(每18个月性能翻番)向前发展，大规模、超大规模集成电路(单芯片上有几万～几十万个晶体管)出现，使计算机的发展进入第四代。

并行计算机的出现也是第四代计算机的重要特点，开发了用于并行处理的多处理器操作系统、专用语言和编译器，同时产生了用于并行处理或分布处理的软件工具和环境。第四代计算机在语言和操作系统方面发展更快，形成了软件工程，建立了数据库，出现了大量工具软件。在应用方面，第四代计算机全面建立了计算机网络，实现了计算机之间的相互信息交流，多媒体技术开始发展，计算机集图形、图像、声音、文字处理于一体。

从第一代到第四代，计算机的体系结构都是相同的，都是由控制器、存储器、运算器和输入、输出设备组成，称为冯·诺依曼体系结构。

第五代计算机(1991年至今)：人工智能计算机。

第五代计算机是一种更接近于人的人工智能计算机。在系统设计中考虑了编制知识库管理软件和推理机，机器本身能根据存储的知识进行判断和推理。同时，多媒体技术得到广泛应用，它能理解人的语言、文字和图形，人们无须编写程序，靠语言就能对计算机下达命令，驱动它工作，使人们能用语音、图像、视频等更自然的方式与计算机进行信息交互。第五代计算机采用VLSI(Very Large Scale Integration circuit，超大规模集成电路)工艺更加完善的高密度、高速度处理机和存储器芯片，最重要的是能进行大规模并行处理，采用可扩展的和容许时延的系统结构。

综上所述，从所用的器件而言，由电子管、晶体管到集成电路，继电器存储、磁介质存储到集成电路，直到现今的大规模和超大规模集成电路；从结构的发展而言，由单个CPU组成的单机系统到流水线机、多处理机到大规模的并行处理机；从技术的发展而言，变址技术、中断技术、微程序技术、缓冲技术、重用技术以及虚拟技术等；从语言和应用方面而言，由汇编到高级语言，从单用户到多用户，再到并行处理的语言、编译、操作系统，直到计算机网络、异构系统处理等，这些都标志着计算机的系统结构在不断地改进，性能在不断地提高。

1.1.1 计算机系统的层次结构

计算机系统由硬件和软件组成，硬件包括中央处理器、存储系统、输入/输出设备等，软件包括系统软件和应用软件。按功能特性可以将计算机系统分为7个层次，用0～6级表示，每个层次的功能主要表现在其语言的功能上。计算机系统的层次结构如图1-1

所示。

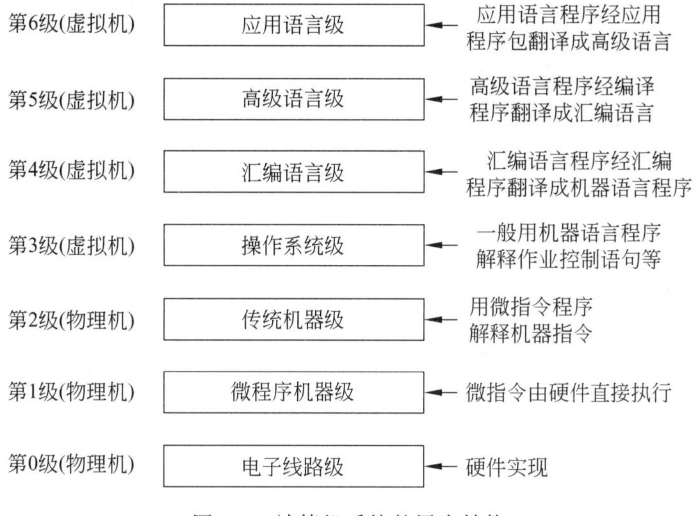

图 1-1　计算机系统的层次结构

图 1-1 中第 0 级是电子线路级，所有的功能都由硬件实现。

第 1 级是微程序机器级，各种指令由微程序控制执行，微程序控制器由固件实现。

这两级是具体实现机器指定功能的中央控制部分。

第 2 级是传统机器级，机器语言程序通过解释器形成微程序，由中央处理机运行完成。

以上 3 级的实现是由硬件或固件完成，称为物理机。

第 3 级是操作系统级，其指令部分由操作系统进行解释，一般用机器语言程序解释作业控制语句等。

第 4 级是汇编语言级，经汇编程序翻译成机器语言程序，再由相应的机器进行解释。

第 5 级是高级语言级，由编译程序翻译成汇编语言或某种中间语言程序。

第 6 级是应用语言级，经应用程序包翻译成高级语言。

以上 3～6 级是虚拟机，其语言的功能均由软件实现。

将计算机系统按功能划分成多级层次结构，首先有利于正确理解计算机系统的工作，明确软件、硬件和固件在计算机系统中的地位和作用；其次有利于理解各种语言的实质及实现；最后有利于探索虚拟机器新的实现方法，设计新的计算机系统。

1.1.2　计算机系统结构概念

"计算机系统结构"一词是 1964 年 IBM 公司的系统设计师 Amdahl 等人提出的，其英文是 Computer Architecture，也可译为"计算机体系结构"。Architecture 这个词来源于建筑学，意思是"建筑学，建筑艺术，建筑（样式、风格）；建筑物；构造，结构"等，指其外特性。Architecture 引入到计算机领域后，用来说明计算机系统所具有的外特性。

Amdahl 等人在介绍 IBM360 机型时提出了系统结构的概念。系统结构是从程序设计者角度看到的一个计算机系统的属性，即概念性结构和功能性特性。其中，对程序设计者的定义比较模糊，没有明确指出是哪一级的程序设计者。按照计算机系统的多级层次结构，不同级的程序员看到的计算机具有不同的属性。例如，传统机器级的程序员看到的计算机的属性是指令集的功能特性；高级语言级的程序员看到的是软件子系统和固件子系统的属性，包括程序语言以及操作系统、数据库管理系统、网络软件等用户界面。

从高级语言级的程序员的角度来看，不同的计算机系统几乎没有什么差别，也可以说，这些传统机器级所存在的差别对高级语言程序员来说是"看不见"的，或者说相当于不存在的。这里就引出了另一个重要概念：透明性(Transparency)。在计算机技术中，透明性指的是本来存在的事物或属性，从某种角度看好像不存在的现象。通常，在一个计算机系统中，低层机器级的概念性结构和功能特性，对高级语言程序员来说是透明的。Amdahl 等人提出的计算机系统结构的定义是指机器语言程序的设计者或编译程序设计者看到的计算机系统的概念性结构与功能特性。

用透明性的概念分析计算机系统结构的定义可以看到，Amdahl 所定义的计算机系统结构指物理机所表现出的结构与功能的特性。如何确定软、硬件功能的分配是计算机系统结构设计者所关心的问题。例如，浮点运算功能在早期是由机器的加法、减法移位等基本的指令编写成子程序后来完成的，属于软件实现，而现今的机器中有浮点功能部件就可以直接用硬件来完成相应的功能。因此，软硬件在逻辑功能上是等价的，关键在于计算机系统结构设计者如何合理地分配软硬件的界面。

1.1.3 计算机系统结构、组成与实现

计算机系统结构、组成与实现是三个完全不同的概念，而三者之间又有着紧密的联系。从上述定义中可知，计算机系统结构作为一门学科，主要研究软硬件功能的分配和对软件、硬件界面的确定，是计算机系统的概念性结构和功能特性。计算机组成是计算机系统结构的逻辑实现，包括机器内部的数据流和控制流的组成以及逻辑设计等。计算机实现是指计算机组成的物理实现，包括处理机、主存等部件的物理结构，器件的集成度和速度，信号传输、器件、模块、插件、底板的划分与连接，专用器件的设计，电源、冷却、装配等技术以及有关的制造技术和工艺等。

对通用寄存器型机器来说，计算机系统结构的属性包括以下几个。

(1) 数据表示：硬件能够直接识别和处理的数据类型。

(2) 寻址规则：最小可寻址单位、寻址种类、寻址方式等。

(3) 寄存器组织：通用、专用寄存器的设置、数量、字长等。

(4) 指令系统：指令的种类、指令格式、指令的控制机构等。

(5) 存储系统：各级存储器的最小编址单位、编址方式、容量、最大可编址空间等。

(6) 中断系统：中断的分类与分级、中断处理程序功能及入口地址等。

(7) 输入/输出系统：输入/输出系统的连接、使用方式、流量、主存的信息传送方式，设备的访问方式，I/O 的数据传送量及出错指示等。

(8) 信息保护：系统各部分的信息保护方式和保护机构等。

(9) 工作状态：系统机器级的管态和用户态的定义与切换。

上述属性是计算机系统中由硬件或固件完成的功能，程序在了解这些属性后才能设计出在传统机器级上正确运行的程序。

计算机组成要解决的主要问题如下。

(1) 数据通路宽度：数据总线上一次并行传送的信息位数，可以是8位、16位或32位等。

(2) 专用部件设计：是否设置乘除法、浮点运算、字符处理、地址运算等专用部件，以及设置的数量等。

(3) 各种操作对功能部件的共享程度和并行度：各部件是串行、重叠、流水线还是并行等。

(4) 控制机构组成方式：指令控制采用硬连接还是微程序控制，以及是否采用多处理机或多功能部件。

(5) 排队与缓冲技术：排队方式采用随机、先进先出、先进后出、优先级还是循环方式来安排事件处理的顺序；部件间如何设置及设置多大容量的缓冲器来弥补速度差的问题。

(6) 预估与预判技术：如何预测未来的行为。

(7) 可靠性技术：如何使用冗余和容错技术来提高可靠性。

计算机实现主要着眼于器件技术和微组装技术，其中，器件技术在实现技术中起着主导作用。

下面通过示例说明计算机系统结构、计算机组成和计算机实现三者之间的区别。

1. 指令系统

计算机系统结构：指令系统的确定。

计算机组成：指令的实现，例如，取指令、指令操作码译码、计算操作数地址、取数、运算、送结果等过程都属于计算机组成。

计算机实现：实现这些指令功能的具体电路、器件的设计及装配技术。

2. 乘法指令

计算机系统结构：确定指令系统是否要设乘法指令。

计算机组成：用专门的高速乘法器实现，还是靠用加法器和移位器经一连串时序信号控制其相加和右移来实现。

计算机实现：乘法器和加法-移位器的实现，如器件的类型、集成度、数量、价格、微组装技术的确定和选择。

3. 主存系统

计算机系统结构：主存容量与编址方式的确定。

计算机组成：主存速度的确定，逻辑结构的确定等。

计算机实现：主存器件的选定、逻辑设计、微组装技术的使用。

在分析三者之间的关系之前，有必要先回顾一下1.1.2节中介绍过的透明性。

在多级层次结构的计算机系统中，传统机器级的概念性结构和功能特性，对高级语言的程序员来说是透明的，而对汇编语言的程序员来说不是透明的。这说明高级语言的程序员不必知道机器的指令系统、中断机构等，这些本来存在的属性，对高级语言的程序员来说好像不存在一样，所以说是透明的。

从三者的关系来看，对透明性的分析如下。

对计算机系统结构来说，存储器采用交叉存取还是并行存取、CPU内部的数据通路的宽度是8位还是16位，这些都是透明的，而对计算机组成来说这些不是透明的。指令执行采用串行、重叠还是流水线控制方式，对计算机系统结构来说是透明的，但对计算机组成来说不是透明的。乘法指令采用专用乘法器实现。对计算机系统结构来说是透明的，而对计算机组成来说不是透明的。存储器采用哪种芯片，对计算机系统结构和计算机组成来说是透明的，而对计算机实现来说不是透明的。

计算机系统结构、组成和实现三者相互之间具有一定的影响。具有相同系统结构的计算机可以采用不同的组成，一种计算机组成可以采用多种不同的计算机实现；采用不同的系统结构会使可以采用的组成技术产生差异，计算机组成也会影响系统结构；计算机组成的设计，其上决定于计算机系统结构，其下又受限于所用的实现技术，它的发展促进了实现技术的发展，也促进了结构的发展；计算机实现，特别是器件技术的发展，是计算机系统结构和组成的基础，促进了组成与结构的发展；随着技术的发展，三者关系融合于一体，难以分开，在相互促进中发展。

1.1.4 计算机系统结构分类

从计算机系统结构的并行性能出发，计算机系统有以下三种不同的分类方法。

1. 弗林(Flynn)分类法

在程序执行的过程中，计算机中只有两种类型的信息在传送，即控制指令和被处理的数据，形成了指令流(Instruction Stream)和数据流(Data Stream)。

1966年，M.J.Flynn提出了如下定义。

指令流：指处理机在执行程序时控制信息的传送序列。

数据流：指在指令流控制下，数据信息沿着数据通路传送、加工的序列。

多倍性：在系统性能瓶颈部件上处于同一执行阶段的指令或数据的最大可能个数。

由此可见，指令流和数据流是一个动态的概念，按照指令流和数据流的不同组织方式，Flynn提出了一种按指令流和数据流的分类法，将计算机系统的结构分成以下四类。

(1) 单指令流单数据流(Single Instruction Stream Single Data Stream，SISD)。

(2) 单指令流多数据流(Single Instruction Stream Multiple Data Stream，SIMD)。

(3) 多指令流单数据流(Multiple Instruction Stream Single Data Stream，MISD)。

(4) 多指令流多数据流(Multiple Instruction Stream Multiple Data Stream，MIMD)。

其对应的基本结构框图如图1-2所示。

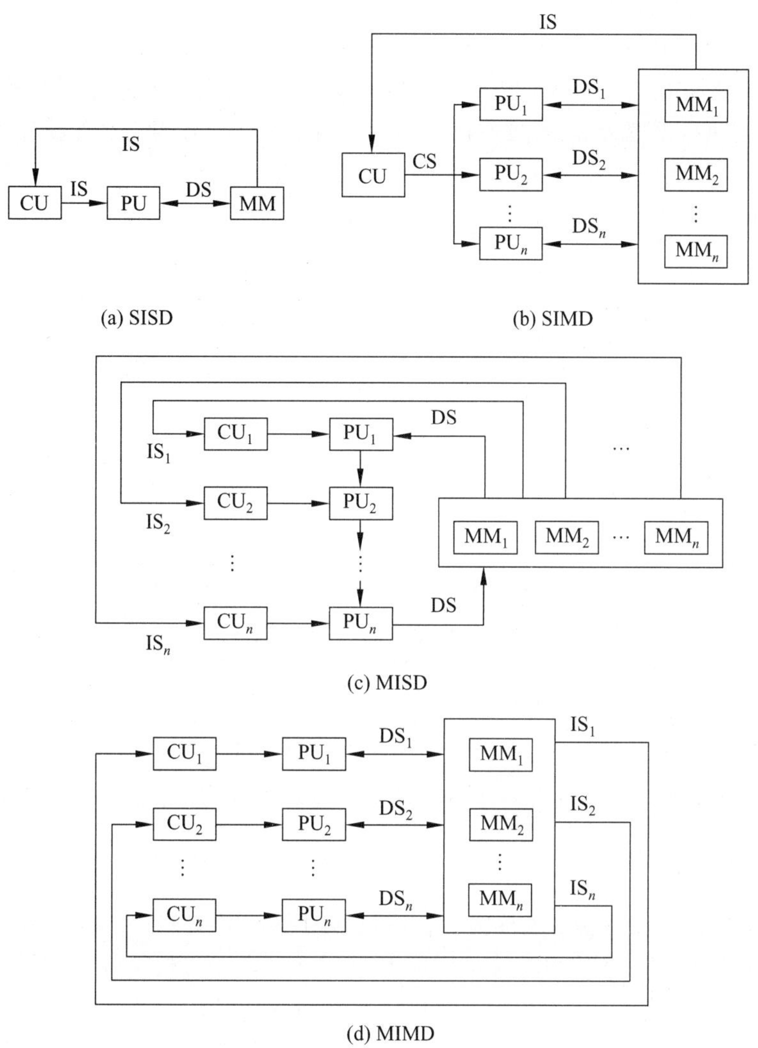

图 1-2　Flynn 分类法基本结构框图

图 1-2 中，CU(Control Unit)是控制部件，PU(Processing Unit)是处理部件，MM(Main Memory)是主存储器，SM(Shared Memory)是共享主存，CS(Control Stream)是控制流，IS(Instruction Stream)是指令流，DS(Data Stream)是数据流。

单指令流单数据流(SISD)即传统的单处理机。它的指令部件一次只对一条指令译码，并只对一个操作部件分配数据。具体的机型有 PDP-11、IBM-360/370、PC 8086、Z-80 等微处理机。

单指令流多数据流(SIMD)以阵列处理机或并行处理机为代表，它的并行性存在于指令一级。其指令部件根据同一条指令的要求，在同一个控制器的控制下，同时向多个处理部件分配不同的数据。各个数据流的流速应该是相同的，如 ILLAC-Ⅳ(64 个单元)和 BELL 实验室的 PEPE(16 个单元)都是阵列机。

多指令流单数据流(MISD)代表的实际机器还存在一定争议，指的是多个指令部件并行发出多个指令流到不同的处理器,对同一个数据流进行处理,在实际应用中应用场合较少。有些文献将 RISC 机、向量机划分为此类。

多指令流多数据流(MIMD)代表多处理机系统,是实现全面并行的理想结构。每个处理器都分别执行系统分配给它的程序,同时执行多个指令流对多个数据流不同的处理,如 IBM 3081/3084、Univac 1100/80、Cray-2 等均属这一类型。

按照 Flynn 分类法分类的实际计算机如表 1-1 所示。

表 1-1 按 Flynn 分类法对计算机分类举例

类型		计算机的型号
SISD	单功能部件	IBM701, IBM1401, IBM1620, TBM7090, PDP-11, VAX-11/780
	多功能部件	IBM360/91, IBM370/168UP, CDC6600
SIMD	数据全并行	ILLIAC-Ⅳ, PEPE, BSP, CDCSTAR-100, TI-ASC, FPSAP-120B, FPS-164, IBM3838, CRAY-1, VP-200, CYBER205, B-5000, CDC-NASF
	数据位片串字并	STARAN, MPP, DAP
MIMD	松耦合	IBM370/168MP, UNIVAC1100/80, IBM3081/3084, C_m
	紧耦合	Burroughs D-825, C.mmp, CRAY-2, S-1, CRAY-XMP, Denelcor HEP

Flynn 分类法是迄今为止使用最广泛的一种计算机系统分类,能反映出大多数计算机的并行工作方式和结构特点,但是它也存在着一定的缺陷。例如,对 MISD 代表的机器不明确,而且对流水线处理机的分类不够确切,对新型的数据流计算机也无法明确划分。

2. 冯氏分类法

1972 年,美籍华人冯泽云教授提出了用数据处理的并行度来定量描述各种计算机系统特性的冯氏分类法。计算机系统结构发展的一个主要方向是并行性,冯氏法是按最大并行度来分类的。最大并行度是指计算机单位时间内能够处理的最大的二进制位数,设 n 表示一个字中同时处理二进制的位数,m 表示一个位片或功能部件中能同时处理的字数。

(1) 字串位串(WSBS):$n=1,m=1$,指只有一个处理部件,而该部件是串行的,每字长为 1 位。

(2) 字串位并(WSBP):$n>1,m=1$,指只有一个处理部件,而该部件的处理字为 n 位。如传统的计算机。例如,PDP-11,$n=16,m=1$;IBM360,$n=32,m=1$。

(3) 字并位串(WPBS):$n=1,m>1$,指有多个处理部件,但每个处理部件的字长为 1,即串行处理,如大规模的并行处理 MPP 机型,$n=1,m=16\ 384$。

(4) 字并位并(WPBP):$n>1,m>1$,即多处理部件,各部件的字长也是并行的,如 ILLAC-Ⅳ机具有 64 个处理单元,每个单元的字长为 64 位。

3. Handler(汉德勒)法

1977 年,德国的汉德勒(Wolfgang Handler)在冯氏分类法的基础上从硬件设备结构的并行级和流水线的程度分类，将计算机的硬件设备分成三个层次：程序控制部件的个数，算术逻辑运算部件或处理部件的个数，基本逻辑线路的套数。例如，PDP-11 机只有 1 个程序控制部件，1 个算术逻辑运算部件，该部件字长为 16 位，具有 64 套电子线路，所以可以表示为 PDP-11＝(1,1,64)。又如 Cray-1 向量机具有 1 个 CPU，即 1 个程序控制部件，有 12 条流水线，每条流水线有 8 个功能处理部件，每个部件可处理的字长为 64 位，所以可表示为 Cray-1＝(1,12×8,64)。

1.2 计算机系统设计

计算机系统结构的设计需要遵循计算机系统设计的原理、原则和设计思路，设计的技术也从定性分析发展到量化分析。

1.2.1 计算机系统的设计原理

1. 加速使用频率高的部件

尽可能加速高概率事件远比加速处理概率很低的事件对性能提高要显著，这是最重要也是被广泛采用的设计准则。例如，在处理浮点运算时，基本的加、减运算经常被用到，而浮点平方根的操作在整个浮点运算中占很小的比例，因此在计算机系统改进时应重点改进基本的浮点加、减运算。哈夫曼压缩原理可以在优化时使用，具体的方法在第 2 章中详细介绍。

2. Amdahl 定律

1967 年，IBM 公司的 Amdahl 在设计 IBM360 系列机时提出了定律来定量计算系统性能的提高，该定律被命名为 Amdahl 定律。该定律用于确定对系统中某部件采取改进措施后执行速度所获得的系统性能的加速比，用 S_P 表示，其定义如式(1-1)所示。

$$\text{加速比}\ S_P=\frac{\text{系统性能}_{\text{改进后}}}{\text{系统性能}_{\text{改进前}}} \tag{1-1}$$

系统的性能通常用系统的程序执行时间来衡量，因此 S_P 也可以表示为式(1-2)。

$$\text{加速比}\ S_P=\frac{\text{系统总执行时间}_{\text{改进前}}}{\text{系统总执行时间}_{\text{改进后}}} \tag{1-2}$$

Amdahl 定律中还指明了加速比与两个因素有关。一是系统可改进部分所占的比例，一般用 f_e 表示，由于可改进部分在整个任务中所占的百分比一定小于 1，因此有 $f_e \leqslant 1$。例如，一个程序总的运行时间是 100s，可以加速其中 20s 的运算，则 f_e 为 20%。二是被改进部分性能提高的倍数，用 r_e 表示，r_e 总大于 1。例如，在一个系统中，可改进部分改进前需要的时间是 10s，改进后该部分花费的时间是 5s，则性能提高的倍数是 2。

如果以 S_p 表示加速比，T_e 表示采用改进措施前执行某任务系统所用的时间，T_0 表示采用改进措施后所需的时间，则 Amdahl 定律可以表示为式(1-3)。

$$S_p = \frac{T_e}{T_0} \tag{1-3}$$

部件改进后，系统的总执行时间等于不可改进部分的执行时间加上可改进部分改进后的执行时间，因此将上述两个因素引入Amdahl定律，则如式(1-4)所示。

$$\begin{aligned} T_0 &= (1-f_e) \times T_e + \frac{f_e \times T_e}{r_e} \\ &= T_e \times \left[(1-f_e) + \frac{f_e}{r_e} \right] \end{aligned} \tag{1-4}$$

因此 S_p 可表示为式(1-5)。

$$S_p = \frac{T_e}{T_0} = \frac{1}{(1-f_e) + \dfrac{f_e}{r_e}} \tag{1-5}$$

对式(1-5)进行分析可得下述结论。

(1) 当 f_e 很小甚至→0时，则 S_p→1。说明对这一部分的改进没有意义，不会影响系统性能。

(2) 当 r_e 很大甚至→∞时，则 $S_p = \frac{1}{1-f_e}$。说明无论部件本身改进效果多么明显，系统的性能受 f_e 的限制。

Amdahl定律提供了一种判断增强措施可以提高多少性能的指标，以及如何分配资源才能够改进性价比的途径。例如，Amdahl对于比较两种设计方案的总体系统性能十分有用，下面给出一个用Amdahl定律比较两种设计方案的例子。

例 求平方根是图形处理器中经常用到的一种转换，而求浮点数(FP)平方根的不同实现方法在性能上可能有很大差异，特别是这种差异在图形处理专门设计的处理器中更加明显。假定求浮点数平方根(FPSQR)的操作在某台机器上的一个基准测试程序中占总执行时间的20%。一种方法是增加专门的FPSQR硬件，可以将RSQR的操作速度提高为原来的10倍；另一种方法是提高所有的FP运算指令的执行速度，FP运算指令在总执行时间中占50%，设计小组认为可以把所有FP指令的执行速度提高为原来的1.6倍，从而提高求浮点数平方根操作的速度。试比较这两种方法。

解：计算两种方法的加速比。

$$\text{加速比}_{\text{FPSQR}} = \frac{1}{(1-0.2) + \dfrac{0.2}{10}} = \frac{1}{0.82} \approx 1.22$$

$$\text{加速比}_{\text{FP}} = \frac{1}{(1-0.5) + \dfrac{0.5}{1.6}} = \frac{1}{0.8125} \approx 1.23$$

从结果上看，提高所有FP运算指令性能的总体效果要好一些，因为该程序中浮点操作所占的比重较大。

3. 程序访问局部性原理

程序的局部性原理是指程序总是趋向于使用最近使用过的数据和指令，也就是说，程序执行时所访问的存储器地址分布不是随机的，而是相对的簇集；这种簇集包括指令和数据两部分。

程序局部性包括程序的时间局部性和程序的空间局部性。时间局部性是指程序即将用到的信息可能就是目前正在使用的信息；空间局部性是指程序即将用到的信息可能与目前正在使用的信息在空间上相邻或者邻近。

统计表明，程序执行时，90％的时间只访问整个程序的10％，其余的10％的时间才访问余下的90％的程序。

程序的局部性原理是计算机体系结构设计的基础之一。它为设计指令系统提供了重要的依据，即指令硬件的设计应尽量加速高频指令的执行。另外，在存储系统的设计中也大量利用了程序的局部性原理。

1.2.2 计算机系统的设计原则

计算机系统设计中主要考虑软硬件的功能分配，因此应遵循软硬件取舍的原则。基本原则如下。

(1) 考虑在现有硬件条件下，系统要有高的性能价格比。它主要从实现费用、速度和其他性能要求上来综合权衡。

(2) 要考虑到准备采用和可能采用的组成技术，使它尽可能不要过多或不合理地限制各种组成、实现技术的采用。

(3) 不能仅从“硬”的角度考虑如何便于应用组成技术的成果和便于发挥器件技术的进展，还应从“软”的角度把如何为编译和操作系统的实现以及为高级程序语言程序的设计提供更多更好的硬件支持放在首位。

在系统设计过程中，一般提高硬件功能的比例可以提高解题速度，减少程序所需要的存储空间，但硬件成本较高，同时还会降低硬件利用率和计算机系统的灵活性和适应性；提高软件功能的比例可以降低硬件成本，提高系统的灵活性、适应性，但会影响解题的速度，软件设计费用和所需的存储器用量要增加。因此，在软硬件取舍的过程中，应以提高性能价格比为基本准则。

1.2.3 计算机系统的设计思路

在计算机系统结构设计过程中，主要是基于计算机系统的多级层次结构来进行设计。通常可以采用以下三种设计方法。

1. 自下而上(Bottom-up)方法

这种方法的基础是现有的硬件水平，根据已有的元器件设计出微程序机器级、传统机器级，然后再向上逐级进行软件的开发，包括装配不同的操作系统、编译系统软件，还有设计或选择面向不同应用的高级语言，来满足不同的应用。这种方法在20世纪60年代以前使用得比较多，主要是当时的硬件成本高，技术水平相对比较低，软件的设计应该依附于硬件条件，而现在硬件技术飞速发展，软件发展相对缓慢，因此已很少使用这种方法进行系统设计。

2. 自上而下(Top-down)方法

这种方法是从最上层开始，即根据用户的要求，确定应用级具有什么样的基本功能和特性，如基本命令、应用语言的结构、数据类型、数据格式等，然后再向下逐级设计，每一级在设计的时候要充分考虑如何使上一级优化实现，从而最大程度地满足应用级的要求。但这种方法可能因为过于专注特定用户的需求，当用户需求发生变化时，其原有的软硬件分配会不适应，因此这种方法主要针对某些专用计算机的设计，通用计算机的设计一般不采用这种方法。

3. 由中间开始(Middle-out)方法

基于上述两种方法存在的缺陷，提出了由中间开始方法。"中间"指的是层次结构中的软硬件的交界面，即传统机器与操作系统之间，也就是软硬件功能划分的界面。在设计中分别向上进行软件设计，向下进行硬件的设计与实现，两者可同时进行。

这种方法可以对软硬件功能进行合理的分配，既考虑到硬件，又考虑到可能的应用所需的算法和数据结构，确定哪些功能由硬件实现，哪些功能由软件实现，同时考虑硬件对操作系统、编译系统的实现提供哪些支持。在设计中，软件人员依次向上设计操作系统级、汇编语言级、高级语言级和应用语言级；硬件人员依次设计传统机器级、微程序机器级、电子线路级，软件和硬件并行设计可以缩短系统设计周期，同时在设计过程中软硬件设计人员可以互相交互协调，使整个机器的设计更加合理。

1.3 计算机性能评价指标

评价计算机的性能指标是一个复杂的问题，早期只用字长、运算速度和存储容量三大指标来衡量，实践证明，只考虑这三个指标是很不够的。目前，计算机的主要性能指标有下面几项。

1. 主频

主频即时钟频率，是指计算机的 CPU 在单位时间内发出的脉冲数目。它在很大程度上决定了计算机的运行速度。主频的单位是兆赫兹(MHz)，如 Pentium Ⅲ 的主频有450MHz、500MHz、733MHz 等，Pentium 4 的主频在 1GHz 以上。

2. 机器字长

机器字长是指 CPU 一次能处理数据的位数，它是由加法器、寄存器的位数决定的，所以机器字长一般等于内部寄存器的位数。字长标志着精度，字长越长，计算的精度越高，指令的直接寻址能力也越强。假如字长较短的机器要计算位数较多的数据，那么需要经过两次或多次的运算才能完成，这会影响整机的运行速度。为了更灵活地表达和处理信息，计算机通常以字节(Byte)为基本单位，用大写字母B表示，一字节等于8二进制位(bit)。

3. 主存容量

主存容量是指一个主存储器所能存储的全部信息量。通常把以字节数来表示存储容量的计算机称为字节编址的计算机。也有一些计算机是以字为单位编址的，它们用字数乘以字长来表示容量。主存容量的基本单位是字节，还可用KB、MB、GB、TB和PB来衡量。它们之间的关系如表1-2所示。

表1-2 容量单位

单　位	通常意义	实际意义
K(Kilo，千)	10^3	$2^{10}=1024$
M(Mega，兆)	10^6	$2^{20}=1024\text{K}=1\ 048\ 576$
G(Giga，吉)	10^9	$2^{30}=1024\text{M}=1\ 073\ 741\ 824$
T(Tera，太)	10^{12}	$2^{40}=1024\text{G}=1\ 099\ 511\ 627\ 776$
P(Peta，皮)	10^{15}	$2^{50}=1024\text{T}=1\ 125\ 899\ 960\ 842\ 624$

4. 运算速度

运算速度是一项综合性指标，它与许多因素有关，如机器的主频、执行何种操作及主存本身的速度等。对运算速度的衡量有不同的方法。常用的方法有以下几种。

(1) 根据不同类型指令在计算过程中出现的频繁程度，乘以不同的系数，求出统计平均值，这时所指的运算速度是平均运算速度。

(2) 以每条指令执行所需的平均指令周期数(Cycles Per Instruction，CPI)来衡量。

(3) 以MIPS(Million Instructions Per Second)和MFLOPS(Million FLoating-point Operations Per Second)作为计量单位来衡量运算速度。

下面主要分析一下CPI、MIPS和MFLOPS的计算方法。

CPI计算方法如式(1-6)所示

$$\text{CPI}=\frac{\text{执行整个程序所需的 CPU 平均指令周期数}}{\text{程序中指令的总数}} \tag{1-6}$$

其中，执行整个程序所需的CPU平均指令周期数应该是不同种类的指令执行时间的总和。假设把指令按其所需的周期数多少分为n类，则如式(1-7)所示。

$$\text{CPU 平均指令周期数}=\sum_{i=1}^{n}\text{CPI}_i\times\text{IC}_i \tag{1-7}$$

其中，i代表第i类指令；IC_i代表第i类指令的数目；CPI_i代表执行每条i类指令所需的周期数。因此CPI计算方法如式(1-8)所示。

$$\text{CPI}=\frac{\sum_{i=1}^{n}(\text{IC}_i\times\text{CPI}_i)}{\text{IC}} \tag{1-8}$$

IC 表示程序中指令的总数。

CPI 计算方法也可以表示为式(1-9)。

$$CPI = \sum_{i=1}^{n} \left(\frac{IC_i}{IC} \times CPI_i \right) \tag{1-9}$$

即用每条指令的 CPI 乘以该指令在全部指令中所占的比例，CPI_i 需要通过测量得到，而不是根据一些手册中查到的值来推算，因为必须要考虑流水线效率、Cache 缺失以及其他存储器效率问题。

这一处理器性能指标不论是对不同的指令还是对不同的实现都提供了直观且深入的衡量标准。有时设计者也会用 CPI 的倒数 IPC 来表示，即每个时钟周期内所执行的指令数(Instructions Per Clock)。

一般情况下，计算机的 CPU 性能与 CPI 有密切关系。CPU 性能是指 CPU 执行程序所用的时间，用 T_{CPU} 表示，通常与三个参数有关，即时钟周期 T_c、指令数 IC、CPI。其中，T_c 是由硬件技术和计算机组成所决定的，IC 由指令集系统结构和编译器技术决定，CPI 由计算机组成和指令系统的系统结构决定。具体计算方法如式(1-10)所示。

$$T_{CPU} = IC \times CPI \times T_c \tag{1-10}$$

这三个参数对 CPU 时间的影响是相同的，但是孤立地改变一个参数是困难的，因为改变各因素的技术是相互关联的。在实际机器中，一般情况下能提高计算机性能的技术主要影响以上三个因素中的一个，而对另外两个因素有较小的影响或是可预测的影响。

下面通过两个例题来说明上述几个参数的计算。

例　某台计算机只有 Load/Store 指令能对存储器进行读/写操作，其他指令只对寄存器进行操作，根据程序跟踪实验结果，已知每种指令所占的比例及 CPI 数如表 1-3 所示。

表 1-3　程序跟踪实验结果数

指令类型	指令所占比例	CPI
算术逻辑指令	43%	1
Load 指令	21%	2
Store 指令	12%	2
转移指令	24%	2

求上述情况的平均 CPI。

解：求解如下。

$$\begin{aligned} CPI &= 1 \times 0.43 + 2 \times 0.21 + 2 \times 0.12 + 2 \times 0.24 \\ &= 0.43 + 0.42 + 0.24 + 0.48 = 1.57 \end{aligned}$$

MIPS 表示每秒执行多少百万条指令。对一个给定的程序，MIPS 定义如式(1-11)所示。

$$MIPS = \frac{\text{指令条数}}{\text{执行时间} \times 10^6} \tag{1-11}$$

这里所说的指令一般是指加、减运算这类短指令。

MFLOPS 表示每秒执行多少百万次浮点运算。对于一个给定的程序，MFLOPS 定义如式(1-12)所示。

$$\text{MFLOPS}=\frac{\text{浮点操作次数}}{\text{执行时间}\times 10^6} \tag{1-12}$$

MFLOPS 适用于衡量向量机的性能。

5. 兼容性

兼容性(Compatibility)是指一台设备、一个程序或一个适配器在功能上能容纳或替代以前版本或型号的能力，它也意味着两个计算机系统之间存在着一定程度的通用性，这个性能指标往往是与系列机联系在一起的。

系列机的软件兼容分为向上兼容、向下兼容、向前兼容和向后兼容。向上(下)兼容是指按某档次机器编制的程序，不加修改地就能运行在比它更高(低)档的机器上，系列机内的软件兼容一般可以做到向上兼容，但向下兼容则要看到什么样的程度，不是都能做到；向前(后)兼容是按某个时期投入市场的某种型号机器编制的程序，不加修改地就能运行在它之前(后)投放市场的机器上。对系列机的软件向下和向前兼容可不做要求，但必须保证向后兼容。向后兼容是软件兼容的根本保证，也是系列机的根本特征。兼容性示意图如图 1-3 所示。

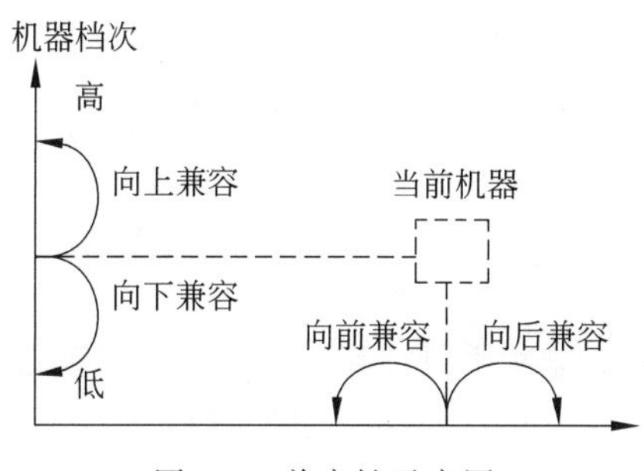

图 1-3　兼容性示意图

1.4　计算机系统结构的发展

1.4.1　冯·诺依曼结构

1946 年，冯·诺依曼首先提出了“存储程序”的概念和二进制原理，后来人们把利用这种概念和原理设计的电子计算机系统统称为“冯·诺依曼结构”计算机。冯·诺依曼结构的处理器使用同一个存储器，经由同一条总线传输。具体结构如图 1-4 所示。

冯·诺依曼结构处理器具有以下几个特点。

(1) 机器以运算器为中心，除了完成运算以外，机器内部的数据传送(如输入/输出到存储器)都经过运算器，运算器用于完成算术运算和逻辑运算，各部件的操作以及它们之间的协调都由控制器集中控制。

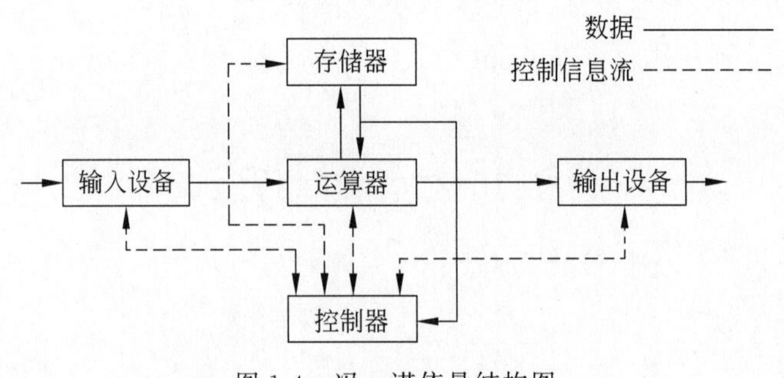

图1-4　冯·诺依曼结构图

（2）存储器按一维线性编址，顺序访问存储器地址单元，每个存储单元的位数固定。

（3）程序存储、指令和数据无区别地存放在存储器中，指令与数据一样可以送到运算器中进行运算，指令与数据的区别主要在于地址区域不同。

（4）指令在存储器中按其执行顺序存放，由程序计数器或指令计数器指定即将被执行的指令地址。每读取一条指令后，计数器自动按顺序递增。执行指令直接发出控制信号控制计算机的操作。

（5）指令由操作码和地址码组成，操作码指明操作类型，地址码指出操作数的地址和结果的地址。

（6）数据以二进制表示，输入和输出设备用于进行人机通信。

随着计算机技术的不断发展，计算机系统结构在冯·诺依曼结构的基础上有了一些改进，主要包括以下几方面。

（1）计算机系统结构从基于串行算法改变为适应并行算法，从而出现了向量计算机、并行计算机、多处理机等。

（2）计算机处理的数据类型变得越来越丰富，除了以前能够处理的定点数、浮点数、十进制数等基本数据类型之外，还可以支持向量、堆栈、自定义数据、汉字等。

（3）由于存储系统的发展和海量数据的需求，计算机从以运算器为中心变成以存储器为中心。存储系统的结构也发生了很大变化，例如，多存储体、交叉存储、指令与数据分体、编址方式等。

（4）计算机系统结构从传统的指令驱动型向数据驱动型和需求驱动型发展，出现了数据流机器、归约机等新型机器。

（5）对非数值化信息处理的智能计算机开始发展，例如，自然语言、声音、图形和图像处理等，主要的处理方法已不是依靠精确的算法进行数值计算，而是依靠有关的知识进行逻辑推理，特别是利用经验性知识对不完全确定的事实进行非精确性推理。

计算机系统性能的提高主要依靠两方面：一是器件的发展。新器件的不断研制和应用可以使计算机更新换代，但是器件的改进却使机器性能改进的效果变得不明显，这一事实促使人们在系统结构技术上的研究与改进。

二是随着集成电路技术从最初的小规模集成电路（Small Scale Integration circuit，SSI）发展到现在的超大规模集成电路（Very Large-Scale Integration circuit，VLSI）和极大规模集成电路（Ultra-Large Scale Integration circuit，ULSI），计算机系统的性能也得以

飞速发展，并行计算技术也从位级并行发展到多处理器并行，且随着 PAM(Processor And Memory)的出现，一般的并行计算机结构也将面临新的机遇。

1.4.2 影响计算机系统结构发展的因素

1. 软件对系统结构的影响

随着计算机系统的发展和应用范围的不断扩大，用户希望能够在原有的基础上用少量的成本和精力开发新的软件，这就要求软件具有可兼容性，即软件可移植性。软件可移植性是指软件不用修改或只需经少量加工就能由一台机器搬到另一台机器上运行。解决软件的可移植性有以下几种方法。

1）统一高级语言

由于人们对语言的基本结构看法不一，目前不同用途的高级语言有不同的语法结构和语义，这样即使同一种高级语言在各个不同厂家的机器上也不能完全通用。如果能有一种高级语言可以满足各种应用需要的话，就可以解决软件移植性的问题。在系统软件层，如果将操作系统的全部或一部分用这种高级语言编写，则系统软件中的这部分也可以移植，但是要想做到这一点比较困难。综合上述两点，在应用软件层和系统软件层都实现软件移植，就可以解决结构相同或完全不同的各种软件移植，而其基本的实现方法是语言的标准化，使各种高级语言都遵循统一的标准、规范和协议。

2）采用系列机思想

系列机指的是在软、硬件界面上确定好一种系统结构，软件设计者按此设计软件，硬件设计者根据机器速度、性能、价格的不同，选择不同的器件，使用不同的硬件技术和组成、实现技术，研制并提供不同档次的机器。系列机会形成不同型号的多种机型，例如 IBM360/370；DEC PDP-11 VAX-11/780，750；Intel 80x86 系列：8086，80286，80386，Pentium Ⅰ，Pentium Ⅱ，Pentium Ⅲ，Pentium 4；IBM P 系列 UNIX 服务器：p690，p670，p660，p665 等。

采用系列机的优点有：采用系列机之间软件兼容，可移植性好；插件、接口等相互兼容；便于实现机间通信；便于维修、培训；有利于提高产量、降低成本。缺点是采用新技术困难，限制了计算机系统结构的发展。

系列机发展新机型的判断方法如图 1-5 所示。

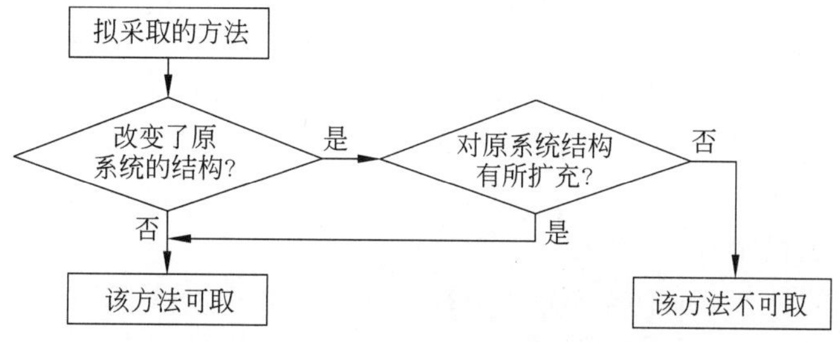

图 1-5 系列机发展新机型的判断方法

例如，增加字符数据类型和指令，支持事务处理。此方法不改变原有系统结构，满足软件向后兼容。因此可以采用。

再如，为增强中断处理功能，将中断分级4级改为5级，并重新调整响应的优先次序。此方法改变了终端系统的系统结构，不可采用。

另外，为增加寻址灵活性和减少平均指令字长，将原等长操作码改为3类不同码长的扩展操作码，将原操作数寻址方式由操作码指明改为如VAX-11那种寻址方式位字段指明。此方法改变了系统结构，不可采用。

3）模拟与仿真

上述系列机方法可以实现相同系统结构的各种机器之间的软件移植，而不同的系统结构之间进行移植的话必须做到能在一种机器的系统结构上实现另一种机器的系统结构。从指令系统来看，就是要在一种机器的系统结构上实现另一种机器的指令系统，一般采用模拟或仿真方法。

模拟是用机器语言程序实现软件移植的方法。进行模拟工作的A机称为宿主机（Host Machine），被模拟的B机称为虚拟机（Virtual Machine）。所有为各种模拟所编制的解释程序通称为模拟程序，编制非常复杂和费时，只适用于移植运行时间短，使用次数少，而且在时间关系上没有约束和限制的软件。

具体模拟过程如图1-6所示。

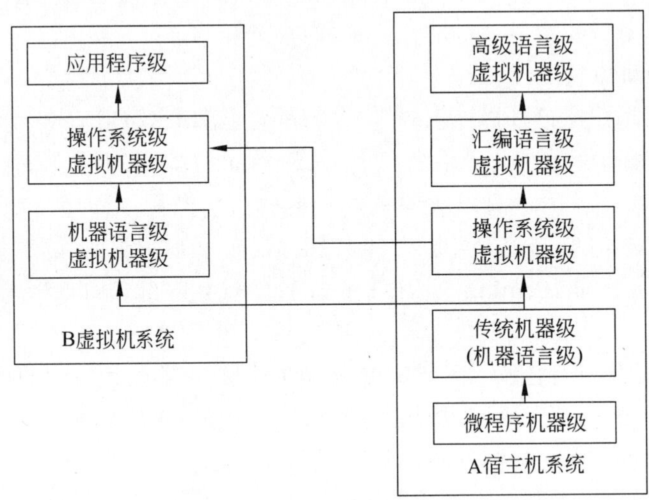

图1-6　用模拟方法实现应用软件的移植

仿真是用微程序直接解释另一种机器指令的方法。进行仿真工作的A机称为宿主机，被仿真的B机称为目标机（Target Machine）。所有为仿真所编制的解释微程序通称为仿真微程序。

具体的仿真过程如图1-7所示。

仿真与模拟两种方法有几点不同：解释用的语言不同，模拟用机器语言，仿真用微程序；解释程序所存的位置不同，仿真存在控制寄存器中，模拟存在主存中；实际应用场合上，模拟适用于运行时间不长、使用次数不多的程序，仿真可以提高速度，但难以仿真存储

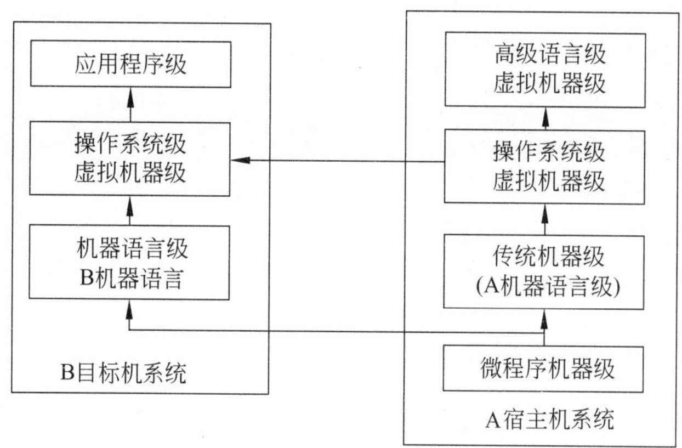

图 1-7 用仿真方法实现应用软件的移植

系统、I/O 系统，只能适用于系统结构差异不大的机器之间。在开发系统中，两种方法经常共用。

模拟与仿真的比较如表 1-4 所示。

表 1-4 模拟与仿真的比较

项　目	模　拟	仿　真
优点	可实现结构差别大的机器间软件移植	速度较快
缺点	运行速度低，实时性差，模拟程序复杂	机器结构差别大时，仿真困难
适用场合	运行时间短，使用次数少，无时间关系约束的软件	频繁使用且易于仿真的指令

解决软件移植性的三种方法比较起来采用统一高级语言最好，是努力的目标；系列机是暂时性方法，也是目前最好的方法；仿真的速度低，芯片设计的负担重，目前用于同一系列机内的兼容。另外，发展异种机通过网络互连是实现软件移植的新途径。

2. 器件对系统结构的影响

从前面对计算机更新换代的描述可以看出，器件是计算机系统结构发展的基础，从第一代计算机一直到第五代，器件的发展经历了低速到高速，体积由大到小，价格由昂贵到便宜。随着 VLSI 技术的发展，更多的功能单元能够被集成到流处理器芯片上。2006 年已出现每平方厘米集成 4 亿晶体管的高性能 CPU，2020 年达到 70 亿。纳米工艺将使单芯片中晶体管密度达到每平方厘米包含百亿至千亿。微处理器即将进入超 10 亿晶体管时代。在这个时代中，随着 CMOS 工艺发展和改进设计方法，用 45nm 技术，乘法器可减小到 0.044mm^2，超过 2000 个这样的乘法器将可以放在一个 1cm^2 的芯片上，并且将很容易流水化到 1GHz。在线宽缩小的同时功耗也在降低。例如，在 Imagine 处理器中，以 0.18μm 的工艺制造的单精度浮点乘加单元占用了 0.486mm^2，每个乘法操作只耗费了 185pJ(0.185mW/MHz)。同时，计算成本相对来讲越来越廉价，图形芯片平均每 100GFLOPS 和 1TOPS(渲染)的价格还不到 100 美元，如 NVIDIA 公司最新的 GeForce

GTX 200 图形处理器，性能达到惊人的 933GFLOPS，售价仅约五百美元；嵌入式处理器尽管性能没有那么强大，但价格更便宜，原始的 1GFLOPS 的成本小于 1 美元。

日益缩小的线宽和大规模并行扩展需求挑战流体系结构的硬件可扩展能力，片内、片外的通信延迟、带宽和功耗与运算单元的大规模集成难以匹配。随着线宽缩小，线延迟与晶体管和门的延时相当，成为制约频率的关键因素，高负载长线的功耗也变得不可忽视。在 0.13μm 工艺下，将一个 64 位数据在片上全局线上传输的功耗是执行一个 64 位浮点操作功耗的 20 倍。片外通信更是一种关键资源，即便采用现在最新的封装方式，芯片上也最多只能引出 1000 个左右的引脚，极大地限制了片外数据带宽。并且，片外通信耗费了大量的能量(每 32 位的数据传送的耗费大于 1nJ)。

综上所述，可以看出现代 VLSI 技术的一个典型特征：计算单元相对廉价而计算单元之间的通信较昂贵。这导致虽然目前单芯片中晶体管数目还在持续增长，但是传统的流处理器扩展已到极限。研究表明，64 个 ALU(16 个 Lane，4 个 ALU)将是单流处理器核的最佳规模，超过该规模其并行效率将下降，并且下降趋势越来越明显。因此，面向单芯片十亿以上晶体管(1000ALU)的时代，要维持流体系结构的性能、面积、功耗和成本有效性，必须进行体系结构创新。目前看来，大规模并行化和多核化是必然趋势。IBM、索尼、东芝联合开发的 Cell 处理器，MIT 大学提出的 RAW，Texas 大学提出的 TRIPS，Stanford 大学提出的 Smart Memory，Sun 公司开发的 Niagara，TILERA 公司开发的 Tile64、Cellular Automata 等都在对支持流计算模型的微处理器并行化和多核化方向上进行了有意义的研究。

3. 应用需求对系统结构的影响

应用需求自计算机诞生之日起就是计算机发展的动力，各种应用促使计算机的系统结构设计不断完善。

计算机应用范围非常广泛，并且还在不断向各行各业渗透扩展，概括起来主要有以下五方面。

(1) 科学计算。科学计算又称数值计算，指计算机用于完成科学研究和工作技术中所提出的数学问题的计算。这类计算往往公式复杂、难度很大，用一般计算机工具难以完成。例如，气象预报需要求解描述大气运动规律的微分方程，发射导弹需要计算导弹弹道曲线方程，水利土木工程中有大量力学问题需要计算。再如，气象预报只有采用计算机快速计算才能及时解决，如用人工计算速度太慢，得到结果时已失去实际意义。这些应用的需求要求系统结构中有高精度的浮点处理机、大量的定点计算等。

(2) 数据处理。数据处理又称信息加工，是现代化管理的基础，包括对数据的记录、整理、加工、合并和分类统计等。数据处理在计算机应用中比重最大，因此也需要在系统结构的设计中考虑存储系统的合理性，使计算机能够快速、高效、正确地进行数据处理。

(3) 过程控制。过程控制又称实时控制。主要要求设计的系统结构能够实时采集数据并进行处理。

(4) 计算机辅助系统。包括计算机辅助设计与制造(CAD/CAM)、计算机集成制造系统(CIMS)、计算机辅助教育(CDE，如计算机辅助教学(CAI)和计算机管理教学

(CMI))几方面。系统结构设计中应针对不同的需求设计不同的系统结构,例如,要应用图形学和辅助设计系统,需要有大量的定点计算,对窗口和透视图等提供支持。

(5) 人工智能。人工智能(AI)是让计算机模拟人的某些智能行为。人的智能活动是高度复杂的脑功能,如联想记忆、模式识别、决策对弈、才艺创作、创造发明等,都是一些复杂的生理和心理活动过程。智能模拟是一门涉及许多学科的边缘学科。在系统结构设计中一般不需要很强的运算能力,但通常需要很大的存储器容量。

上述介绍了不同的计算机应用中对系统结构设计的一些特殊需求,在计算机系统结构发展过程中,通常会从两方面来研究,一是单处理机性能,二是高性能计算机的结构设计。单处理机的性能发展主要从整体结构入手,结合高速缓存技术、动态执行技术、流水线处理技术等来提高机器的性能。目前由于技术的不断进步,通过增加处理机数目来获得高性能,采用高度并行来提高机器速度是主要的发展方向,因此高性能计算机的出现是应用需求带来的巨大变化。

自 20 世纪 90 年代开始,随着机群结构、64 位计算、多核、效用计算等技术的推动,以高性能计算为基础的计算科学得到了显著的发展。在许多工业领域,如汽车、航空航天器的设计制造、石油勘探、地震资料处理及国防(核爆炸模拟)、生命科学、材料设计、气象气候研究等领域,高性能计算已成为必备的研究方法和工具之一。与此同时,在产业应用和企业发展的共同推动下,高性能计算机也不仅是高科技研究领域里的利器,而且已广泛应用于制药、交通、电信、银行、证券、医疗、教育等各商业应用、科学计算及信息化服务领域,可以说,当前正处在一个高性能计算机普及的时代。可以看出,应用对高性能系统结构的设计影响很大,因为从系统结构中获得最大可能的解题能力需要非常高的成本。高性能磁盘驱动器、超高速 I/O 信道、千万亿字节容量的存储、重复数据删除以及虚拟服务器和存储系统都是高性能计算机设计时需要考虑的问题。在高性能计算机的设计中,还需考虑其通用性和专用性之间的权衡问题,既使其能够满足特定领域的需求,又能尽可能地有一定的通用性。

本章小结

本章主要介绍了计算机系统结构的基本概念和层次结构,在此基础上给出目前比较通用的计算机系统结构划分的 Flynn 分类法,包括单指令流单数据流(SISD)、单指令流多数据流(SIMD)、多指令流单数据流(MISD)、多指令流多数据流(MIMD)。Flynn 分类法是迄今为止使用最广泛的一种计算机系统分类,能反映出大多数计算机的并行工作方式和结构特点,但是它也存在着一定的缺陷。

计算机系统结构、组成和实现相互之间具有一定的影响。具有相同系统结构的计算机可以采用不同的组成,一种计算机组成可以采用多种不同的计算机实现,特别是器件技术的发展是计算机系统结构和组成的基础,促进了计算机组成与结构的发展。

计算机系统的设计要遵循 Amdahl 定律和软硬件取舍的原则,并最终获得更高的性能价格比。评价计算机性能价格比的指标主要有主频、机器字长、主存容量、运算速度等方面,需要综合进行考虑。

本章通过对计算机系统结构基本知识的介绍，帮助读者对计算机系统结构与其他相关领域的知识有所区分，并了解各自的侧重点。

习题

1.1　解释下列名词术语。

程序访问局部性；透明性；虚拟机与物理机；数据流与指令流；系列机与兼容机；模拟与仿真；峰值性能与持续性能(实际性能)；程序存储；Benchmark。

1.2　什么是透明性概念？对计算机系统结构，下列哪些是透明的？哪些是不透明的？

存储器的模 m 交叉存取；浮点数据表示；I/O 系统是采用通道方式还是 I/O 处理机方式；数据总线宽度；阵列运算部件；通道是采用结合型的还是独立型的；PDP-11 系列中的单总线结构；访问方式保护；程序性中断；串行、重叠还是流水线控制方式；堆栈指令；存储最小编址单位；Cache 存储器。

1.3　从机器(汇编)语言程序员看，以下哪些是透明的？

指令地址寄存器；指令缓冲器；时标发生器；条件码寄存器；乘法器；主存地址寄存器；磁盘外设；先行进位链；移位器；通用寄存器；中断字寄存器。

1.4　下列哪些对系统程序员是透明的？哪些对应用程序员是透明的？

系列机各档不同的数据通路宽度；虚拟存储器；Cache 存储器；程序状态字；“启动 I/O”指令；“执行”指令；指令缓冲寄存器。

1.5　假设高速缓存 Cache 工作速度为主存的 5 倍，且 Cache 被访问命中的概率为 90%，则采用 Cache 后，能使整个存储系统获得多高的加速比？

1.6　设计指令存储器有两种不同方案：一是采用价格较贵的高速存储器芯片，另一种是采用价格便宜的低速存储器芯片。采用后一方案时，用同样的经费可使存储器总线带宽加倍，从而每隔两个时钟周期就可取出两条指令(每条指令为单字 32 倍)；而采用前一方案时，每个时钟周期存储器总线仅取出一条单字长指令。由于访存空间局部性原理，当取出两个指令字时，通常这两个指令字都要使用，但仍有 25%的时钟周期中，取出的两个指令字中仅有一个指令字是有用的。试问采用这两种实现方案所构成的存储器带宽为多少？

1.7　用一台 40MHz 处理机执行标准测试程序，它含的混合指令数和相应所需的平均指令周期数如表 1-5 所示。

表 1-5　程序指令数和相应的平均指令周期数

指令类型	指令数	平均指令周期数
整数运算	45 000	1
数据传送	32 000	2
浮点	15 000	2
控制传送	8000	2

求平均 CPI、MIPS 速率和程序的执行时间。

1.8 某工作站采用时钟频率为 15MHz、处理速率为 10MIPS 的处理机来执行一个已知混合程序。假定每次存储器存取为 1 周期延迟，试问：

(1) 此计算机的有效 CPI 是多少？

(2) 假定将处理机的时钟提高到 30MHz，但存储器子系统速率不变。这样，每次存储器存取需要两个存储存取，还假定已知混合程序的指令数不变，并与原工作站兼容，试求改进后的处理机性能。

1.9 假设在一台 40MHz 处理机上运行 200 000 条指令的目标代码，程序主要由四种指令组成。根据程序跟踪实验结果，已知指令混合比和每种指令所需的指令数如表 1-6 所示。

表 1-6 指令混合比

指令类型	CPI	指令混合比
算术和逻辑	1	60%
高速缓存命中的加载/存储	2	18%
转移	4	12%
高速缓存缺失的存储器访问	8	10%

(1) 计算在单处理机上用上述跟踪数据运行程序的平均 CPI。

(2) 根据(1)所得 CPI，计算相应的 MIPS 速率。

1.10 已知四个程序在三台计算机上的执行时间(s)如表 1-7 所示。

表 1-7 程序执行时间

	执行时间/s		
	计算机 A	计算机 B	计算机 C
程序 1	1	10	20
程序 2	1000	100	20
程序 3	500	1000	50
程序 4	100	800	100

假设四个程序中每一个都有 100 000 000 条指令要执行，计算这三台计算机中每台机器上每个程序的 MIPS 速率。根据这些速率值，能否得出有关三台计算机相对性能的明确结论？能否找到一种将它们统计排序的方法？试说明理由。

1.11 在 Sun SPARC2 工作站上，对 SPEC Benchmark 进行测试，获得了如表 1-8 所示的速率值，求出其算术、几何及调和平均值(以 MFLOPS 表示)。

表 1-8 速率值

程 序 名	速率/MFLOPS
GCC	10.7

续表

程 序 名	速率/MFLOPS
Espress0	8.9
Spice2g6	8.3
DODUC	5.0
NASA7	8.7
Li	9.0
Eqntott	9.7
Matrix300	11.1
FPPPP	7.8
TOMCATV	5.6

1.12 浮点运算的典型测试程序 Whetstone 含有 79 550 次浮点运算，其中，加法 37 530 次，减法 3520 次，乘法 22 900 次，除法 11 400 次，将整数转换成浮点数 4200 次。Whetstone 中还调用了下列各种特殊函数：反正切 640 次，正弦 640 次，余弦 1920 次，开方、指数和对数各 930 次。Whetstone 的一次迭代所要完成的浮点操作总数，可以通过包含上述特殊函数调用所需执行的浮点操作来加以计算，总数为 195 578 次，其中，加法 82 014 次，减法 8229 次，乘法 73 220 次，除法 21 399 次，将整数转换成浮点数 6006 次，比较 4710 次。

现若让 Whetstone 在 Sun3/75 工作站上运行，使用优化的 F77 编译器。Sun3/75 由 Motorola MC68020 处理器构成，主频 16.6MHz，它有一个浮点协处理器(假定该协处理器不含有完成上述特殊函数的专用指令)。Sun 编译器根据编译器的标志，可使用协处理器来完成浮点运算，也可使用软件例行程序来执行浮点运算。用协处理器执行 1 次 Whetstone 迭代需时 10.8s，而用软件例程执行需时 13.6s。假定协处理器的 CPI 为 10，而使用软件例程时的 CPI 经测试为 6。

(1) 要求用 MIPS 值来表示这两种方法的执行速度。

(2) 求每一种方法执行的总的指令数。

(3) 平均而言，用软件例程完成一次浮点运算需要用多少条整数指令？

第2章　指令系统

2.1　数据表示

2.1.1　基本数据表示

数据表示是指在计算机中能由硬件直接识别，指令系统可以直接调用的数据类型。例如，定点数（整数）、逻辑数（布尔数）、浮点数（实数）、十进制数、字符、字符串、堆栈和向量等，这些都是数据类型中最常用、用硬件实现比较容易实现的，相对比较简单。

数据表示和数据结构有关，我们熟悉的串、队、栈、向量、链表、树、图等，这些是面向应用和软件系统所处理的各种数据结构，它们是数据的逻辑表示，反映了应用中各种数据元素和信息单元之间的组织结构关系，因此数据表示是数据结构的组成元素在物理上的表示。数据结构是通过软件映像变换成机器中所存在的各种数据表示来实现的。不同的数据表示可以为各种数据结构的实现提供不同的支持，例如，在机器中如果能够直接识别串、队列等数据结构的表示，那么指令中就可以由硬件直接进行处理。确定哪些数据类型用数据表示实现，哪些数据类型用数据结构实现，实质上是计算机系统设计中软件与硬件的取舍问题，这些是系统结构设计者首先要考虑的。当机器中有定点数据表示时，就会产生加、减、乘、除、移位等一系列定点运算指令和相应的运算部件，可以直接对定点数进行各种处理。当机器中有浮点运算指令和相应的运算硬件，机器就有了浮点数据表示。

机器有什么样的数据表示就有什么类型的运算类指令和实现相应操作的硬件、控制器、运算器、存储器，就有什么样的系统结构。但是，系统结构设计者在确定数据表示时还应当考虑也有可能怎样为数据结构提供进一步有力的支持，从而提高效率，使其使用起来更加方便。

数据表示的引入是否提高系统效率、减少数据处理时间和所需存储空间、减少 CPU 和主存的通信量，以及这种数据表示的通用性和利用率是确定哪些数据类型用数据表示来实现的主要因素。另外，为了获得较高的性能价格比，需要进行定量的模拟与分析，给出性能提高的定量指标；并且对引入的数据表示具体实现时需要的硬件代价（包括相应的运算处理部件、指令控制部件等）进行估算，从而在性能与价格之间进行合理的折中，以获得更高的性能价格比。

例如，如果用定点数据表示实现浮点运算，处理机的运算速度要降低两个数量级。具体的分析如下。

如果用一台定点运算速度为每秒 1000 万次的计算机做数据运算，其实际的运算速度将低于每秒 10 万次。原因是当计算机系统中没有浮点数据表示时，通常采用的方法是用子程序来实现浮点运算。用定点运算指令来实现 32 位的浮点运算时，平均要执行 100 条以上的指令才能完成，同时也增加了 CPU 与主存之间的通信量。从总体角度上考虑，设置浮点数据表示尽管增加了硬件的复杂度,但是其通用性好、利用率高,可以满足大量的科学计算,因此在以科学计算为主的计算机系统中,增加浮点数据表示是十分必要的。

随着计算机系统的发展,字符串数据表示、向量数据表示、堆栈数据表示等已经普遍采用,某些计算机系统还出现了图、表等复杂的数据表示,甚至还有一些机器中引入了自定义数据表示。

总而言之,在设计计算机系统时,对于数据类型,系统结构设计者首先要做的是:确定哪些数据类型全部用硬件实现,即数据表示;哪些数据类型用软件实现,即数据结构;哪些数据类型可由硬件给予适当的支持,即由软件和硬件共同来实现,并确定软件与硬件的适当比例关系。

2.1.2 浮点数据表示

由于不同机器所选基值、尾数的位数和阶码位数不同,二进制浮点数的表示也有较大的差别,这种情况不利于软件在不同计算机中的移植。美国IEEE(电气和电子工程师协会)为此提出了一个从系统结构角度支持浮点数的表示方法,称为IEEE754标准(IEEE,1985),当今流行的计算机几乎都采用这一标准。

IEEE浮点数标准是由国际电气和电子工程师协会(IEEE)制定的浮点数的表示格式和运算规则。该标准规定基数为2,阶码E用变形移码表示,尾数M用原码表示,根据原码的规格化方法,最高数字位总是1,该标准将这个1默认存储,使得尾数表示范围比实际存储多一位。由于IEEE754标准约定在小数点左部有一位隐含位,故其有效位实际有24位,尾数的有效值应为$1.M$。阶码部分采用移码表示,其表示范围由原来的-126～127变为1～254。

实数的IEEE754标准的浮点数格式具体有四种形式,如表2-1所示。

表2-1　实数的IEEE754标准的浮点数格式

	数　符	阶　码	尾　数
单精度格式	1	8	23
扩展单精度格式	1	≥11	≥31
双精度格式	1	11	52
扩展双精度格式	1	≥15	≥63

虽然IEEE754标准对扩展单精度和扩展双精度没有规定具体格式,但是实现者可以选择符合该规定的格式,一旦实现,则为固定格式。例如,x86 FPU是80位扩展精度,而Intel安腾FPU是82位扩展精度,都符合IEEE754标准的规定。C/C++对于扩展双精度的相应类型是long double,但是,Microsoft Visual C++ 6.0版本以上的编译器都不支持该类型,long double和double一样,都是64位基本双精度,只能用其他C/C++编译器或汇编语言。

IEEE754标准中对特殊数值也做了定义。其中,阶码值0和255分别用来表示特殊数值:当阶码值为255时,若分数部分为0,表示无穷大;若分数不为0,则认为是非数值。

当阶码和尾数均为 0 时，则表示该数值为 0；阶码不为 0 时，该数绝对值较小，允许采用比最小规格化数还要小的数表示。综上所述，由 32 位单精度所表示的 IEEE754 标准浮点数 N 有如下解释。

若 $E=0$，且 $M=0$，则 N 为 0。

若 $E=0$，且 $M\neq 0$，则 $N=(-1)^S\times 2^{-126}\times(0.M)$，为非规格化数。

若 $1\leqslant E\leqslant 254$，则 $N=(-1)^S\times 2^{E\text{-}127}\times(1.M)$，为规格化数。

若 $E=255$，且 $M\neq 0$，则 N 为非数值。

若 $E=255$，且 $M=0$，则 $N=(-1)^S\times\infty$。

由上述定义可以看出，IEEE754 标准使 0 有了精确的表示，同时也明确表示了无穷大，对非规格化数也做了清楚的定义。

对非 0 浮点数的真值按式(2-1)进行转换。

$$(-1)^S\times 2^{\text{阶码}-127}\times(1+\text{尾数}) \tag{2-1}$$

根据式(2-1)，可得出上述格式的浮点数表示范围如式(2-2)所示。

$$-2^{128}(2-2^{-23})\sim 2^{128}(2-2^{-23}) \tag{2-2}$$

所能表示的最小绝对值为 2^{-127}。

例 将数值−1.5 按 IEEE754 单精度格式存储。

解：先将−1.5 换成二进制并写成标准形式：$(-1.5)_{10}=(-1.1)_2=(-1.1\times 2^0)_2$，这里 $s=1$，M 为 0.1，E-127=0，$E=(127)_{10}=(01111111)_2$，则浮点表示为：

1 01111111 10000000000000000000000

这里不同的下标代表不同的进制。

例 将 IEEE754 标准表示的十六进制数(C0A00000)的真值写出。

解：先将十六进制代码转换成二进制形式：

1 10000001 01000000000000000000000

数符为 1，则该数是负数。

阶码真值$=(2)_{10}$。

尾数真值=1+0.25=1.25。

则该浮点数的真值$=-2^2\times 1.25=-5$。

2.1.3 自定义数据表示

在冯·诺依曼型计算机中，操作数与指令同时存放在存储器中，并没有区别。操作数本身没有属性标志，操作数的类型要由指令中的操作码确定。对于不同的数据类型，即使进行同一种操作，也要设置不同的操作码。例如，加法就要用定点加、浮点加、浮点双字长加、十进制加等不同的操作码来区分不同操作数的数据类型。在高级语言中情况完全不同，高级语言是用说明语句来指明数据类型的，数据类型直接属于数据本身，而运算符对各种数据类型是通用的，所以机器指令的数据表示方法同高级语言对数据属性的说明之间有很大的语义差距。这给编译系统带来很多麻烦，也影响了高级语言执行效率。

20 世纪 60 年代初，美国的 Burroughs 公司在一些大型计算机中引入自定义数据表示方式，其目的是缩短高级语言和机器语言的语义差距，使计算机内的数据具有自定义能力。自定义数据表示包括带标志符的数据表示方式和数据描述符两类。

1. 带标志符的数据表示

带标志符的数据表示，主要用来描述简单数据，标志符和每个数据值相连，存在同一存储单元内，除数值外，还附加了若干标志位（tag）用来识别数据类型及特征。采用带标志符的数据表示以后，在执行指令时对标志位进行解释。例如，对加法运算只设计一条指令，参加运算的数据是哪一种数据类型完全由标志符来决定，编译时遇到加法运算符就可以直接形成通用的加法指令，从而简化了编译过程，提高系统编译的效率，使机器语言的运算符也和高级语言一样具有了通用性。带标志符的数据表示如图 2-1 所示。

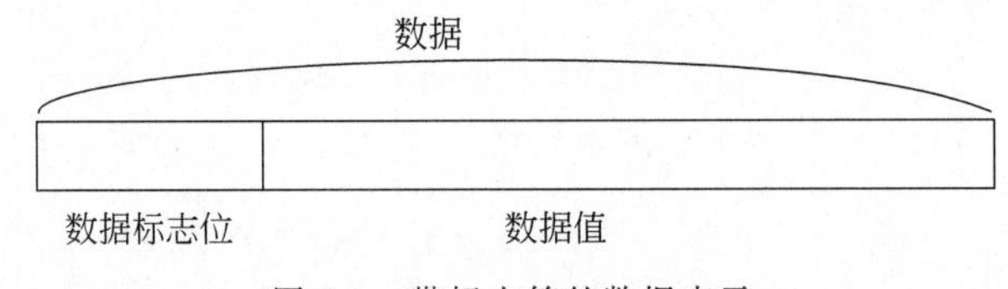

图 2-1 带标志符的数据表示

带标志符的数据表示在 20 世纪 60 年代初的 Burroughs 的 B6500、B7500 机型中已经采用。每个数据采用 3 位标志符来区分 8 种数据类型，20 世纪 70 年代生产的 R-2 实验性计算机中采用了 10 位标志符。标志符在机器中除指明数据类型外，还可以用于指明机器内所用信息的其他类型，如数据信息、控制信息、中断信息等。带标志符的数据表示可以缩小语义差距，减轻软件负担，提高软件生产率，主要优点如下。

(1) 简化了指令系统。对于一种操作只用一种操作码，减少了指令的种类和条数。

(2) 容易检测出程序编制中的错误。可以在执行指令中由硬件进行标志符一致性检查，自动检测出错误和数据类型转换。

(3) 简化了编译程序。由于引入了标志位，缩短了高级语言和机器语言的语义差别，缩短了编译程序长度，加快了编译过程，使数据类型的变换和运算结果的校验等可由硬件自动进行。

(4) 支持数据库系统。一般数据库系统希望一个软件不加修改就可适用于多种数据类型。标志符数据表示刚好满足这种需要，这也支持了数据库系统实现与数据类型无关的要求。

(5) 简化了程序设计。带标志符的数据表示更接近人们的使用习惯，另外，许多由软件完成的工作（如数据一致性校验、数据类型转换等）由机器硬件或固件完成，这也提高了程序宏观执行速度。

(6) 便于软件测试，支持应用软件开发。每个数据中的标志位可以通过软件来设置，也可以在调试程序时手工设置，从而为软件的跟踪和调试提供了极大的方便，缩短了软件开发的周期。

采用带标志符的数据表示可能会带来以下问题。

(1) 每个数据字都增设标志符使数据字长增加。从微观的角度来说，每个数据的长度增加了，但是设置标志符带来的是指令操作码位数的减少、指令字长缩短和指令种类的减少，因此总体来看存储空间并没有增加。另外，采用带标志符的数据表示后，由于用硬件自动执行数据类型变换和一致性校验与溢出检查等，可以缩短目标程序长度，也节省了目标程序所占用的存储空间。

(2) 降低了指令的微观执行速度。因为对每一条指令都要增加确定数据类型、判断操作数是否相容、数据类型转换等操作，因此某些单条指令执行速度会有所下降。但从总体上看，程序设计时间、程序编制时间、调试时间总和则会由于标志符引入而减少，这提高了程序宏观执行速度，对计算机宏观性能(解题总时间)是有利的。

(3) 硬件复杂程度增加，由于用机器硬件或固件完成数据相容性、一致性校验、数据类型自动转换等，并解释所有标志符，实现相应操作，这使硬件结构更为复杂。

采用标志符数据表示法虽然存在着一定的缺点，但它缩短了人与机器之间的语义差距，能减少高级语言与机器语言之间的语义差距，能提高机器的宏观性能，因此具有很强的可用性，关键问题是如何定义标志符，并进一步扩大标志符的作用。

2. 数据描述符

数据描述符是用来描述复杂的数据结构的，如向量、数组、记录等。在这种情况下，连续存放的这些数据是没有必要都带标志符的。描述符专用来描述所要访问的一组数据的属性，包括整个数据块的地址长度及其他信息，它和数据字分开存储，机器经描述符形成访问每个元素的地址及其他信息(描述符或数据字)，而数据字本身又可以是带标志符的数据表示。B6500 的描述符中前三位为标志位，后八位为辅助标志位。在 B6500 的描述符中，前三位为 000 时，表示该字为数据；前三位为 101 时，表示该字为描述符。在描述一个数据块时，描述符的"长度"字段指明块内的元素个数，"地址"字段指明首元素的地址。各辅助标志位反映了描述的数据精度、读写状态、是否连续、是否在主存等辅助特性。B6500 的描述符如图 2-2 所示。

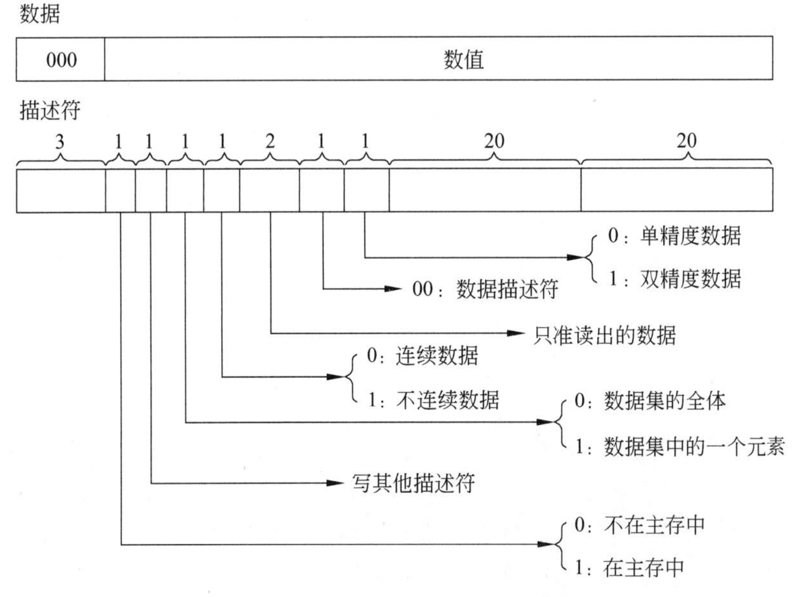

图 2-2　B6500 的描述符

图2-3表示用数据描述符描述一个3×4二维阵列的情况。阵列描述符指向三元素的描述符向量，而每个描述符又指向相应的四元素向量。由此看出，用描述符方法实现阵列数据结构简单方便有效，而且便于检查出程序中的阵列越界错误。

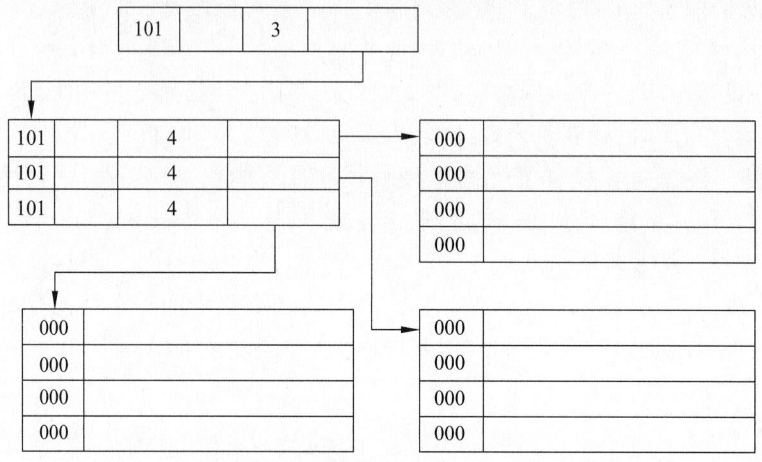

图2-3　用数据描述符描述二维阵列

采用描述符方式读取操作数的过程如图2-4所示。按指令中的操作数地址X、Y访问主存，若取出的字的前三位为000，则为操作数；若为101，则为描述符，把它取到描述符寄存器，由它的长度和地址形成逻辑形成操作数地址，再从主存中取出操作数。一个描述符可以应用于一个数据块内所有的元素。这样只需一条指令即能执行对整个数据块的运算。

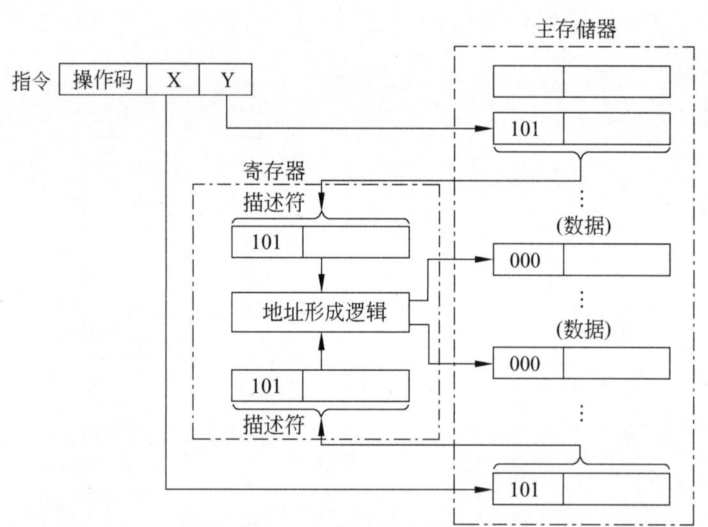

图2-4　经描述符访问主存取操作数

描述符不仅描述数据类型，还可以描述其他信息特征，如数据信息、控制信息、中断信息等，这样使机器很快获得各类信息进入各种相应状态保护，而不必反复取指令取特征。

在 x86 高档微型计算机中,有几种描述符表寄存器,如全局描述符表寄存器、局部描述符表寄存器、中断描述符表寄存器,分别描述和管理全局描述表、局部描述表、中断描述表,用来管理任务作业的状态。

2.1.4 向量数据表示

向量是指具有 n 个数据的数组,其中,数组元素应具有相同的数据类型、相同的数据表示,进行相同的操作,各数据元素之间是独立无关的,这样的一个数组称为向量。

为向量的实现和快速运算最好的方法是增加向量数据表示,构成向量机,如已有的 CRAY-1 计算机和 STAR-100 计算机。例如:

计算 $c_i=a_i+b_i$,其中,$i=1,2,\cdots,100$。

用 C 语言写成的程序语句为:

```
for (i=10; i<=1000; i++)
    C[i]=a[i]+b[i];
```

在普通的没有向量表示的机器上,需要通过对 i 置初值、增量以及判断等,直到 i 超过终值 100,这种运算是很难做到高速运行的。因此,针对这种数据类型,可以在硬件上设置向量或阵列运算指令,配有流水或阵列方式处理的高速运算器,只需要使用一条向量指令即可。这条向量指令可以设计成如图 2-5 所示格式。

向量加	***A***向量参数	***B***向量参数	***C***向量参数

图 2-5 向量指令格式

其中,***A***、***B*** 为源向量,***C*** 为结果向量。一个向量数据表示可以由以下三个参数表示。

向量长度:数据元素的个数。

基地址:向量中第一个元素的地址。

位移量:向量中某一个元素与第一个元素之间的距离。

在向量的处理过程中,并不一定每次运算都是从第一个元素开始,如计算 $c_i=a_{i+5}+b_i$,因此定义参加运算操作的第一个元素为起始向量元素,参加运算向量的起始地址=基址+位移量,而向量有效长度=向量长度-位移量。其示意图如图 2-6 所示。

STAR-100 计算机中设置了一条向量加法指令:指令中 X、Y 和 Z 各区段表示寄存器号,分别存放源向量 ***A***、***B*** 和结果向量 ***C*** 的位移量,而 A、B、C 也为寄存器号,该寄存器的值分别存放源向量 ***A***、***B*** 和结果向量 ***C*** 的基址及长度,如图 2-7 所示。

对于向量运算的操作步骤只包含两部分:先把各向量有关参数置于寄存器中,然后按向量运算指令进行运算。因此首先按照运算的起始地址值,将参与运算的各元素从内存取到运算部件,再逐个元素进行相同的运算,这大大加快了这种向量运算操作的速度。

在向量数据表示中,还有一个重要的概念称为压缩向量。压缩向量主要是针对向量数据中数据元素大多数为 0 的情况而设定的,目的是节省存储空间和数据传送时间。压

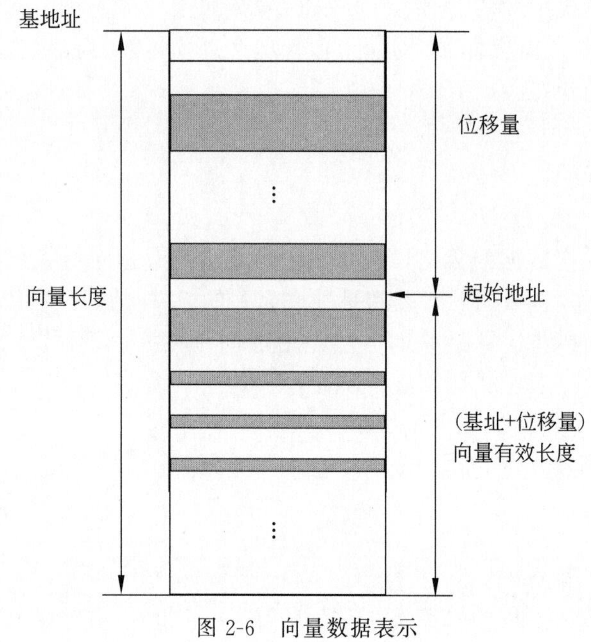

图 2-6　向量数据表示

向量加	X	***A***	Y	***B***	Z	***C***

图 2-7　STAR-100 向量加法指令

缩向量由两部分组成：压缩向量和压缩位向量。“压缩向量”只存放非零元素；“压缩位向量”(或称排序位向量)用来指出各元素的状况。例如，某一个向量长度为 8，其中只有 A_0、A_3、A_4、A_7 为有效的数值，其他均为“0”值元素，则压缩向量只用四个存储单元，而排序位向量则为一个存储单元，只有 8 位长，自左向右表示元素的排列顺序。每一排序位表示一个元素的状态，若为 0 元素，该位为“0”；若为非“0”元素，则该位为“1”。这种压缩向量的表示，只用于存储与传送。运算处理时，应还原成原始形式(或称为稀疏向量)，两者之间可以相互转换。稀疏向量的压缩表示如图 2-8 所示。

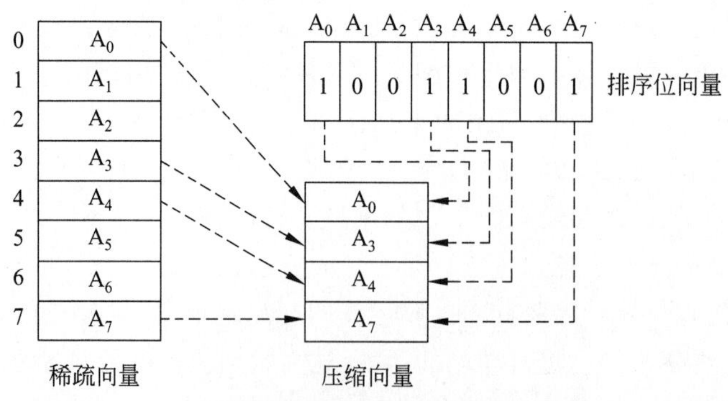

图 2-8　稀疏向量的压缩表示

2.2 指令系统设计原则

指令系统是计算机软硬件的主要界面,设计和确定指令系统应考虑首先满足系统的基本功能,有利于提高机器的性能价格比,并在此基础上考虑如何对指令系统进行发展和改进,因此指令系统的设计应遵循一定的原则,满足完备性、正交性、规整性、可扩充性、有效性、兼容性等几方面。下面从指令系统的编码方法、寻址技术和指令集格式几个角度来介绍指令系统设计中应注意的问题。

2.2.1 指令系统的指令编码方法

指令的编码方法通常有三种:正交法、整体法、混合法。

1. 正交法

指令中的每个分段(包括操作码、操作数地址等)互相独立,操作数地址的编码同操作码无关,反之亦然。对于不同的操作码而言,如果操作数地址内容相同,则寻址方式、数据类型都相同。这种编码方法对流水线计算机比较适合,因为流水线中操作码的译码同地址的产生是在不同的硬件、不同的时间上进行的,从而使操作码的译码在流水线中可以继续细分来完成,提高流水线的吞吐率。

正交法进行编码的指令采用微程序控制时对应于每个操作码只有一种微程序,因此微程序数量较少。

2. 整体法

指令中各个分段在译码时相互有关,操作码同操作数地址的分界线并不清楚。这种编码方法可以把使用频度高的操作码同操作数地址码组合起来进行缩短优化,使用频度低的指令长度可以较长些,从而节省存储容量。与正交法不同的是,在用微程序控制时,微程序数量较多,需要有较大的微程序存储器。

3. 混合法

混合法是将两种方法的优点结合起来,对缺点加以限制,发挥其优势,即使用频度高的操作码和地址码组合起来采用整体法,缩短编码,其余的指令采用正交法编码。在一条指令中也可以一部分分段用整体法,一部分分段用正交法。

2.2.2 寻址技术

寻址技术主要指寻找数据及其他信息的地址的技术,是软件与硬件的一个主要分界面,是计算机系统结构的一个重要组成部分。寻址技术主要研究内容有编址方式、寻址方式、定位方式,主要研究对象为寄存器、主存储器、堆栈、输入/输出设备。

1. 编址方式

编址方式是指对各种存储设备进行编码的方法，主要内容包括编址单位、零地址空间个数、并行存储器编址技术、输入/输出设备的非线性编址技术。

常用的编址单位有字编址、字节编址、位编址。字编址方式是最简单、最容易实现的一种。每个编址单位与设备的访问单位一致，每取完一条指令，程序计数器加1，每从主存储器中读完一个数据，地址计数器加1。优点是容易实现、使用简单；缺点是没有提供对非数值运算的支持。为了提供对非数值运算的支持，往往使用字节编址或位编址技术，但在这两种编址技术中，不同的信息存储方式有不同的主存储器利用率。

在计算机中需要进行编址的设备主要有通用寄存器、主存储器、输入/输出设备。由于三种设备采用的寻址技术有较大的区别，可以对这三种分别进行编址，即每种设备都有自己的零地址空间(即三个零地址空间)。第二种方式是对通用寄存器独立编址，而对主存储器和输入/输出设备统一编址(即两个零地址空间)。第三种方法是对三种设备进行统一编址，地址最底端分配给通用寄存器，最高端分配给输入/输出设备，中间地址分配给主存储器(即一个零地址空间)。另外，堆栈不需要编址，Cache也不需要编址。

对I/O设备的接口寄存器通常有三种不同的编址方法：①给每台设备分配一个地址，这时需要根据指令中的操作码来识别I/O设备上的不同寄存器；②给每台设备分配两个地址，一个分配给数据寄存器，一个分配给状态寄存器或控制寄存器；③在主存储器和I/O设备统一编址的计算机中，往往根据不同的需要给I/O设备的有关寄存器分配多个地址。一个主存储器通常由多个独立的存储模块(例如，用两个512MB的内存条组成1GB的主存)组成，对于这些模块往往有两种不同的编址方式：①如果只是简单地扩大主存储器容量，可以使用地址码高位交叉编址方式，地址码高位表示不同的存储体，而低位表示每个存储体内的地址，这种方式要求每个存储模块有独立的地址寄存器、地址译码器、驱动电路、放大电路、读写控制电路、数据寄存器等控制部件，甚至要求存储模块有校验电路、高速缓冲部件；如果要求提高存储其访问速度，则可以使用地址码低位交叉编址方式，低位部分表示不同的存储模块，而高位部分表示不同存储模块的内部地址，不同的存储模块采用流水线方式工作而组成一个并行存储器。

2. 寻址方式

寻址方式是指寻找操作数及数据存放单元的方法。具体的寻址方式在计算机组成原理课程中已有详细介绍，这里只做简单说明。例如，在立即数寻址方式中，直接在指令中给出操作数，执行速度快，只能用于源操作数寻址；寄存器寻址指的是指令在执行过程中所需要的操作数来源于寄存器，运算结果也写回到寄存器；主存储器寻址又分为直接寻址方式、间接寻址方式和变址寻址方式。直接寻址方式指在指令中直接给出参与运算的操作数及运算结果的主存储器地址(有效地址)，需要较长的地址码，不利用实现程序循环或数组处理，也不利于操作系统的作业调度；间接寻址方式在指令中给出操作数的地址，可以两次或更多次访问主存储器以获得操作数；在变址寻址方式中，设置一个或多个变址寄存器(长度由主存储器的寻址空间决定,也可以使用通用寄存器作为变址寄存器)用来存放数组的基地址。

3. 定位方式

定位方式是指把指令和数据的逻辑地址转换成主存储器的物理地址的方式。一般有以下三种方式。

1) 直接定位方式

这种方式需要程序员编写程序时或编译程序对源程序进行编译时确切知道该程序应该占用的主存物理空间,可以保证主存物理地址不相互重叠。目前基本不用这种方式。

2) 静态定位方式

由专门设计的定位装入程序完成,并要求程序本身可以重定位。静态定位在程序装入主存储器的过程中一次性完成,程序一旦装入主存储器,就不能更改其在主存储器中的物理地址。在这种方式中,多个用户不能共享主存储器中的同一段程序代码。

3) 动态定位

在硬件支持下,动态定位在程序实际执行时,才由硬件形成主存物理地址,在程序执行之前,不必把整个程序装入主存,一个程序也可以被分配在多个不连续的主存物理空间,有利于提高存储器的利用率;并且多个程序可以共享主存中的同一段程序代码。动态定位方式支持虚拟存储器,但需要硬件支持,其软件算法也比较复杂。

2.2.3 指令集结构

通常,计算机指令集结构可以根据五个因素进行分类:①CPU 中操作数的存储方法;②指令中显式表示的操作数个数;③操作数的寻址方式;④指令集所提供的操作类型;⑤操作数的类型和大小。

其中,第一项 CPU 中操作数的存储方法是各种指令集结构之间最主要的区别。CPU 中用来存储操作数的存储单元主要有堆栈、累加器和寄存器。另外,指令中的操作数可以显式给出,也可以隐式地给出,隐式给出的情况一般是在累加器中或是堆栈的栈顶。对于寄存器结构而言一般都是显式给出指令中的操作数,或者是寄存器,或者是存储器单元。CPU 对操作数的不同存取方式如表 2-2 所示。

表 2-2　CPU 对操作数的不同存取方式

CPU 提供的寄存器	每条 ALU 指令显式表示的操作数个数	运算结果的目的地	访问显式操作数的方法
堆栈	0	堆栈	PUSH/POP
累加器	1	累加器	LOAD/STORE 累加器
一组寄存器	2、3	寄存器或存储器	LOAD/STORE 寄存器或存储器

从表 2-2 中可以发现,对于一条有两个源操作数和一个结果操作数的指令来说,显式表示的操作数个数随 CPU 存取操作数的方式不同而不同。因此可以将指令集分成堆栈

型指令集结构、累加器型指令集结构和通用寄存器型指令集结构。堆栈型结构是一种表示计算的简单模型，但是不能随机访问，很难高效地实现。累加器型结构减小了机器的内部状态，指令短小，但是存储器的通信开销最大。寄存器型结构是代码生成的最一般的模型，所有操作数均需命名，且要显式表示，因此指令比较长。

通用寄存器型指令集结构是目前指令集结构类型的主流，常见的三种类型有寄存器-寄存器型、寄存器-存储器型、存储器-存储器型。通用寄存器型指令集结构的一个主要优点就是能够使编译器有效地使用寄存器。这不仅体现在表达式求值方面，而且更重要的是体现在利用寄存器存放变量所带来的优越性上。深入研究算术逻辑运算指令（ALU 指令）的本质，可以发现有两种主要的指令特性能够将通用寄存器型指令集结构（General-Purpose Register，GPR）进一步细分。一是 ALU 指令到底有两个还是三个操作数？对于有三个操作数的指令，它包含两个源操作数和一个结果操作数；对于有两个操作数的指令，其中一个操作数既作为源操作数，也作为目的操作数。二是在 ALU 指令中，有多少个操作数可以用存储器来寻址，即有多少个存储器操作数？一般来说，ALU 指令有 0～3 个存储器操作数。基于上述两种 ALU 指令的特性及其所有可能的组合，列表 2-3。

表 2-3　ALU 指令中，存储器操作数个数和操作数个数的所有可能组合以及相应的机器实例

ALU 指令中存储器操作数个数	ALU 指令中操作数的最大个数	机器实例
0	2	IBM RT-PC
	3	SPARC，MIPS
1	2	PDP-10，IBM360，Motorola 68000
	3	IBM360 的部分指令
2	2	PDP-11，部分 IBM360 指令
	3	
3	3	VAX

上述组合中，所有 ALU 指令都不包含存储器操作数的是寄存器-寄存器型（R-R）指令集结构。其优点是简单，指令字长固定，是一种简单的代码生成模型，各种指令的执行时钟周期数相近；缺点是由于指令条数多，使目标代码较大。ALU 指令中包含一个存储器操作数的是寄存器-存储器型（R-M）指令集结构，优点是可以直接对存储器操作数进行访问，容易对指令进行编码，且其目标代码较小；缺点是在一条指令中同时对一个寄存器操作数和存储器操作数进行编码，将限制指令所能够表示的寄存器个数。另外，其指令的执行时钟周期数也不尽相同。ALU 指令中包含一个以上存储器操作数的是存储器-存储器型，优点是不用使用寄存器保存变量；缺点是指令字长多种多样，指令执行时钟周期数也不大一样，对存储器的频繁访问将导致存储器访问瓶颈问题。

2.3 指令系统优化

设计指令系统主要应考虑如何有利于优化机器的性能价格比，有利于指令系统的发展和改进，并满足系统的基本功能。这里重点介绍指令格式的优化设计。

2.3.1 操作码的优化

指令由操作码和操作数地址两部分组成，对指令格式优化实际就是如何用最短的位数表示指令的操作信息和地址信息，用最短的时间处理频度高的指令。这里可以引用哈夫曼压缩的思想。当各种事件发生的概率不均等时，采用优化技术对发生概率最高的事件用最短的位数来表示，而对出现概率较低的用较长的位数来表示，就会导致表示的平均位数缩短，这就是哈夫曼压缩概念的基本思想。

1. 操作码优化

要对操作码进行优化表示，就需知道每种操作指令在程序中出现的概率(使用频度)，这一般可通过对大量已有的典型程序进行统计求得。

现设一台模型机，共有 7 种不同的指令，使用频率如表 2-4 所示。若用定长操作码表示，则需要 3 位。但按信息论观点，当各种指令的出现是相互独立的(当然实际情况并不都是如此)时候，可优化表示。操作码的信息源熵(信息源所包含的平均最短信息量)$H=-\sum_{i=1}^{n} p_i \log_2 p_i$，其中，$p_i$ 为第 i 个信息源的频度。由于操作码信息是用二进制位表示，则操作码表示的平均长度 L 表示为(其中，l_i 为第 i 个操作码的长度)：

$$L=\sum_{i=1}^{n} p_i l_i$$

按如表 2-4 所示的数据，得

$$\begin{aligned} H &= 0.40 \times 1.32 + 0.30 \times 1.74 + 0.15 \times 2.74 + 0.05 \times 4.32 \\ &\quad + 0.04 \times 4.64 + 0.03 \times 5.06 + 0.03 \times 5.06 \\ &= 2.17 \end{aligned}$$

表 2-4 某模型机指令使用频率举例

指　　令	使用频率(p_i)
I_1	0.40
I_2	0.30
I_3	0.15
I_4	0.05
I_5	0.04
I_6	0.03
I_7	0.03

即表示这7种情况，平均只需2.17位，如采用3位长操作码表示，则信息冗余量为：

$$信息冗余量=1-\frac{H}{操作码的实际平均长度}=\left(1-\frac{2.17}{3}\right)\times 100\% \approx 28\%$$

这个值比较大，为减少此信息冗余量，现改用哈夫曼编码。

利用哈夫曼算法，构造哈夫曼树。将所有7条指令的使用频率由小到大排序，每次选择其中最小的两个频率合并成一个频率，此频率是它们二者之和的新节点；再按该频率大小插入余下未参与结合的频率值中，如此继续进行，直至全部频率结合完毕形成根节点为止。这样，从根节点开始，沿线到达各频率指令所经过的代码序列就构成该频率指令的哈夫曼编码，此哈夫曼树如图2-9所示。

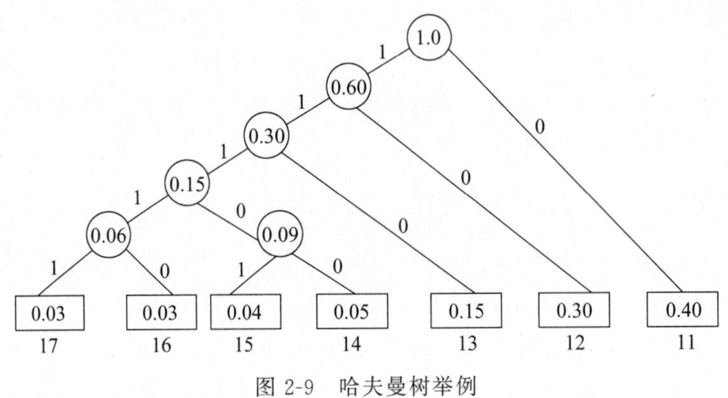

图2-9　哈夫曼树举例

显然，这样形成的哈夫曼编码并不是唯一的。只要将沿线所经过的"0"或"1"互换一下，就可得到一组新的编码。但是，采用全哈夫曼编码，操作码的平均码长却是唯一的。此例中，操作码的平均码长为：

$$\begin{aligned} L &= \sum_{i=1}^{7} p_i l_i \\ &= 0.40\times 1+0.30\times 2+0.15\times 3+0.05\times 5+0.04\times 5+0.03\times 5+0.03\times 5 \\ &= 2.20(位) \end{aligned}$$

非常接近于可能的最短位数（H）2.17位。这种编码的信息冗余为：

$$\left(1-\frac{2.17}{2.20}\right)\times 100\% \approx 1.36\%$$

比起用3位定长操作码的信息冗余量28%要小得多。因此，全哈夫曼编码法是最优化的编码方法。然而，这种编码方法形成的操作码很不规整，7种指令就有4种不同的操作码长度，既不便于译码，也不实用。所以，在此基础上再结合采用一般的二进制扩展编码方法，可以得到如表2-5所示的扩展操作码编码。扩展操作码编码是介于定长二进制编码和全哈夫曼编码的一种编码方式，使操作码长度既不是定长的，也只是有限几种码长（如这里只有两种码长），仍利用概率高的用短操作码表示，概率低的允许用长操作码表示的哈夫曼压缩概念的思想，来使操作码平均长度缩短，以降低信息冗余量。各类编码表示如表2-5所示。

表 2-5 操作码的哈夫曼编码及扩展操作码编码

指令	频率(p_i)	操作码 OP 使用哈夫曼编码	OP 长度 l_i	用哈夫曼概念的扩展操作码	OP 长度 l_i
I_1	0.40	0	1	0 0	2
I_2	0.30	1 0	2	0 1	2
I_3	0.15	1 1 0	3	1 0	2
I_4	0.05	1 1 1 0 0	5	1 1 0 0	4
I_5	0.04	1 1 1 0 1	5	1 1 0 1	4
I_6	0.03	1 1 1 1 0	5	1 1 1 0	4
I_7	0.03	1 1 1 1 1	5	1 1 1 1	4

如表 2-5 所示，把使用频率高的 I_1、I_2、I_3 用 2 位操作码的 00、01、10 表示，之后用高 2 位为 11 表示将操作码扩展成 4 位，其中，低 2 位有 4 种状态，可以分别表示 $I_4 \sim I_7$。这种表示法的平均长度 $\sum_{i=1}^{7} p_i l_i = 2.30$ 位，信息冗余量约为 5.65%，虽比全哈夫曼编码法的大，但仍比定长三位操作码法的 28% 要小得多了，是一种实际可行的优化编码方法。

在实际机器中，为便于实现和分级译码，一般宜采用等长扩展，如 4-8-12 位等。就以 4-8-12 这种等长扩展为例，也会因选择的扩展标志不同而有多种不同的扩展方法。如 15/15/15…指的是在 4 位的 16 个码点中，用 15 个码点表示最常用的 15 种指令，用 1 个码点表示扩展到下一个 4 位，而第二个 4 位的 16 个编码也是如此用法。8/64/512 指的是用前 4 位的 0××× 表示最常用的 8 种指令；接着，操作码扩展成两个 4 位，用 1××× 0××× 的 64 个码点表示 64 种指令；而后再扩展成三个 4 位，用 1×××1×××0××× 的 512 个码点表示 512 种指令。这两种编码法的具体编码如图 2-10 所示。

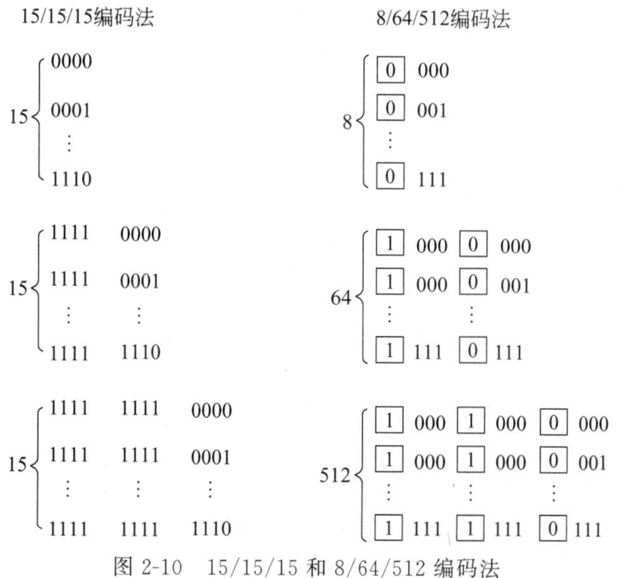

图 2-10 15/15/15 和 8/64/512 编码法

具体选用哪种编码取决于所设计的系统中指令的使用频率 p_i 的分布状况。若 p_i 值在前15种指令中都比较大，在30种指令后急剧减少，可选用15/15/15…法；若 p_i 值在前8种指令中较大，之后的64种指令的 p_i 值也不是很小时，可选用8/64/512法。总之，衡量的标准是看哪种编码法能使平均码长 $\sum_{i=1}^{n} p_i l_i$ 最短。除了15/15/15…和8/64/512这两种扩展方法，还可以根据不同的扩展标志使用其他的扩展方法。

2. 指令格式的优化

有了操作码的优化表示后，还要在地址码表示和寻址方式上采取相应优化措施，程序所需总位数才得以减少。由于操作数地址是随机的，无规律可循，归结为指令格式的优化。

如果指令字按整数边界存储，操作码优化带来了指令字出现空白冗余，当地址长度也是可变长时，让短操作码配上长的地址码，正好用上空白部分，增加了地址空间大小。从指令字所能表明的访存操作数地址的寻址范围来考虑，总希望越大越好，在虚拟存储器中甚至还要求指令字中的逻辑地址码长度应能超过实际主存的地址长度，以便使程序空间可以超过实存空间。目前，计算机有丰富多彩的寻址方式，都可以在有限字段长度地址码长度内，利用各类寻址方式访问更大地址空间和访问不同种类信息部件。另外，在满足很大寻址范围的前提下，也可以通过种种办法来缩短指令字中的地址码位数，不一定要求一定是那么宽。

如果采用相对寻址，指令中访存地址码只需指明相对位移量即可。相对位移量一般不会太大，所以相对地址的位数也就比访存物理地址位数小得多。如果操作数存在寄存器内，或是经寄存器实现间接寻址（即寄存器的内容是访存地址），则指令地址码的宽度只需窄到能指明寄存器号即可。实际应用各种指令所需的操作数个数会有不同，因此可以根据需要让指令系统采用多种地址制。同时，同一种地址制还可采用多种地址形式和长度，也可以考虑利用空白处来存放直接操作数或常数等。在当前计算机中指令字长度也是可变的，有单字长、双字长、多字长指令，需将操作码和地址码合理设计实现指令格式优化。

2.3.2 指令系统的执行和优化

对于复杂指令系统计算机而言，指令条数越多，使用越方便。为了提高指令执行速度，增强指令功能，减少访问存储器时间，从增加单条指令功能及指令种类上，重点从面向目标程序优化、面向高级语言优化和面向操作系统优化三方面来改进指令系统。

1. 面向目标程序优化实现改进

对已有机器指令系统进行分析，看哪些功能仍用基本指令串实现，哪些功能改用新指令实现，以提高包括系统软件和应用软件在内的各种机器语言目标程序的实现效率。计算机中各种程序都是执行目标程序指令序列的过程。

2. 面向高级语言优化实现改进

面向高级语言的优化实现来改进就是尽可能缩短高级语言和机器语言的语义差距，以利于支持高级语言编译系统，缩短编译程序的长度和编译所需的时间。各种机器的语言差距如图 2-11 所示。

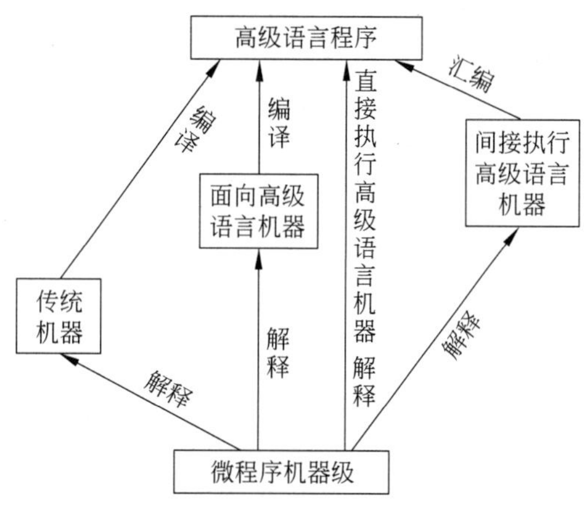

图 2-11 各种机器的语言差距

通过对源程序中各种高级语言语句的使用频率进行统计来分析进行改进。对使用频率高的语句采取增加相应功能指令提高编译速度和执行速度。不同的高级语言由于用途不同，其语句使用频率有较大差异，由于指令系统很难做到对各种语言都是优化的，因此，这种优化应该是面向所使用的高级语言。

3. 面向操作系统优化实现改进

操作系统各种功能的实现，如设备管理、存储保护、输入/输出管理、多道程序、并行处理等，都依赖于计算机系统结构提供的支持，在指令系统方面也为操作系统的发展增添了很多指令。

据统计，现代计算机系统中操作系统核心部分在 CPU 中运行的时间已占总时间的 30%～40%，因此对操作系统进行支持，提高操作系统的运行速度，加强操作系统的功能，是指令系统的一个重要任务。

2.4 精简指令集计算机

在计算机指令集结构设计中有两种设计思路，一种是强化指令功能，实现软件功能向硬件功能转移，基于这种指令集结构而设计实现的计算机系统称为复杂指令集计算机(CISC)；另一种是 20 世纪 80 年代发展起来的精简指令集计算机(RISC)，其目的是尽可能地降低指令集结构的复杂性，简化实现，提高机器的性能。精简指令集计算机是一种先进的微处理器设计技术，它的出现是计算机体系结构发展史上的一个重要里程碑。

2.4.1 CISC的设计思想与问题

在计算机的早期设计中，主要考虑强化指令的功能，使程序的指令条数减少，从而提高性能。到了20世纪70年代中期，在真正的应用中这种方法实现起来比较困难，系统功能实际上下降了，因此经过研究对比，发现CISC系统存在着如下一些问题。

(1) 指令系统庞大。CISC系统中指令系统一般都在200条以上，并且大部分指令的功能非常复杂，具有多种寻址方式、多种指令格式和指令长度，硬件的设计也很复杂，因此在设计中延长了设计周期，增大了设计成本，这样也降低了系统的可靠性，需要花费大量的时间和代价来进行修复。

(2) 执行速度低。由于指令的操作非常复杂，因此指令的执行速度很低，可能还不如由几条简单基本指令组合执行的速度快。

(3) 编译程序复杂。指令系统的庞大导致编译程序长而复杂，难以优化生成高效的机器语言程序。

(4) 指令使用频率低。统计表明，CISC中80%的指令仅在20%的运行时间里用到，不仅增加了机器设计人员的负担，而且也降低了系统的性能价格比。

2.4.2 RISC的设计思想起源

在传统的计算机中，人们总是认为指令系统愈丰富，功能愈强愈好，便于软件编写，便于系列机兼容性，从而使指令系统十分庞大和复杂，体系结构控制硬件也十分复杂；编译负担很重，很难优化；由于把存储效率作为体系结构的重要衡量手段，使指令执行时间很难缩短，指令执行效率不高。随着半导体技术的应用和发展，指令系统必须进一步优化，发展出现了另一类RISC。

精简指令集计算机设计思想起源主要有以下三方面。

1. 20%-80%定律

IBM研究中心的John Cocke证明，计算机中约20%的指令承担了80%的工作，于1974年，他提出RISC的概念。也就是说，一个指令系统中大约20%的简单指令在程序中经常重复使用(如传送、转移、加减1等)，其使用量大约占整个程序的80%；换言之，CISC指令系统中大约80%的指令是很少使用的，其使用量只占整个程序量的20%，且大多数为复杂的指令。基于这样的情况，可以在设计机器时考虑其使用频率较高的指令用硬件实现，其他指令用软件实现，提高机器的性能价格比。

2. 系统设计中硬件和软件之间折中

20世纪70年代，VLSI取得显著进展，人们重新评价系统设计中硬件与软件的复杂性及取得优化效果。实践证明，在VAXH/780中有20%的复杂指令占用了微程序控制部件微码的60%，但却很少用到，启发人们能否只选用基本指令以减少VLSI复杂性，使之尽快执行,将其余指令转成软件子程序实现来进行系统设计。这表明要保持一个系统有较高的性能价格比,单靠增加硬件复杂度是不行的,必须把硬件软件结合起来互相配合,均衡考虑,这也是 RISC 设计中的一个重要思想。

3. VLSI 工艺技术发展

随着 VLSI 的迅速发展,为适应对计算机日益广泛的应用需要,增强计算机系统的功能,也为减少系统辅助开销,提高机器的运行速度和效率,计算机结构设计一直在致力于研究进一步缩短高级语言、操作系统、程序设计环境及应用等与机器语言和系统结构的语义差距,加强软硬结合,为系统结构提供更多更好的硬件支持。

2.4.3 RISC 结构设计原则

精简指令集计算机使计算机结构变得更加简单、合理和有效,它克服了传统计算机结构上的不足。针对 CISC 的问题,D.Patterson 等人提出了精简指令集计算机应遵循的设计原则。主要包括:

(1) 在确定指令系统时,选择那些使用频率高的指令,在此基础上增加少量支持操作系统和高级语言实现及其他功能的有用指令,总数不超过 100 条。

(2) 寻址方式取最基本的一两种,使指令条数少,格式简单,并具有相同长度。

(3) 提高处理速度,采用流水线技术使每一条指令都在一个机器周期内完成,增加大量内部通用寄存器,增加到不少于 32 个,仅存数、取数访问内存,大部分指令操作在寄存器之间进行。

(4) 大部分指令采用硬件逻辑控制实现操作,只有少量使用微程序实现。

(5) 通过精简指令和优化设计编译程序,以简单有效的方式支持高级语言实现,将编译器作为机器的基本功能,大大地简化了编译工作,一个周期完成一条指令操作,编译器易于调整指令流。

以上原则缩短了研制周期,在性能价格比方面比 CISC 优越得多。

2.4.4 RISC 结构的基本技术

RISC 系统设计中采用了一些基本技术,以符合 RISC 的设计原则。

1. 逻辑实现采用硬联和微程序相结合

目前,大多数商品化 RISC 机器都具有微程序解释方式。用微程序解释机器指令有较强的灵活性和适应性,只要改写控制存储器中的微程序就可以增加或修改机器指令,也便于实现一些功能较复杂的指令。

2. 流水线结构和指令调度

RISC 的主要特点之一是充分提高流水线效率,通常流水线如正常执行而无相关,则理论上可以做到每个周期执行一条指令。但实际上流水线的执行效率，因受到数据相关和转移相关的影响而降低。四级流水段的流水线结构（取指，译码，执行，写回）中指令 n 与指令 $n+1$ 是在计算机流水线中正常运行的，但假如 $n+2$ 指令的操作数要用到指令 $n+1$ 的结果，此时指令 $n+1$ 的 WR 流水段还未把结果写回寄存器堆，则第 $n+2$ 条指令的执行级 EX 就无法正常执行，它必须等到 WR 完成后再取到操作数执行操作。这个等待的周期通常称为“气泡”，使流水线的效率降低。四级流水段的流水线结构如图 2-12 所示。

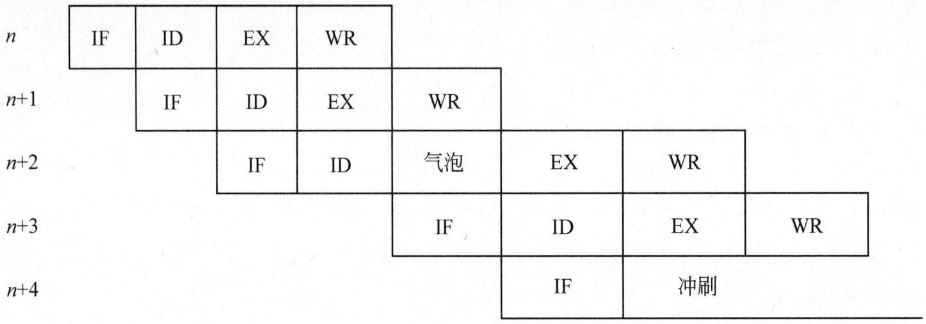

n	IF	ID	EX	WR				
n+1		IF	ID	EX	WR			
n+2			IF	ID	气泡	EX	WR	
n+3					IF	ID	EX	WR
n+4						IF	冲刷	

IF—取指令　ID—指令译码　EX—执行指令　WR—写回结果

图 2-12　流水线执行和相关性

$n+1$ 指令与 $n+2$ 指令之间产生的是数据相关。数据相关可以用时间推后法解决，这会影响速度，也可以用硬件检测和内部推前法或软件指令调度解决。假如第 $n+3$ 条指令是跳转 JUMP 指令，则第 $n+4$ 条指令应该执行转移后的目标地址指令，但是第 $n+3$ 条指令的译码流水级 ID 译出跳转转移指令时，顺序的第 $n+4$ 条指令已经执行取指指令级 IF。也就是说，$n+4$ 指令已经进入流水“管道”，但实际上应该执行的却是转移后的目标地址指令，这就会发生错误，这种情况叫作转移相关。原始的解决方法是“冲刷”掉流水管道中的第 $n+4$ 条指令，等到转移目标地址指令找到后，再把它放入流水管道运行，这就是延迟转移技术，但这又会降低流水线执行效率。

数据相关或转移相关问题可使流水线的效率严重降低。编译优化及其指令调度的目的，就是通过重新组织指令执行的顺序，解除转移相关和数据相关或降低相关问题带来的损失程度。

3. 重叠寄存器窗口技术

RISC 机控制线路少，芯片上有大量通用寄存器，在执行程序时可以存放更多的操作数或公用参数，采用寄存器窗口技术还可以更好地支持过程的调用和返回，提高机器工作效率。

寄存器窗口技术就是把整个寄存器组分成很多小组，每个过程分配一个寄存器小组，当发生过程调用时，自动地把 CPU 转换到不同的寄存器小组使用，不再需要做保存和恢复的操作，这个寄存器小组就叫作寄存器窗口。相邻的寄存器窗口间有部分是重叠的，便于调用参数传送。给每个过程提供有限数量的寄存器窗口，让各个过程的部分寄存器窗口是重叠的，这就是重叠寄存器窗口技术。在 RISC Ⅱ的寄存器窗口中，每个窗口内的寄存器分为三部分：一部分为参数寄存器，有 6 个，用来与高一级过程（本过程的主调过程）交换参数；第二部分为本地寄存器，供本过程自用，有 10 个；第三部分为暂存寄存器，也有 6 个，用来与低一级的过程（本过程的受调过程）交换参数。RISC Ⅱ的寄存器窗口如图 2-13 所示。

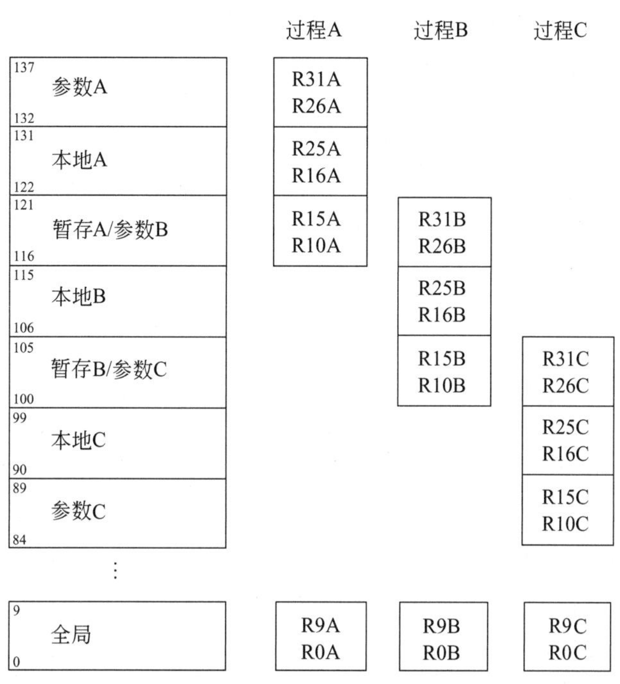

图 2-13 RISC Ⅱ的寄存器窗口

RISC 共有 138 个实际寄存器：第 0～9 号实际寄存器为全局寄存器，存放各过程的公用参数，各窗口都能用；其余的 128 个实际寄存器分成 8 个窗口，在任何一个时刻只能见到一个窗口。对这个窗口内的寄存器编号，它们就是程序或过程所能访问到的逻辑寄存器，共 32 个，每个程序或过程只能直接访问到 32 个寄存器，在过程调用或返回时只要切换窗口即可。每次从高一级过程转到低一级过程时，前者的暂存寄存器和后者的参数寄存器是同一组的实际寄存器，这样在过程转换时，参数无须在寄存器中移动，窗口切换安排由编译程序自动完成。图 2-13 给出了 A、B、C 三个过程，A 过程调用 B 过程，B 过程又调用 C 过程，这些窗口按堆栈方式组织，采用相邻过程的低区和高区共用一组物理寄存器的重叠技术，不需要花费任何附加的操作可以实现两个过程参数直接交换，因而显著减少了过程调用和返回执行时间、执行的指令条数和访问存储器的次数。每次调用新过程，切换到一个相邻的窗口。这种重叠寄存器窗口技术已经被很多 RISC 采用。

窗口数毕竟是有限的，当过程调用超过 8 重时，可通过在寄存器中开辟一个堆栈，使得寄存器组有一个足够大的虚拟容量可供使用，把老的过程参数保存到存储器中，等嵌套深度减小后再恢复。

4. 独立指令 Cache 和数据 Cache

RISC 中采用了高速缓冲存储器 Cache，并设置了指令 Cache 和数据 Cache 分别存放指令和数据，这样就可以同时访问指令 Cache 和数据 Cache，从而向指令流水线不间断地输送指令和存取数据，来提高流水线的效率。

5. 优化的编译技术

编译技术对未来的技术有两个挑战，一是数据如何有效地减少存储层次与通信开销，二是并行性的开发。利用处理机中可用的并行性编译程序可以更好地提高性能。各类高级语言的编译程序一般是通过语法分析程序将源程序翻译成一个中间代码程序，再用一个优化程序将中间代码程序优化，最后通过代码产生程序将优化的中间代码程序翻译成机器代码程序，即目标程序。

RISC 思想在采用硬件技术提高处理机性能的同时，也十分重视软件的优化编辑技术，只有把硬件软件结合起来，才能更好地使计算机性能得到充分发挥。

2.4.5 RISC 举例

本节以 UCB 的 RISC Ⅱ为例，RISC Ⅱ中流水线采用三级：第一级为取指和译码；第二级从寄存器中读源操作数（最多两个）并执行相应操作；第三级将操作结果写回寄存器文件。每一个流水线级用一个机器周期。当某条指令是转移指令时，采用优化延迟转移，就可以在这中间插入一条不相关指令，从而填补因停顿而产生的空槽。

对于下一条指令要用到上一条指令操作数结果时，可通过内部定向（或直接通路），使上一条指令操作结果产生就可以直接通过专用通路送往下一条指令。

1. 面向寄存器结构

UCB RISC Ⅱ具有一个由 138 个寄存器组成的寄存器组。一个指令寄存器有三个程序计数器，即 NXTPC、PC 和 LSTPC，还有一个处理机状态字 PSW。由于大部分算术和逻辑运算都需要两个源操作数，再将结果放回操作数寄存器，所以加快操作数访问的速度至关重要。

RISC Ⅱ中大部分指令采用的三地址指令为

```
Rd←Rs1 OP s2
```

其中，Rs1 是一个源寄存器操作数；s2 可以是另一个源寄存器操作数，也可以是一个立即数；OP 是可提供的操作。为了精简指令系统和简化控制部件，在 RISC Ⅱ中只提供基本而必要的操作，如整数加法、整数减法、布尔运算以及逻辑位移和算术运算位移等。这些操作中也充分利用了寄存器操作数。

RISC Ⅱ的指令长度都是固定的 32 位长度，指令格式尽量简单，操作码和操作数等字段都放在固定地方，这样，译码电路简单而且译码速度较快。

2. RISC Ⅱ指令格式

RISC Ⅱ指令格式分成短立即数格式和长立即数格式。指令字段格式又分成两种，如图 2-14 所示。

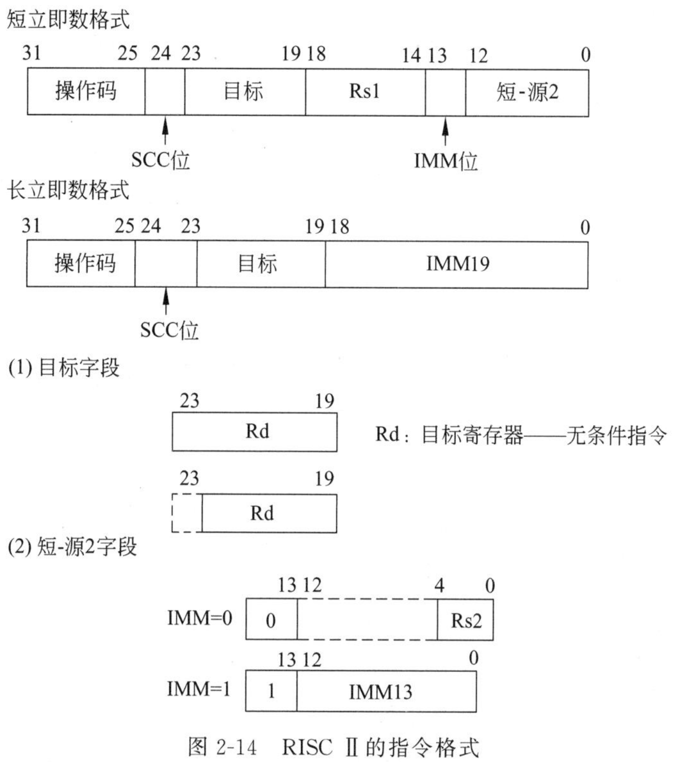

图 2-14 RISC Ⅱ的指令格式

RISC Ⅱ的全部指令都是 32 位长度。操作码有 7 位，可以表示 128 种不同的指令，但实际上只使用 39 种指令；SCC 是置条件码位，它根据指令操作结果设置条件码。目标字段有 5 位，目标字段表示目标寄存器 Rd 号码，正好对应于前述的寄存器窗口 32 个寄存器。目标字段根据操作码的不同表示两种情况：第一种情况，如果是条件控制转移指令，则目标字段的低 4 位表示转移条件，第 5 位(即 23 位)不用；第二种情况，如果是其他指令，短立即数格式为所有寄存器对寄存器操作指令格式，也可用于寄存器变址 LOAD 指令、STORE 指令以及控制转移指令。其中，短-源 2 字段的后 5 位可以当作 Rs2(当 IMM 位为 0 时)，也可以使其全部 13 位当作一个立即数(当 IMM 位为 1 时)。

长立即数为所有 PC 相对寻址指令使用，这时 PC 就是其源操作数之一，不再需要 Rs1，因此可以有较长的立即数(19 位)。另一种用途为 LOAD-HIGH 指令，该指令把 19 位立即数放入 Rd 的 19 位高位，同时把 Rd 的低 13 位变为"0"。在使用 LOAD-HIGH 指令时，要和其次一条指令的 13 位立即数字段结合起来，这样可以把任意的 32 位常数放入一个寄存器。这种放入常数的方法需要用两条指令，还要有两个执行周期。

3. 存储器访问和寻址方式

在 RISC Ⅱ中，所有算术运算、逻辑与移位指令都是对寄存器操作的。只有 LOAD 与 STORE 指令可以访问存储器中的操作数，并将这些操作数与寄存器堆来回传送。这种 LOAD/STORE 体系结构可以简化处理器的数据通路设计，简化处理器控制部件设计，简化指令格式，也可以简化处理由于页面请求可能引起的中断。

LOAD 与 STORE 的指令形式如下：

```
Rd←→M[Rs1+s2]
```

其中，M 表示存储器访问，Rs1＋s2 加法指令的结果用来作为存储访问的有效地址。

关于寻址方式，RISC 处理器要求指令系统的寻址方式种类不要太多。根据斯坦福大学 Shustek 的测试，常用的寻址方式不过五种，如表 2-6 所示。

表 2-6　指令寻址方式统计

寻 址 方 式	占 百 分 比
寄存器寻址	32%
变址寻址	17%
立即数	15%
PC 相对寻址	11%
其他	25%

RISC Ⅱ中采用的寻址方式如表 2-7 所示。

表 2-7　RISC Ⅱ中的寻址方式

寻 址 方 式	高级语言用途	表　　示
绝对寻址	全局标量	M[Rb＋IMM]，Rb 为基址
寄存器间接	指针访问	M[Rp＋Ro]，Rp 为指针，Ro 为 0
变址	结构语句	M[Rp＋偏置]
变址	线性字节数组 a[i]	M[Ra＋Ri]，Ra 为数组，Ri 为索引

对于 JUMP、CALL 和 RETURN 等指令，需要有 PC 相对寻址方式。

```
有效地址=PC+IMM
```

4. RISC Ⅰ与 RISC Ⅱ指令系统

RISC Ⅰ与 RISC Ⅱ指令系统分为寄存器对寄存器操作指令、LOAD 与 STORE 指令、控制转移指令与其他指令 4 种类型。

1）寄存器对寄存器操作指令

这些指令如表 2-8 所示，包括整数算术运算、逻辑和移位指令。

它们都是短立即数指令格式。源操作数有以下两种。

（1）当前窗口的寄存器 Rs1。

（2）源 2：它可以是当前窗口的寄存器 Rs2，也可以是指令中的立即数常数。结果写回当前窗口的目标寄存器 Rd。这些指令都会修改条件码。

表 2-8　寄存器对寄存器操作指令

RISC Ⅱ	RISC Ⅰ	操　　作
Add	ADD	Rd←Rs1＋s2
Addc	ADDC	Rd←Rs1＋s2＋进位
Sub	SUB	Rd←Rs1－s2
Subc	SUBC	Rd←Rs1－s2－借位
Subi	SUBR	Rd←Rs2－Rs
Subci	SUBCR	Rd←Rs2－Rs－借位
And	AND	Rd←Rs&s2
Or	OR	Rd←Rs|s2
Xor	XOR	Rd←Rs xor s2
Sll	SLL	Rd←Rs 按 Rs2 移位(左移)
Sra	SRA	Rd←Rs 按 Rs2 移位(左移)
Srl	RL	Rd←Rs 按 Rs2 移位(右移)

2）LOAD 与 STORE 指令

（1）LOAD 指令执行从虚拟地址空间的读访问，其有效地址形成的方法如下。

操作码中有 x 符号者为寄存器变址寻址：

```
Rs1+短-源 2
```

操作码中有 r 符号者为 PC 相对寻址：

```
PC+IMM19
```

LOAD 指令可对字(w)、半字(h)和字节(b)访问。其执行次序是：先从存储器中取出所寻址的字，然后从该字中取出所需的部分。再进行向右对准，或符号扩展，或填充零，然后再装入目标寄存器 Rd。

（2）STORE 指令执行对虚拟地址空间的写访问，其有效地址计算方法与 LOAD 指令相同，只有寄存器变址寻址例外，其中，源 2 必须是立即数。CPU 要根据指令的类型以及有效地址的最低两位所规定的宽度，把要存储的数据对齐。LOAD 与 STORE 指令如

表 2-9 所示。

表 2-9　LOAD 与 STORE 指令

RISC Ⅱ	RISC Ⅰ	操　　作
Ldxw	LDL	Rd←M[Rx+s2],装入字,寄存器变址
Ldrw		装入字,PC 相对寻址
Ldxhu	LDSU	装入半字,无符号,寄存器变址
Ldrhu		装入半字,无符号,PC 相对寻址
Ldxhs	LDSS	装入半字,带符号,寄存器变址
Ldrhs		装入半字,带符号,PC 相对寻址
Ldxbu	LDBU	Rd←M[Rx+s2],装入字节,无符号,寄存器变址
Ldrbu		装入字节,无符号,PC 相对寻址
Ldxbs	LDBS	Rd←M[Rx+s2],装入字节,带符号,寄存器变址
Ldrbs		装入字节,带符号,PC 相对寻址
Stxw	STL	M[Rx+s2]→Rm,存入字,寄存器变址
Strw		存入字,PC 相对寻址
Stxh	STS	M[Rx+s2]→Rm,存入半字,寄存器变址
Strh		存入半字,PC 相对寻址
Stxb	STB	M[Rx+s2]→Rm,存入字节,寄存器变址
Strb		存入字节,PC 相对寻址

3)控制转移指令

控制转移指令包括跳转、子程序调用以及返回。其有效地址计算方法与 LOAD 指令相同,具有寄存器变址和 PC 相对寻址方式,但 RETURN 指令只有寄存器变址方式。控制转移指令如表 2-10 所示。

表 2-10　控制转移指令

RISC Ⅱ	RISC Ⅰ	操　　作
Jmpx	JMP	PC←Rx+s2,条件跳转 COND,s2(Rx)
Jmpr	JMPR	PC←PC+r,条件相对跳转 COND,Y
Call x	CALL	Rd←PC,next,调用,并改变窗口
		PC←Rx+s2,CWP←CWP−1
Callr	CALLR	Rd←PC,next,相对调用,并改变窗口
		PC←Rx+Y,CWP←CWP−1
Ret	RET	PC←Rm+s2,返回,并改变窗口

续表

RISC Ⅱ	RISC Ⅰ	操　作
		CWP←CWP+1
Calli	CALLINT	Rd←last PC 禁止使能中断
		next CWP←CWP−1
Reti	RETINT	PC←Rm+s2,使能中断
		next CWP←CWP+1

4）其他指令

idhi：它是装入立即数高位的指令，把长立即数常数的高位部分装入寄存器。

```
Rd<31:13>←Y;Rd<12:0>←0
```

getlpc：这条指令用来作为每一个中断处理子程序的第一条指令，把 LSTPC 保存到 Rd 中。

```
Rd←last PC
getpsw
```

putpsw：它用来管理 PSW 字，包括把这个状态字装入 Rd(在中断前)并恢复。

```
Rd←PSW  装状态字
PSW←Rm  置状态字
```

2.4.6 RISC 的发展

RISC 的问世是计算机体系结构发展史上的一个里程碑。RISC 设计思想强调改进经常使用的基本指令执行效率，充分利用 VLSI 芯片上执行较快而且控制较简单的寄存器——寄存器操作。同时，RISC 设计思想十分重视硬件的优化组合，共同提高计算机的速度，这就为大幅度提高处理器性能开辟了广阔的前景。在不到十年的时间里，RISC 技术使 VLSI 处理器的工作速度从 2～3MIPS 上升为 200～300MIPS。RISC 出现之初是用于 32 位超级小型计算机中，最早投入市场的产品，如 Pyramid、HP3000/930/950 等都属于 VAX-11/780 一档的超级小型计算机。

20 世纪 80 年代中期，RISC 开始进入微型计算机领域。时至今日，绝大多数新设计的微处理器和工程工作站、服务器都采用了 RISC 设计技术。也有不少作为嵌入式控制器，主要产品有 MIPS 公司的 R2000/R3000，Sun 微型计算机系统公司的 SPARC，IBM 公司的 6150 RT PC 等，它们的速度一般都比 VAX-11/780 快 10～20 倍。Intel i860 可以作为这个时期的代表，构成了嵌入式微型计算机，它们的芯片上除了有 RISC 核心处理器外，还把过去大型计算机中的数据 Cache、指令 Cache、浮点计算器(加法、乘法)、地址变换表等都做在同一芯片上，使得一个芯片上晶体管总数超过 100 万个，主频达到 40MHz。

由于采用流水和内部并行，每个机器周期平均完成的指令数可以超过一条，普遍采用超标量、超长指令字及超流水技术，采用动态转移揣测技术等。RISC也可以进行向量运算，单精度向量运算达到80MFLOPS，双精度向量运算达到60MFLOPS，在大部分应用中，它的综合性能接近CRAY-1计算机水平。

RISC和CISC是目前设计制造微处理器的两种典型技术，虽然它们都试图在体系结构、操作运行、软件硬件、编译时间和运行时间等诸多因素中做出某种平衡，以求达到高效的目的，但采用的方法不同，因此，在很多方面差异很大。

（1）指令系统：RISC设计者把主要精力放在那些经常使用的指令上，尽量使它们具有简单高效的特色。对不常用的功能，常通过组合指令来完成。因此，在RISC上实现特殊功能时，效率可能较低。但可以利用流水技术和超标量技术加以改进和弥补。而CISC的指令系统比较丰富，有专用指令来完成特定的功能。因此，处理特殊任务效率较高。

（2）存储器操作：RISC对存储器操作有限制，使控制简单化；而CISC的存储器操作指令多，操作直接。

（3）程序：RISC汇编语言程序一般需要较大的内存空间，实现特殊功能时程序复杂，不易设计；而CISC汇编语言程序编程相对简单，科学计算及复杂操作的程序设计相对容易，效率较高。

（4）中断：RISC在一条指令执行的适当地方可以响应中断；而CISC是在一条指令执行结束后响应中断。

（5）CPU：RISC CPU包含较少的单元电路。

本章小结

本章对指令系统及与指令系统直接相关的数据表示和寻址技术等内容进行介绍。指令系统是计算机系统中软件设计人员与硬件设计人员之间的一个主要分界面，也是它们之间互相沟通的桥梁。在计算机系统的设计过程中，指令系统的设计是非常关键的，必须由软件设计人员和硬件设计人员共同完成。

数据表示包括基本数据表示、浮点数据表示、自定义数据表示和向量数据表示。IEEE浮点数标准是由IEEE制定的浮点数的表示格式和运算规则。该规则定义了四种具体格式，包括单精度格式、扩展单精度格式、双精度格式、扩展双精度格式。IEEE754标准中对特殊数值也做了定义，使0有了精确的表示，同时也明确表示了无穷大，对非规格化数也做了清楚的定义。

自定义数据表示包括带标志符的数据表示和数据描述符两种，带标志符的数据表示描述的是数据的简单结构，数据描述符主要针对复杂的数据结构来设置。

指令系统的设计应遵循一定的原则，满足完备性、正交性、规整性、可扩充性、有效性、兼容性等几方面。指令系统的优化可以对操作码进行优化，从增加单条指令功能及指令种类方面重点从面向目标程序优化、面向高级语言优化和面向操作系统优化实现来改进指令系统。

在RISC系统的设计中，逻辑实现采用硬联和微程序相结合、流水线结构和指令调度、重叠寄存器窗口技术、独立指令 Cache 和数据 Cache、优化的编译技术等，使计算机结构变得更加简单、合理和有效，克服了传统计算机结构的不足。

习题

2.1 RISC 设计思想起源主要有哪三方面？

2.2 存放数据或信息的部件在不同机器上通常采用哪三种不同的方式编址？各自有何优缺点？

2.3 简述自定义数据表示的定义、分类和优点。

2.4 将下列 IEEE 单精度数由二进制数转换为十进制数。

(1) 1 1000 0011 11 0000 0000 0000 0000 0000 0

(2) 0 0111 1110 10 1000 0000 0000 0000 0000 0

(3) 0 1000 0000 00 0000 0000 0000 0000 0000 0

2.5 某计算机有 8 条指令，它们的使用频率分别是 0.3、0.3、0.2、0.1、0.05、0.02、0.02、0.01。若用哈夫曼编码和扩展操作码(限定两种长度)对它们的操作码进行编码时，操作码的平均码长分别为多少？比定长操作码的平均码长分别减少多少？

2.6 设某机器阶码 6 位，尾数 48 位，当尾数分别以 2、8、16 为基时，在非负阶、正尾数规格化的情况下，求出最小阶、最大阶、阶的个数、最小尾数值、最大尾数值、可表示的最小值和最大值及可表示的规格化数的总个数。

2.7 一台模型机共有 7 条指令，各指令的使用频率分别为 35%、25%、20%、10%、5%、3%、2%，有 8 个通用数据寄存器和 2 个变址寄存器。

(1) 要求操作码的平均长度最短，请设计操作码的编码，并计算设计操作码的平均长度。

(2) 设计 8 位字长的寄存器-寄存器型指令 3 条，16 位字长的寄存器-存储器型变址寻址方式指令 4 条，变址范围±127。请设计指令格式并给出各字段的长度和操作码的编码。

第3章　存储系统

3.1　存储系统基本原理

3.1.1　存储系统的定义

两个或两个以上速度、容量和价格各不相同的存储器用硬件、软件或软件与硬件相结合的方法连接起来称为存储系统。存储系统与存储器的概念是不同的，即使一台机器中只有一种存储器或者多种存储器，若不构成存储系统也无法充分发挥这些存储器的性能。

存储系统是随计算机技术的不断发展而逐渐形成的。由于冯·诺依曼结构的缺陷，计算机系统结构由以 CPU 为中心转变为以主存储器为中心，如图 3-1 所示。

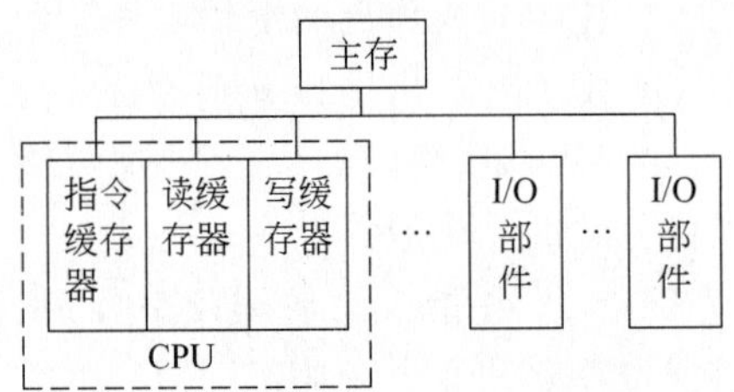

图 3-1　以主存储器为中心的计算机

计算机系统对存储器的希望是速度高到与 CPU 速度匹配，容量大到能存放尽可能多的程序数据、系统软件，价格低廉用户可以接受。而高速度、大容量、低价格是难以在一个存储器中同时实现的。为了解决上述矛盾，一方面致力于对存储器的介质、器件组成技术的研究，以提供性能良好的新型存储器；另一方面则对各种不同性能的存储器之间寻求一种相互联系、缺陷互补的方法，使其组成存储器系统以满足高性能的要求，因此出现了存储系统。图 3-2 中由三个存储器 M_1、M_2、M_3 组成存储系统，使该系统具有下述性能，从应用程序员的角度看来它就是一个存储器，它的速度应接近于其中最快的 M_1，而存储容量接近于容量最大的 M_3，价格接近最便宜的 C_3。也就是说，对用户而言，它用的是一个速度为 T_1、容量为 S_3、价格为 C_3 的存储器。

假设每级存储器的性能指标为速度、容量、价格，分别用下列参数表示。

速度 T：存储器访问周期（或称存取周期、读写周期等）。

容量 S：以字节数表示，单位为 B、KB、MB、GB、TB 等。

价格 C：表示单位容量的平均价值，单位为 \$C/b（每一位二进制数合多少美分）或 \$C/KB。

每级存储器的性能参数可以表示为 T_i，S_i，C_i。存储系统的性能可表示为：$T_i < T_{i+1}$，

$S_i < S_{i+1}, C_i > C_{i+1}$。存储系统示意图如图 3-2 所示。

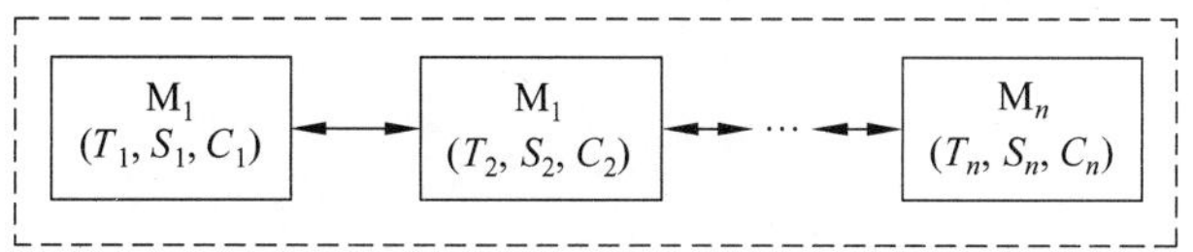

图 3-2 存储系统示意图

图 3-2 中理想的存储系统可以用如下形式表示。

$T \approx \min(T_1, T_2, \cdots, T_n)$，用存储周期表示。

$S \approx \max(S_1, S_2, \cdots, S_n)$，用 MB 或 GB 表示。

$C \approx \min(C_1, C_2, \cdots, C_n)$，用每位的价格表示。

衡量存储系统性能的这三个参数是组成存储系统的每个存储器都具备的必要因素，为了方便分析，假设采用 M_1 和 M_2 两个存储器构成一个两级存储层次结构。两个存储器的容量、价格和速度分别为 S_1、C_1、T_1 和 S_2、C_3、T_2，存储系统的容量、价格和速度分别为 S、C 和 T。

1. 容量

计算机中对存储系统进行编址的要求是对计算机的使用者提供尽可能大的地址空间，而且能对这个地址空间进行随机访问。一般可以选择 M_2 存储器进行编址，对于 M_1 存储器可以不编址，或者只在系统内部进行编址。

2. 价格

整个存储系统的单位容量平均价格 C 可以用式(3-1)计算。

$$C = \frac{C_1 \cdot S_1 + C_2 \cdot S_2}{S_1 + S_2} \tag{3-1}$$

由式(3-1)可以看出，当 $S_1 \ll S_2$ 时，则有 $C \approx C_2$，也就是说，整个存储系统的单位容量平均价格 C 接近于比较便宜的 M_2 存储器。

3. 速度

存储系统的速度一般用访问周期来衡量，而访问周期与命中率有着密切的联系。命中率是 CPU 访问存储系统时在 M_1 中找到所需信息的概率。假设通过统计得到访问 M_1 和 M_2 的次数分别为 N_1 和 N_2，则有式(3-2)：

$$H = \frac{N_1}{N_1 + N_2} \tag{3-2}$$

对应的不命中率为 1-H。

根据命中率可以得出整个存储系统的访问周期 T 的表达式如式(3-3)所示。

$$T = H \cdot T_1 + (1 - H) \cdot T_2 \tag{3-3}$$

其中，T_1 是访问 M_1 存储器的时间，T_2 是访问 M_2 存储器的时间。

从式(3-3)中可以看出，当命中率 $H \to 1$ 时，$T \to T_1$，即存储系统的访问周期 T 接近

于速度比较快的 M_1 存储器的访问周期 T_1。

存储系统的访问效率定义如式(3-4)所示。

$$
\begin{aligned}
e &= \frac{T_1}{T} \\
&= \frac{T_1}{H \cdot T_1 + (1-H) \cdot T_2} \\
&= \frac{1}{H + (1-H) \cdot \dfrac{T_2}{T_1}}
\end{aligned}
\tag{3-4}
$$

访问效率越高，说明存储系统的访问效率与相对比较快的那个存储器的速度越接近。从式(3-4)中还可以看出，存储系统的访问效率主要与命中率和构成存储系统的两级存储器的速度之比有关。

如果要提高存储系统的速度与相对比较快的那个存储器的速度接近，有两条途径：一条途径是提高命中率 H；另一条途径是构成存储系统的两个存储器的速度不要相差太大。

3.1.2 存储系统的层次结构

计算机中的存储器根据工作速度、存储容量、访问方式、用途等构成一个层次结构，具体如图 3-3 所示。

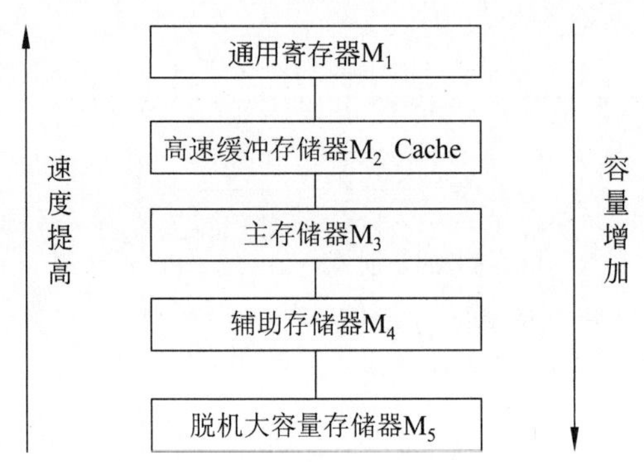

图 3-3 存储系统的层次结构

图中第一层 M_1 是通用寄存器组，位于 CPU 内部，是汇编程序员可编程的空间，也是高级语言中编译器可支配的空间。寄存器之间数据的传递只需要一个时钟周期，速度最快，可以与 CPU 直接匹配。

第二层 M_2 为高速缓冲存储器 Cache，置于主存储器与 CPU 之间，存放那些运行程序中近期即要用到的指令与数据，其速度比主存快很多，由存储器管理部件控制，Cache 对汇编级程序员是透明的。Cache 本身也可以根据需要分为 2～3 个层次，速度最高的部分也可以集成在处理机的芯片中。

第三层 M_3 为主存储器，是计算机的主要部件，是存储系统的核心。CPU 的指令可以直接访问用户能够用到的编程空间。存储系统中的诸项技术措施,都是为了改善主存储器的性能。

第四层 M_4 为辅助存储器,由硬盘组成,具有容量大、价格低的特点。

第五层 M_5 为脱机存储器,指磁带机、光盘等。

如图 3-3 所示的层次结构的存储系统中,主要采取了两种技术。一是在主存储器与 CPU 之间增加了一级高速缓冲存储器,使得 CPU 在对主存储器访问时,所面对的存储器具有高速缓存的速度和主存储器的容量,以改善速度性能。二是在主存储器与辅助存储器之间采用了虚拟存储技术,使得 CPU 在访问主存储器时,所见到的存储器是具有近于主存储器的速度和辅助存储器的巨大存储空间,如果不考虑 M_1 及 M_5 两级,那么与 CPU 匹配的存储器系统将是一个近于 Cache 速度和辅助存储器容量的存储器。

如表 3-1 所示为目前各级存储器的主要性能指标及其所采用的材料工艺。

表 3-1 各级存储器的性能指标

存储器层次	通用寄存器	缓冲栈	Cache	主存储器	磁盘存储器	脱机存储器
存储周期	<10ns	<10ns	10～60ns	60～300ns	10～30ms	2～20min
存储容量	<512B	<512B	8KB～2MB	MB～1GB	GB～1TB	GB～10TB
价格/$C·KB^{-1}$	1200	80	3.2	0.36	0.01	0.0001
访问方式	直接译码	先进先出	相联访问	随机访问	块访问	文件组
材料工艺	ECL	ECL	SRAM	DRAM	磁表面	磁、光等
分配管理	编译器分配	硬件调度	硬件系统	操作系统	系统/用户	系统/用户
带宽/$MS·s^{-1}$	400～8000	400～1200	200～800	80～160	10～100	0.2～0.6

3.1.3 多体交叉访问存储器

根据主存储器中存储体的个数以及 CPU 访问主存一次所能读出的信息的位数,可以将主存储器系统分为以下 4 种类型。

(1) 单体单字存储器。即存储器只有一个存储体,而且存储体的宽度为一个字,一次可以访问一个存储器字,此存储器字长 W 与 CPU 所要访问的字(数据字或指令字,简称 CPU 字)的字长 W 相同。

(2) 单体多字存储器。即存储器只有一个存储体,但存储体的总线宽度较大,可以是多个字。若要想提高主存储器频宽,使之与 CPU 速度匹配,在同样的器件条件下,需要提高存储器的字长。例如,改用图 3-4 所示的方式组成,主存储器在一个存储周期内就可以读出 4 个 CPU 字,相当于 CPU 从主存储器中获得信息的最大速率提高到原来的 4 倍,这种主存储器称为单体多字存储器。单体多字($m=4$)存储器示意图如图 3-4 所示。

(3) 多体单字交叉存取的存储器。例如,多体交叉存储器,因为每个存储体都是一个 CPU 字的宽度。

(4) 多体多字交叉存储器。它将多体并行存取与单体多字相结合。

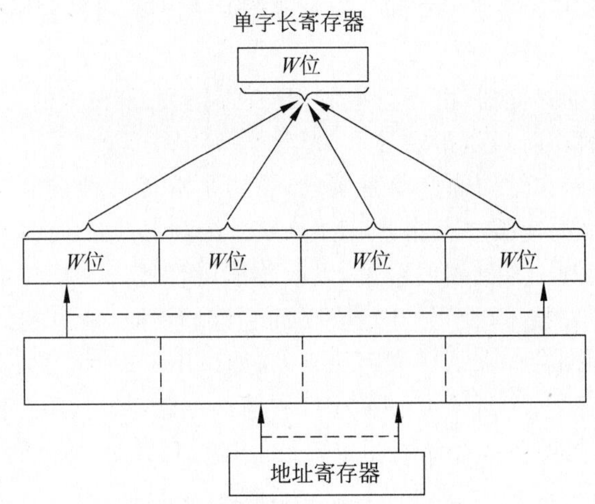

图 3-4　单体多字($m=4$)存储器

单体多字方式要求可并行读出的 m 个字必须是地址顺序排列且处于同一主存单元。多体单字方式采用 m 个存储体交叉编址，多个存储体并行进行存取操作，每个存储体的宽度一般是一个字的宽度。这种方式所花费的器件和总价格并不比采用单体多字方式的多太多，但其实际带宽却可以比较高。因为多体单字方式只要 m 个地址不发生分体冲突（即没有发生两个以上地址同属一个分体），即使地址之间不是顺序的，仍可并行读出，使实际带宽提高成单体单字的 m 倍。

能并行读出多个 CPU 字的单体多字、多体单字交叉、多体多字交叉存取的主存系统称为并行主存系统。

并行访问存储器的冲突主要来自如下几方面。

(1) 取指令冲突。在遇到转移指令而且转移成功时，同一个存储周期中读出的 n 条指令中，在转移指令后面的几条指令将无用。

(2) 读操作数冲突。一次同时读出的 n 个操作数，不一定都有用。换一种说法，需要的多个操作数不一定正好都存放在同一个存储字中。

(3) 写数据冲突。这种并行访问的存储器，必须凑齐了 n 个数之后才能一起写入存储器。如果只写一个字，必须先把属于同一个存储字的 n 个数据都读到数据寄存器中，然后在地址码的控制下修改其中的一个字，最后再把整个存储字写回存储器中。

(4) 读写冲突。当要读出的一个字和要写入存储器的一个字处在同一个存储字内时，无法在一个存储周期内完成。

这 4 种冲突中，第 1 种冲突的概率比较小，因为程序在大多数情况下是顺序执行的。第 2 种冲突的概率比较大，因为操作数的随机性比程序要大。第 3 种和第 4 种冲突，解决起来有一定困难，需要专门进行控制。

分析发生这些冲突的原因，从存储器本身看，主要是因为地址寄存器和控制逻辑只有一套。如果设置 n 个独立的地址寄存器和 n 套读写控制逻辑，则第 3 种和第 4 种冲突就可以解决了，第 1 种和第 2 种冲突也能有所缓解。

目前的存储器面对着多个访问源，所要访问的内容可能存放在任意一个存储体内的任意单元，这时就可以采用交叉访问。如图 3-5 所示是交叉访问的示意图，它具有多个访问源 S，可以同时向多个存储体 m 中的任何一个发出访问请求（$s=3$，$m=4$）。

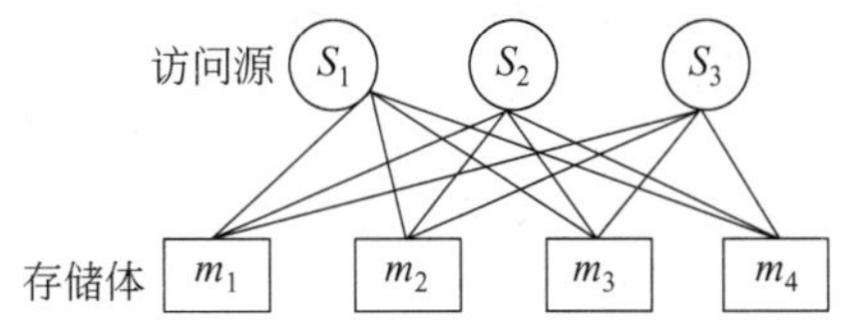

图 3-5　多体交叉存取示意图

并行交叉访问存储器的结构，依据编址方式的不同，可分为高位交叉访问与低位交叉访问两种，其中，低位交叉存储器能够有效地解决访问冲突问题。

1. 高位交叉访问存储器

计算机系统中的主存储器如果采用模块化结构一般都采用高位交叉方式。例如，用两个 512MB 的模块构成 1GB 的主存储器，或用 4 个 256MB 的模块构成 1GB 的主存储器等，这种方法可以很方便地改变主存储器的容量。高位交叉访问存储器的结构如图 3-6 所示。

图 3-6 中的存储器有 m 个存储体（$0\sim m-1$），每个存储体内的容量为 n 个字，存储单元的地址由两部分组成：地址码的低位部分为各存储体内地址 $0\sim n-1$；高位字段表示了各存储体的体号 $0\sim m-1$。寻址时，地址的高位字段指出寻址的存储体，低位字段送到该存储体的地址缓存器。

地址码长度 l 应为 $\log_2(m\times n)$，其中，地址的高位字段 $a=\log_2 m$，低位字段 $b=\log_2 n$。

在高位交叉访问方式中，每个存储模块都有各自独立的控制部件，包括地址寄存器、地址译码器、驱动电路、放大电路、读写控制电路、数据寄存器等，有些存储器模块中还有校验及校正电路、高速缓冲存储部件等。

高位交叉方式可以很方便地扩大主存容量。对单用户而言，虽然可以使用到一个很大容量的主存，但由于程序的连续性和局部性，在程序执行中被访问的指令序列和数据绝大多数都分布在同一个存储模块中，因此通常只有一个存储模块在不停地忙碌，其他存储模块是空闲的。如果在多任务或多用户的应用状态下，可以将不同的任务分别存放在不同的体内，减少访问冲突，发挥并行访问的优点。

2. 低位交叉访问存储器

为了达到提高主存储器速度的目的，可以采用低位交叉方式的存储器。在一个存储器周期内 n 个存储体必须分时启动。低位交叉访问存储器的结构中地址码的低位字段为存储体号，高位字段为体内的地址，低位字段译码后决定选择哪个体的数据。这种方式在一般情况下，并行性比较好，可以很有效地拓宽存储器的频带。低位交叉访问存储器的结构如图 3-7 所示。

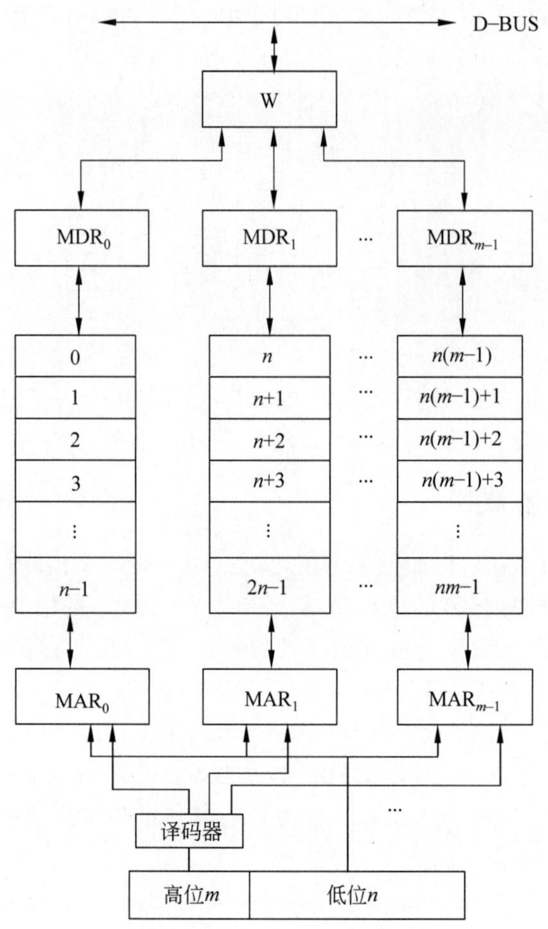

图 3-6　高位交叉访问存储器结构

由于从总线上传送来的地址码不可能是 m 个地址同时到，所以对于多个存储体采取分时启动的方式，如果存储器的访问周期为 T，那么可以分为 m 个时间段，每隔 $t=T/m$ 的时间，启动一个存储体。下面以 $n=8$、$m=4$ 为例，说明低位交叉编址结构分时启动的工作情况。由 8 个存储体构成，总存储容量为 64 的主存储器的低位交叉编址方式如图 3-8 所示。

如果请求访问的地址分别在 4 个存储体中，如 0，17，18，15 或 8，5，14，23，则可以 4 体并行工作，在一个存储周期中取得 4 个数据，速度提高了 4 倍。如果所访问的数据地址有两个或两个以上集中在一个存储体中，就会出现访问冲突。如访问地址为 1，9，10，26，则 1，9 在 1 体中冲突，10 与 26 在 2 体冲突，只好先取 1，10，第二次访问再取 9，26。这时就只有两个存储体并行工作，频带宽度降低了一半。如果 4 个地址都在一个存储体中冲突，则与单体工作一样，速度没有改善，因此防止访问冲突在并行存储器中十分重要，而且必须采取措施进行解决。

D–BUS
W
MDR0
MDR1
…
MDRm−1
0
1m
2m
3m
…
(n−1)m
1
m+1
2m+1
3m+1
…
(n−1)m+1
m−1
2m−1
3m−1
4m−1
…
nm−1
MAR0
MAR1
MARm−1
…
译码器
高位n
低位m

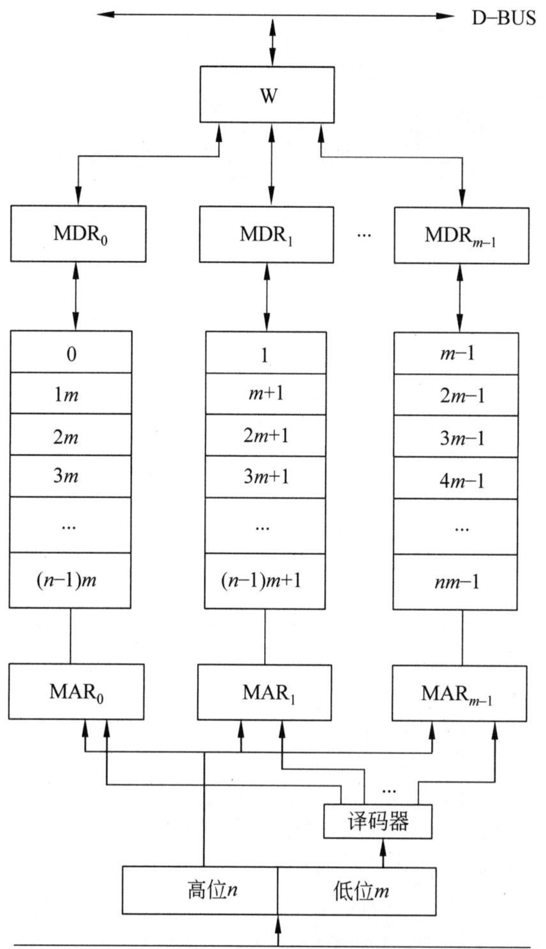

图 3-7　低位交叉访问存储器结构

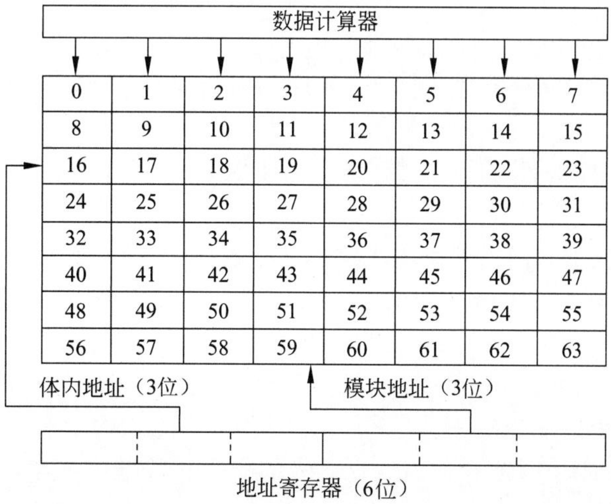

数据计算器
0 1 2 3 4 5 6 7
8 9 10 11 12 13 14 15
16 17 18 19 20 21 22 23
24 25 26 27 28 29 30 31
32 33 34 35 36 37 38 39
40 41 42 43 44 45 46 47
48 49 50 51 52 53 54 55
56 57 58 59 60 61 62 63
体内地址（3位）
模块地址（3位）
地址寄存器（6位）

图 3-8　由 8 个存储体构成的主存储器的低位交叉编址方式

将一个主存周期分为4个时段，对于各个访问请求源而言，同一时刻只能访问一个存储体，每隔1/4主存周期，启动一个存储体。在结构上，4个存储体可以共用一套寻址译码驱动电路及控制部件。如图3-9所示给出了低位交叉编址主存储器的分时启动图。

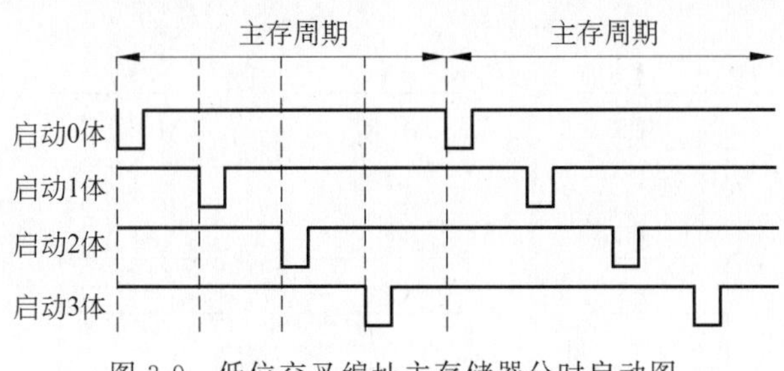

图3-9　低位交叉编址主存储器分时启动图

上述以低位交叉访问方式工作的存储器实际上是采用流水线方式进行存取的，由于能够明显地提高主存的频带宽度，改善速度性能，因而被广泛采用。特别是在多处理机、流水线处理机中，一般都采用这种低位交叉访问的多体存储器。在理想的情况下，整个存储器速度提高的倍数与分体数相同，即m倍。实际上这是不可能的，一是取指令时，遇到转移指令，使后取指令作废；二是取操作数时，存在数据的离散性，可能产生分体冲突。

3.2　高速缓冲存储器

根据存储系统的层次结构可知，为了弥补主存速度的不足，在CPU和主存之间设置了一个高速、小容量的缓冲存储器Cache。这样，从CPU的角度来看，速度接近于Cache，容量接近于主存。目前所有主流处理器都具有一级缓存和二级缓存，高端处理器还集成了三级缓存。其中，一级缓存可分为一级指令缓存和一级数据缓存。一级指令缓存用于暂时存储并向CPU递送各类运算指令；一级数据缓存用于暂时存储并向CPU递送运算所需数据。二级缓存相当于一级缓存的缓冲器：一级缓存制造成本很高，因此它的容量有限，二级缓存的作用就是存储那些CPU处理时需要用到的而一级缓存又无法存储的数据。同理，三级缓存和内存可以看作二级缓存的缓冲器，它们的容量递增，单位制造成本却递减。

3.2.1　高速缓冲存储器的基本结构与工作原理

Cache与主存储器之间通常以块为单位进行数据交换，块的大小以主存储器的一个存储周期中能访问到的数据长度为限。Cache的基本结构如图3-10所示。

因此，在Cache存储系统中，把Cache和主存储器都划分成相同大小的块，这样，主存地址由块号B和块内地址W两部分组成，Cache的地址也由块号b和块内地址W组成。

Cache主要分成以下几部分。

（1）Cache存储体：主要存放由主存调入的指令和数据。主存与缓存之间的信息传送是以块为基本单位，其划分的块的大小也与Cache相同，因此主存与缓存的块内地址字段相同。主存与缓存的地址格式如图3-11所示。

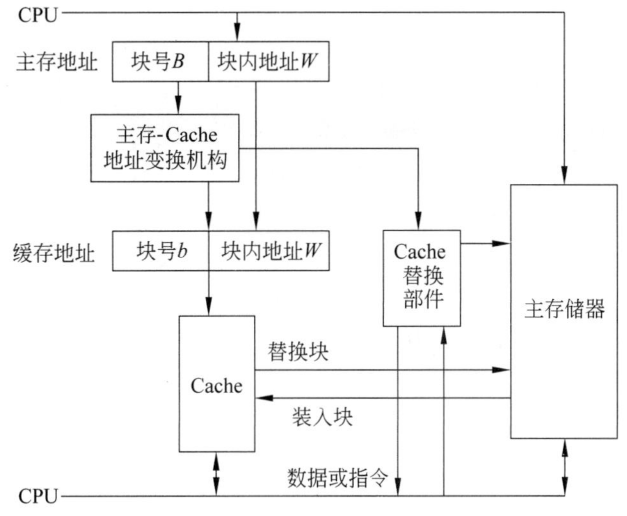

图 3-10 Cache 的基本结构

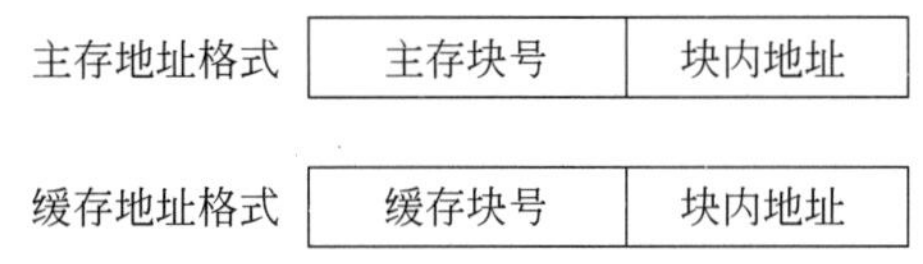

图 3-11 主存与缓存的地址格式

(2) 主存-Cache 地址变换机构：完成主存地址到缓存地址的转换。每当给出一个主存字地址进行访存时，都必须经过主存-Cache 地址变换机构判断该访问字所在的块是否已在 Cache 中。如果 Cache 命中，主存地址经地址变换机构变换成 Cache 地址去访问 Cache，Cache 与处理机之间进行信息传送；如果不在 Cache 中，即不命中时，产生 Cache 块失效，这时就需要从主存中将包含该字的块信息调入 Cache 中，同时将该字送给 CPU。如果 Cache 已满，则需使用替换部件。

地址转换的原理就是建立一个登记表(或称目录表)，主存信息调入时进行登记，在此登记表中记录下主存某一块存入缓存的块地址；当进行信息访问时，再到该记录表中查找，得到缓存地址。该部件的核心是一个相关存储器，也就是按内容存取的存储器。相关存储器的每一个单元(或称表项)必定有两个字段，即主存地址与缓存地址，以主存地址为索引，查找缓存地址。

(3) 替换部件：缓存已满时进行数据块的替换。首先按照一定的替换策略决定被替换掉的块，然后将主存中新调入的块调入主存，并修改地址转换部件。

下面介绍一下 Cache 的工作过程。

计算机刚开始工作时，Cache 为空。CPU 需要访问主存时，首先到 Cache 中查找，即在相关存储器中按内容访问，显然查找不到，即为不命中，则转向替换部件。由替换部件可知，此时 Cache 内尚有空间没有利用，则通知主存将所需的数据调入 Cache，并在目录表中进行登记。当计算机已运行过一段时间，Cache 内已经存入很多数据块，这时就会出现以下两种情况。

(1) 命中：在目录表中查到与主存块地址相同的表项，由此表项可知该块存入缓存的块号。该块号与主存地址中的块内地址组装即形成缓存地址，按照缓存地址到 Cache 存储体中进行访问即可获得 CPU 所需数据。

(2) 不命中：目录表中没有相同的表项，则说明此块尚没有调入缓存，此时转向替换部件，准备调入新内容。这时又有两种情况：一是缓存有空间，则可直接通知主存调入；一是缓存已满，替换部件则按一定的策略选择出应该替换掉的块。如果该块尚有保存价值，则可以写回主存；如果无保存价值，主存可以调入新块将其覆盖。为了节省时间，在访问缓存的同时访问主存，如果不命中，那么主存将数据送入缓存的同时，可以送往 CPU。

根据上述过程，为了提高机器的运行速度，尽可能把主存中当前最活跃的那些指令与数据存放到 Cache 中。当 CPU 需要时，可以直接到 Cache 中去访问，即提高机器的命中率。后面章节将会详细介绍如何提高命中率。另外，为了更好地发挥 Cache 的高速性，减少 CPU 与 Cache 之间的传输延迟，应让 Cache 在物理位置上尽量靠近处理机或放在处理机中。对共用主存的多处理机系统，如果每个处理机都有它自己的 Cache，让处理机主要与 Cache 交换，就能大大减少使用主存的冲突，提高整个系统的吞吐量。

3.2.2 地址映像与转换

地址映像是指某一数据在主存中的地址与缓存中的对应关系，即主存中的数据是按一种确定的规则存放到缓存中，根据这种规则可以很容易地通过地址变换将主存地址转换成缓存地址。地址的映像和变换是紧密相关的，采用什么样的地址映像方法就必然有与这种映像方法相对应的地址变换方法。在进行地址映像和变换过程中，都以块为单位进行调度。下面介绍 3 种映像规则。

1. 全相联方式

地址映像与转换是在两个不同的时间进行的，在数据由主存调入缓存时，按照地址映像规则建立地址映像表，即目录表在 CPU 访问该数据时，根据地址目录表的记录，进行地址转换。

全相联的地址映像规则如下。

(1) 主存与缓存分成相同大小的数据块。

(2) 主存的任意一块可以装入 Cache 的任意一块中。

设 Cache 的容量为 C，每块的大小为 B，主存的容量为 M，每块的大小也为 B，具体映像规则如图 3-12 所示。

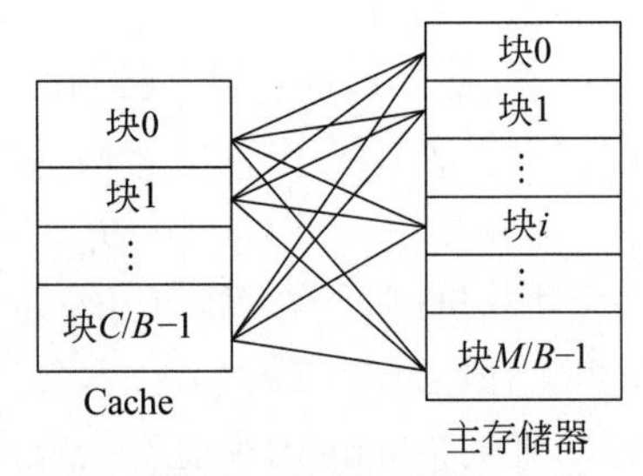

图 3-12　全相联映像方式

图 3-12 中主存分成 M/B 块，缓存分成 C/B 块，当调入某块时，可在目录表中进行登记。目录表由三部分组成：主存块号、Cache 块号和一个有效位，其行

数应与 Cache 的块数相同，字长为主存地址中的块号长度加上 Cache 地址中的块号长度再加上一个有效位。当该位为 1 时，此单元内容有效；为 0 时，则无效。当刚开机运行时，目录表中的这一位都为 0，随着主存内容的调入，将该位置"1"；当此块数据调出或作废时，该位清除为 0。此目录表是按内容进行访问的相联存储器。其地址变换过程如图 3-13 所示。

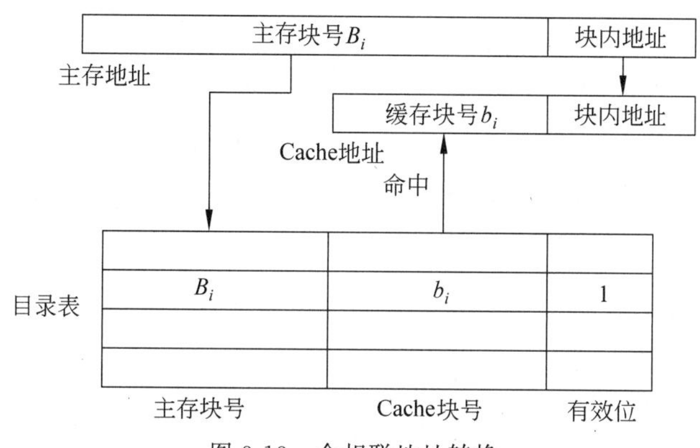

图 3-13 全相联地址转换

举例：某机主存容量为 1MB，Cache 的容量为 32KB，每块的大小为 16B，按全相联方式写出主、缓存的地址格式和目录表格式。

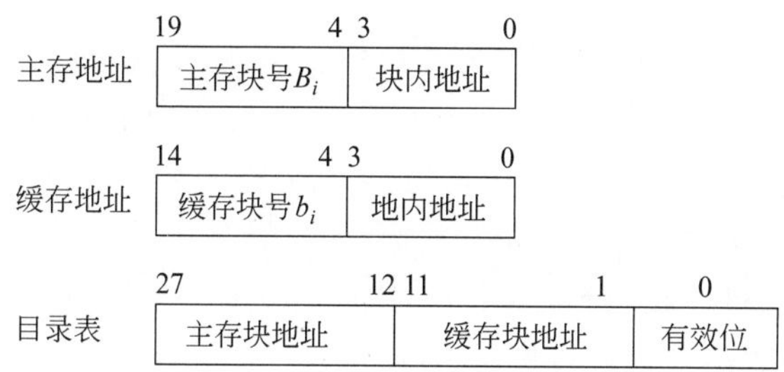

共 28 位＝16 位主存块地址＋11 位缓存块地址＋1 位有效位

容量：应与缓存块数量相同，即 $2^{11}=2048$。

全相联方式的优点是命中率比较高，块冲突率比较小，Cache 存储空间利用率高。缺点是相关存储器访问时，每次都要与全部内容比较。如上例中目录表的容量为 2048，如此大容量的相关存储器难以实现，而且速度低，代价也很高，因此在缓存结构中应用得比较少。

2. 直接相联方式

直接相联方式是一种最简单的映像方式。主存中的一块只能映像到 Cache 的一个确定块中。

直接相联的地址映像规则如下。

(1) 主存与缓存分成同样大小的块。

(2) 主存容量应是缓存容量的整数倍，将主存空间按缓存的容量分成区，主存中每一区的块数与缓存的总块数相等。

(3) 主存中某区的一块存入缓存时只能存入缓存中块号相同的位置。

根据上述规则，如果主存的块号为 N，Cache 的块号为 b，则二者之间的映像关系可以表示为：$b=N \bmod (C/B)$，其中，C/B 是 Cache 的块数。

直接相联的映像关系如图 3-14 表示。

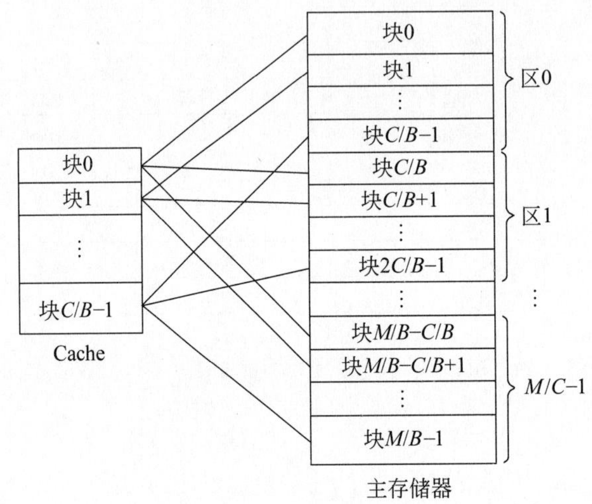

图 3-14　直接相联地址映像

首先将主存按照 Cache 的大小等分成区，因此这里主存的容量应是 Cache 容量的整数倍。每个区和 Cache 仍然分成同样大小的块，这样每个区的块数和 Cache 的块数相等。在这种情况下，直接相联方式就是把主存中各个区中相对块号相同的那些块映像到 Cache 中同一块号的位置上。

由于主存中任意一个区的数据块都可能映像到 Cache 中，因此需要有一个存放主存区号的小容量存储器，即目录表。此目录表按地址进行访问，具体格式为：区号，有效位。其行数与 Cache 的块数相同，字长为区号长度加上一个有效位。其地址变换如图 3-15 所示。

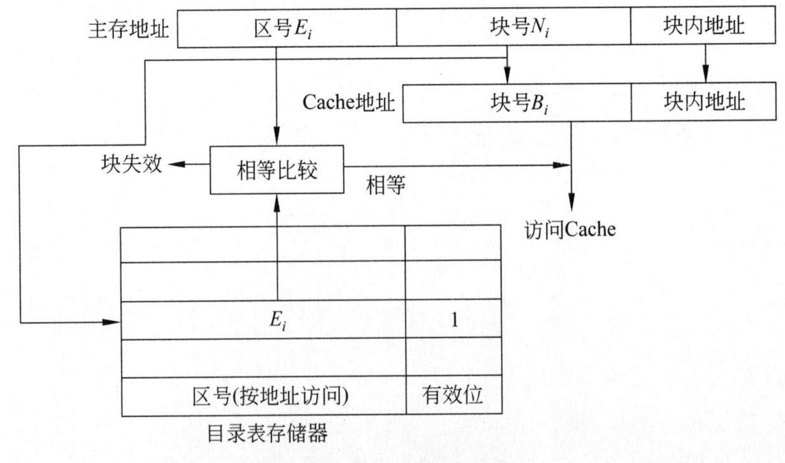

图 3-15　直接相联地址变换

图 3-15 中，首先由处理机给出主存地址，根据主存地址中的块号 B 按地址访问到对应的行，取出该行中的区号 E_i 与主存地址中的区号进行比较。如果比较结果相等，且有效位为“1”，此时说明要访问的那一块已经放入 Cache 中了，即为命中，按照块号和块内地址组合而成的 Cache 地址即可访问到所需数据。若比较结果不等，则为块失效状态，Cache 没有命中，说明被访问的块没有装入到 Cache 中。在这种情况下，对 Cache 的访问中止，继续访问主存储器，同时由硬件按照一定的规则将该块调入 Cache。

另外，还有以下两种情况需要考虑。

一是区号比较结果相等，但有效位为“0”，此时说明 Cache 中的该块已经作废。将按照该地址从主存中读出的新块装入到 Cache 的对应位置中即可，并将有效位置“1”，以备下一次访问使用。

二是区号比较结果不相等，有效位为“1”，表示原来在 Cache 中存放的那一块是有用的，此时必须把 Cache 中的这一块写回到主存储器中原来存放它的存储单元中，才能保证将主存中读出的新块装到 Cache 中。

上述两种情况在调入新块的同时都必须把对应的主存区号写到区号存储器的相应单元中。

举例：主存为 1MB，缓存为 32KB，块的大小为 16B，按直接相联方式写出主、缓存地址格式和目录表格式。

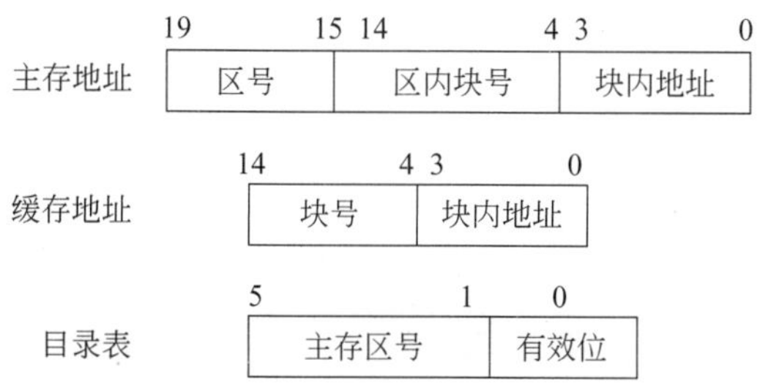

共 6 位＝5 位区号＋1 位有效位。

目录表的容量为 2048 个存储单元。

直接相联是一种最简单的地址映像方式，硬件实现很简单。在访问数据时，不需要进行复杂的地址转换，只检查区号是否相等即可。采用的是按地址访问的方式，而不是按内容访问，因此目录表不一定采用相关存储器，利用一个容量小的高速存储部件，可得到比较快的访问速度，硬件设备简单。

直接相联的缺点是 Cache 的块冲突率很高，导致命中率比较低。若两个或两个以上经常使用的块恰好被映像到 Cache 的同一块位置时，就会使 Cache 命中率急剧下降。即使 Cache 中有大量的空闲块也无法使用。早期的 IBM370/158 等计算机中采用的是直接相联映像方式，目前已经很少使用这种映像方式。

3. 组相联映像方式

组相联映像方式是介于直接相联和全相联方式之间的一种折中方案。组相联方式发扬了两者的优点，既能减少块冲突概率，提高 Cache 空间利用率，又能使地址映像机构及地址变换速度比全相联的简单和快速。

组相联的映像规则如下。

(1) 主存与缓存分成相同大小的块。

(2) 主存与缓存分成相同大小的组。

(3) 主存容量是缓存容量的整数倍，将主存空间按缓存的大小分成区，主存中每一区的组数与缓存的组数相同。

(4) 当主存的数据调入缓存时，主存与缓存的组号应相等，也就是各区中的某一块只能存入缓存的同组号的空间内。组内各块地址之间可以任意存放，即组地址是采用直接相联的映像方式，组内的块采用全相联的映像方式。

根据规则，缓存分为 $C_g=C/B$ 组，每组包含 B 块，共有 C_b 块；主存因为是缓存的整数倍，$M_e=M/C$，所以共有 M_e 个区，同样每区有 C_g 组，每组有 B 块，共有 M_b 块。主存地址格式中应包含4个字段：区号、区内组号、组内块号、块内地址。缓存中包含3个字段：组号、组内块号、块内地址。主存地址与缓存地址的转换有两部分，组地址是按直接相联的方式，按地址进行访问；块地址是采用全相联方式，按内容访问。

组相联的地址转换部件也是采用相关存储器组成，具体映像关系如图3-16所示。

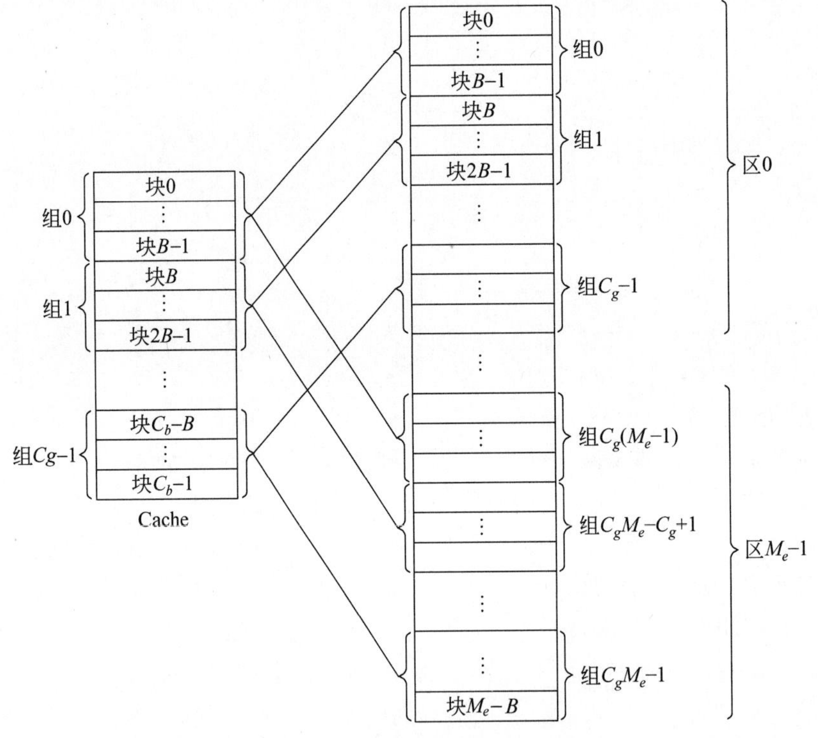

图3-16 组相联地址映像

具体地址转换过程如图3-17所示。

为了实现主存块号到Cache块号的变换，需要一个由高速小容量存储器构成的块表存储器。相关存储器的格式为：主存地址中的区号 E_i 与组内块号 B_i，缓存块地址 b_i，其

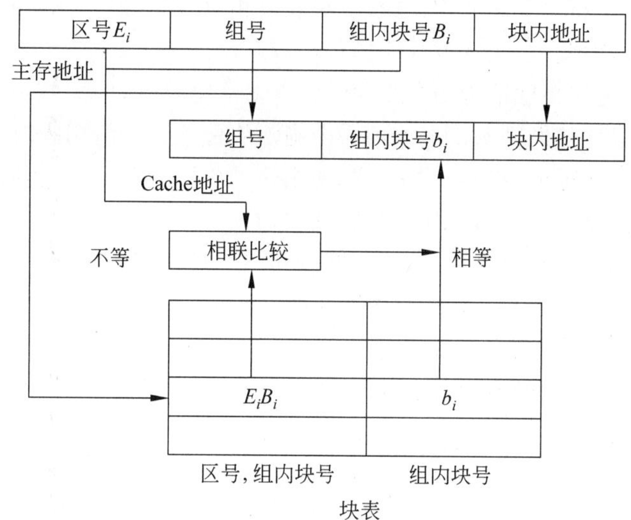

图 3-17 组相联映像的地址转换

中,E_i 和 B_i 组合在一起与 b_i 对应。相关存储器的容量与缓存的块数相同。

当进行数据访问时,先根据组号,在目录表中找到该组所包含的各块的目录,然后将被访数据的主存区号和组内块地址与各块的目录同时进行比较。如果比较相等,而且有效位为"1"则为命中,可将其对应的缓存块地址 b_i 送到缓存地址寄存器的块地址字段,与组号及块内地址组装即形成缓存地址。如果比较不相等,说明没命中,所访问的数据块尚没有进入缓存,进行组内替换。如果有效位为"0",则说明缓存的该块尚未利用,或是原来数据作废,可重新调入新块。

举例说明:主存容量为 1MB,缓存容量为 32KB,每块为 64B,缓存共分为 128 组。

(1) 主存与缓存的地址格式。由于缓存分成 128 个组,组号占 7 位地址,所以每组内只包含 4 块。

$$主存的分区数目=\frac{主存容量}{缓存容量}=\frac{2^{20}}{2^{15}}=2^5=32\ 个区$$

	19 ~ 15	14 ~ 8	7 ~ 6	5 ~ 0
主存地址	区号	组号	块号	块内地址

	14 ~ 8	7 ~ 6	5 ~ 0
缓存地址	组号	块号	块内地址

(2) 相关存储器的格式及容量。相关存储器的存储单元的格式应为:

9 ~ 5	4 ~ 3	2 ~ 1	0
区号E_i	块号B_i	缓存块号b_i	装入位

相关存储器的容量应与缓存的块数相同,即组数×组内块数=128×4=512。需要注意的是,每次访问时,根据组地址找到组号,参加按内容比较的目录只有该组内的 4 项,因此可以得到比较快的转换速度。

组相联映像与全相联映像方式比较，实现起来相对容易，但Cache的命中率却和全相联映像方式很接近，因此，组相联方式应用得比较广泛。

组相联映像与直接相联映像方式比较，块冲突率比较低，因为在直接相联映像方式中，主存中的一块只能映像到Cache中的一个确定块位置。在组相联映像中，如果每组有四块，则主存中的一块可以映像到Cache的四个块的位置。但是，组相联映像方式中组内是相联比较，实现的难度和成本要比直接相联映像高。

另外，当每组的块数只有一块时，组相联就相当于直接相联映像方式。每组的块数与Cache的块数相等时，就相当于全相联映像方式。因此，直接相联映像方式和全相联映像方式是组相联映像方式的两个极端情况。

采用组相联映像方式的典型机器的Cache分组情况如表3-2所示。

表3-2　采用组相联映像方式的典型机器的Cache分组情况

机器型号	Cache的块数 C_b	每组的块数 G_b	Cache组数 C_g
DEC VAX-11/780	1024	2	512
Amdahl 470/V6	512	2	256
Intel i860 D-Cache	256	2	128
Honeywell 66/60	512	4	128
Amdahl 470/V7	2048	4	512
IBM370/168	1024	8	128
IBM3033	1024	16	64
Motorola 88110 I-Cache	256	2	128

从表3-2中可以看出，每组的块数一般都很小。有近一半的机器选择每组为2块，最多的为16块。因为当每个组的块数增加时，需要进行相联访问的存储器的容量将增加，从而查目录表的速度降低，实现的成本随之增加。当每个组的块数太少时，块的冲突概率和Cache的失效率会增大。其他一些新机型的Cache结构如表3-3所示。

表3-3　一些新机型的Cache结构

机器型号	Cache的结构
Pentium Pro	8KB两路组相联指令Cache和8KB的4路组相联数据Cache
龙芯2号	数据Cache和指令Cache各为32KB，2路组相联
Intel Core Microarchitecture (Core 2的2级Cache)	1级Cache分为32KB一级指令Cache和32KB一级数据Cache，都是8路组相联写回缓存，64字节/线，每个核拥有独立的一级Cache，共享二级Cache和总线接口，二级Cache为16路组相联，64字节/线，与一级Cache之间的数据带宽为256位
Pentium MMX Intel Core 2 Duo E7200	片内一级数据和指令的Cache，每个增到16KB，4路相联3MB二级缓存的Core 2 Duo E7200采用16路，相对于采用8路设计的E4000系列增加了一级

续表

机器型号	Cache 的结构
IBM PowerPC 601	只包含一级片上高速缓存,容量为 32KB,组织形式为 8 路组相联,指令和数据合存
IBM PowerPC 604	只在芯片内设有 4 路组相联的 16KB 指令高速缓存和 16KB 的数据高速缓存
IBM PowerPC 620	包含两级片上高速缓存,在芯片内设有 4 路组相联的 32KB 指令高速缓存和 32KB 的数据高速缓存,在芯片外设有 1~128MB 的片外高速缓存

3.2.3 替换算法及实现

从上述地址映像和变换中可知,当 Cache 出现块失效时,需按某种替换算法将 Cache 中的块替换出去。

直接相联映像方式中,由于主存的一块只能存入缓存的对应的一块中,在不命中时只能将所需数据调入该块,因此在替换时没有选择替换算法的问题。全相联映像方式中,不命中时需要替换就必须在全部的 Cache 的块中进行选择,实现起来难度很大。在组相联映像方式中,因为只在缓存组内实现全相联,所以替换时只对组内各块进行选择。衡量 Cache 替换策略的主要指标是命中率。综合命中率、实现的难易及速度的快慢等各种因素,替换策略可分为随机法(RAND 法)、先进先出法(FIFO 法)、最近最少使用法(LRU 法)等。

1. 随机法

这是最简单的一种方法,即随机确定替换的存储块。具体实现方法是使用一个随机数产生器,依据所产生的随机数确定替换的块。PDP-11/70 的 Cache 采用组相联方式,每组只有两块,发生替换时,由一个随机数产生器的状态决定替换出去的块号。这种方法简单、易于实现,但没有依据程序局部性原理,所以命中率比较低。

2. 先进先出法

先进先出法是选择最先调入的块进行替换。这种方法考虑了程序运行的历史状况,但没有正确地反映程序的局部性。其命中率比随机法好些,但还不满足要求。先进先出法的优点是易于实现。

假设 Cache 采用组相联的方式,每组包含 4 块。如果访问主存的块地址顺序为 2,5,4,2,1,3,6,2,1,4,1,如图 3-18 所示是先进先出法替换的操作过程,共命中两次。

具体实现方法可以采用计数器。例如,Solar-16/65 机 Cache 采用组相联方式,每组为 4 块,每块都设定一个两位的计数器,当某块被装入或被替换时该块的计数器清"0",而同组的其他各块的计算器均加"1",当需要替换时就选择计数值最大的块被替换掉。具体实现中,还需在目录表中增加一个替换计数器字段,其长度与 Cache 地址中的组内块号字段的长度相同。

主存块地址执行顺序	2	5	4	2	1	3	6	2	1	4	1
Cache 块0	2*	2	2	2	2	3*	3	3	3	3	1*
Cache 块1		5*	5	5	5	5	6*	6	6	6	6
Cache 块2			4*	4	4	4	4	2*	2	2	2
Cache 块3					1*	1	1	1	1	4*	4
操作	装入	装入	装入	命中	装入	替换	替换	替换	命中	替换	替换

图 3-18　FIFO 替换策略

在有些机型里可以为每个组设置一个计数器,即本组有替换时,计数器加“1”,计数器的值就是要被替换出去的块号。例如,NOVA3 计算机的 Cache 采用组相联映像方式,每组的块数为 8,每组设置一个 3 位计数器。需要替换时,计数器的值加“1”,用计数器的值直接作为被替换块的块号。

总体来说,先进先出法的实现比较简单,但是很有可能出现的情况是最先装入 Cache 的块,也是经常要使用的块,却被替换掉了,从而导致命中率低。

3. 最近最少使用法

LRU 法是指根据各块的使用情况,选择最近最少使用的块作为被替换的块。这种方法比较好地反映了程序局部性规律,因为最近最少使用的块,很可能在将来的近期也很少使用,所以 LRU 法的命中率比较高。但这种方法比较复杂,硬件实现起来比较困难,它不但要记录每块使用次数的多少,而且要反映出近期使用的次数。最久没有使用法(LFU 法)的技术思想与 LRU 法是一样的,只不过实现方法上有所不同。LRU 法是记录近期使用次数的多少,而 LFU 法是记录最久没有使用过,所以后者实现起来比较容易。

假设某 Cache 采用组相联的方式,而每组包含 4 块。如果访问主存的块地址顺序为 2,5,4,2,1,3,6,2,1,4,1,如图 3-19 所示为最久没有使用法的操作过程,共命中 4 次。

主存块地址执行顺序	2	5	4	2	1	3	6	2	1	4	1
Cache 块0	2*	2	2	2*	2	2	2	2*	2	2	2
Cache 块1		5*	5	5	5	3*	3	3	3	4*	4
Cache 块2			4*	4	4	4	6*	6	6	6	6
Cache 块3					1*	1	1	1	1*	1	1*
操作	装入	装入	装入	命中	装入	替换	替换	命中	命中	替换	命中

图 3-19　LFU 法替换过程

由比较可以看出,LFU 的替换算法命中率比较高。

实现 LFU 法及 LRU 法策略的方法也有多种。下面简单介绍计数器法、寄存器栈法及比较对法的设计思路。

1) 计数器法

缓存的每一块都设置一个计数器,具体操作规则如下。

（1）被调入或者被替换的块，其计数器清0，而其他的计数器则加1。

（2）当访问命中时，所有块的计数值与命中块的计数值进行比较，如果计数值小于命中块的计数值，则该块计数值加“1”；如果块的计数值大于命中块的计数值，则数值不变，而命中块的计数器清0。

（3）需要替换时，则选择计数值最大的块被替换。例如，IBM370/65的Cache使用组相联方式，每组有4块，采用LFU替换策略，每一块设置一个2位的计数器，其工作状态如图3-20所示。

主存访问块地址	块4		块2		块3		块5	
	块号	计数器	块号	计数器	块号	计数器	块号	计数器
Cache块0	1	10	1	11	1	11	5	00
Cache块1	3	01	3	10	3	00	3	01
Cache块2	4	00	4	01	4	10	4	11
Cache块3	空	××	2	00	2	01	2	10
操作	起始状态		装入		命中		替换	

图3-20 计数器法实现LFU策略

2）寄存器栈法

设置一个寄存器栈，其容量为Cache中替换时参与选择的块数。如在组相联方式中，则是同组内的块数。堆栈由栈顶到栈底依次记录主存数据存入缓存的块号，现以一组内4块为例说明其工作情况，如图3-21所示为寄存器栈法的工作原理，图中1～4为缓存中的一组的4个块号。

缓存操作	初始状态	装入2	命中块4	替换块1
寄存器0	3	2	4	1
寄存器1	4	3	2	4
寄存器2	1	4	3	2
寄存器3	空	1	1	3

图3-21 寄存器栈法工作原理

（1）当缓存中尚有空闲时，如果不命中，则可直接调入数据块，并将新访问的缓存块号压入堆栈，位于栈顶。其他栈内各单元依次由顶到下顺压一个单元，直到空闲单元为止。

（2）当缓存已满时，如果数据访问命中，则将访问的缓存块号压入堆栈，其他各单元内容由顶向底逐次下压，直到被命中块号的原来位置为止。

如果访问不命中，说明需要替换。此时栈底单元中的块号即是最久没有被使用的。所以将新访问块号压入堆栈，栈内各单元内容依次下压直到栈底。自然，栈底所指出的块被替换。

3）比较对法

比较对法是用一组硬件的逻辑电路来记录各块使用的时间与次数。

假设 Cache 的每组中有 4 块，在替换时，是比较 4 块中哪一块是最久没使用的。4 块之间两两相比可以有 6 种比较关系。

如图 3-22 所示，如果每两块之间的对比关系用一个触发器表示，则可以有 6 个触发器 T_{12}，T_{13}，T_{14}，T_{23}，T_{24}，T_{34}。设定 $T_{12}=0$，说明块 1 比块 2 更久没使用；$T_{12}=1$ 说明块 2 比块 1 更久没有被使用。在每次访问命中或者新调入块时，与该块有关的触发器的状态都要进行修改。例如，块 2 被访问，则与块 2 对比的块 1，3，4 都应是更久未被使用，那么应置 $T_{12}=0$，$T_{23}=1$，$T_{24}=1$。而其他三个触发器状态不变。

此时可以说明，最久未被使用块在 1，3，4 中，此时 $T_{13}=0$，$T_{14}=0$，$T_{34}=0$，虽然根据 T_{34} 可说明块 3 比块 4 更久没使用，但根据 T_{13}，T_{14} 就可以说明块 1 比块 3 和块 4 更久没有被使用，因此，块 1 应是当前最久未被使用块。按此原理，可以写出由 6 个触发器组成的一组编码，状态可以指出应被替换的块。在此例中，被替换的编码如表 3-4 所示，其中空白处说明该触发器状态无关。比较对法示意图如图 3-22 所示。

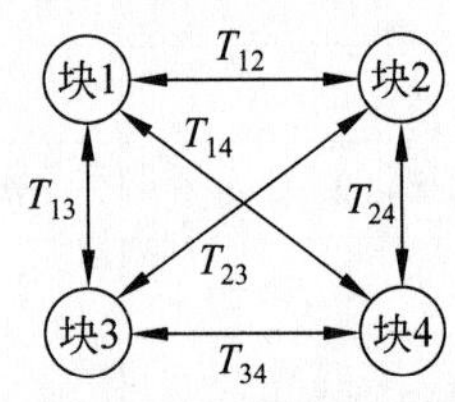

图 3-22　比较对法示意图

表 3-4　被替换的编码表

	T_{12}	T_{13}	T_{14}	T_{23}	T_{24}	T_{34}
块 1	0	0	0			
块 2	1			0	0	
块 3		1		1		0
块 4			1		1	1

写成表达式为：

$$\text{Cache}_1=\overline{T_{12}}\cdot\overline{T_{13}}\cdot\overline{T_{14}}$$

$$\text{Cache}_2=T_{12}\cdot\overline{T_{23}}\cdot\overline{T_{24}}$$

$$\text{Cache}_3=T_{13}\cdot T_{23}\cdot\overline{T_{34}}$$

$$\text{Cache}_4=T_{14}\cdot T_{24}\cdot T_{34}$$

根据逻辑表达式可以设计硬件逻辑的部件。

3.2.4　Cache 的预取算法

Cache 通常是在 CPU 需要时将所需的块从主存调入，只要适当选择好 Cache 的容量、块的大小、组相联的组数和组内块数，就可以保证有较高的命中率。在此基础上，如果能在 CPU 未用到某个信息块之前就将其预取到 Cache 中，即在 Cache 管理中采用主动预取技术，可以进一步提高命中率，这就是 Cache 的预取算法。

对于 Cache 的预取算法，通常可分为恒预取和不命中时预取两种方法。

恒预取是指只要 CPU 访问到主存储器，不论 Cache 是否命中，都将发出预取命令，将紧接着访问字所在块的下一块从主存取到 Cache 中。通常情况下，采用恒预取能使 Cache 的不命中率降低 75%，但这种方法会增加 Cache 与主存之间的通信量。

不命中时预取是指只有当 CPU 访问存储器不命中时才发预取命令，将主存中包括访问字在内的一块取到 Cache 中，再把其紧接着的下一块也取到 Cache 中。通常情况下，采用不命中预取能使 Cache 的不命中率降低 30%。

采用预取法并非一定能提高命中率，还与其他因素有关。

(1) 块大小。如果每块的字节数太少，预取的效果就不明显。如果每块的字节数太多，一是可能预取进不需要的信息，二是由于 Cache 的容量有限，又可能把正在使用或近期内就要用到的信息替换出去，从而导致命中率降低。

(2) 预取开销。开销包括访主存开销、访问 Cache 开销、被替换块写回主存的开销。这些开销增加了主存和 Cache 的负担，特别是希望不要因此干扰和延缓程序的执行。

综上所述，采用了预取之后的效果应该从命中率和所花费的开销多少来考虑。

3.2.5 Cache 的一致性问题

数据的不一致，通常是由于写操作引起的，而这种不一致也往往会引发错误。Cache 的内容是主存内容的一部分，是主存的副本，内容应该与主存一致。由于访问主存的访问源有 CPU、I/O 部件，在多计算机系统中，还要考虑其他计算机可能进行的访问。就单机系统而言，当 CPU 对 Cache 进行了写操作后，被写单元的内容在一段时间内与主存对应单元的内容不同。如果此时有其他的访问源再来访问主存，就会出错。如图 3-23 所示的两种情况，如图 3-23(a)所示是 CPU 将缓存中 X 单元内容已经改写为 X'，如果此时 I/O 对主存该单元进行访问，读到的仍然是没有修改过的 X 值，从而造成出错。同样道理，如图 3-23(b)所示，如果 I/O 对主存的 X 值进行了写操作修改为 X'，而此时 Cache 中的内容仍是 X，如若 CPU 进行读操作时也会读出 X 值，而造成错误。因此 Cache 与主存内容的一致性问题必须考虑。此处只介绍由 Cache 写操作而引起的不一致性的解决方法。

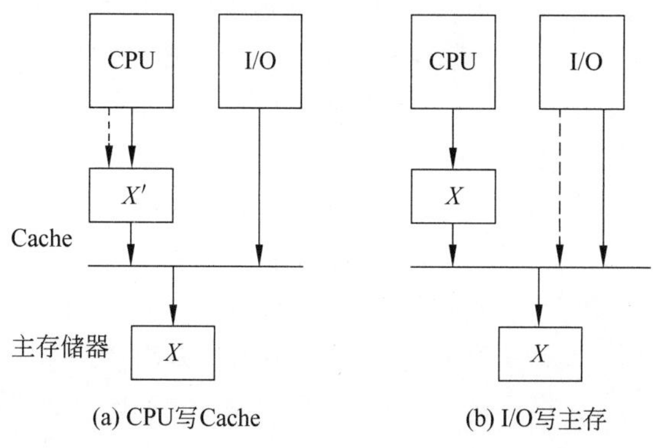

图 3-23　Cache 与主存不一致的两种情况

对 Cache 进行写操作时，采用了两种更新的策略，也就是两种不同的写操作方法，一是全写法，二是写回法。

1. 全写法

全写法，也称写直达法（Write Through，WT），即在对 Cache 进行写操作的同时，也对主存该内容进行写入。这样在地址转换的目录表中不记录该单块是否修改过，在该块被替换时，也可以不考虑将内容写回主存的问题，可以将新块调入，将旧内容覆盖掉。

由于全写法 Cache 及主存与内容同时更新，其一致性保持得比较好，可靠性比较高，操作过程比较简单。如果 Cache 发生错误，可以从主存得到纠正。全写法每次写操作都要访问主存，所以写操作的速度得不到改善，仍然是访问主存的速度。为了改善这一缺点，通常采用一个高速的小容量的缓冲存储器，将要写入的数据和地址先写到这个缓冲存储器，使得 Cache 可以尽快地执行下次访问，然后再将缓冲存储器的内容写入主存。

2. 写回法

写回法（Write Back，WB）是指在 CPU 执行写操作时，只写入 Cache，不写入主存。当需要替换该块时，把修改过的块写回到主存。为此，在缓存块地址转换的目录表中，再设置 1 位称为修改位。如果对该块进行写操作，则修改位置“1”，以记录该块内容曾被修改过。当替换时，如果修改位为“1”，则将该块内容全部写回主存；如果修改位为“0”，说明该块内容没有改变，仍与主存一致，不再执行写回主存操作，可以直接将新块调入将其覆盖掉。

写回法的优点是 Cache 的速度比较高，因为每次访问命中的写操作只写 Cache，不写主存。只有在发生替换时采用将修改过的块写入主存。一般 Cache 的命中率比较高，所以 Cache 与主存之间的通信量大大降低。而全写法每次写操作都要访问主存，而且每次只写回一个字。据统计，如果写操作占整个访问操作的 20%，而 Cache 的命中率为 99%，每块为 4 个字长，Cache 替换时有 30%的块被修改过，需要写回主存。在这种情况下，全写法与主存的通信量比写回法要高约十几倍。写回法因为有一段时间 Cache 内容与主存内容不一致，所以可靠性比全写法差，而且控制操作比较复杂。

写回法在替换时要将一块内容写回主存，此时 CPU 不能继续访问 Cache 及主存，可能处于等待状态。为了改善这一缺陷，可以设置一个高速的数据缓冲存储器，先将写入的数据与地址存入此缓冲区，以使 CPU 可以继续工作。缓冲存储器可以与 CPU 的处理工作并行，将数据写入主存。

不论采用哪种写操作的方法，当遇到写操作访问不命中的时候，可以有两种处理方法：一种是不按写分配法，即当 Cache 不命中时直接将数据写入主存，该地址所对应的数据块不调入缓存；另一种是按写分配法，即数据写入主存，并将该数据块调入 Cache。在实际应用中，一般情况下，写回法在不命中时采用按写分配法处理，而全写法则采用不按写分配法。

3.2.6 Cache 性能分析

Cache 存储器中地址变换和块替换算法全部由硬件实现，因此 Cache-主存存储层次对于程序员和系统程序员都是透明的。同时，Cache 对处理机和主存之间的信息交互也是透明的。对 Cache 的性能分析一般从两个参数计算来衡量。一是 Cache 系统的加速比，二是 Cache 的命中率。

1. Cache 系统的加速比

存储系统采用 Cache 技术的主要目的是提高存储器的访问速度，加速比是其重要的性能参数。

假设 Cache 访问周期为 T_c，主存储器的访问周期为 T_m，Cache 的命中率为 H_c，Cache 系统的等效访问周期为 T，可以表示为式(3-5)：

$$T = H_c T_c + (1 - H_c) T_m \tag{3-5}$$

Cache 系统的加速比 S_p 则如式(3-6)所示。

$$S_p = \frac{T_m}{T} = \frac{T_m}{H_c T_c + (1 - H_c) T_m} = \frac{1}{H_c \dfrac{T_c}{T_m} + (1 - H_c)} \tag{3-6}$$

可以看出，加速比的大小与命中率 H_c 及 Cache 与主存访问周期的比值两个因素有关，命中率越高，加速比越大。当 $H_c \to 1$ 时，$S_p \to T_m/T_c$。如图 3-24 所示为加速比与命中率的关系，H_m 与 H_c 这两个参数决定于主存与缓存的硬件组成，当硬件完成后，H_m/H_c 的值就确定了。由于 Cache 的命中率比较高，一般都大于 90%，所以其加速比很接近于 T_m/T_c。

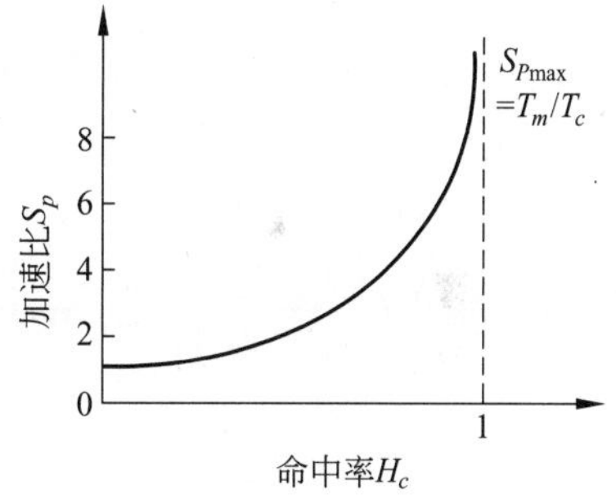

图 3-24 Cache 的加速比 S_p 与命中率 H_c 的关系

在存储系统中，还经常用到另一个性能参数，即存储系统的访问效率 e。它是指高一级存储器的访问速度(容量小速度高的一级)与系统等效的访问速度之比，在 Cache 系统中 e 可表示为式(3-7)：

$$e = \frac{T_c}{T} = \frac{1}{H_c + (1 - H_c) \dfrac{T_m}{T_c}} \tag{3-7}$$

即等效访问周期 T 越接近于 Cache 的 H_c，则访问效率越高。将式(3-5)代入，可以看出 e 仍是 H_c 和 T_m/T_c 的函数。从设计者的角度看，如果 T_m/T_c 的比值很大，而要求访问效率比较高，那么就要求有极高的命中率。如果 T_m/T_c 的比值很小，要求具有同样的访问效率，命中率的要求就可以低得多。例如，$T_m/T_c = 100$，为使 $e > 0.9$，则命中率应满足 $H_c > 0.998$；如果 $T_m/T_c = 2$，同样使 $e > 0.9$，则只需 $H_c > 0.889$ 即可。

2. Cache 的命中率

影响 Cache 命中率的因素有很多，如 Cache 的容量、块的大小、地址映像的方式、替换策略、程序执行中地址流的分布情况、Cache 的预取算法等。由于程序执行的状态是随机的，不同的程序决定了不同的执行状态，因此对于地址流分布对 Cache 命中率的影响，系统程序员无法干涉，替换策略的影响在 3.2.3 节已经介绍，Cache 的预取算法在 3.2.4 节已经介绍，下面对影响 Cache 命中率的其他几个因素做出分析。

1）Cache 的容量对命中率的影响

Cache 容量与命中率的关系如图 3-25 所示，容量越大则命中率越高。当容量由很小开始增加时，命中率增加得比较明显；当容量达到一定程度时，容量增加，命中率改善得并不大。

在一般情况下，图 3-25 中的关系曲线可以近似表示为 $H=1-S^{-0.5}$。因此，当 Cache 的容量达到一定值后，增加 Cache 容量对命中率的影响很小。

2）Cache 块的大小对命中率的影响

无论采用哪种地址映像方式，都需要将主存和缓存分成同样大小的块，块的大小与命中率的关系如图 3-26 所示。

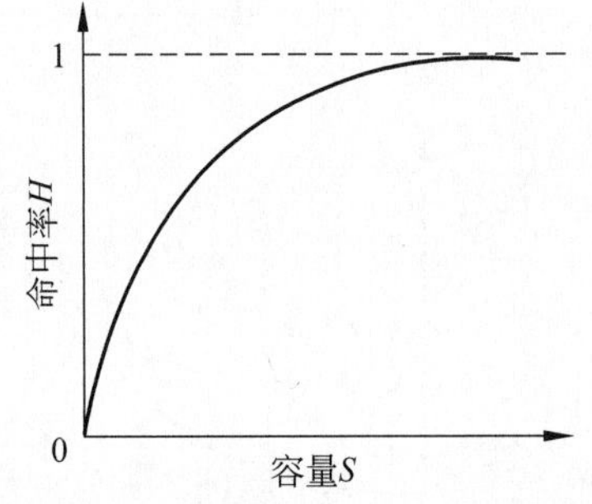

图 3-25　Cache 命中率 H 与容量 S 的关系

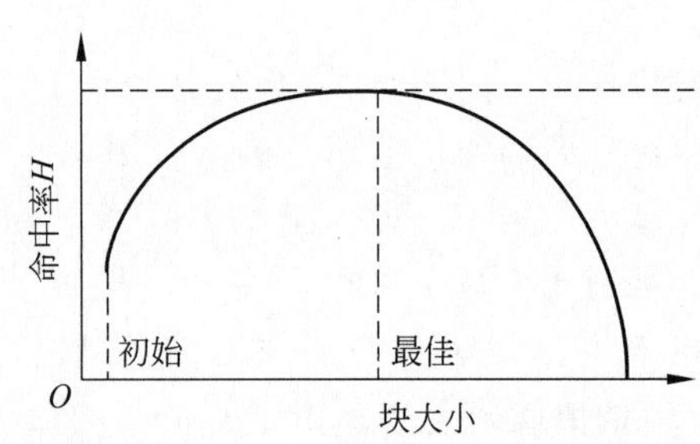

图 3-26　Cache 命中率与块大小的关系

从图 3-26 中可以看出，初始状态时，块的大小很小，命中率很低。随着块大小的增加，由于程序的空间局部性在起作用，同一块中数据的利用率比较高，因此 Cache 的命中率增加。当块的大小达到一个最佳大小时，命中率最高。此后，命中率会随着块大小的增加而减小。也就是说，如果块的大小太大，程序时间局部性的作用会逐渐减弱，一直到块大小相当于 Cache 大小时，命中率将趋近于零。

3）地址映像方式对命中率的影响

地址映像方式的直接相联法，因为主、缓存块的映像关系只有一块，命中率比较低。全相联方式命中率比较高，但难以实现。在通常采用的组相联方式中，主要是分组的数目对命中率的影响比较明显。由于主存与 Cache 的组之间是直接相联方式，当组数分得越多，则命中率越要下降；当组数比较少时，这种影响不明显；当组数大到一定程度时，影响就很大。

3.2.7 Cache的实用举例

为了进一步提高访问存储器操作(包括取指令和读/写存储器操作数)的执行速度，从80486开始，在CPU内部设置了Cache，作为第一级(L1)Cache，其容量为8KB。主板上的Cache保留，称为第二级(L2)Cache。Pentium处理器包含两个彼此独立的内部Cache：代码Cache和数据Cache，也被称为Harvard(哈佛)结构。每个Cache有8KB的容量，采用两路组相联映射方式，两个Cache可以被同时访问。Pentium处理器支持外部的二级Cache，容量是256KB或512KB，统一用作高速缓存指令和数据，也采用两路组相联映射方式，当L1 Cache未命中时，就访问L2 Cache。Pentium Ⅱ处理器的Cache设置与Pentium基本相同，只是Pentium Ⅱ的L2 Cache比Pentium的L2 Cache要快1倍。

Pentium Ⅲ具有32KB L1 Cache和512KB L2 Cache。L2可扩充到1～2MB，具有更合理的内存管理，可以有效地对大于L2缓存的数据块进行处理，使CPU、Cache和主存存取更合理，提高了系统整体性能。

Pentium 4的内存体系主要包括二级Cache、一级数据Cache和跟踪Cache。其中，一级数据Cache存储处理器直接存取的数据，跟踪Cache保存处理器要执行的指令，当指令或数据在跟踪Cache或一级数据Cache中不命中时，就从二级Cache去取，因此二级Cache中存有数据和指令。如果二级Cache也不命中，则要通过系统总线从主存中获得。其二级Cache大小一般为256KB或512KB以上，采用8路组相联映射方式，每线为128B；一级数据Cache大小为8KB，用来执行整数或浮点数的存取，采用4路组相联的映射方式，Cache每线为64B；跟踪Cache主要用来存储指令，但又区别于传统的一级指令Cache，它将指令Cache设计在解码器之下，先解码，然后再把指令微码按程序的顺序放入跟踪Cache中。

Pentium 4的内存层次结构如图3-27所示。

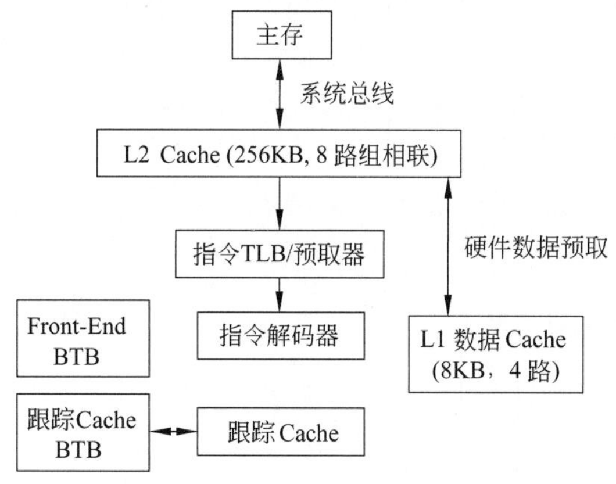

图3-27 Pentium 4内存层次结构图

1. 一级Cache

Pentium 4的一级数据Cache大小为8KB，双端口结构使得能在一个时钟周期内，用一个读取而另一个写回的方式来同时运作。它采用全写法的写入方式,也就是在写入一级 Cache 时,同时写入二级 Cache。一级 Cache 的整数装入延迟为 2 个时钟周期,而浮点数装入为 6 个时钟周期。它与二级 Cache 之间的数据连接宽度为 256B,据此可以算出在主频为 1.5GHz 的 Pentium 4 中,其数据带宽可以达到 48GHz。

2. 二级 Cache

二级 Cache 处在主存与一级 Cache 及跟踪 Cache 的中间位置,一方面它要与主存交换数据,另一方面当要处理的指令或数据在跟踪 Cache 或一级 Cache 中不命中时,又要通过它获得数据。因此,在设计上,根据 Cache 的局部性原理,二级 Cache 主要是为了体现 Cache 的空间局部性原理。二级 Cache 一般较大,但是其速度应低于一级 Cache。在实现上,Pentium 4 的二级 Cache 大小一般为 256KB,高档的已达到 512KB(主频 2GHz 以上)。二级 Cache 的读取延迟为 7 个时钟周期,而一级 Cache 的延迟仅为 2 个时钟周期。

二级 Cache 采用 8 路组相联映射方式,每线为 128B,并分为两个等量的 64B 区间。当它从系统中取数据时,都是以 64B 为单位,这样既能确保突发传输的最大性能(与外界的数据传输率可达到 3.2GHz),又能体现空间局部性的要求。二级 Cache 还采用了预取机制:它通过一个硬件预取器查看核心执行软件的数据存取样本,并实现预取。预取器记录了预取数据没有被命中的历史记录,预取数据一般是根据当前的指令和数据的执行情况以及历史记录来确定的。硬件预取器通过查看核心执行软件的数据存取样本及历史记录等多种方式来提高预取效率,进而加快 Pentium 4 的处理速度。

3. 踪迹 Cache

踪迹 Cache 是 Pentium 4 的一个新的特点,它主要是用来存储指令,但又区别于传统的一级指令 Cache。在 Pentium Ⅲ处理器中是采用一级指令 Cache,因为在 Pentium Ⅲ处理过程中,代码是先被放入一级指令 Cache,直到要真正被处理单元执行时才取出。采用这种方式存在一定的缺陷,由于某些 x86 指令非常复杂,需要耗费大量的时间来解码,有时甚至会阻碍处理器的执行管道;x86 指令有时会大量地循环执行,这样每当循环代码进入执行路径一次就得再解码一次,浪费很多时间;执行软件的分支跳跃可能影响代码的局部性,也会影响一级 Cache 的效率。为解决以上问题,踪迹 Cache 把指令 Cache 设计在解码器之下。

4. 指令 TLB 与前端预测器

指令 TLB 与前端预测器在踪迹 Cache 和指令解码器前面,其主要作用是:当处理器指令在踪迹 Cache 中不命中时,需要从二级 Cache 中去取指令,这时不是直接到二级 Cache 中去搜寻,而是通过 TLB 得到指令在二级 Cache 中的物理地址,然后根据具体的地址去取数据。其中,TLB 的作用是进行地址转换,即把要取的指令地址转换成二级 Cache 的物理地址。前端预测器主要是进行取指令的预测,提供下一步可能要执行的指令。前端预测主要由分支预取逻辑控制,分支预取逻辑允许处理器在前面的分支已经确定的情况下开始取指令并执行。前端预取器很大,它有 4KB 个分支目标入口,能够容纳程序中大部分历史的分支信息。如果一个分支在前端预测器中没有发现，分支预测硬件将根据分支转移的方向(前向或后向)确定该分支。一般后向的分支可能被装入。

总体来说，Pentium 4 处理器在提高存储系统效率并最终提高整个处理器的性能方面，始终是围绕降低内存的访问时间进行的。因此，整个设计都是在提高 Cache 的命中率以及尽量降低未命中所付出的代价。综合前面对 Pentium 4 的内存层次结构的介绍可以得出，Pentium 4 处理器在缩短访问时间进而提高整体性能方面做了以下工作：①采用内存的层次结构，处理单元直接从具有较高速度的一级 Cache(数据)和踪迹 Cache(指令)中取指令和取数据以缩小处理延迟。当在踪迹 Cache 或一级 Cache 中不命中时，通过 TLB 等机制到二级 Cache 中查找。②采用大容量的二级 Cache，以尽量提高系统的命中率。同时，利用长 Cache 线设计配合突发传输机制提高二级 Cache 与外界的数据交换速度，从而减少未命中所付出的代价。③在踪迹 Cache 中，利用前端预测器和分支预测器等技术，提高指令的命中率，并收到了较好的效果。在一级数据 Cache 中，根据指令“乱序执行”的特点，采用“前向存取”的策略以提高数据的命中率。同时，在一级 Cache 和二级 Cache 之间使用高带宽连接，减少了一级 Cache 未命中所带来的开销。

3.3 虚拟存储器

前面所介绍的高速缓冲存储器主要考虑提高存储系统的速度，但存储容量较小。为了弥补这个不足，1961 年，英国曼彻斯特大学的 Lilbrn 等人提出了虚拟存储器的概念。虚拟存储器是为用户提供更大的随机存取空间而采用的一种存储技术，将内存与外存结合使用，好像有一个容量极大的内存储器，工作速度接近于主存，每位成本又与辅存相近，在计算机中形成多层次存储系统。IBM 公司于 1972 年在 IBM370 系统上全面采用了虚拟存储技术。虚拟存储器已成为计算机系统中非常重要的部分。

虚拟存储器只是一个容量非常大的存储器的逻辑模型，不是任何实际的物理存储器。它借助于磁盘等辅助存储器来扩大主存容量，使之为更大或更多的程序所使用。它指的是主存-外存层次，以透明的方式给用户提供了一个比实际主存空间大得多的程序地址空间。

3.3.1 虚拟存储器的工作原理

虚拟存储器是建立在主存-辅存物理结构基础之上，由附加硬件装置及操作系统存储管理软件组成的一种存储体系。它将主存和辅存的地址空间统一编址，形成一个庞大的存储空间。在这个大空间里，用户自由编程，完全不必考虑程序在主存是否装得下，或者放在辅存的程序将来在主存中的实际位置。编好的程序由计算机操作系统装入辅助存储器，程序运行时，附加的辅助硬件机构和存储管理软件会把辅存的程序一块块自动调入主存由 CPU 执行，或从主存调出。用户感觉到的不再是处处受主存容量限制的存储系统，而是好像具有一个容量充分大的存储器。在计算机的存储系统中，虚拟存储器占有很重要的位置，它由主存储器和辅助存储器组成，通过必需的软件和硬件的支持，使得 CPU

可以访问的存储器具有近似于主存的速度和近似于辅存的容量。虚拟存储器中CPU、主存与辅存的关系如图3-28所示。

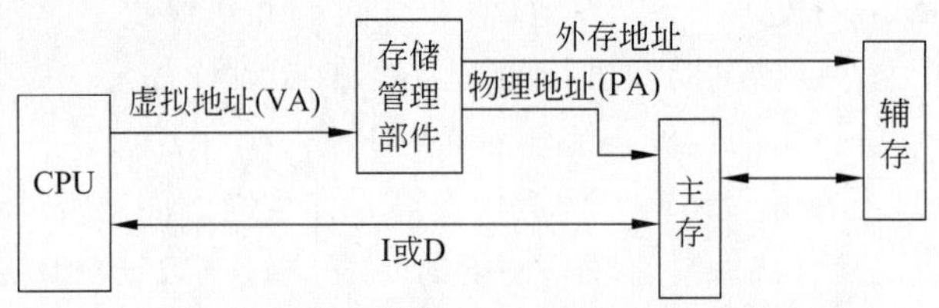

图3-28　虚拟存储器中CPU、主存、辅存间关系

在目前的计算机中，主存储器是由动态随机存取的存储器芯片组成，速度比较高，但容量不够大，不能装入所有需要运行的程序与数据。因此就要利用大容量的辅存，磁盘存储器用来改善主存容量不足的问题，其最根本的理论依据就是程序局部性原理。虚拟存储器通过存储管理部件，使辅存中的内容动态地调入主存，以满足程序对大容量存储器的要求。因此CPU所面对的访问空间就远远大于实际的主存空间，称为虚空间，也就是程序所能利用的空间。对应实际主存空间和虚拟空间的编址，就有了实际地址与虚拟地址。实际地址就是主存物理空间的编址；虚拟地址就是编程序时程序员所用的地址，在编译程序中由处理机生成。CPU访问主存时所给出的是虚拟地址（VA），必须通过存储管理部件进行转换。如果访问命中主存，则将VA转换成主存的物理地址（PA），到主存存取数据或指令（D或I）；如果不命中，则说明所需I与D尚在辅存，则将VA转换成辅存地址，进行辅存与主存之间的信息传输。由此可见，虚拟存储中要解决的主要技术问题是虚-实地址映像与转换以及主存内容的替换。

可以看出，虚拟存储器与高速缓冲存储器在技术思想上及逻辑结构上是十分相似的，所要解决的主要技术问题也是相同的，这也正是计算机中存储系统组成的基本原理。除此之外，虚拟存储器与高速缓冲存储器之间存在着许多不同。

（1）从其功能上看，高速缓存是用来提高主存储器的速度，而虚拟存储器则是扩大主存储器的容量。

（2）从实现技术上看，存储管理部件在高速缓存中全部是由硬件实现的，而在虚拟存储器中以软件为主，硬件提供必需的支持，存储管理工作绝大部分是由操作系统控制的。如存储空间的分配、调度、替换等工作，均由操作系统完成。

（3）一般而言，高速缓存对系统程序员而言是透明的，虽然随着技术的发展会有某些改变，如多级Cache中的某些管理工作由系统程序参与管理，但其主导部分是透明的。而虚拟存储器对系统程序员是不透明的，甚至在某些管理方式中，对用户程序员都是不透明的。

（4）在高速缓存中，进行转换的地址空间只有主存与缓存两个存储空间，在实现上要解决的问题比较简单；而虚拟存储器，在工作过程中涉及三个地址空间：主存的物理空间、虚拟存储器的虚空间，以及辅存储器的磁盘空间。主存的地址决定于物理空间的大小，虚拟存储器地址决定于系统所提供的地址线的宽度，磁盘空间决定于磁盘存储器的结构。其地址格式为磁盘组号、道号、扇区号，远远不同于虚拟存储器与主存。因此，在虚拟存储器工作过程中，需要进行三种地址的转换。辅存内容调入主存时的信息传输是通过输入/输出系统的操作，因而工作过程比较复杂，而且速度很慢。

虚拟存储技术的发展支持了多用户的运行，因为多用户在程序的制作过程中，都是按自己的逻辑地址进行的，存入辅存中一般都是按区域不同连续存放。当调入主存时，因为实际空间只有一个，就需要进行程序再定位，将逻辑地址转换为实际地址，其过程与虚拟存储器是一致的。

3.3.2 虚拟存储器的管理方式

虚拟存储器的管理方式与采用的存储映像算法有关，主要分为段式、页式和段页式三种。

1. 段式管理

段式管理的主要原理是程序员编写程序时会按照程序的内容和函数关系把程序分成模块，尤其是高级语言遵循结构化程序设计思想后，程序的模块性更强。采用段式管理就可以将各模块按段划分后进行管理，这些段可以是主程序、子程序或过程，也可以是表格、数组、向量、树、数据块、数据阵列等。各段的大小是按逻辑功能划分的，因此大小不同，在程序执行时还可以动态地改变程序段的长度，每段从0开始相对编址，对用户程序员是透明的。

段式管理中，每一道程序（或一个用户、一个进程等）都是由一组链接的程序段组成的，为了方便管理，每道程序需要使用一个段表来存放该道程序各程序段装入主存的状况信息。段表的内容主要包括段号、段长、起始地址、装入位、访问方式等。其中，段号如果从0开始，就与段表中的行号刚好对应，这样段表中就可以省略段号字段。段长指明该程序段的大小，一般以字数或字节数为单位，取决于所采用的编址方式。起始地址表示装入位为“1”时该程序段在辅存中的起始地址，装入位为“0”时起始地址无效。装入位字段是用来指示该段是否已经调入主存，“1”表示已装入，“0”表示未装入。访问方式用来标记该程序段允许的访问方式，如只读、可写、只能执行等。段长和访问方式都是用来保护程序段的，段表中还可以根据需要设置其他字段。段表本身也作为一个段存在，一般常驻主存，也可以存放在辅存中，需要时再调入主存。

段式管理的主要优点如下。

（1）程序的模块化性能好。按模块编写程序可以由多个程序员并行编写、分别编译和调试，缩短程序开发周期。各个功能段在功能上是相互独立的，对某个段的增加、删除和修改不会影响其他段。

（2）程序的动态链接和调度比较容易。在程序运行中可以实现各独立功能段的动态链接。

（3）便于程序和数据的共享。当某个独立的程序段被共享时，只要在主存储器中装入一份，同时在需要调用这个程序段的程序段表中都使用这个程序段的主存起始地址和段长等信息即可共享。

(4) 便于实现存储保护。可以通过设置段表中的访问字段来保护程序段。

段式虚拟存储器的主要缺点如下。

(1) 主存空间利用不充分。由于段本身是大小不一的，而且每段都需要有连续的存储空间，因此会出现主存中有很多零碎的空间没有利用的情况。

(2) 地址变换的时间比较长。

(3) 对辅存的管理比较困难。磁盘存储器通常是按固定大小的块来访问，如何把不定长的程序段映像到固定长度的磁盘存储器中，需要做一次地址变换。

2. 页式管理

页式管理的主要原理是把主存地址空间和虚拟地址空间划分成一个个固定大小的块，每块称为一页。页是一种逻辑上的划分，与程序的具体功能划分无关，可以由系统管理软件任意指定。通常，辅存磁盘存储的物理块大小是512B，因此为了配合外部设备磁盘进行数据交换和地址转换，将一页的大小设为512B的整数倍，一般为1～16KB。

页式管理中同样需要设置页表来存放各页装入主存的状况，各项如装入位、修改位和各种标志信息等的含义和用法与段表基本相同。

页式管理的主要优点如下。

(1) 主存储器的利用率高。与段式管理相对应，每个用户程序最多不到一页的浪费，比段式管理相比要少很多。

(2) 地址变换的速度比较快。

(3) 页表相对比较简单。

(4) 对辅存的管理比较容易。

页式管理的主要缺点如下。

(1) 程序的模块化性能不好。页式管理中按固定大小来划分页，不能体现程序中的模块化功能，一页可能是一个程序段中的一部分，也可能一页中包含多个程序段。

(2) 页表的结构虽然简单，但是由于划分的页数较多，导致页表很长，占用大量的存储空间。

3. 段页式管理

综合上述两种方法可以发现，段式管理和页式管理的优缺点恰好是对应相反的，因此可以将两种方法结合起来，形成段页式管理，从而获得段式管理的模块化优点和页式管理中管理上的优点。

段页式管理是将虚拟存储空间按段式管理，主存空间按页式管理。用户在编写程序时，按模块化编写，使程序段的共享和信息保护比较方便，每段再按页进行划分，使其主存储器利用率高，对辅助存储器的管理比较容易，从而具备两者的优点。

段页式管理中，需要同时设置段表和页表，要从主存储器中访问一个数据(取指令、读操作数或写结果)，需要查两次表，一次是页表，另一次是段表。如果段表和页表都在主存储器中，则要访问主存储器三次。

3.3.3 虚拟存储器的地址映像与变换

虚拟存储器中的地址空间分为三种：虚拟地址空间、主存地址空间和辅存地址空间，分别对应虚拟地址(虚存地址、虚地址)、主存地址(主存实地址、主存物理地址、主存储器地址)和磁盘存储器地址(磁盘地址、辅存地址)。虚拟存储器的地址映像是指把虚拟地址空间映像到主存地址空间，地址变换是把虚拟地址变换成主存实地址或磁盘存储器地址。

不同的管理方式下地址映像和地址变换也各不相同。

1. 段式管理地址映像

程序段从辅存调入主存时，只要主存具有足够的连续空间，就可以将调入的段放在主存的任意位置。例如，图 3-29 中由 0、1、2、3 四个程序段构成的主程序，在段表的控制下，分别映像到主存储器的任意位置，可以连续存放也可以不连续存放，可以顺序存放也可以前后倒置等。

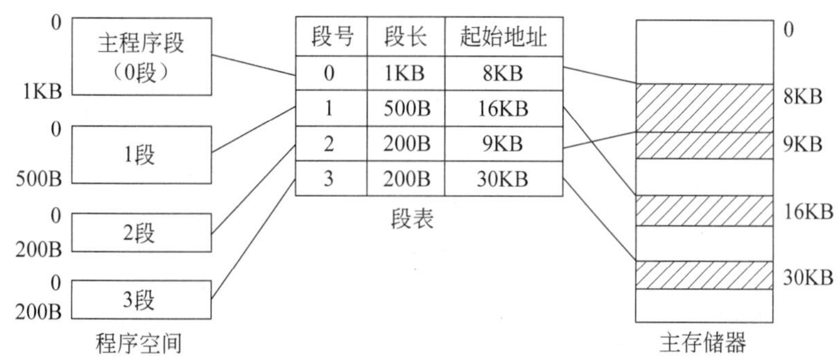

图 3-29 段式虚拟存储器的地址映像

程序在实际执行时，需要将虚地址变换成主存实地址，这样才能真正访问到主存中所存放的程序段。地址变换过程如图 3-30 所示。

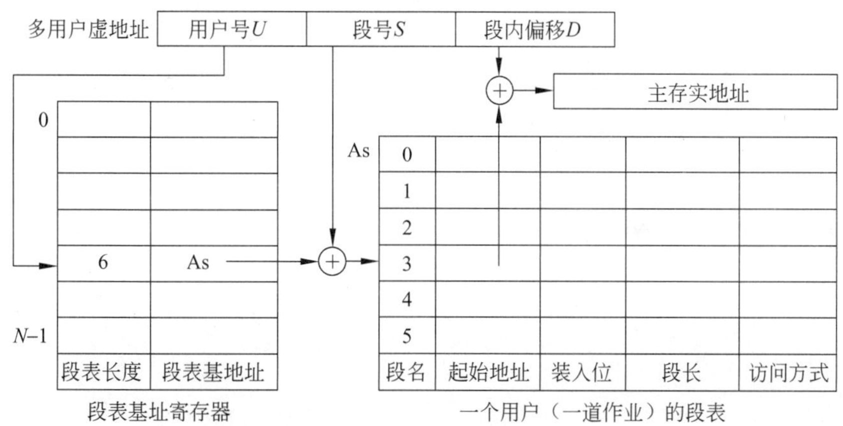

图 3-30 段式虚拟存储器的地址变换

其中,多用户虚地址中 U 代表用户号或程序号,S 代表段号,D 代表段内偏移。段表基址寄存器在 CPU 内,每道程序对应一个基址寄存器,存放段表长度和段表基地址。段表放在主存储器中,从对应的基址寄存器中可以得到段表的起始地址,与段号相加得到程序段的段表地址。通过段表地址进行访问,即可得到该程序段的全部信息。

2. 页式管理地址映像

页式虚拟存储器中,虚拟地址空间中的页称为虚页,主存地址空间中的页称为实页。对于页式管理,只要进行从虚页号到实页号的地址变换即可将虚拟地址空间编写的用户程序映像到主存实地址空间中,这样可以缩短地址的长度,从而在节省硬件的同时加快地址变化的速度。

页式虚拟存储器的地址映像如图 3-31 所示。

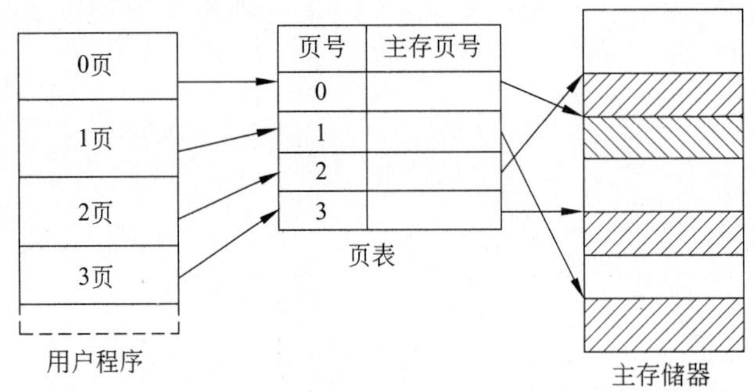

图 3-31　页式虚拟存储器的地址映像

用户程序与页表对应,页表中的主存页号把用户程序的每一页唯一地映像到主存储器确定的位置。页式虚拟存储器的地址变换如图 3-32 所示。

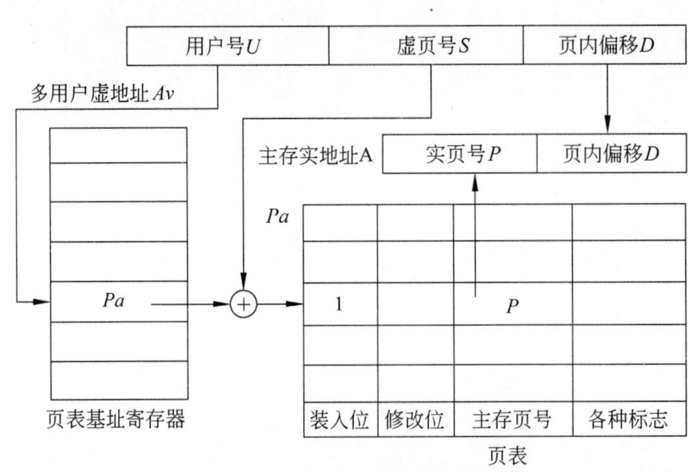

图 3-32　页式虚拟存储器的地址变换

页表基址寄存器用来存放页表的基地址,每个用户使用其中的一个基址寄存器。在地址转换过程中,首先,通过多用户虚地址中的用户号 U 直接找到与这个用户程序相对应的基址寄存器，从这个基址寄存器中读出页表起始地址；然后，根据页表起始地址即可获得被访问页的所有信息；最后，将页表中查到的主存页号 p 与多用户虚地址中的页内偏移量 D 直接拼接起来得到主存实地址 A。

3. 段页式管理地址映像

段页式虚拟存储器综合了上述两种映像方式的优点。一个用户程序通常由几个独立的程序段组成，每个程序段再分成页，这样段表记录该程序段的页表长度和页表的起始地址，页表中给出对应程序段的每一页在主存储器中的实页号，从而完成用户程序到主存实地址空间的映像。具体地址映像如图 3-33 所示。

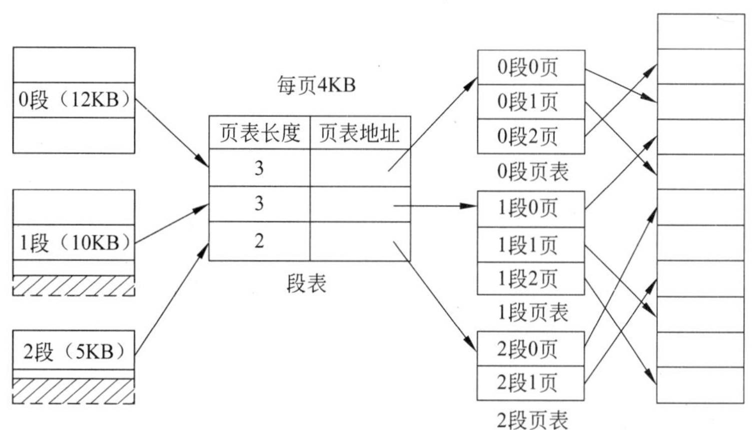

图 3-33　段页式虚拟存储器的地址映像

在段页式虚拟存储器中，一个多用户虚地址由 4 部分组成：用户号 U、段号 S、虚页号 P 和页内偏移 D。虚地址到实地址的地址变换方式如图 3-34 所示。

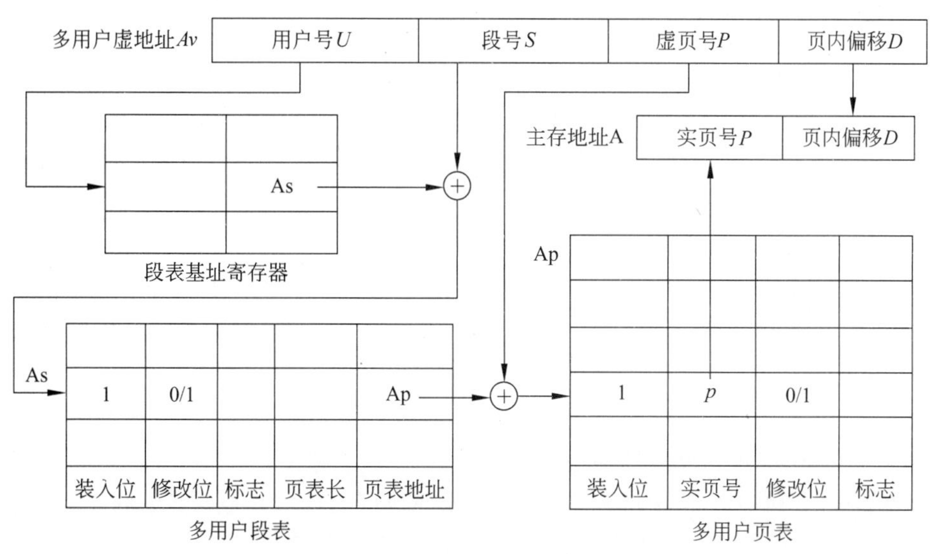

图 3-34　段页式虚拟存储器的地址变换

在图 3-34 中，首先根据用户程序中的虚拟地址查段表，获得该程序段的页表起始地址和页表长度，再通过查页表找到要访问的主存实页号，最后把实页号 P 与页内偏移 D 拼接得到主存的实地址。

3.3.4 虚拟存储器实例

1. 奔腾 PC 的虚地址模式

奔腾 PC 的存储管理部件(MMU)包括分段部件(SU)和分页部件(PU)两部分，可允许 SU、PU 单独工作或同时工作。奔腾 PC 的虚地址模式如图 3-35 所示。

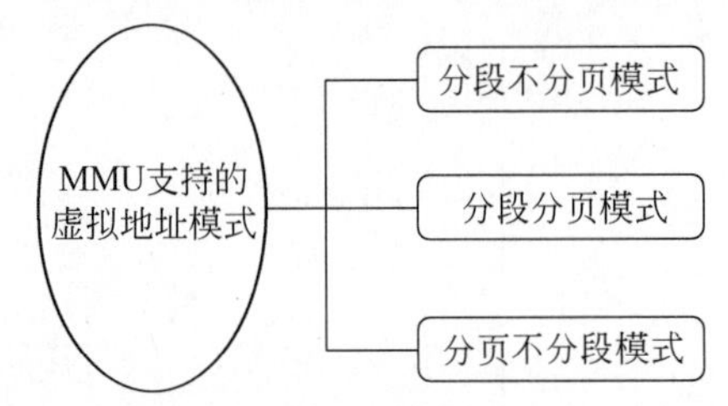

图 3-35　奔腾 PC 的虚地址模式

(1) 分段不分页模式：虚拟地址由一个 16 位的段地址和一个 32 位的偏移量组成。SU 将二维的分段虚拟地址转换成一维的 32 位线性地址。优点是无须访问页目录和页表，地址转换速度快。对段提供的一些保护定义可以一直贯通到段的单个字节级。

(2) 分段分页模式：在分段基础上增加分页存储管理的模式。将 SU 部件转换后的 32 位线性地址看成由目录、页表、页内偏移三个字段组成，再由 PU 部件完成两级页表的查找，将其转换成 32 位物理地址，兼顾了分段和分页两种方式的优点。

(3) 分页不分段模式：这种模式下 SU 不工作，只有 PU 工作。程序不提供段参照，寄存器提供的 32 位地址由页目录、页表、页内偏移三个字段组成。由 PU 完成虚拟地址到物理地址的转换。这种模式减少了虚拟空间，但能提供保护机制，比分段模式具有更大的灵活性。

2. 保护模式的分页地址转换

Pentium 有两种分页方式，一种是 4KB 的页，使用页目录表、页表两级页表进行地址转换，这是从 80386/80486 继承下来的分页方式；另一种是 Pentium 新增加的分页方式，页是 4MB 大小，使用单级页表进行地址转换。两种方式均是由 Pentium 处理器中 CR4 控制器中的页面大小扩展允许位控制的。

1) 4KB 分页方式

Pentium 处理器中有 32 根地址线，地址空间为 $2^{32}=4$GB，页面大小设为 4KB，则有 1M 个页面。如果使用单级页表，页表将有 1M 个页表项，占据空间过大。Pentium 采用两级页表方式，一级页表是将线性地址相邻接的 1k 个页面组成一组，使用一个 1k 个表项的页表；二级页表是在页目录中有一对应的页目录项，页目录有 1k 个项。页目录项和页表项都是 4B(32b)，其结构如图 3-36 所示。

从图 3-36 中可以看到，Pentium 中 32 位线性地址由 3 个字段组成：高 10 位为页目录项(号)，中间 10 位为页面(号)，最低 12 位为页内字节偏移。Pentium 处理器中整个系统只有一个页目录，由 CPU 控制寄存器 CR3 指向页目录表的起始地址。

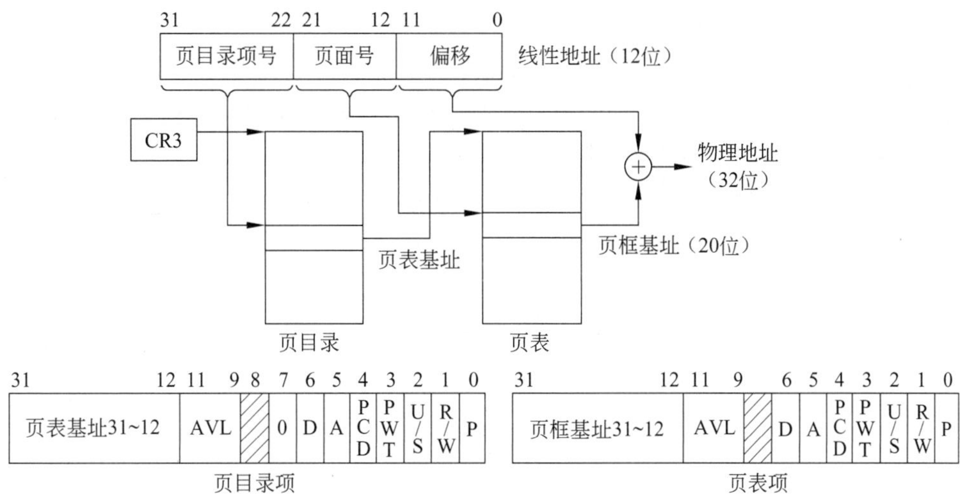

图 3-36 Pentium 4KB 分页方式地址转换

CPU 访问主存的过程如下：首先以线性地址的页目录号部分为索引查找页目录，由相应的页目录项得到页表的基址；再以线性地址的页面号部分为索引查找页表，由相应的页表项得到分配给此页面的主存页框基地址；最后将页框基地址(20 位)与线性地址中的页内偏移(12 位)相拼接，得到所需要的 32 位主存物理地址。

2) 4MB 分页方式

对于 4MB 分页方式，整个系统只有一个页目录，由 CPU 中的 CR3 控制寄存器指向其首地址。在这种分页方式中，页目录为 4KB 长，共有 1024 页目录项，每项 32 位。CPU 访问主存的过程如下：PU 部件要以页目录项中高 10 位作为 4MB 对齐的页框的基地址，与线性地址的低 22 位拼接立即得到物理地址。4MB 分页方式地址转换过程如图 3-37 所示。

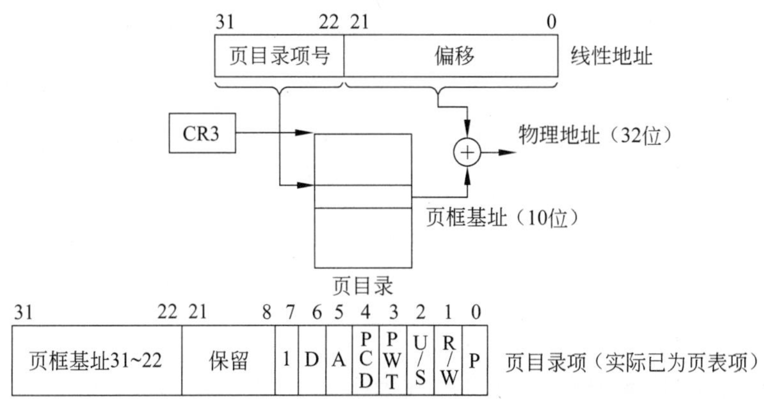

图 3-37 Pentium 4MB 分页方式地址转换

4MB分页方式下的页目录项实际上已是页表项，32位线性地址分为高10位的页目录项号(实为页面号)和低22位的页内偏移两个字段。这种方式减少了一次主存访问，加快了地址转换过程。这种4MB的分页方式通常在显示器的主存帧缓冲器中使用。

3.4 Cache与虚拟存储器的异同

在三级存储体系中，Cache-主存和主存-辅存这两个存储层次有许多相同点。

(1) 目标相同：二者都是为了提高存储系统的性能价格比而构造的分层存储体系，都力图使存储系统的性能接近高速存储器，而价格和容量接近低速存储器。

(2) 原理相同：都是利用了程序运行时的局部性原理把最近常用的信息块从相对慢速而大容量的存储器调入相对高速而小容量的存储器。

Cache-主存和主存-辅存这两个存储层次也有许多不同之处。

(1) 侧重点不同：Cache主要解决主存与CPU的速度差异问题；而就性能价格比的提高而言，虚存主要是解决存储容量问题，另外还包括存储管理、主存分配和存储保护等方面。

(2) 数据通路不同：CPU与Cache和主存之间均有直接访问通路，Cache不命中时可直接访问主存；而虚存所依赖的辅存与CPU之间不存在直接的数据通路，当主存不命中时只能通过调页解决，CPU最终还是要访问主存。

(3) 透明性不同：Cache的管理完全由硬件完成，对系统程序员和应用程序员均透明；而虚存管理由软件(操作系统)和硬件共同完成，由于软件的介入，虚存对实现存储管理的系统程序员不透明，而只对应用程序员透明(段式和段页式管理对应用程序员“半透明”)。

(4) 未命中时的损失不同：由于主存的存取时间是Cache存取时间的5～10倍，而主存的存取速度通常比辅存的存取速度快上千倍，故主存未命中时系统的性能损失要远大于Cache未命中时的损失。

3.5 主存保护

在多用户共享的系统中，主存存放着多个用户的程序和系统软件。为了防止由于一个用户程序出错而破坏主存中其他用户的程序或系统软件，以及一个用户程序不合法地访问不是分配给它的主存区域，这些情况都需要为主存提供存储保护。

3.5.1 存储区域保护

实现存储区域保护可以采用以下几种方法。

1. 界限寄存器保护方式

一个用户(或一段，或一进程)在采用段式管理的方式下，调入主存时存放在一个连续的存储空间，此空间的开始与结束所对应的地址称为此程序的上下界。加界保护法是在CPU中设置了多个界限寄存器，由系统软件经特权指令设定上、下界寄存器来划分每个用户程序的区域，禁止越界访问。

具体的实现可以采用每个用户程序使用一对界限寄存器，调入程序时，将上界、下界存入界限寄存器中。例如，程序A长度为 n，程序B长度为 m，在程序运行过程中，每当访问主存时，首先将访问地址与上下界寄存器进行比较，如果在此区域之内，则允许访问；如果不在此区域之内，即小于上界、大于下界，即说明出现了错误，称为越界错。这种保护方式是对存储区的保护，运用于段式管理。界限寄存器保护方式的示意图如图3-38所示。

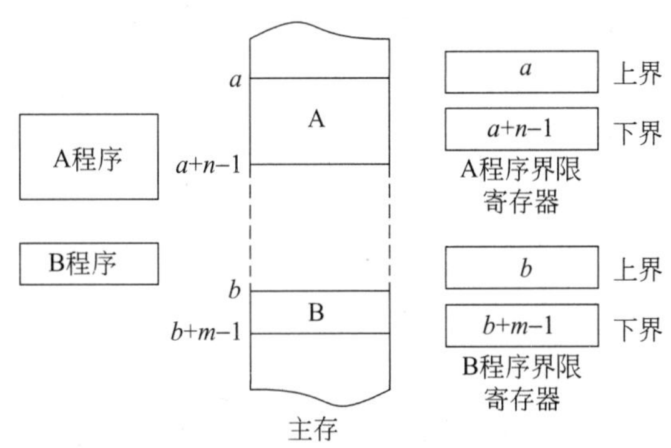

图3-38 界限寄存器保护

界限寄存器方式只适用于每个用户程序占用主存一个或几个连续的区域，对于虚拟存储器系统，由于一个用户的各页能离散地分布在主存中，因此无法使用这种保护方式。对虚拟存储器的主存区域通常采用键保护或页表保护方式。

2. 键保护方式

键保护方式是将主存的每一页都设置一个存储键，给予一个键号，相当于一把“锁”，这个工作由操作系统完成。所有页的存储键都存放在主存相应的快速存储器内，每个用户的各实页的存储键都相同。与“锁”相对应的是“钥匙”，称为访问键。访问键也由操作系统给定，存放在处理机的程序状态字(PSW)中或控制寄存器中。

实际工作中，程序每次访问主存前，要核对主存地址所在页的存储键是否与该程序的访问键相符，只有二者相符，才允许访问。

3. 页表保护方式

页表保护是虚拟存储器本身固有的保护功能。每个程序都有自己的页表，行数等于该程序的虚页数。如果虚地址发生错误，则无法在该程序的页表中找到，因此无法访问主存，也不会影响主存中其他程序的区域。

这种页表保护是在没形成主存实地址前进行的保护，因此无法形成能侵犯别的程序区域的主存地址。如果由于某种原因形成了错误主存地址的话，页表保护方法就起不到保护的作用,这时可以采用上述键保护方式。

4. 环保护方式

环保护方式是将系统程序和用户程序按其功能的性质和要求分层,分别授予不同的权限,如系统程序对安全的要求比较高,授权级别就比较高,用户程序的级别就可以低些。环号大小表示保护的级别,环号越大,等级越低。具体划分如图 3-39 所示。

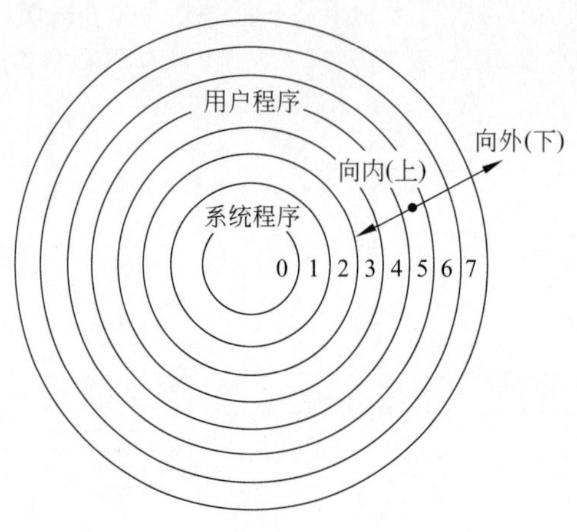

图 3-39 环保护方式的分层

环保护的设置是在现行程序运行前,先由操作系统定好程序各页的环号,并置入页表,然后将该道程序的开始环号送入处理机内的现行环号寄存器,并且把操作系统规定给该程序的上限环号也置入相应的寄存器。

环保护方式可以防止用户程序的错误侵犯系统程序,也可以防止错误的用户程序破坏比它级别高和同一级别的其他用户。在系统程序的调试中,不至于因为修改部分系统程序而影响已经调试好的核心部分。

3.5.2 访问方式保护

以上所介绍的几种访问保护的措施,只是限制了访问的空间,使得程序可以访问某些页面,或者不可以访问某些页面。为了进一步对信息进行保护,对于那些可以访问页面的访问方式也给予了授权。对内存的信息可以有三种访问操作,即读 R、写 W、执行 E。访问方式就是对这三种访问操作的规定,例如:

(1) 可读,可写,可以执行(所谓执行,就是作为指令执行)。

(2) 可读,可执行,不可写。

(3) 只可读,不可写,不可执行。

(4) 只可读,可写,不可执行,例如数据。

(5) 只能执行,不可读写,例如专用程序。

对访问方式的授权可以与上述三种保护方式同时应用。如在加界保护中,访问方式的授权可以在下界寄存器中增设 1 位访问位，该位为“0”，则表明该区内的信息可读，可写；如该位为“1”，则表明只能读，不能写。在键保护与环保护方式中，访问方式的标识位设在各页表的页项中。

访问方式保护可以与存储区域保护结合起来使用。在界限保护方式中，在下界寄存器中增加一位访问方式位。例如，此位为“0”时，表明该区域可读、可写；为“1”时，表明只能读、不准写。在键保护方式中，可以通过访问键和存储键是否相符来决定是否可以访问。例如，“读”保护位为“0”时，不管键是否相符，均可进行读访问；当“读”保护位为“1”时，只有键相符时才能进行读访问；对于写访问则只有键相符时才能进行。

在环保护和页表保护中，如果将 R、W、E 等访问方式位设在每个程序的段、页表的各行内，从而使同一环内或一段内的各页可以获得不同等级的访问保护，使访问保护方式更加灵活。

3.5.3 存储保护实例

Pentium 的存储保护包括特权级保护和存储区域保护。

特权级保护功能的主要目的是不允许应用程序错误地修改操作系统的数据，而又允许应用程序调用 OS 提供的例行服务子程序，Pentium 采用 4 级特权级(PL)的环保护，如图 3-40 所示。

PL=0 级具有最高特权，PL=3 级权限最低，保护规则如下。

(1) 特权级(PL)的存储数据只允许 PL 和 PL 以上各级的代码进行访问。

(2) 特权级(PL)的代码只允许 PL 或 PL 以下各级的任务调用。

在段式管理中，采用了界限寄存器保护法。无论是段还是页，均设置了访问方式的保护，将保护标志装入段描述符和页表目的属性中，查询段、页时可按指定的访问方式进行访问。

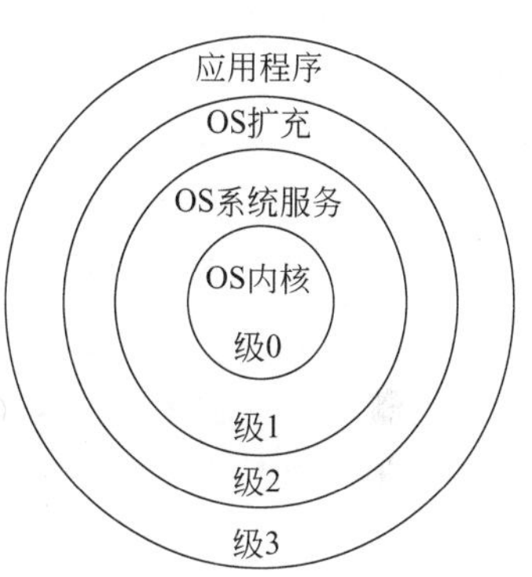

图 3-40 Pentium 环保护方式

Pentium 处理器是具有多任务处理功能的微处理器，因此它的保护主要是防止任务之间的互相干扰。Pentium 处理器的保护机制对段和页均可实施保护，在 Pentium 寄存器中用两位来定义当前运行程序的特权级(称其为当前特权级(Current Privilege Level, CPL))，在分段部件和分页部件的地址转换期间对现行特权级进行检查。

Pentium 处理器中设有四个特权级，由保护机制来识别这四个特权级，通常编号为 0～3。特权级的编号越大意味着其特权级越低，也就是说，若有一个程序用比较低的特权级(即编号较大的特权级)访问特权级比自己高的段，将产生一个一般性保护异常事件。Pentium 处理器的保护环如图 3-41 所示。

Pentium 微处理器为下面的数据结构配备特权级。

(1) 在代码段寄存器的最低两位中，保存着当前特权级(CPL)。CPL 是为当前正在

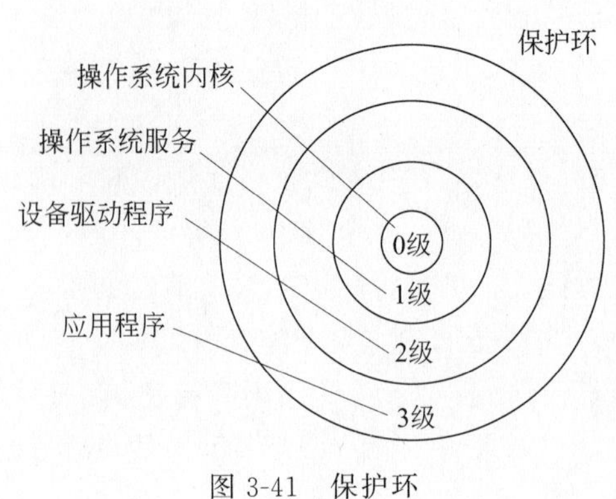

图 3-41　保护环

运行的程序配置的特权级。在堆栈段寄存器的最低两位上，保存着 CPL 的副本。正常情况下，CPL 与从其中取指令的代码段的特权级相同。当控制转向一个具有不同特权级的代码段时，CPL 也会随之而改变。

(2) 在段描述符中，都配有一个称为描述符特权级（Descriptor Privilege Level，DPL）的字段。DPL 是用来说明段的特权级。

(3) 在段选择符中，都配备有一个称为请求特权级（Requestor Privilege Level，RPL）的字段，RPL 用于表示产生选择符过程的特权级。如果 RPL 低于 CPL，则对 CPL 不予理睬。当一个拥有较高特权级的程序，在从一个拥有较低特权级的程序中接收到一个段选择符时，RPL 就会使对存储器的访问操作在较低的特权级上进行。

在把一个描述符的选择符装到一个段寄存器时，也同样需要对特权级进行检查，只是对数据访问的检查与对可执行段中所执行的转移检查有所不同。

Pentium 处理器中还采用段与页保护的组合方式。在允许进行分页时，首先处理段级保护，然后再处理页级保护。如果 Pentium 处理器在段级或页级上探测到一个违背保护规则的企图，则操作不再继续下去，且产生一个异常事件。如果由于分段而产生了一个异常事件，对操作就不会再产生分页异常事件。

例如，可以定义一个大的数据段，使它的一部分为只读空间，而另一部分为读写空间。在此情况下，只读部分的页目录项就用 U/S 和 R/W 位说明。由该目录项描述的所有页为不可写，这项技术可在定义一个大的数据段而使其一部分为只读时使用。在实现对共享数据、映像到虚拟空间中的共享文件和管理区域的保护时，可以将"平面"数据空间定义为一个大的段，然后用"平面"指针访问这个"平面"空间，而保护下的共享数据、共享文件则被映像到虚拟存储空间和管理区间。

本章小结

本章分析并给出了存储系统的层次结构，同时介绍了各级存储器的性能指标。多体交叉访问存储器分为高位交叉访问与低位交叉访问两种方式，其中，低位交叉访问存储器能够有效地解决访问冲突问题。

高速缓冲存储器 Cache 的使用可以从 CPU 的角度来看，速度接近于 Cache，容量接近于主存。CPU 访问存储器时，首先给出的是主存的地址，根据主存的地址转换得到 Cache 的地址，主存与 Cache 之间的映像有三种方式：直接映像、全相联映像和组相联映像。目前大多数机器中都采用组相联映像方式。

当 Cache 出现块失效时，需按某种替换算法将 Cache 中的块替换出去。综合命中率、实现的难易及速度的快慢等各种因素，替换策略可分为随机法、先进先出法（FIFO 法）、最近最少使用法（LRU 法）等，其中，LRU 法应用较多。

虚拟存储器借助于磁盘等辅助存储器来扩大主存容量，使之为更大或更多的程序所使用。它指的是主存-外存层次，以透明的方式给用户提供了一个比实际主存空间大得多的程序地址空间。

存储区域的保护有界限寄存器保护方式、键保护方式、页表保护方式、环保护方式几种。不同的保护方式应用于不同的场合。

习题

3.1 解释下列术语。

存储器与存储系统；存储器频带宽度；并行交叉访问；无冲突访问；等效访问速度；相联存储器；地址映像；访问效率；访问方式保护；存储区域保护。

3.2 什么是存储系统？对于一个由寄存器 M_1 和 M_2 构成的存储系统，设 M_1 的命中率为 h，两个存储器的存储容量分别为 s_1 和 s_2，访问速度分别为 t_1 和 t_2，每千字节的价格分别为 c_1 和 c_2。

（1）在什么条件下，整个存储系统的每千字节平均价格会接近 c_2？

（2）写出这个存储系统的等效访问时间 t_a 的表达式。

（3）假设存储系统访问效率 $e=t_1/t_a$，两个存储器的速度比 $r=t_2/t_1$。试以速度比 r 和命中率 h 来表示访问效率 e。

（4）分别画出 $r=5$、20 和 100 时，访问效率 e 和命中率 h 的关系图。

（5）如果 $r=100$，为了使访问效率 $e>0.95$，要求命中率 h 是多少？

（6）对于(5)所要求的命中率实际上很难达到。假设实际的命中率只能达到 0.96。现采用一种缓冲技术来解决这个问题。当访问 M_1 不命中时，把包括被访问数据在内的一个数据块都从 M_2 取到 M_1 中，并假设被取到 M_1 中的每个数据平均可以被重复访问 5 次。请设计缓冲深度（即每次从 M_2 取到 M_1 中的数据大小）。

3.3 由三个访问速度、存储容量和每位价格都不相同的存储器构成一个存储系统，其中，M_1 靠近 CPU。回答下列问题：

（1）写出这个三级存储系统的等效访问时间 T 的表达式。

（2）在什么条件下，整个存储系统的每位平均价格接近于 C_3？

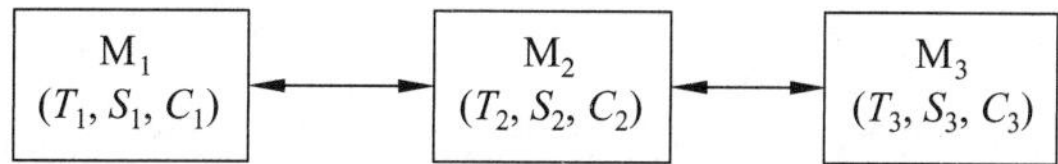

3.4 设计一个由Cache和主存构成的两级存储系统。已知Cache的容量有三种选择：64KB、128KB和256KB，它们的命中率分别为0.7、0.9和0.98。主存的容量为4MB。设两个存储器的访问时间分别为 t_1 和 t_2，在 $t_1=20\text{ns}$ 的条件下，分别计算三种Cache的等效访问时间。

3.5 假设程序中出现转移指令且转移成功的概率为0.1，设计一个采用低位交叉方式访问的多体存储器，要求每增加一个存储体在一个存储周期中能够访问到的平均指令条数增加0.2条以上，请计算最多的并行存储体的个数。

3.6 一个16×16的矩阵，要求在一个存储器周期内实现按行、按列、按对角线和按反对角线的无冲突访问，至少需要多少个存储体？写出矩阵的各元素在各个存储体中存放的位置。

3.7 某机在Cache命中时的指令平均执行时间是8.5个时钟周期，Cache失效时间是6个时钟周期。假设不命中率是11%，每条指令平均访存3次。试计算在考虑了Cache不命中时的指令平均执行时间。它比Cache命中时平均执行时间延长了百分之几？

3.8 有一个"Cache-主存"存储层次。主存共分为8个块(0～7)，Cache为4个块(0～3)，采用组相联映像，组内块数为2块，替换算法为近期最少使用法(LRU法)。

(1) 画出主存、Cache存储器地址的各字段对应关系。

(2) 画出主存、Cache存储器空间块的映像对应关系的示意图。

(3) 对于如下主存块地址流：1、2、4、1、3、7、0、1、2、5、4、6、4、7、2，如主存中内容一开始未装入Cache中，请列出随时间变化的Cache中各块的使用状况；求期间Cache的命中率。

3.9 比较三种Cache的主要优缺点。

3.10 假设在一个采用组相联映像方式的Cache中，主存由B0～B7共8块组成，Cache有2组，每组2块，每块的大小为16B，采用LFU块替换算法。在一个程序执行过程中依次访问这个Cache的块地址流如下：6,2,4,1,4,6,3,0,4,5,7,3。

(1) 写出主存地址的格式，并标出各字段的长度。

(2) 写出Cache地址的格式，并标出各字段的长度。

(3) 画出主存与Cache之间各个块的映像对应关系。

(4) 如果Cache的各个块号分别为C0、C1、C2和C3，列出程序执行过程中Cache的块地址流情况。

(5) 如果采用FIFO替换算法，计算Cache的块命中率。

(6) 采用LFU替换算法，计算Cache的块命中率。

(7) 如果改为全相联映像方式，再做(5)和(6)，可以得出什么结论？

(8) 如果在程序执行过程中，每从主存装入一块到Cache，则平均要对这个块访问16次。请计算在这种情况下的Cache命中率。

3.11 在一个采用组相联映像方式的Cache中，Cache的容量为16KB。主存采用模8低位交叉方式访问，每个存储体的字长为32位，总容量为8MB。要求Cache的每一块在一个主存周期内分别从8个存储体中取得，Cache的每一组内共有4块。要求采用按地址访问存储器方式构成相联目录表，实现主存地址到Cache地址的变化，并采用8个相等比较电路。

(1) 设计主存地址格式,并标出各字段的长度。

(2) 设计 Cache 地址格式,并标出各字段的长度。

(3) 相联目录表的行数(即地址个数)是多少?

(4) 设计相联目录表每行的格式,并标出每个字段的长度。

(5) 每个比较电路的位数是多少?

(6) 画出主存地址经相联目录表变换成 Cache 地址的逻辑示意图。

3.12 假设机器的时钟周期为 10ns,Cache 失效时的访存时间为 20 个时钟周期。回答以下问题。

(1) 设失效率为 0.05,忽略写操作时的其他延迟,求机器的平均访存时间。

(2) 假设通过增加 Cache 容量一倍而使失效率降低到 0.03,但使得 Cache 命中时的访问时间增加到了 1.2 时钟周期,这样的改动设计是否合适?

(3) 如果时钟周期取决于 Cache 的访问时间(也就是用延长时钟周期的方法),上述改动设计是否合适?

3.13 对于以下三种 Cache 组织:

(1) $Cache_1$:直接映射,块长为 1 字。

(2) $Cache_2$:直接映射,块长为 4 字。

(3) $Cache_3$:两路组相联映射,块长为 4 字。

假设以下失效率:

(1) $Cache_1$:指令失效率为 4%,数据失效率为 8%。

(2) $Cache_2$:指令失效率为 2%,数据失效率为 5%。

(3) $Cache_3$:指令失效率为 2%,数据失效率为 4%。

对于这几种机器,一半的指令包含一次数据访问,假定 Cache 不命中的访问时间为块的字数加 6,哪种机器在 Cache 失效上花费的时间最多?

3.14 对于一个采用组相联映像方式和 FIFO 替换算法的 Cache,发现它的等效访问时间太长,为此,提出如下改进建议:

(1) 增大主存的容量。

(2) 提高主存的速度。

(3) 增大 Cache 的容量。

(4) 提高 Cache 的速度。

(5) Cache 的总容量和组大小不变,增大块的大小。

(6) Cache 的总容量和块大小不变,增大组的大小。

(7) Cache 的总容量和块大小不变,增加组数。

(8) 替换算法由 FIFO 改为 LFU。

请分析以上改进建议对等效访问时间有何影响,其影响的程序如何?

3.15 一个有快表和慢表的页式虚拟存储器,最多有 64 个用户,每个用户最多要用 1024 个页面,每页 4KB,主存容量 8MB。

(1) 写出多用户虚地址的格式,并标出各字段的长度。

(2) 写出主存地址的格式，并标出各字段的长度。

(3) 快表的字长为多少位？分为几个字段？各字段的长度为多少位？

(4) 慢表的容量是多少个存储字？每个存储字的长度为多少位？

(5) 画出多用户虚地址经快表或慢表变换成主存实地址的逻辑示意图。

3.16 一个程序由5个虚页组成，采用LFU替换算法，在程序执行过程中依次访问的页地址流如下：4,5,3,2,5,1,3,2,3,5,1,3。

(1) 可能的最高页命中率是多少？

(2) 至少要分配给该程序多少个主存页面才能获得最高的命中率？

(3) 如果在程序执行过程中每访问一个页面，平均要对该页面内的存储单元访问1024次，求访问存储单元的命中率。

第4章　流水线技术

4.1　基本概念

随着计算机系统结构的发展，加快指令的解释过程显得尤为重要。通常可以从两个角度来实现：第一，在设计中，选用高速的器件、更好的算法及提高指令内部的并行程度等措施，加快每条指令的解释过程；第二，可以提高指令间的并行性，使控制结构能并发地解释两条、多条甚至整段程序来加快整个机器语言程序的解释过程。

计算机系统并行处理的发展体现了计算机系统结构的演变。在单处理机范围内采取时间重叠、资源重复和资源共享三大计算机结构学的措施发挥并行性，以提高处理速度和系统使用效率。

传统的计算机由运算器、控制器、存储器和I/O设备几大部分组成，每一部分由于功能、性质、器件不同，各部分频带（单位时间内完成的任务数）也不相同。若使单处理机能高效率工作，必须保持频带平衡，即在程序运行中所有部件都能并行工作。利用上述三种技术途径，使处理机内部能同时解释两条或多条指令，从而提高处理机速度。

指令的解释方式一般分为顺序、重叠和流水三种。

指令的顺序解释方式指的是，各条机器指令之间顺序地执行，执行完一条指令后才取出下一条指令来执行，而且每条机器指令内部的各个微操作也是顺序串行地执行。解释一条机器指令的微操作可以归并成取指令、分析与执行，取下一条指令、分析下一条指令与执行下一条指令，周而复始，这样，指令的顺序解释如图4-1所示。

取指k	分析k	执行k	取指k+1	分析k+1	执行k+1	…

图4-1　指令的顺序解释

若取指令、分析和执行指令周期都相等，设为t，则顺序解释n条指令，需时间$T=3\times n\times t$。如果每个阶段所需时间各为$t_{取}$、$t_{分}$和$t_{执}$，时间不等，则顺序执行n条指令所需时间如式(4-1)所示。

$$T=\sum_{i=1}^{n}(t_{取i}+t_{分i}+t_{执i}) \tag{4-1}$$

顺序执行的优点是控制简单，但由于是顺序执行，上一步操作未完成，下一步操作就不能开始，带来的主要缺点是速度低，机器各部件的利用率也很低。例如，在取指令和取操作数期间，主存储器是忙碌的，运算器却处于空闲状态；在对操作数执行运算期间，运算器是忙碌的，主存却处于空闲状态。为此提出让不同机器指令的解释在时间上能重复进行的重叠解释方式。

重叠解释方式是在两条相邻指令的解释过程中，某些不同解释阶段在时间上存在重叠部分。重叠解释方式分为三种：一次重叠、先行控制技术和多操作部件并行。

指令的重叠解释执行如图 4-2 所示。在图 4-2(a)中，上一条指令的执行阶段与下一条指令的取指阶段完全重叠，这将使部件的利用率有所提高，并使执行时间减少为 $T=(2\times n+1)t$。这种重叠方式需要增加一个指令缓冲寄存器，在执行第 k 条指令时，用来存放第 $k+1$ 条指令。如果将相邻两条指令的重叠时间再往前提前一个阶段，就形成了如图 4-2(b)所示的情况。这种方式使重叠深度加大，所需执行时间进一步降至 $T=3\times t+(n-1)\times t=(n+2)\times t$。为了支持这种工作方式，需要增加更多相应的设备。

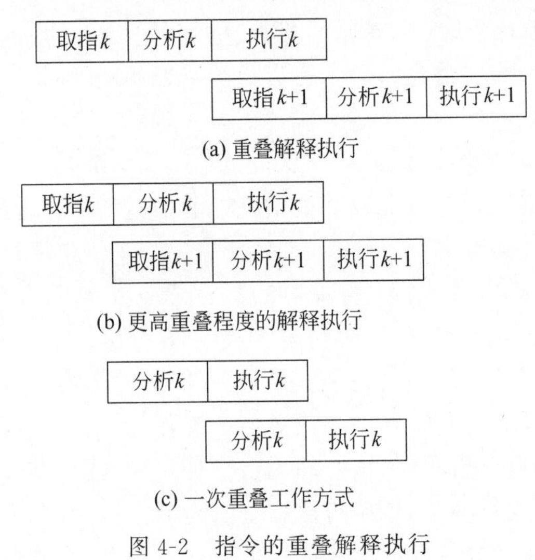

图 4-2　指令的重叠解释执行

如果把取指令操作隐含在分析、执行指令过程中，则在任何时候只允许上条指令“执行”与下条指令“分析”相重叠的情况称为“一次重叠”。这样就使指令的解释过程仅由分析和执行两个阶段组成，如图 4-2(c)所示。所需执行时间 $T=(n+1)\times t$。其上下指令的重叠时间有一定约束，执行、分析任何一段如果提前结束也不执行下一段操作。

前述分析是在理想情况下进行的，实际上由于存在资源冲突、数据相关以及控制流改变等原因，会使重叠解释所需的时间大于理想的 $T=(n+1)\times t$。

此外，前述的一次重叠分析是假设任何指令的“执行”与“分析”阶段所需时间均相等，从而可使分析部件和执行部件始终处于忙碌状态。实际情况往往是“分析”和“执行”时间不相等，这样就有可能造成如图 4-2(a)所示的情况：分析和执行部件有时处于空闲状态。执行 n 条指令所需时间如式(4-2)所示。

$$T=t_{分1}+\sum_{i=2}^{n}[\max\{t_{分i},t_{执i-1}\}]+t_{执n} \tag{4-2}$$

先行控制技术的基本思想是使分析部件和执行部件能分别连续不断地分析和执行指令。如图 4-2(b)所示，此时执行 n 条指令所需时间如式(4-3)所示。

$$T_{先行}=t_{分1}+\sum_{i=1}^{n}t_{执i} \tag{4-3}$$

为了做到这一点，指令控制部件应在执行部件执行第 k 条指令的同时保证先行地将后继的第 $k+1, k+2, \cdots$ 各指令进行预取和预处理。先行控制技术实质上是预处理技术和缓冲技术的结合，通过对指令流和数据流的先行控制，使指令分析器和执行部件能尽量地连续工作。

4.2 流水线工作方式

4.2.1 流水线处理的概念和特点

在计算机中，流水线处理的概念类似于工厂中的流水作业装配线。若在计算机中把 CPU 的一个操作（分析指令、处理数据等）进一步分解成多个可以单独处理的子操作，使每个子操作在一个专门的硬件站上执行，这样一个操作需要顺序地经过流水线中多个站的处理才能完成。在执行的过程中，前后连续的几个操作可以依次流入流水线中，在各个站间重叠执行，从而实现操作的重叠。把一个重复的时序过程分成若干子过程，每个子过程都可以有效地在其专用功能段上和其他子过程同时执行的技术，称为流水线技术。

流水线的基本结构主要包括三部分：锁存器、时钟、功能站。流水线中每个功能站都是由一些执行算术和逻辑功能的组合逻辑线路组成的，它们可以互相独立地对流过的信息进行某种操作，相邻两功能站由高速锁存器隔开，信息在各功能站间的流动靠同时送到各功能站的时钟信号来控制。

流水线的基本结构如图 4-3 所示。

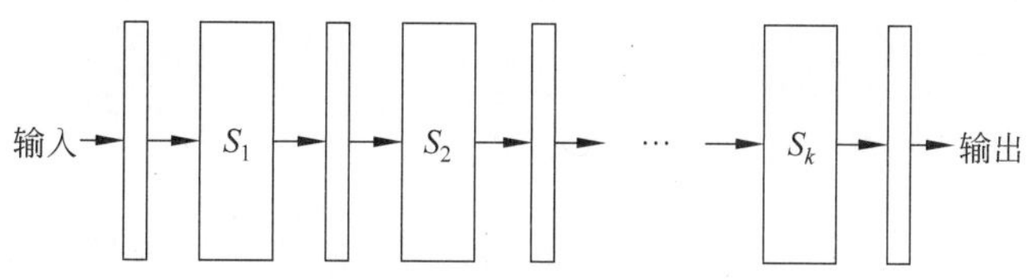

图 4-3　流水线的基本结构

为了提高计算机执行指令的速度，可以使一串指令的执行采用流水线的概念，将一条指令分为几个子过程，如取指令 IF、译码 ID、执行 EX、访存 MEM、写回 WB 等，这几个子过程能同它前后的指令在时间上重叠。如图 4-4 所示为这种流水线工作方式。

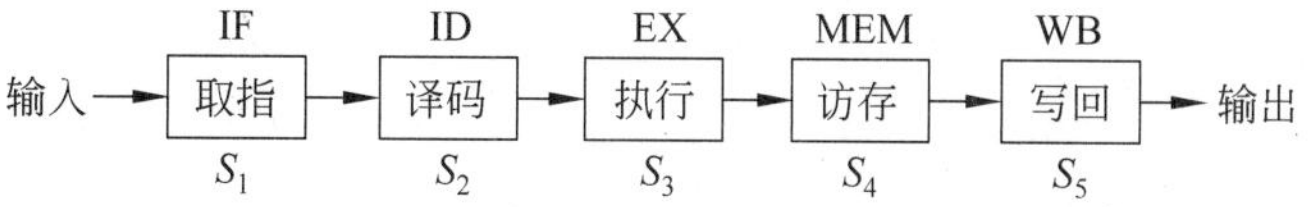

IF　ID　EX　MEM　WB

输入 → 取指 → 译码 → 执行 → 访存 → 写回 → 输出

S_1　S_2　S_3　S_4　S_5

图 4-4　指令的流水线处理

如果每个子过程经过的时间都是 Δt，则指令的流水线处理过程可用如图 4-5 所示的时空图来描述。

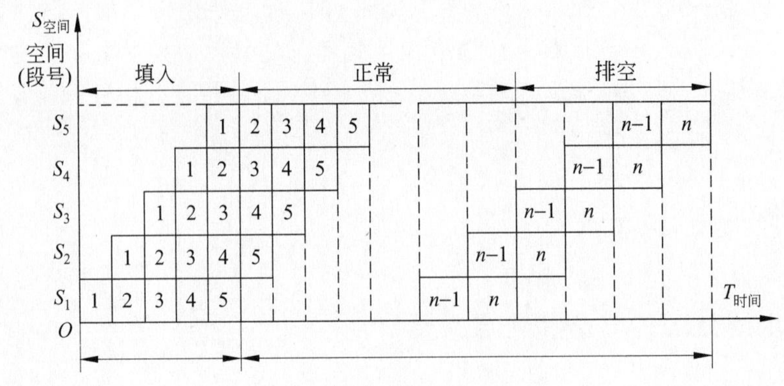

图 4-5　流水线处理时空图

在图 4-5 中，横轴表示时间，纵轴表示空间各功能段 S_1，S_2，S_3，…，小方格中的 1，2，3，…，n 表示处理机处理的第 1，2，3，…，n 条指令号。时空图的分布反映了流水线各功能部件的占有情况。在流水线开始时有一段流水线填入时间，使得流水线填满，称为流水线建立时间；流水线继续正常工作，各功能段源源不断满载工作，称为正常流动时间；在流水线第一条指令结束时，其他指令还需要一段释放时间，这段时间称为排空时间。流水线时空图中各个空白格越少，表示设备的占有率越高，效率越高。流水线的时空图是描述流水线工作、分析评价流水线性能的重要工具。

4.2.2　流水线的分级和分类

在现代计算机处理中，流水线处理技术已经得到广泛应用，从不同角度可对流水线进行以下不同的分类、分级。

1. 按处理的级别分级

流水线按处理级别可分为三级：操作部件级、指令级和处理机级。

操作部件级流水是将复杂的算术逻辑运算组成流水工作方式。例如，可将浮点加法操作分成求阶差、对阶、尾数相加以及结果规格化四个子过程。指令级流水是把一条指令解释过程分成多个子过程，如前面提到的取指、译码、执行、访存、写回五个子过程。处理机级流水是一种宏流水，其中每个处理机完成某一专门任务，各个处理机所得到的结果需存放在与下一个处理机所共享的存储器中。

2. 其他分类

1）按功能分类

流水线按功能分类可分成单功能流水线和多功能流水线两种。

单功能流水线指的是只能实现一种固定的专门功能的流水线。例如，CRAY-1 计算机采用的就是 12 个单功能的流水线。

多功能流水线指的是通过各站间的不同连接方式可以同时或不同时地实现多种功能

的流水线。例如,TI-ASC 计算机有 4 个多功能流水处理器,它共有 8 个站,可以按需要进行不同的连接实现定点和浮点算术运算以及多种逻辑移位操作。

多功能流水线从一种功能变为另一种功能时需要重新连接,虽然它对资源的利用率可以较高,应用时也较灵活,但它的控制比单功能流水线复杂得多。

2) 按工作方式分类

流水线按这种分类方式可分为静态流水线和动态流水线。

静态流水线在同一时间内只能按一种运算的连接方式工作。它可以是单功能流水线,也可以是多功能流水线。静态流水线仅当指令都是同一类型时才能连续不断地执行。当是多功能流水线时,则从一种功能方式变为另一种功能方式时,必须先排空流水线,然后为另一种功能设置初始条件后方可使用。静态流水线的功能不能频繁地变换,否则它的效率将很低。目前大多数计算机都使用静态流水线。

动态流水线在同一时间内允许按多种不同运算的连接方式工作,因此动态流水线必是多功能流水线,而单功能流水线必是静态的。

3) 按连接方式分类

流水线按连接方式可以分为线性流水线与非线性流水线。

线性流水线中,从输入到输出,每个功能段只允许经过一次,不存在反馈回路。

非线性流水线存在反馈回路,从输入到输出的过程中,某些功能段将数次通过流水线,这种流水线适用于进行线性递归的运算。

4.2.3 流水线举例

1. ASC 算术运算流水线

计算机的运算操作往往要分为若干步骤进行,例如,浮点运算、乘法、除法等操作都要经过多个 CPU 周期,执行好几个步骤才能完成。为加速运算速度,这种运算操作也可以采用流水线技术,即运算流水线。

美国 TI-ASC 的运算器就是运算流水线,其流水线是多功能的,它有 8 个可并行工作的独立功能段。在一台 ASC 处理机内有 4 条相同的流水线,每条流水线通过不同的连接方式可以完成整数加减法运算、整数乘法运算、浮点加法运算、浮点乘法运算,还可以实现逻辑运算、移位操作和数据转换功能等。它除了支持标量运算之外,还支持向量运算,如两个向量的浮点点积运算等,如图 4-6(a)所示;当要进行浮点加、减法运算时,各功能段的连接如图 4-6(b)所示;当要进行定点乘法运算时,各功能段的连接如图 4-6(c)所示。

图 4-6(a)是流水线的所有连接关系,实现不同的运算要求使用流水线中的不同功能部件,并在功能部件之间建立不同的连接关系。因此,要求多功能流水线能够根据运算需要在有的部件之间建立连接,而在另一些部件之间不建立连接。图 4-6(b)是实现浮点加法或浮点减法时的流水线连接关系,它使用了 6 个功能部件,也就是说,实现浮点加法或减法采用的是 6 级流水线。图 4-6(c)是实现定点乘法时的流水线连接关系,它只用了流

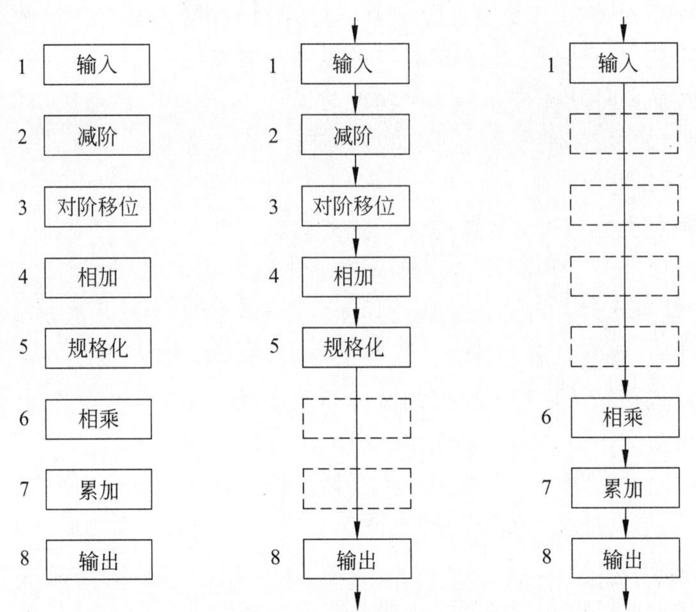

(a) 流水线的功能段　(b) 浮点加、减法运算时的连接　(c) 定点乘法运算时的连接

图 4-6　ASC 运算器的流水线

水线中的 4 个功能部件，虚线的另外 4 个功能部件不用。

在处理机中采用多功能流水线的优点是流水线中各个功能部件的利用率比较高。由于在实际的标量运算程序中，各种运算操作一般是混合在一起的，这一点与向量运算操作有很大的不同，因此，在标量计算机的指令执行部件中采用多功能流水线是一种比较合理的选择。

在多功能流水线中，又可以分别采用静态流水线和动态流水线两种。静态流水线指的是在同一时间内，多功能流水线中的各个功能段只能按一种功能的连接方式工作。例如，上述 ASC 的 8 个功能段只能是都按浮点加、减运算的连接方式工作，或者是都按定点乘法运算的连接方式工作。因此，在静态流水线中，只有当进入的是一串相同运算的指令时，流水的效能才得以发挥，才能使各个功能段并行地对多条指令的数据进行流水处理。如果输入到流水线中的是一串不同运算相互间隔的操作，例如，如果输入的一串操作是浮点加、定点乘、浮点加、定点乘……，则这条静态流水线的效率就与顺序执行方式完全一样。因为当"定乘"指令的数据进入静态流水运算器时，运算器按如图 4-6(c)所示方式连接，当数据经由"输入"段进入"相乘"段并往下流时，虽然输入、减阶、对阶移位、相加、规格化等功能段都是空闲的，但流水运算器并不能继续接收"浮点加"指令的数据，而是要等到相乘运算全部结束，流水运算器切换成图 4-6(b)后，才能开始"浮点加"运算。因此，对于静态方式的流水线，要求程序设计者编写的程序应尽可能调整成有更多个相同运算的指令串。只有这样，才能使流水线中的各个功能段的性能高效率地发挥。静态流水线的时空图如图 4-7 所示。

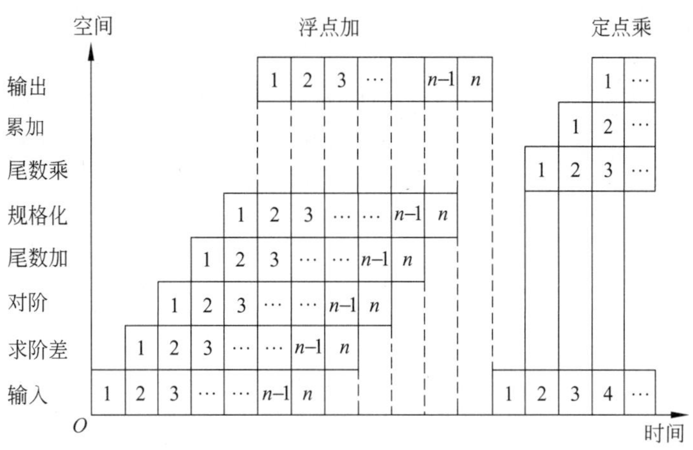

图 4-7 静态流水线时空图

开始时，多功能流水线按照实现浮点加减法的方式连接，当 n 个浮点加减法全部执行完成，最后一个浮点加减法运算的排空操作也做完之后，多功能流水线才重新开始按照实现定点乘法的方式连接，并开始做定点乘法运算。

动态流水线是指同一段时间内，多功能流水线中的各段可以按照不同的方式连接，同时执行多种功能。例如，图 4-7 中的各个功能段可以实现在同一时间内，当某些功能段正在实现某种运算时，另一些功能段可以去执行另一种计算。这样，就可以实现两种运算在同一条流水线中同时执行。因此，动态流水线的效率和功能部件的利用率要比静态流水线高，然而因为在同一时间内，流水线需要执行不同的多种运算，从而使流水的控制要复杂得多，成本也相应地明显增加。动态多功能流水线的时空图如图 4-8 所示。

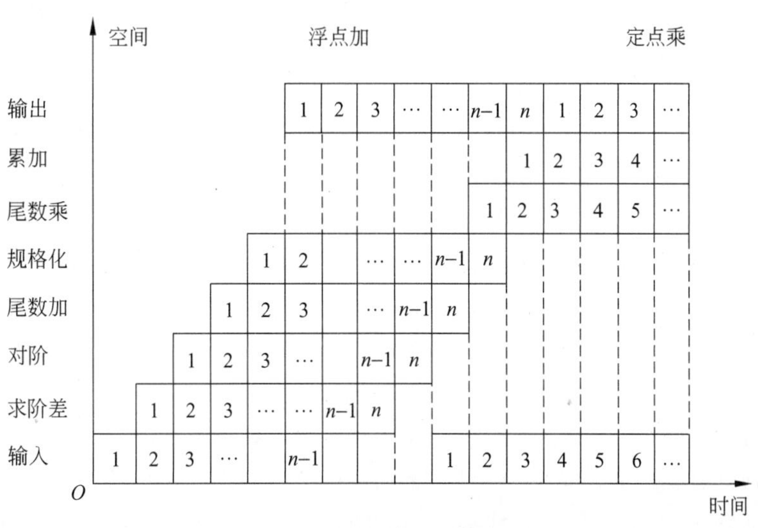

图 4-8 动态流水线时空图

可以看出，中间有一段时间，在同一条多功能流水线的不同功能段中在同时执行浮点加减法和定点乘法两种运算。也就是说，当浮点加减法运算还没有全部完成时，定点乘法运算就已经开始了，两种运算同时在同一条多功能流水线中分别使用不同的功能段。

从两种时空图中可以看出它们工作方式上的不同和性能上的差异，目前，大多数处理机中还是采用静态流水线。如果从软硬件功能分配的观点上来看，静态流水线其实是把功能负担较多地加到软件上，以简化硬件；动态流水线则是把功能负担较多地加在硬件上，以提高流水的效能。

2. 长城 386 计算机的指令流水线

长城 386 计算机所用的 80386 微处理机内部有 6 个部件，它们是：总线接口部件、指令预取部件、指令译码部件、执行部件、分段部件和分页部件。如图 4-9 所示为 80386 的结构。

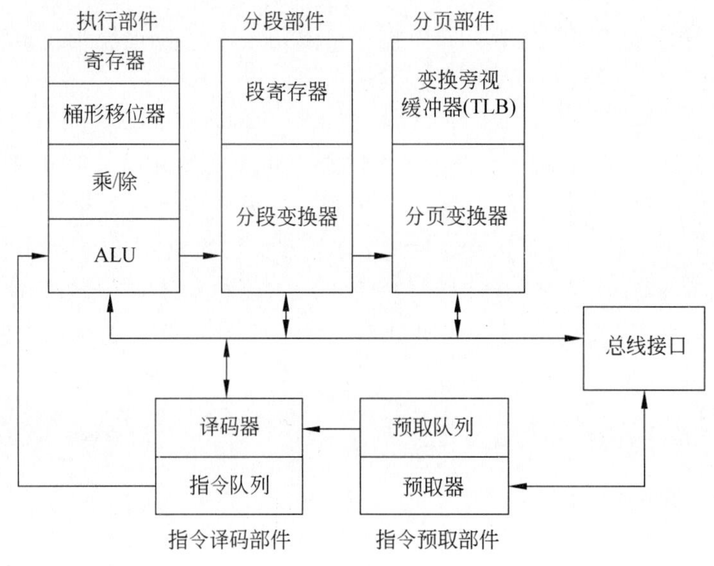

图 4-9　80386 的结构

图 4-9 中的这些部件可以并行工作，对指令进行流水处理，使取指令、指令译码、执行、存储控制和总线访问重叠进行。80386 的指令流水处理如图 4-10 所示。

总线接口部件为 80386 提供同外部的接口，它接受内部的取指令请求（从指令预取部件来）和传送数据请求（从执行部件来），进行判优，发出或处理进行总线周期的信号，读取指令和读写数据，还可以控制同外部的总线主设备和协处理器的接口。

指令预取部件进行先行取指令，只要总线接口部件并未处于执行指令的总线周期，且指令码预取队列有空，它就利用总线的空闲时间通过总线接口部件按顺序预取指令，放在预取队列中，指令码预取队列容量为 16B。

指令译码部件从预取队列中取来指令，译成微码，经译码后的指令存放在指令队列

总线接口部件	取指令1	取指令2	取指令3	取指令4	存结果1	取指令5	取指令6
指令译码部件	指令译码器1	指令译码2	指令译码3	指令译码4	指令译码5		
执行部件	执行1	执行2	执行3	执行4			
存储管理部件	地址变换和MMU	地址变换和MMU					

图 4-10　80386 的指令流水处理

中。指令队列可放 3 条指令，先进先出、立即数和位移量也放在其中。只要指令队列有空，且指令预取队列中有指令，它就从预取队列中取来指令译码。每个时钟周期可以完成一条指令的译码。

执行部件从指令队列中取来指令执行。它有 3 个子部件：控制部件、数据部件和保护测试部件。控制部件包括微码以及加快乘除法和加快有效地址计算的专门并行硬件。数据部件执行控制部件要求的数据计算。它有 1 个 ALU、8 个通用寄存器和 1 个 64 位桶形移位器(每个时钟周期可移多位)。保护测试部件在微码控制下校验分段时的违例情况。为加快访问存储器的指令执行速度，执行部件把每一条访问存储器的指令的执行过程同上一条指令重叠一部分，由于访问存储器的指令出现的频度较高，这样可以提高性能约 9%。

4.3　流水线性能分析

4.3.1　技术指标

衡量流水线处理机的性能主要是吞吐率、加速比和效率。

1. 吞吐率

吞吐率是指单位时间内能处理的指令条数或能输出的数据量。吞吐率越高，计算机系统的处理能力就越强。就流水线而言，吞吐率就是单位时间内能流出的任务数或能流出的结果数。

最大吞吐率是指流水线达到稳定状态后可获得的吞吐率。如果流水线中各个子过程所需要的时间都是 Δt，在流水线正常满负荷工作时就会每隔 Δt 时间解释完一条指令，即其最大吞吐率 $TP_{max}=1/\Delta t$。由于各个子过程所完成的工作都不同，各自的时间也不同，为了避免各段之间经过的时间不匹配，也为了保证各段之间数据通路宽度上能匹配，通常要在各子过程之间插入一个锁存器，这些锁存器都受同一个时钟脉冲同步，每个子过程所经过的时间也包括锁存器所需要的延迟。时钟脉冲的周期对流水线的最大吞吐率会有直接影响，其值越小越好。

如果各个子过程所需的时间分别为 Δt_1、Δt_2、Δt_3、Δt_4，时钟周期应当为 $\max\{\Delta t_1, \Delta t_2, \Delta t_3, \Delta t_4\}$，则最大吞吐率可用式(4-4)表示。

$$TP_{max} = 1/\max\{\Delta t_1, \Delta t_2, \Delta t_3, \Delta t_4\} \tag{4-4}$$

即取决于流水线中最慢子过程所需要的时间，其最慢子过程称为"瓶颈"子过程。例如，一个四段的指令流水线如图4-11所示。

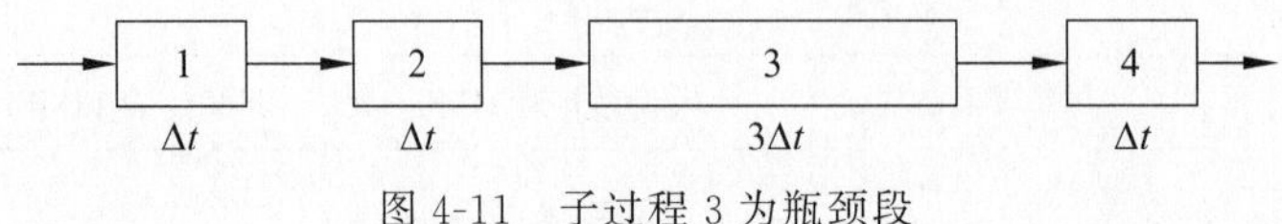

图4-11　子过程3为瓶颈段

其中，第1、2、4段所需的时间均为 Δt，而第3段所需的时间为 $3\Delta t$，则它的时空图如图4-12所示。此时的最大吞吐率 $TP_{max}=1/3\Delta t$，说明第3段为瓶颈段。

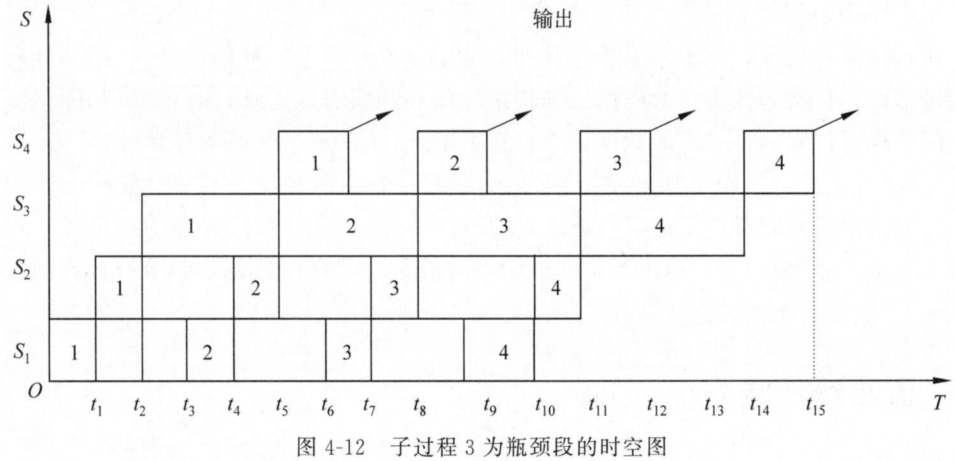

图4-12　子过程3为瓶颈段的时空图

为了提高流水线的性能，首先应寻找出瓶颈，然后设法消除此瓶颈。解决瓶颈有以下两种方法。

(1) 将瓶颈子过程进一步细分成若干子过程，使每一子过程与其他子过程时间相等。如图4-13中可设法将瓶颈段 S_3 进一步分成 S_{3a}、S_{3b} 和 S_{3c} 三个时间上相当于 Δt 的子子过程，即可消除此瓶颈，使最大吞吐率由 $1/3\Delta t$ 恢复为 $1/\Delta t$。当瓶颈子过程无法再细分时，可采用第二种方法。

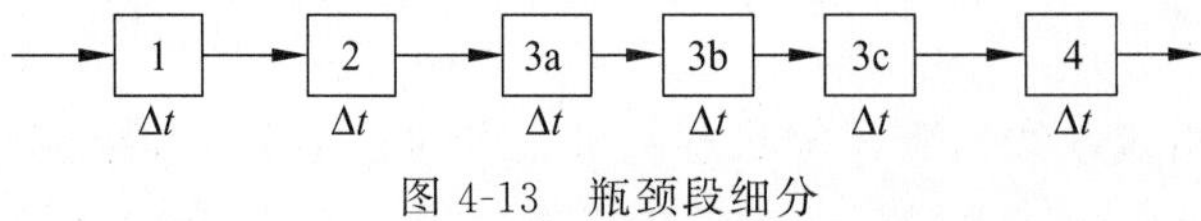

图4-13　瓶颈段细分

(2) 在瓶颈段，并联设置多套功能段部件，使它们轮流工作。瓶颈段细分示意图如图4-14所示。

在瓶颈段 S_3 并联设置了3套功能部件，也可使吞吐率恢复到 $1/\Delta t$。重复设置瓶颈流水段示意如图4-15所示。

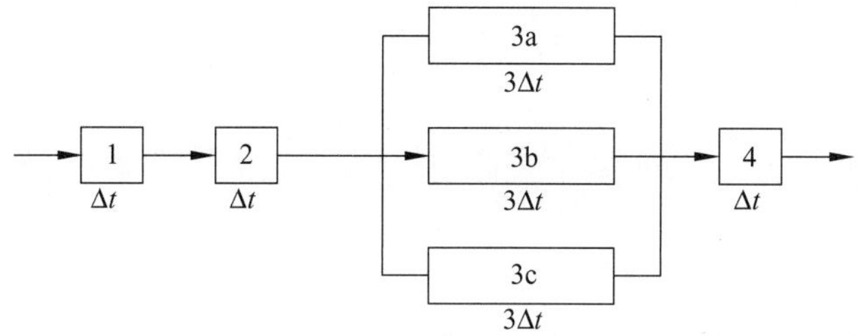

图 4-14 重复设置瓶颈流水段

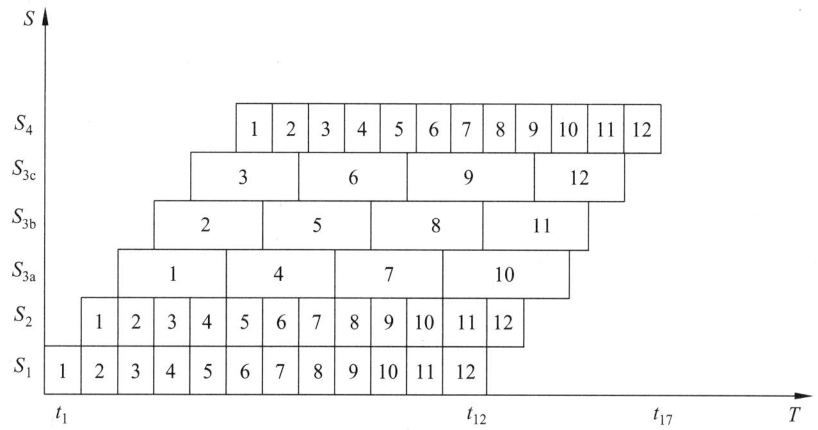

图 4-15 重复设置瓶颈流水段后的工作时空图

以上讲的都是流水线连续流动时能达到的最大吞吐率。实际上,流水开始时总要有一段建立时间,还常常会由于种种原因使流水线无法连续流动,不得不流一段时间,停一段时间,因此实际吞吐率总比最大吞吐率要小。

假设一指令流水线由 m 段组成,且各段经过时间都为 Δt_0,则第一条指令从流入到流出需要 $T_0 = m\Delta t_0$ 的流水建立时间,之后每隔 Δt_0 就可以流出一条指令,其时空图如图 4-15 所示。因此,完成 n 条指令的解释共需时间 $T = m\Delta t_0 + (n-1)\Delta t_0$,在这段时间里,流水线的实际吞吐率如式(4-5)所示。

$$\mathrm{TP} = \frac{n}{m\Delta t_0 + (n-1)\Delta t_0} = \frac{1}{\Delta t_0\left(1 + \dfrac{m-1}{n}\right)} = \frac{\mathrm{TP}_{\max}}{1 + \dfrac{m-1}{n}} \tag{4-5}$$

可以看出,不仅实际的吞吐率总是小于最大的吞吐率,而且只有当 $n \gg m$ 时,实际的吞吐率才能接近于理想的最大吞吐率。

2. 加速比

加速比是指采用流水方式后的工作速度与等效的顺序串行方式的工作之比。对 n 个求解任务而言,若用串行方式工作需要时间为 T_1,而用 m 段流水线来完成此项工作需要时间为 T_k,则加速比如式(4-6)所示。

$$Sp = \frac{T_1}{T_k} = \frac{nm\Delta t}{m\Delta t + (n-1)\Delta t} = \frac{nm}{m+n-1} = \frac{m}{1+\frac{m-1}{n}} \quad (4\text{-}6)$$

当 $n \gg m$ 时，有 $Sp \approx m$，显然要获得高的加速比，流水线段数 m 应尽可能取大值，即应加大流水深度。

通常，厂家在机器手册中提供的吞吐率都是指的最大吞吐率，因此，如果只是让子过程进一步细分，增大 m 来缩短 Δt_0，却未能在软件、算法、语言编译、程序设计上采取措施，保证连续流动的指令条数 n 能远远大于子过程数 m，则实际的吞吐率将大大低于手册中给出的最大吞吐率。极端情况 $n=1$ 时，由于 m 的增大，锁存器数也增大，从而实际上增大了从流入到流出的流水线通过时间，以至于使其速度反而比顺序串行的还要低。

如果线性流水线各段经过的时间 Δt_i 不等，其中瓶颈段的时间为 Δt_j，则完成 n 条指令解释所能达到的实际吞吐率如式(4-7)所示。

$$\text{TP} = \frac{n}{\sum_{i=1}^{m} \Delta t_i + (n-1)\Delta t_j} \quad (4\text{-}7)$$

其加速比如式(4-8)所示。

$$Sp = \frac{n \cdot \sum_{i=1}^{m} \Delta t_i}{\sum_{i=1}^{m} \Delta t_i + (n-1)\Delta t_j} \quad (4\text{-}8)$$

3. 效率

效率是指流水线中的各功能段的利用率。由于流水线有建立和排空时间，因此各功能段的设备不可能一直处于工作状态，总有一段空闲时间。

如果线性流水线中各段经过的时间相等，则在 T 时间里，流水线各段的效率都会是相同的，均为 η_0，如式(4-9)所示。

$$\eta_1 = \eta_2 = \cdots = \eta_m = \frac{n \cdot \Delta t_0}{T} = \frac{n \cdot \Delta t_0}{m\Delta t_0 + (n-1)\Delta t_0} = \frac{n}{m+(n-1)} = \eta_0 \quad (4\text{-}9)$$

所以，整个流水线的效率如式(4-10)所示。

$$\eta = \frac{\eta_1 + \eta_1 + \cdots + \eta_m}{m} = \frac{m \cdot \eta_0}{m} = \frac{m \cdot n\Delta t_0}{m \cdot T} = \frac{n}{m+(n-1)} = \eta_0 \quad (4\text{-}10)$$

其中，分母 $m \cdot T$ 是时空图中 m 各段和流水总时间 T 所围成的总面积，分子 $m \cdot n\Delta t_0$ 则是时空图中 n 个任务实际占用的总面积。因此，从时空图上来看，所谓效率实际就是 n 个任务占用的时空区和 m 个段总的时空图区面积之比。显然，只有当 $n \gg m$ 时，η 才趋近于 1。同时还可看出，对于线性流水，每段经过时间相等的情况下，流水线的效率将与吞吐率成正比，如式(4-11)所示。

$$\eta = \frac{n \cdot \Delta t_0}{T} = \frac{n}{m+(n-1)} = \text{TP} \cdot \Delta t_0 \quad (4\text{-}11)$$

应当说明的是，对于非线性流水或线性流水但各段经过的时间不等时，这种成正比的关系并不存在，此时应通过画出实际工作时的时空图来分别求出吞吐率和效率。

为提高效率减少时空图中空白区所采取的措施对提高吞吐率同样也会有好处。在多功能流水线中，动态流水比静态流水减少了空白区，从而使流水线吞吐率和效率都得到提高。

如果流水线各段经过的时间不等，各段的效率就会不等，可用式(4-12)计算。

$$\eta=\frac{n\text{ 个任务实际占用的时空区}}{m\text{ 个段总的时空区}}=\frac{n\cdot\sum_{i=1}^{m}\Delta t_i}{m\cdot\left[\sum_{i=1}^{m}\Delta t_i+(n-1)\Delta t_j\right]}\tag{4-12}$$

另外，由于各段所完成的功能不同，所用的设备量也就不同，在计算流水线总的效率时，为反映出各段因所用设备的重要性、数量、成本等的不同使其设备利用率占整个系统设备利用率的比重不同，可以给每个段赋予不同的“权”值 α_i，这样，线性流水线总效率的一般式如式(4-13)所示。

$$\eta=\frac{n\left(\sum_{i=1}^{m}\alpha_i\cdot\Delta t_i\right)}{\sum_{i=1}^{m}\alpha_i\left[\sum_{i=1}^{m}\Delta t_i+(n-1)\Delta t_j\right]}\tag{4-13}$$

其中，分母为 m 个段的总的加权时空区，分子为 n 个任务总的加权时空区。

对于复杂的非线性流水线，例如，对浮点加、减运算器流水线，若“对阶”段不是采用全移位器，则每执行一个任务，在“对阶”段可能需循环通过多次，而“减阶”段则只需通过一次，这时吞吐率 TP 和效率 η 就难以用一些简单的公式求出。通过画出实际工作时它的时空图，实际的吞吐率如式(4-14)所示。

$$\mathrm{TP}=\frac{\text{任务数 }n}{\text{从开始流入到 }n\text{ 个任务全部流出的时间}}\tag{4-14}$$

效率计算公式如式(4-15)所示。

$$\eta=\frac{n\text{ 个任务的总的加权时空区}}{m\text{ 个段的总的加权时空区}}\tag{4-15}$$

4.3.2 流水线性能指标参数计算

对流水线性能指标的计算可通过三种方法：实测法、分析法和时空图法。实测法是按各参数测量实际流水线通过时间和任务数之比得出；分析法是按上面公式代入相应值进行计算；而时空图还可以根据画出的任务图求得各参数。

例 1 设有 4 段流水线 $\Delta t_1=\Delta t_3=\Delta t_4=\Delta t$，$\Delta t_2=3\Delta t$，求选择 4 个任务和 10 个任务时的 TP，$\eta$、$Sp$。用分析法计算，由于上述各段时间不等，则应用如下公式计算。

当 $n=10$ 时，总是可以用下列公式计算。吞吐率计算如式(4-16)所示。

$$\mathrm{TP}=\frac{n}{\sum\Delta t_i+(n-1)\Delta t_j}=\frac{10}{6\Delta t+3\times 9\Delta t}=\frac{10}{33\Delta t}\tag{4-16}$$

效率计算如式(4-17)所示。

$$\eta=\frac{n\text{ 个任务的总的加权时空区}}{m\text{ 个段总的加权时空区}}=\frac{6\times 10\Delta t}{4\times 6\Delta t+9\times 3\times 4\Delta t}=\frac{60}{24+108}=\frac{5}{11}\approx 45\% \tag{4-17}$$

加速比计算公式如式(4-18)所示。

$$Sp=\frac{n\cdot\sum_{i=1}^{m}\Delta t_i}{\sum_{i=1}^{m}\Delta t_i+(n-1)\Delta t_j}=\frac{10\times 6\Delta t}{(6+3\times 9)\Delta t}=\frac{20}{11}\approx 1.8 \tag{4-18}$$

用时空图法，如图 4-16 所示。

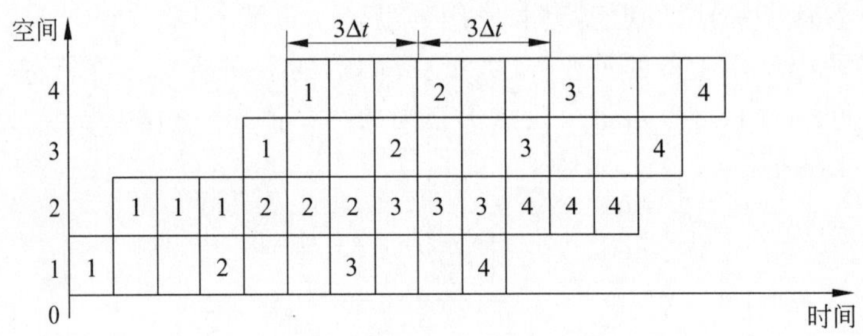

图 4-16　时空图

从图 4-16 中可以看出，当 $n=4$ 时：

$$TP=4/((6+3\times 3)\Delta t)=4/(15\Delta t)\approx 0.267(1/\Delta t)$$

$$\eta=24\Delta t/(4\times 15\Delta t)=2/5=40\%;Sp=4\times 2\Delta t/5\Delta t=8/5=1.6$$

TP，η，Sp 的比较如表 4-1 所示。

表 4-1　TP，η，Sp 的比较

n	TP($1/\Delta t$)	η	Sp
4	0.267	40%	1.6
10	0.303	45%	1.8
100	0.33	49%	1.98

说明 $n\gg m$ 时流水性能才发挥得更好。

例 2　用如图 4-17 所示的一条 4 段浮点加法器流水线计算 $Z=A+B+C+D+E+F+G+H$，求流水线的吞吐率、加速比和效率，其中，$\Delta t_1=\Delta t_2=\Delta t_3=\Delta t_4=\Delta t$。

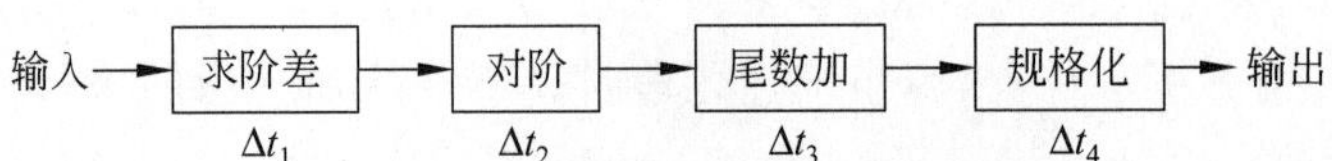

图 4-17　4 段浮点加法器流水线

解：由于存在数据相关，要在 $A+B$ 的运算结果在第 4 个时钟周期末尾产生之后，在第 5 个时钟周期才能继续开始做加 C 的运算。这样，在每两个加法运算之间，每个功能部件都要空闲 3 个时钟周期。这时，实际上与不采用流水线的顺序执行方式完全一样。

对原式做一个简单的变化，可得到：$Z=[(A+B)+(C+D)]+[(E+F)+(G+H)]$。

小括号内的 4 个加法操作之间，由于没有数据相关，可以连续输入到流水线中。只要前两个加法的结果出来之后，第一个中括号内的加法才可以开始进行。8 个浮点数求和的流水线时空图如图 4-18 所示。

从流水线的时空图中可以很清楚地看到，7 个浮点加法共用了 15 个时钟周期。假设每一个功能段的延迟时间均相等，都为 Δt，则有 $T_k=15\Delta t$，$n=7$。则流水线的吞吐率 TP 如式(4-19)所示。

$$\mathrm{TP}=\frac{n}{T_k}=\frac{7}{15\cdot\Delta t}\approx 0.47\frac{1}{\Delta t} \tag{4-19}$$

流水线的加速比 S 如式(4-20)所示。

$$S=\frac{T_0}{T_k}=\frac{4\times 7\cdot\Delta t}{15\cdot\Delta t}\approx 1.87 \tag{4-20}$$

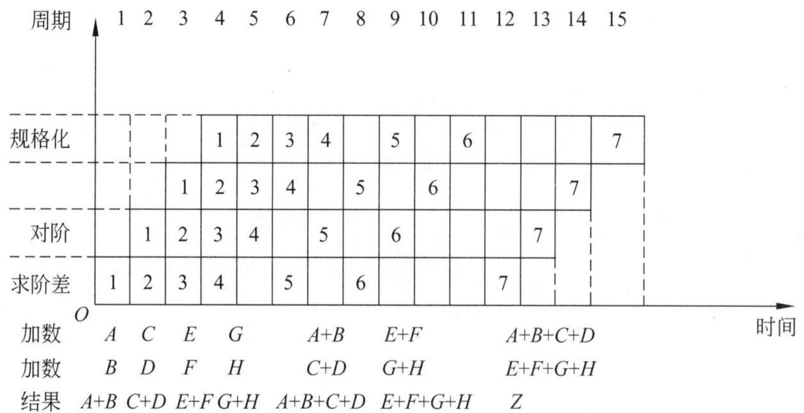

图 4-18　用一条 4 段浮点加法器流水线求 8 个数之和的流水线时空图

流水线的效率 E 如式(4-21)所示。

$$E=\frac{T_0}{k\cdot T_k}=\frac{4\times 7\cdot\Delta t}{4\times 15\cdot\Delta t}\approx 0.47 \tag{4-21}$$

例 3　设有两个向量 $\boldsymbol{A}$，$\boldsymbol{B}$，各有 4 个元素，若在如图 4-19(a) 所示的静态双功能流水线上，计算向量点积 $\boldsymbol{A}\cdot\boldsymbol{B}=\sum_{i=1}^{4}a_i\times b_i$。其中，$1\rightarrow 2\rightarrow 3\rightarrow 5$ 组成加法流水线，$1\rightarrow 4\rightarrow 5$ 组成乘法流水线。又设每个流水线所经过的时间均为 Δt，而且流水线的输出结果可以直接返回到输入或暂存于相应的缓冲寄存器中，其延迟时间和功能切换所需的时间都可以忽略不计。请使用合理的算法，完成向量点积 $\boldsymbol{A}\cdot\boldsymbol{B}$ 所用的时间最短，并求出流水线在此期间实际的吞吐率 TP 和效率 η。

首先，应选择适合静态流水线工作的算法。对于本题，应先连续计算 $a_1\times b_1$、$a_2\times b_2$、$a_3\times b_3$ 和 $a_4\times b_4$ 共4次乘法，然后功能切换，按 $((a_1b_1+a_2b_2)+(a_3b_3+a_4b_4))$ 经3次加法来求得最后的结果。按此算法可画出流水线工作时的时空图，如图4-19(b)所示。

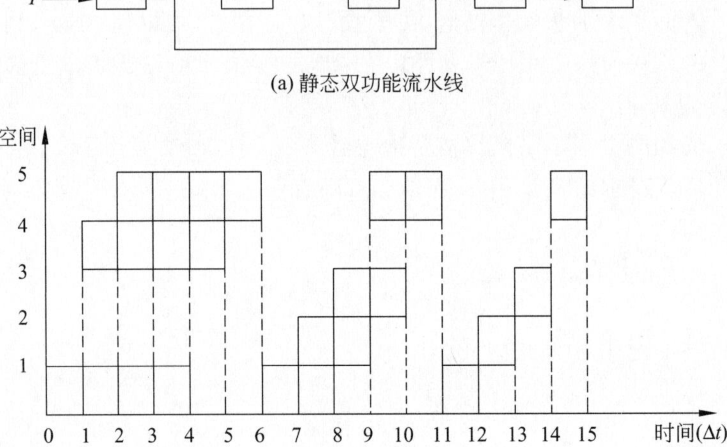

(a) 静态双功能流水线

(b) 静态双功能流水线的时空图

图4-19　静态双功能流水线及其时空图

由图4-19可见，总共在15个 Δt 的时间内流出7个结果，所以在这段时间里，流水线的实际吞吐率TP为 $7/15\Delta t$。

若不用流水线，由于一次求积需 $3\Delta t$，产生上述结果就需要 $4\times3\Delta t+3\times4\Delta t=24\Delta t$。因此，加速比为 $Sp=24\Delta t/(15\Delta t)\approx1.6$。

该流水线的效率可用阴影区面积和全部5个段的总时空图面积之比求得，即

$$\eta=\frac{3\times4\Delta t+4\times3\Delta t}{5\times15\Delta t}\approx\frac{24}{75}=32\%$$

虽然这个流水运算器的效率连1/3都不到，但其解题速度却提高为串行的1.6倍，而且如果向量 **A**、**B** 的元素数进一步增加时，还会使解题速度和效率继续提高。用流水运算器求向量点积之所以效率不高的原因有很多：一是静态多功能流水线按某种功能进行流水处理时，总有一些本功能用不到的段处于空闲状态；二是流水建立过程中，本功能要用到的某些段也有部分处于空闲状态；三是进行功能切换时，增加了前一种功能流水的排空时间及后一种功能流水的建立时间。除此之外，经常存在需要等待把上一步计算的结果经输出回到输入，然后才能开始下一步的计算，这种相关特别在标量流水线中非常普遍。

由于上述多种原因，使得不可能每拍都有数据流入流水线，所以，流水线最适合解具有同一操作类型，且输出与输入之间没有任何联系和相关的一串运算。只要输入数据能连续不断地提供给流水运算器，就能使流水线连续不断地流动，当 n 值很大时，流水线的效率就可接近于1，实际的吞吐率就可接近于1，实际的吞吐率就可接近于最大吞吐率，即 $1/\Delta t$。

4.3.3 时序和缓冲

在流水线处理工作方式中，讨论各性能参数时有：当指令各段处理时间相等时，设为 t，当指令条数 n 远远大于指令段数 m 时，流水线的吞吐率为 $\mathrm{TP}=1/t$，t 愈小，TP 愈大。

除了尽量减少相关，减少断流外，还要提高吞吐率，应使各段时间尽量相等，t 尽量小。增加流水线分段数 m，可以使每段执行时间更短，但段数 m 愈多，由于每段之间都有锁存器，需要加的锁存器愈多，增加的设备愈多，同时使完成一条指令需要的时间也加长了。t 是指令执行某一段操作需要的时间。通常用实现这段微操作需要的逻辑门延迟时间加上走线延迟再加 3%冗余量，作为估算 t 的参考。

在流水执行中，各部件的执行速度是不一样的。为使流水线能正常流动，通常会增加许多缓冲器，如指令缓冲器、数据缓冲器等。缓冲器设置多少是有限度的，太多会浪费设备，太少有时缓存数据量太少，会影响流水线的正常功能。

4.3.4 相关处理

要使流水线具有良好的性能，必须设法使流水线能畅通流动，即必须能做到充分流水，不发生断流。指令间的相关将使指令流水线出现停顿，这将影响到指令流水线的效率。所谓指令间的相关指一条指令要用到前面的一条(或几条)指令的结果，因而这条指令必须等待前面的一条(或几条)指令流过流水线后才能执行完。通常可能会出现三种相关：资源或结构相关、数据相关和控制相关。

1. 资源相关

资源相关是指当有多条指令进入流水线后在同一机器周期内争用同一功能部件所发生的冲突。

例：

$$X_6 = X_1 + X_2$$

$$X_5 = X_3 + X_4$$

两条指令同时要用一个加法器，此时第二条指令必须等待第一条指令全部完成后才能送到功能部件中去执行。如果加法是运算流水线，也不允许同时在同一子功能段上运行两条指令。现设有 5 条指令，从图 4-20 可以看出，在时钟 4 中，第 i 条指令的 MEM 段和第 $i+3$ 条指令的 IF 段都要访问存储器。

通常，由于数据和指令存放在同一存储器中，且只有一个访问口，这样便会发生这两

时钟 / 指令	1	2	3	4	5	6	7	8
Load指令	IF	ID	EX	MEM	WB			
指令i+1		IF	ID	EX	MEM	WB		
指令i+2			IF	ID	EX	MEM	WB	
指令i+3				IF	ID	EX	MEM	WB
指令i+4					IF	ID	EX	MEM

访存冲突

图 4-20　两条指令同时访存造成资源相关

条指令争用存储器资源的相关冲突。解决冲突的方法，一是停顿一拍流水线，通常是将后一条指令停顿一拍后再启动，如图 4-21 所示；二是再重复设计一个存储器，使指令和数据分别存放在不同的存储器中。

时钟 / 指令	1	2	3	4	5	6	7	8	9
Load指令	IF	ID	EX	MEM	WB				
指令i+1		IF	ID	EX	MEM	WB			
指令i+2			IF	ID	EX	MEM	WB		
指令i+3				停顿	IF	ID	EX	MEM	WB
指令i+4						IF	ID	EX	MEM

图 4-21　使 $i+3$ 指令停顿一拍进入流水线，以解决访存相关

2. 数据相关

数据相关是在几条相近的指令间共用相同的操作数时发生的。例如，指令部件中的某一条指令在进行操作数地址计算时要用到一个通用寄存器的内容，而这个通用寄存器的内容又要由这条指令前的另一条指令产生，但前面那条指令还未进入执行部件（还在指令队列中），还未产生通用寄存器的内容，这时指令部件中的那条指令只能停下来等待，这就是数据相关引起的流水线停顿。

根据指令间的对同一寄存器读和写操作的先后次序关系，数据相关冲突可分为 RAW、WAR 和 WAW 三种类型。例如，有 i 和 j 两条指令，i 指令在前，j 指令在后，则三种不同类型的数据相关的含义如下。

RAW——指令 j 试图在指令 i 写入寄存器前就读出该寄存器内容，这样，指令 j 就会错误地读出该寄存器中旧的内容。

WAR——指令 j 试图在指令 i 读出寄存器之前就写入该寄存器，这样，指令 i 就错误地读出该寄存器新的内容。

WAW——指令 j 试图在指令 i 写寄存器之前就写入该寄存器，这样，两次写的先后次序被颠倒，就会错误地使由指令 i 写入的值成为该寄存器的内容。

在流水线流动顺序的安排和控制方面有两种方式：一种是顺序流动的流水线，这种流水线输出端的数据或指令流出顺序同输入端流入的顺序一样；另一种是可以不按顺序流动的流水线，这种流水线输出端的流出顺序可以同输入端的流入顺序不一样。对于顺序流动的流水线，只可能发生一种先写后读的数据相关。在不按顺序流动的流水线中，可能发生后两种数据相关，即先读后写和先写后写的数据相关。因为在可以不按顺序流动的流水线中，指令执行的顺序可能会起变化，后面的写指令可能越过前面的读指令或写指令，如果正好要访问同一个存储单元，就可能发生先读后写或先写后写的数据相关。

例 1 如果流水线要执行以下两条指令

$$X_1 = X_2 + X_3$$
$$X_4 = X_1 - X_5$$

这是一个典型的先写后读(RAW)相关。

例 2 结果寄存器的冲突。

$$X_6 = X_1 + X_2$$
$$X_6 = X_4 \times X_5$$

这是一个先写后写的写-写相关，两条指令都要用 X_6 存放结果，此时第二条指令也要等待第一条指令完成后才能写。

例 3 一条指令要把结果存放到上一条指令存放操作数的寄存器中时发生的冲突。

$$X_5 = X_4 \times X_3$$
$$X_4 = X_0 + X_6$$

这是一个先读后写的写-读相关。如果这两条指令接连地送到乘法功能部件和加法功能部件中，由于加法比乘法快得多，第二条的结果 X_4 先产生，但必须等待第一条指令做完后才能送 X_4。

解决数据相关的方法是采用后推法，即遇到数据相关时，就停顿后继指令的运行，直至前面指令的结果已经生成。因此要设置专门的检查数据相关的硬件，在每一次取数时，要把取数的地址同它前面正在流水线中尚未完成写数操作的所有写数指令的写数地址进行比较，如果有相同的，说明有数据相关存在，就要推迟执行读数操作，等待相关的写数指令完成写数操作，把数真正送入主存或通用寄存器后才能取数。显然，这将使流水线有较长的停顿。另一种解决方法是采用定向技术，又称为旁路技术或相关专用通路技术。即在指令流水线中的读数和写数部分之间设置直接传送数据的通路，使在执行部件向主存或通用寄存器存数的同时，可以把数直接送到正在等待取这个数的指令部件中去。如果有几条指令都在等待，则可以同时送到这几条指令的相应位置上去。

假设流水线要执行 5 条如图 4-22 所示的指令，其中第一条的 ADD 指令将向 R_1 寄存器写入操作结果，后继的四条指令中都要使用 R_1 中的值作为一个源操作数。显然，这时就出现了 RAW 数据相关。在 WB 段的末尾，ADD 指令的执行结果才写入 R_1，而后继的指令除 XOR 外，都需要在此之前使用 R_1 中的内容。采用后推法，则会使流水线停顿三拍。从图中可见，实际上要写入 R_1 的 ADD 的操作结果在 EX 段的末尾处已形成。如果设置专用通路将此时产生的结果直接送往需要它的 SUB、AND 和 OR 指令的 EX 段，就可使流水线不发生停顿。

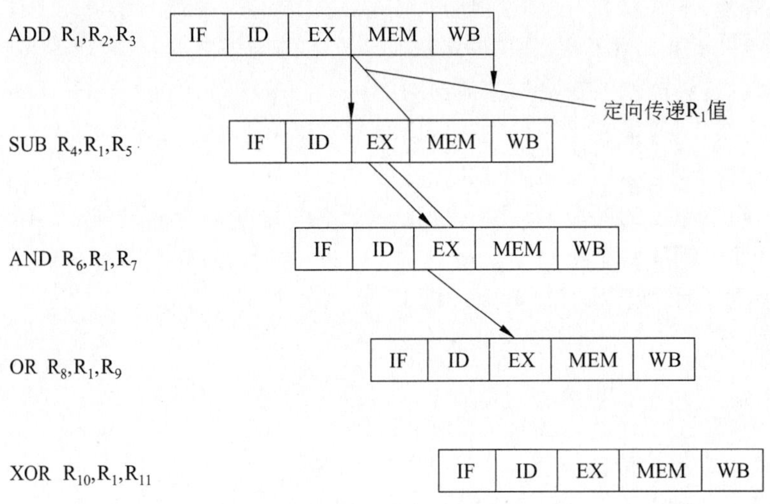

图 4-22　数据相关和定向传送指令

显然，此时要对三条指令进行定向传输操作。为了减少这种操作的次数，可将 ID 段中的读寄存器堆操作安排在后半部分，而将 WB 中的写寄存器堆操作安排在前半部分。这样如图 4-23 所示，对 OR 指令的定向传输操作就可以取消了。

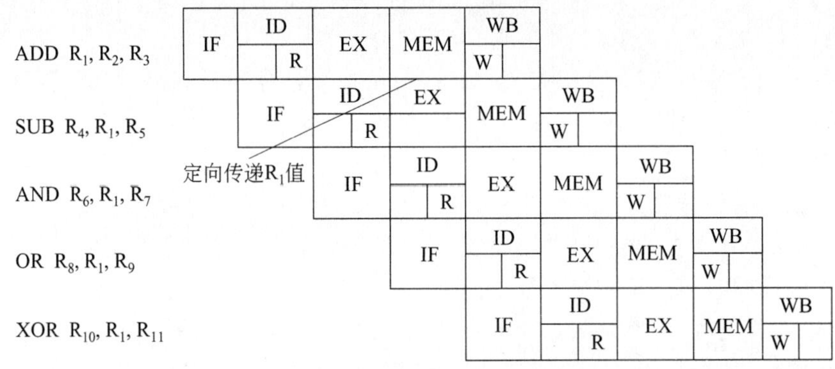

图 4-23　减少定向传送次数的方法

图 4-24(a)为这种定向传送的示意图，图 4-24(b)为带有旁路部件的 ALU。图中有两个结果缓冲寄存器，它的内容反映了图 4-22 中 AND 指令将进入 EX 段时的情况，此时 ADD 中生成的结果已进入第二个缓冲寄存器中，即将写入寄存器堆中的 R_1，SUB 中生成

的结果已存入第一个缓冲寄存器中，此时，第二个缓冲寄存器内容（存放送往 R_1 的结果）可通过旁路通道经多路开关送到 ALU 中。这里的定向传送仅发生在 ALU 内部。有时，这种定向传送也可在 ALU 与其他部件间进行。

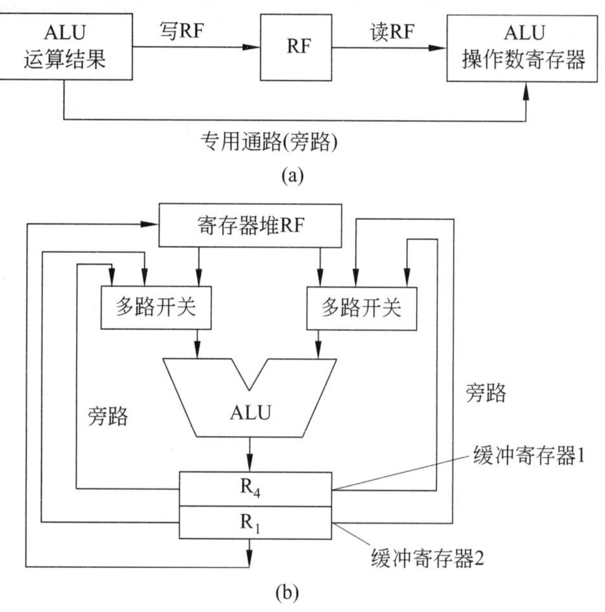

图 4-24　定向传送及具有旁路部件的 ALU

3. 控制相关

控制相关是由无条件转移和条件转移引起的，统计表明，转移指令约占总指令的 1/4，因此，与数据相关相比，它会使流水线丧失更多的性能，必须很好地处理。

4.3.5　转移处理

转移处理一般分为以下两种情况。

(1) 无条件转移指令。无条件转移指令可以在指令译码时发现。在发现无条件转移指令后，指令缓冲寄存器中在无条件转移指令以后的一些预先取出的指令都要作废掉，然后按转移地址重新读取新的指令序列。在这种情况下，如果指令队列中没有足够的可供执行部件取用的指令，执行部件则可能要停顿。总之，由于有指令队列的缓冲，无条件转移不一定会引起执行部件的停顿，所以它对指令流水线效率的影响还比较小。

(2) 条件转移指令。条件转移指令虽然在指令流水线前端的指令译码时就能发现，但是确定转移方向的条件码却要在指令流水线的末端的执行部件中产生，才能决定是否实现转移。所以一旦在指令部件中发现条件转移指令，指令部件就要停顿下来，等待转移指令前面一条指令在执行部件中执行完毕，产生条件码以后，才能确定转移方向，这时整个流水线已经为空，没有指令在里面流动。如果转移成功，执行新的指令流，就要从指令部件预取新指令开始。如果转移不成功，指令部件中原来预取的指令还有用，但也要从指令部件分析指令开始。等到指令流到执行部件时，执行部件已经停顿了相当一段时间，所以条件转移指令对流水线效率影响较大。

为了改进由于条件转移指令引起的流水线断续现象、减少条件转移指令造成的执行部件停顿时间，一般有以下几种措施。这些措施有的也可以几项并用。

(1) 猜测法。指令部件发现条件转移指令后，在等待执行部件执行完指令队列中的指令并产生条件码后的这一段时间里，指令部件仍按固定的方向继续预取指令，或者按转移成功的方向预取，或者按转移不成功的方向预取。等到产生条件码后，如果同猜测的转移方向一致，指令缓冲寄存器组中预先取出的指令可以用，流水线停顿的时间可以缩短。如果未猜对，则指令缓冲寄存器组中的指令和已做的工作全部作废，重新按另一个方向读取指令，然后开始分析。这时流水线损失的时间仍较长。

(2) 预取转移目标。在发现条件转移指令后，同时向两个分支方向预取指令。即除了继续按原来方向预取指令外，还按转移成功方向预取指令，最后根据真正的方向取其中一个分支的指令继续运行，有的还可以对原来分支内指令进行带条件执行(译码、取数、运算，但不送结果)以进一步提高转移指令效率。

(3) 加快和提前形成条件码，有的指令的条件码并不一定要等执行完毕得到运算结果后才能形成。例如，对乘法和除法指令，其结果是正是负的条件码在相乘(或除)前就能根据两个操作数的符号位来判定。Amdahl 470V/6 就采用此方法。乘除法操作所需的时间长，这种提前形成条件码的办法很有好处。

(4) 推迟转移。在编译一个程序时，编译程序自动地调整条件转移指令的位置，把条件转移指令从原来的位置向后移一条或数条，而把无关指令先运行，这样做可以改进流水线的效率，不影响结果。一般可采用以下三种调度方法：①将转移指令前的那条指令调度到延迟槽中；②将转移目标处的那条指令调度到延迟槽中；③将转移不发生时该执行的那条指令调度到延迟槽中。

(5) 加快短循环程序的处理。循环是一种特殊的条件转移，它通常是按循环计数器内内容是否为0来判断是否已达到应有的循环次数，决定是否需要“向后”转移。短循环程序是指循环段的指令数目少于(或等于)指令缓冲寄存器组中可存放的指令数时的循环程序段。如果在执行这种短循环时，能把整个短循环程序段放在指令缓冲寄存器组中，让指令部件停止预取新的指令，重复使用这段短循环程序，就可减少访问主存次序，提高机器的效率。

为做到这点，在机器中要设置相应的硬件。例如，在 IBM360/91 上设置了“向后 8 条”的检查，若转向地址与条件转移指令的地址间相隔 8 条指令或更少，而且是向后转移，就认为是遇到了短循环程序。这时要建立“短循环方式”工作状态，把从转向地址到这条条件转移指令间的这段程序固定放在指令缓冲寄存器组内使用。有的机器设置了专门的小循环开门和关门指令来实现这种加快短循环程序处理的功能，在短循环程序的前面放一条小循环开门指令，用来建立短循环工作状态。这两种方法对应用程序人员来说是透明的。

4.3.6 流水线中断处理

中断和转移一样，也会引起流水线断流。从第 i 条指令产生中断，到把中断处理程序由主存调入指令缓冲器并开始在流水线中流动，其断流时间是很长的。然而，由于中断的出现概率要比条件转移的出现概率低得多，而且中断一般是不能预知的，因此流水机器处理中断的关键不在于如何缩短断流时间，而是如何处理好断点现场及中断后的恢复问题。

按照中断处理的规定，在处理第 i 条指令的中断时，由于要保护的中断现场应是第 i 条指令的现场，所以在中断处理前，第 $i+1$ 条指令本来不应当执行。然而，由于流水机器是同时解释多条指令，当第 i 条指令在解释过程中，由于诸如地址错、访存错、传送错、运算错等原因，而在某一段发中断申请时，第 $i+1$、$i+2$、$i+3$、$i+4$ 条指令都已进入流水线被解释了。对于异步流动的流水线，这 4 条指令中的有些指令甚至可能流到第 i 条指令的前面。这样，如何取得准确的断点现场(指的是送给中断处理程序的应是对应于第 i 条指令的中断现场，如第 i 条指令的程序状态字等)及在中断处理后如何能恢复到原有现场(指的是在中断处理完重新解释第 i 条指令时，它及它之后在中断前进入过流水线的第 $i+1$、$i+2$、$i+3$ 等条指令的状况应和它们未进入流水线时的一样)就复杂了。流水机器的断点现场问题如图 4-25 所示。

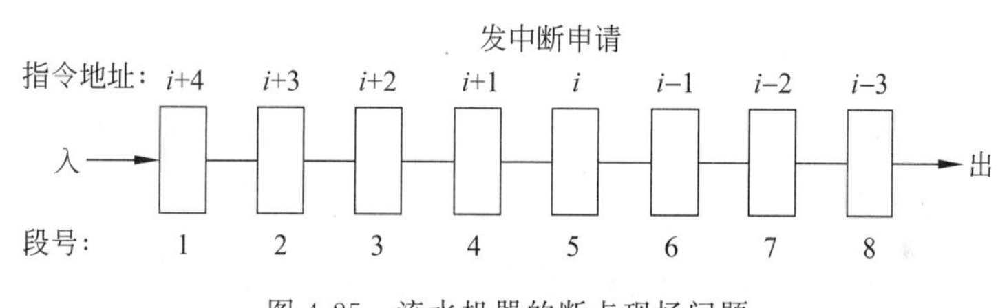

图 4-25　流水机器的断点现场问题

早期的流水机器，如 IBM360/91，为简化中断处理，采用了“不精确断点”法。不论第 i 条指令在流水线的哪一段发出中断申请，都不再允许那时还未进入流水线的后续指令再进入，但已在流水线的所有指令却可仍然流动到执行完毕，然后才转入中断处理程序。这样，虽然中断处理程序是对第 i 条指令在第 5 段发出的中断申请进行处理，但给它的断点现场却不一定是对应第 i 条的，也可能是第 $i+1$ 或是 $i+2$、$i+3$、$i+4$ 条的，即断点是不精确的。采用这种中断处理方法，只有当第 i 条指令是在第 1 段发的中断申请，断点才是精确的。

这种“不精确断点”法对程序设计者很不方便，在程序排错时更是如此。因此，后来的流水机器多采用“精确断点”法，如 Amdahl 470/6 就是如此。对它来说，不论第 i 条指令是在流水线中哪一段发出的中断申请，给中断处理程序的现场全都是对应第 i 条的，在第 i 条之后进入流水线的指令的原有现场都能恢复。“精确断点”法需要采用很多的后援寄存器，以保证流水线内各条指令的原有状态都能保存和恢复，如指令缓冲器、指令地址缓冲器、操作数地址缓冲器、写数地址缓冲器等。

4.4 流水线调度

4.4.1 线性流水线调度

1. 先进的流水调度方法——动态调度

流水调度中使用的先进方法一般有两种：一种是动态调度，要求有较多的系统结构支持；另一种是开发实现在指令一级的并行性。

动态调度主要是通过硬件重新安排指令的执行顺序以减少流水的停顿。动态调度主要有如下优点。

(1) 能处理某些在编译时无法指导的相关情况。

(2) 能简化编译程序设计。

(3) 使代码有可移植性。

缺点主要是相应的硬件较为复杂。

集中式调度是要依靠硬件在程序运行过程中对可能出现的相关情况加以检测，从而保证流水线中的各个功能部件能最大限度地重叠工作。集中式动态调度方式的框图如图4-26所示。

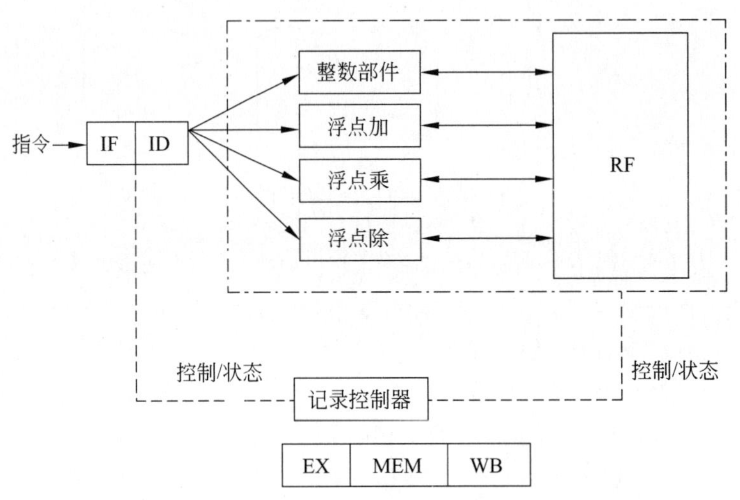

图4-26 集中式动态调度

动态调度方法主要用一个称为状态记录控制器的调度部件对流水线中的各个功能部件的工作状态、进入流水线中的各条指令的工作状态、它们所使用的源寄存器和目的寄存器情况等进行集中的统一记录和调度。在译码阶段，记录控制器根据所记录的状态决定是否将译码后的指令发送给有关功能部件进行处理。其中，主要检查该指令要使用的功能部件是否已被流水线中的其他指令占用，即检查是否有资源使用冲突。该指令的源操作数寄存器是否为其他指令的目的寄存器，或者它所要写入的目的寄存器又正好是前面其他指令所要读出的操作数，或是要写入的目的寄存器，这是前一条指令的目的寄存器，即检查是否有RAW、WAR和WAW的数据相关。

2. 流水的分布式动态调度

在流水机IBM360/91中，采用了另一种动态调度方法，即分布式方法。此调度方法是由日本学者TOMASULO在1967年提出的。它采用公共数据总线CDB来实现某些相关专用通路连接，并通过给每个浮点数寄存器FLR设置一个“忙”标志来判别指令间所用的数据是否发生数据相关，只要某些FLR正在使用，就将“忙”位置“1”表示存在数据相关，一旦使用完成就置成“0”。IBM360/91的浮点运算器部分如图4-27所示。

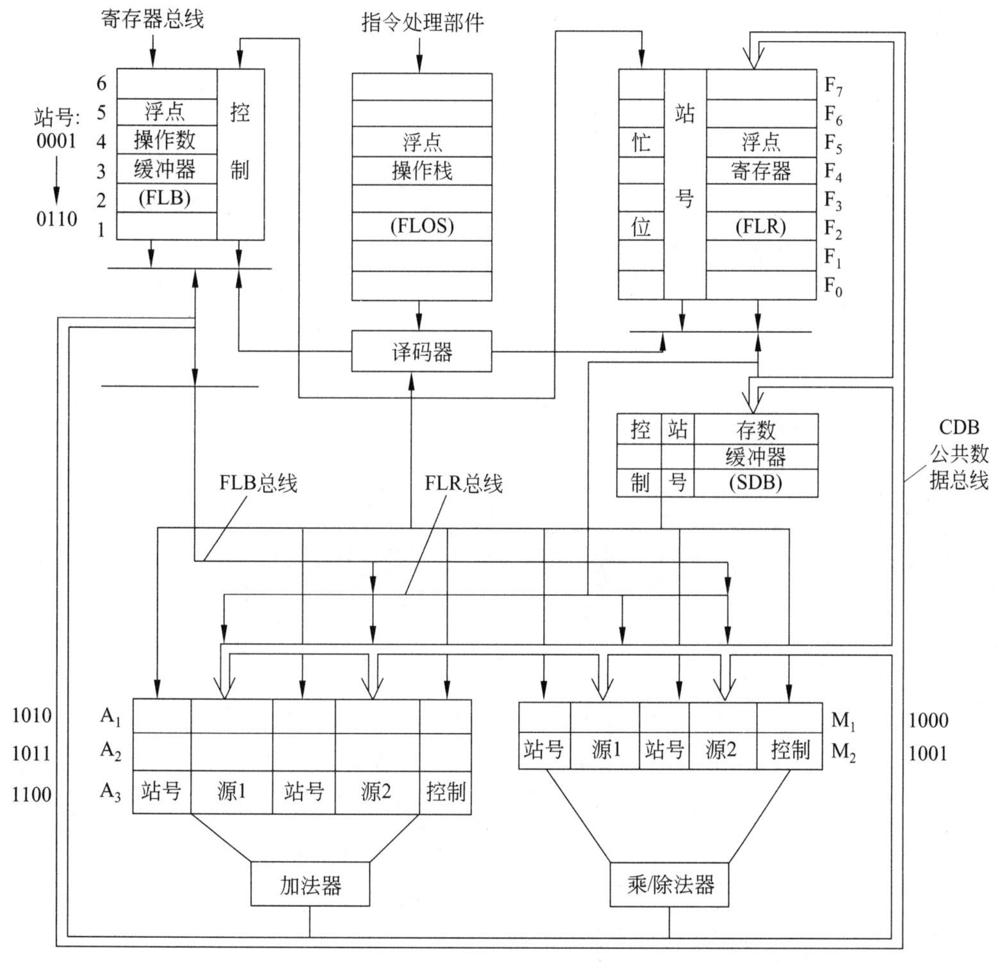

图4-27 IBM360/91的浮点运算器

它包括以下主要部件。

（1）运算部件——一个加法部件和一个乘除部件。

（2）保存站——加法部件中有A_1～A_3三个保存站，乘除部件有M_1和M_2两个保存站，用来保存当前参加运算的数据。当两个源操作数都到齐后，且运算部件空闲时，便可进行运算。这些保存站都有称为站号的地址号。它与FLB浮点操作数缓冲寄存器统一编址，$FLB_{1\sim6}$的编号为0001～0110，M_1和M_2编号为1000和1001，A_1～A_3编号为1010～1100。

(3) 指令操作缓冲栈——存放经分析后由指令部件送来的指令，译码后，产生相应的控制信号送到各个部件。

(4) 浮点操作数寄存器(FLB)——存放由主存预取来的操作数。

(5) 浮点寄存器(FLR)——存放操作数的寄存器，运算时，作为另一源操作数，而运算的目的地址也指向此浮点寄存器，即通常操作时由(FLR)+(FLB)→FLR，故常会发生数据相关。因此，在该浮点寄存器中，给每个寄存器附加一位“忙”位，当它为“1”时，表明该数据已作为操作数使用，另外还有一个标记(即站号)表示数据由何处送来。FLR由F_0～F_7组成。

(6) 存储数据缓冲站(SDB)——存放将写入存储器的结果数据，也有站号。

(7) 公共数据总线(CDB)——以上各部件间的连接总线，有11个部件可向CDB提供信息。它们是6个FLB，3个加法部件保存站和2个乘除部件保存站，而CDB则向加法部件和乘除部件的保存站、FLR浮点寄存器以及SDB存数缓冲器提供数据。

下面通过一个例子来说明该部件如何解决数据相关问题。例如，有如下一串指令：

```
S1:LD     F0,FLB1      ;(FLB1)          F0
S2:MD     F0,FLB2      ;(F0) * (FLB2)   F0
S3:STD    F0,A         ; (F0)           A
S4:LD     F0,FLB3      ; (FLB3)         F0
S5:ADD    F0,FLB4      ;(F0)+(FLB4)     F0
```

S_1译码后，将F_0的站号置成0001，向CDB表明由FLB_1读出的内容应送入F_0中。S_2译码后，将F_0的“忙”位置“1”，表明乘法指令MD将使用F_0中的内容。同时，将M_1中的源1寄存器站号置为0001，表明需由FLB_1中得到源1操作数，将M_1中的源2寄存器站号置为0010，表明FLB_2的输出应送到这里做源2操作数。此外，还需将F_0的站号由刚才设置的0001改为1000，以便站号为1000的M_1在得到乘积后经CDB送回F_0。一旦结果送到F_0后，便将F_0的“忙”位置“0”，以使其他指令可使用F_0。S_3译码后，将存数缓冲器C_1的站号置为1000，表明由乘法产生的乘积应存放到写数缓冲器C_1中。S_4译码后，经F_0的站号改为0011，类似于S_1的动作。S_5译码后，将A_1源2寄存器站号置成0100，表明加法指令ADD将由FLB_4处得到源2操作数，将A_1源1寄存器站号置成0011，表明由FLB_3处得到源1操作数，并将F_0的站号由0011改为1010，表明由加法器保存站A_1处得到的加法结果应送回到F_0中。

这种调度方法的特点如下。

(1) 由于为加法器和乘法器部件分别设置了3个和2个保存站，减小了资源使用冲突的机会。仅当这些保存站都处于忙碌状态时，才有可能发生资源使用冲突。

(2) 调度算法使用保存站，通过对寄存器重新命名自然地消除了WAR和WAW数据相关可能性。

(3) 通过对FLR寄存器忙位状态的判别，来检测是否存在RAW数据相关。

(4) 借助 CDB 公共数据总线作为专用相关通路，将有关数据直接送往所有需要它的功能部件，而不必先写入寄存器，然后再从此寄存器读出。

这种调度方法是借助 FLR 中的各寄存器的"忙"标志是否为"1"来判别指令间是否存在 RAW 数据相关。借助 CDB 公共数据总线作为相关专用通路。由于这种流水调度是通过分布在各个部件中的站号、忙标志以及 CDB 总线实现的，因此，称为分布式调度。这种方式简化了同时出现的多个相关及多重相关处理，因此，比集中式的调度更加灵活。

4.4.2 非线性流水线调度

在线性流水线中，每个任务执行时，各流水线只经过一次，因此，每拍都可流入一个新的任务，它们不会争用同一个流水段。对非线性流水线来讲，由于段间有前馈和反馈通路，因此一个任务在执行的过程中，可能会多次通过同一流水段，如果仍要向流水线每隔一拍送入一个新任务，就会发生几个任务同时争用同一流水段的现象，这就是功能段的使用冲突。要做到不发生冲突，就必须间隔恰当的拍数后再向流水线送入下一个任务。但究竟隔多少拍送入一个新任务，才会不发生功能段使用冲突呢？此外，如何能找到最佳的送入新任务的间隔拍数，以使流水线有较高的吞吐率和效率呢？这就需要对流水线做适当的调度。

流水线调度常借助于预约表来进行分析。若一个非线性、单功能流水线 P，由 K 段组成，每个任务流过流水线需 n 个时钟周期($t_1,t_2,\cdots,t_n$)，以段为纵坐标，时间为横坐标，就可画出此流水线的预约表 R。图中每一行代表 P 的一个段，每一列表示相应的时钟周期。若某个任务在周期 t_i 需要使用 S_j 段进行处理，则在行 S_j 和列 t_i 的相交处以"×"表示。预约表示例如图 4-28 所示。

S \ t	1	2	3	4	5	6	7	8	9
1	×								×
2		×	×					×	
3				×					
4					×	×			
5							×	×	

图 4-28 预约表示例

根据预约表可较容易地推算出一个任务执行时，各段所需的间隔周期拍数。

例如，第一段相隔拍数为 8，第二段相隔拍数为 1、5、6 等，这只需要将同一行中所有打"×"处的两两相互间隔都列出就可得到。将各段上所有的这种间隔汇集起来，就可构成一个禁止表 F。对本例而言，F={1,5,6,8}。也就是说，要想使流入的任务不发生同时争用功能段的情况，相邻两个任务进入流水线的间隔拍数就一定不能为 1、5、6、8 拍。

为了表示后继新任务(在间隔不同拍数)送入流水线时是否会发生功能段使用冲突，

用一个 n 位的位向量 $\boldsymbol{C}=(C_n, C_{n-1}, \cdots, C_2, C_1)$，称为冲突向量来表示。其中，第 i 位状态表示与当时相隔 i 拍时间时，是否允许输入新任务（是否会发生争用功能段情况）。如果允许输入，则 $C_i=0$，若不允许输入，则 $C_i=1$。根据上述预约表所得到的禁止表F，可形成此时的冲突向量 $C=(10110001)$，称为原始冲突向量。由于它的位数 n 为最大禁止间隔，因此，C_n 总为1（本例中即是 $C_8=1$）。因为冲突向量中的 C_2、C_3、C_4 和 $C7$ 均为0，所以第二个任务可距第一个任务2拍、3拍、4拍或7拍后流入流水线。当第二个任务进入后，将产生新的冲突向量，然后，根据它又可确定第三个任务何时可输入，等等，一直进行到不再产生新的冲突向量为止。接下来的问题是如何形成新的冲突向量。当原始冲突向量为(10110001)时，第一个任务在流水线中每拍将向前推进一段，相当于将原始冲突向量右移一位，左边移空位填入"0"。这就形成了新的冲突向量(01011000)。若选择第二个任务在2拍后送入流水线，则相对于原始冲突向量，冲突向量应右移2位变成(00101100)。要使第三个任务能流入流水线而又不与前面两个任务发生争用同一功能段，新的冲突向量就应是第一个任务的当前冲突向量(00101100)与第二个任务的初始冲突向量(10110001)的按位"或"，结果即为(10111101)。这样，第三个任务必须在第二个任务流入之后再隔2拍或7拍流入，否则必将发生冲突。

实际上，在预约表上可以很清楚地看到这种情况。间隔2拍相当于将所有打"×"处向右移2格。显然，此时不会发生争用功能段情况。对于第二个任务间隔3、4和7拍后流入流水线的情况，也可采用类似方法获得新的冲突向量。这种过程要持续到不再产生新的冲突向量时为止。应注意的是，每次经右移后的位向量应与原始冲突向量按位"或"后形成新的冲突向量。例如，在状态(10110111)时，右移4位后成为(00001011)，它应与原始冲突向量(10110001)按位"或"得到(10111011)冲突向量，而不应将它与(10110111)冲突向量按位"或"，从而得到一个错误的冲突向量(10111111)。

采用上述方法后，本例的流水线状态转移图如图4-29所示。

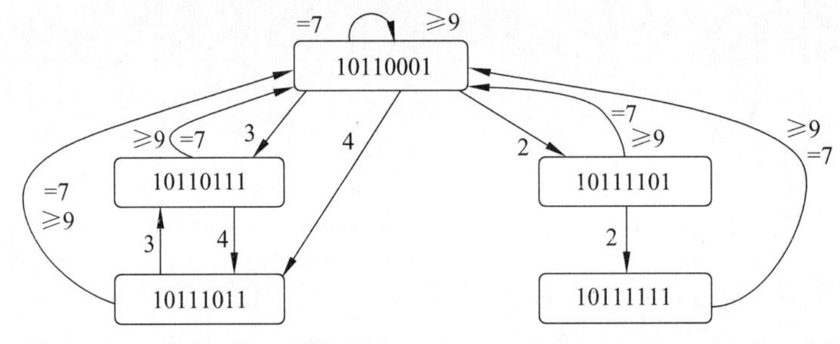

图4-29　非线性流水线预约表相应状态图

采用该图中任何一个闭合回路来进行调度，都不会发生争用功能段冲突，但希望能找到一种最佳的调度策略，以使流水线能获得最高吞吐率。为此，需要计算出每种调度法的平均间隔拍数，然后找出其中最小者，有时可能有多个最佳调度方案，表4-2中列出了本例中所有可能的调度方法。由表4-2可见，采用先隔3拍，再隔4拍轮流往流水线输入任务的调度法为最佳，因为此时平均每隔3.5拍即可流入一个任务，从而达到最高吞吐率。当然这是一种不等间隔的调度方案，相应的控制要复杂些。为了简化控制也可采用等间隔调度，本例中只有一种，即每隔7拍输入一个任务，此时吞吐率就比最佳的调度方案降低了1/2。

对多功能流水线，只要将每种功能预约表重叠在一起，按类似思想，可推导出相应的调度方案，但实用价值不大。各种调度方案的平均间隔拍数如表4-2所示。

表4-2 各种调度方案的平均间隔拍数

调度策略	平均间隔拍数
(3,4)	3.50
(2,7)	4.50
(2,2,7)	3.67
(3,4,3,7)	4.25
(3,4,7)	4.67
(4,3,7)	4.67
(3,7)	5.00
(4,7)	5.50
(7)	7.00

4.4.3 动态硬件预测转移方法

动态硬件预测转移方法是在程序运行时，借助硬件来动态地预测转移方向。实际上，这是一种尽早生成转移目标地址的方法，它将过去发生过的转移指令地址存入一个由类似Cache、称为BTB(Branch Target Buffer)的转移目标缓冲器中。将欲取出指令的PC值与BTB中的所有标志做相联比较，若有相符的标志时，便将该项中相应的预测转移目标地址读出，送到PC中。当转移条件成立时，便可确认其为有效，马上取转移目标地址处的指令。否则，便取消送到PC中的转移目标地址，并对BTB中内容做相应更新。

4.5 超级计算机

4.5.1 流水线处理中指令并行性进一步开发

指令流水线比顺序执行有较高的吞吐率是在于多条指令可在流水线的不同段中同时进行操作，为了进一步提高计算机系统的性能，必须尽可能地开发程序的并行性。并行性有粗细粒度之分，这里主要讨论细粒度并行性开发，通常在单处理机上进行。

RISC的体系结构关键技术是精心的流水线设计和优化的编译技术，使得每个周期只发射一条指令。它的CPI≤1(由于有相关等影响)，这种结构称为单发射结构的RISC。指令并行性进一步开发即在流水线结构基础上，每个周期可以发射多条指令，使指令尽可能并发执行。对一个周期能发射多条指令的计算机有超标量、超流水、超长指令字计算机，此外还有数据流计算机也属于多发射结构。

4.5.2 超级标量计算机

1989年，Tandem公司发表的Cyclone高可靠计算机系统的多处理机结构中，开始采用超级标量技术，差不多同时，Intel和IBM也宣布了它们的超级标量微处理机产品。IBM的POWER是第二代IBM RISC，有3个独立功能部件(转移、定点、浮点)，可同时执行多条指令。

1. 超级标量机

在超级标量机的处理机中，配置了多个功能部件和指令译码电路，还有多个寄存器端口和总线，能同时执行多个操作。它是在程序运行时靠指令译码部件来确定有哪几条相邻指令可以并行执行的。如果遇到并行度为1时，指令只能逐条执行。超级标量机的硬件是不能重新安排指令的前后次序的，但可以在编译程序中采取优化的办法，事先在编译时对指令的执行次序进行精心安排，把能并行执行的指令搭配起来，挖掘更多的指令并行性。这种用软件在编译时安排指令次序的方法，比在运行时用硬件解决要简单得多。超级标量计算机的原理结构如图4-30所示。

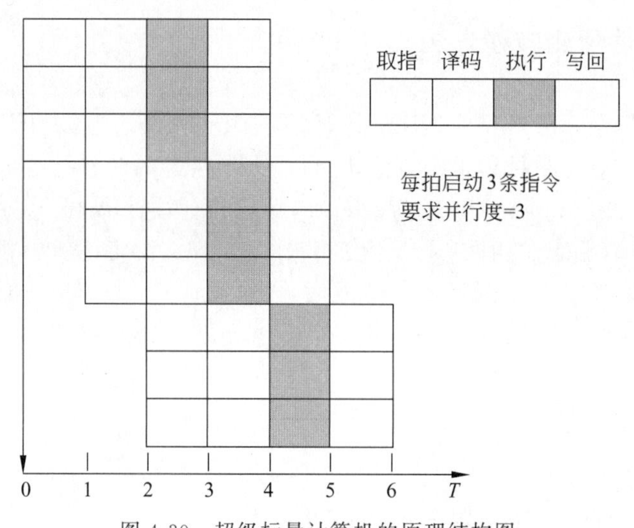

图4-30 超级标量计算机的原理结构图

超级标量处理机特别适合求解像稀疏矩阵这样的复杂标量问题。例如，计算机断层扫描的数据就是这种形式的，而这类问题若用巨型计算机以向量数学方法求解是很不容易的。

2. 超标量流水线调度

指令的发射和完成策略，即超标量流水线的调度，对于充分利用指令级的并行度，提高超标量处理器的性能十分重要。指令发射是指启动指令进入执行段的过程;指令发射策略是指指令发射所使用的协议或规则。

当指令按策划功能的次序发射时,称为按序发射。为改善流水线性能,可以将有相关的指令推后发射,而将后面的无相关的指令提前发射,即不按程序原有次序发射指令,称为无序发射。类似地,指令的完成也有按序完成和无序完成之分。一般而言,无序发射总导致无序完成。共有三种超标量流水线的调度策略:按序发射按序完成,按序发射无序完成,无序发射无序完成。

无论哪种调度策略,都要保证程序运行的最终结果是正确的。Pentium 处理器采用的是按序发射按序完成策略;Pentium Ⅱ/Ⅲ处理器采用的是按序发射无序完成策略,而以按序回收来保证程序最终结果的正确性。

3. 超级标量处理机的例子:Cyclone 计算机

Cyclone(旋风)计算机由 4～16 台超级标量计算机组成,它是 Tandem 公司的第五代产品,能与以前的产品在目的码级兼容。Tandem 计算机的指令系统中约有 300 种定长指令,有简单指令,也有很复杂的指令。Cyclone 处理机在每个时钟周期能完成两条指令。它采取的办法并不是把处理机分为互相独立的两部分以分别控制两条指令,而是把两条指令结合成一对,由固件统一控制。

4.5.3 超长指令字计算机

超长指令字计算机(VLIW)与超级标量计算机不同,它是由编译程序在编译时找出指令间潜在的并行性,进行适当调度安排,把多个能并行执行的操作组合在一起,成为一条具有多个操作段的超长指令,由这条超长指令控制 VLIW 中多个互相独立工作的功能部件,每个操作段控制一个功能部件,相当于同时执行多条指令。VLIW 的原理结构如图 4-31 所示。

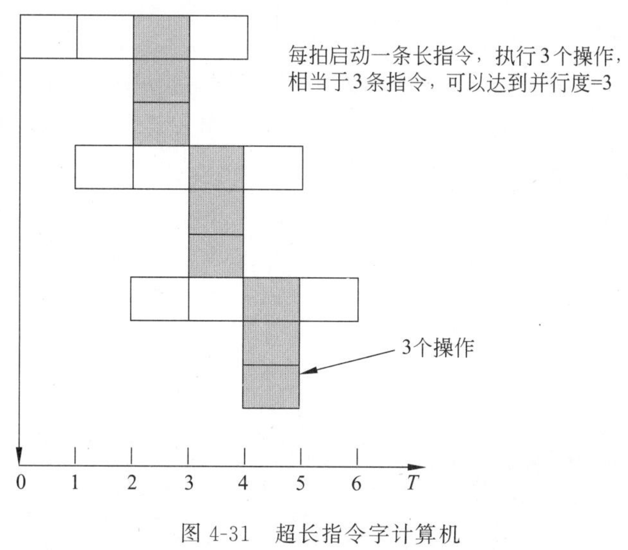

图 4-31 超长指令字计算机

在设计计算机时，传统的做法是先考虑并确定系统结构，然后才去设计编译程序。但对于 VLIW 来说，编译程序同系统结构的关系太紧密了，两者必须同时进行设计。20 世纪 80 年代初有人进行过统计，结果表明通常的科学计算程序存在着大量的并行性，并行度平均为 90。如果编译程序能把这些并行性都找出来，可以使 VLIW 各部件保持繁忙而绰绰有余。VLIW 计算机同 SIMD 计算机不同，它是一种单指令多操作码多数据的系统结构，可称作 SIMOMD。

超长指令字技术最初在 20 世纪 80 年代上半期用于一些附加式数组处理机中。现在已在一些小巨型计算机产品中采用，像 Multiflow 公司的 TRACE 计算机，Cydrome 公司的 Cydra 5 计算机都是。

Cycra 5 计算机是异构型多处理机系统，它主要有一台数值处理机用来做高速科学计算，这台数值处理机采用了超长指令字，一条超长指令有 32B，分成 7 个操作段，每个段对应于一个操作，在每个机器周期(40ns)中可以同时向 6 个功能部件发出 6 种操作码，以及向一个指令部件发出一个指令部件操作码或杂项操作码。这 7 个操作段的内容对应于数值处理机的 7 个功能部件。前 4 个对应于 4 个功能部件流水线，它们是：浮点加法器/整数 ALU(FADD/IALU)、浮点/整数乘法器(FMPY)、存储器端口 1(Mem1)和存储器端口 2(Mem2)。第 5 个和第 6 个操作段对应于两个地址计算流水线，它们是：地址加法器(AADD 1)和地址加法器/乘法器(AADD 2/AMPY)。最后一个操作段对应于指令和杂项寄存器部件。每个操作段的典型格式中有：一个操作码、两个源寄存器描述码、一个目的寄存器描述码和一个判定寄存器描述码。由于有些操作是不能并行执行的，所以另外设有一种单操作码(Uniop)的指令格式。

4.5.4 超流水计算机

超流水结构是把每一个流水级(一个周期)分成多个(例如三个)子流水级，而在每一个子流水级中取出的仍只有一条指令，但总的来看，在一个周期内取出了三条指令。对于超流水线结构，其中指令部件可以只有一套，也可以有多套独立的执行部件。它虽然在每个机器周期只能流出一条指令，但它的周期比其他机器短，一台并行度为 m 的超级流水线计算机的周期为一般机器周期的 $1/m$，它的一个操作需要 m 个周期，因而在流水线能充分发挥作用时，其并行度能达到 m。

超流水计算机的结构如图 4-32 所示：

实际上，超级流水线的思想已存在多年，例如，Cray-1 计算机的一次定点加法操作就需要三个周期。现在，有些产品中已采用了这种超级流水线的系统结构。1991 年 2 月，MIPS 公司宣布的 64 位 RISC 计算机——R4000 即采用超级流水线，相当于每个周期可以流出两条指令。

4.5.5 超流水超标量计算机

超标量处理机通过设置多套“取指令”“译码”“执行”和“写回结果”等指令执行部件，

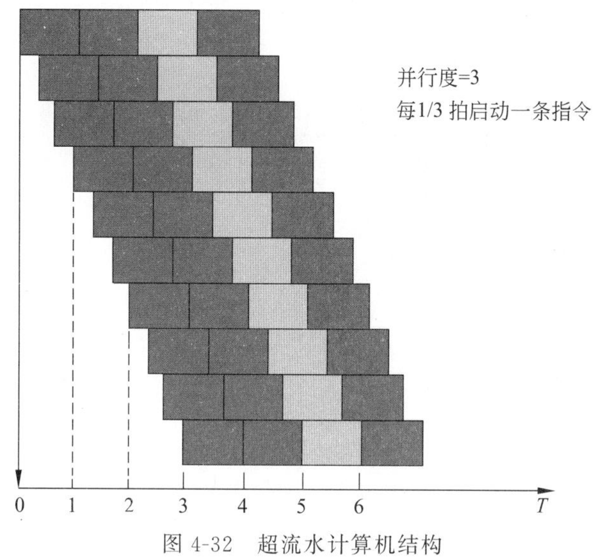

图 4-32 超流水计算机结构

能够在一个时钟周期内同时发射多条指令，同时执行并完成多条指令；而超流水线处理机则把“取指令”“译码”“执行”和“写回结果”等功能段进一步细分，把一个功能段分为几个流水级，或者说把一个时钟周期细分为多个流水线周期，由于每一个流水线周期可以发射一条指令，因此，每一个时钟周期就能够发射并执行完成多条指令。

从开始程序的指令级并行性来看，超标量处理机主要开发空间并行性，依靠多个操作在重复设置的操作部件上同时执行来提高程序的执行速度，相反，超流水线处理机则主要开发时间并行性，在同一个操作部件上重叠多个操作，通过使用较快时钟周期的深度流水线来加快程序的执行速度。

从超大规模集成电路(VLSI)的实现工艺来看，超标量处理机能够更好地适应 VLSI 工艺的要求。通常，超标量处理机要使用更多的晶体管，而超流水线处理机则需要运行速度更快的晶体管及更精确的电路设计。

为了进一步提高处理机的指令级并行度，可以把超标量技术与超流水线技术结合在一起，这就是超标量超流水线处理机。

超标量超流水线处理机的指令执行时空图如图 4-33 所示。

它在一个时钟周期内要发射指令 n 次，每次发射指令 m 条，因此，超标量超流水线处理机每个时钟周期总共要发射指令 $m\times n$ 条。在图中，每一个时钟周期分为 3 个流水线周期，每一个流水线周期发射 3 条指令。从图中可以看出，每个时钟周期能够发射并执行完成 9 条指令。因此，在理想情况下，超标量超流水线处理机执行程序的速度应该是超标量处理机和超流水线处理机执行程序速度的乘积。

实际上，图中只是超标量超流水线处理机原理上的指令执行时空图。在实际的处理机中，IF、ID、EX 和 WR 功能段还要再进一步细分，每个功能段要细分成多个流水级，有些功能段分成的流水级数可能多些，而有些功能段分成的流水级数少些，也有的功能段可能不再细分。

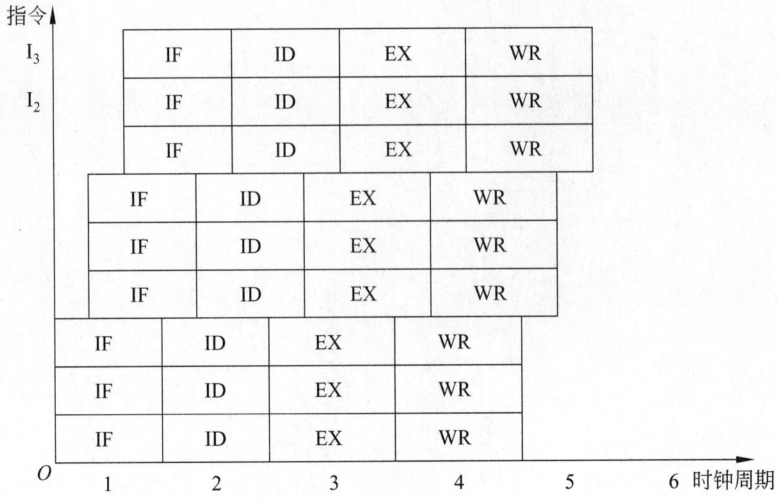

图 4-33　超标量超流水线处理机的指令执行时空图

4.6　向量流水线处理

4.6.1　向量处理方式

由于向量数据具有的特点，各元素间独立无关，同一种操作，采用流水线处理可以得到很好的吞吐率和效率，充分发挥了流水线的效能。向量处理可以有三种不同的方式，使向量的处理体现出不同的效能，下面就举一个简单的向量运算的例子予以说明。

例如，计算

$$\boldsymbol{D}=\boldsymbol{A}*(\boldsymbol{B}+\boldsymbol{C})$$

其中，$\boldsymbol{A}$、$\boldsymbol{B}$、$\boldsymbol{C}$、$\boldsymbol{D}$ 都是具有 n 个元素的向量，应采用哪种处理方式呢？

1. 横向处理方式

按组成的元素顺序逐个进行计算：

第 1 步　$\boldsymbol{D}_1=\boldsymbol{A}_1\times(\boldsymbol{B}_1+\boldsymbol{C}_1)$

第 2 步　$\boldsymbol{D}_2=\boldsymbol{A}_2\times(\boldsymbol{B}_2+\boldsymbol{C}_2)$

⋮　　⋮

第 n 步　$\boldsymbol{D}_n=\boldsymbol{A}_n\times(\boldsymbol{B}_n+\boldsymbol{C}_n)$

这种方式如同一般标量机的处理方法，采用执行循环程序完成，不能发挥流水线优势，在速度及效率上都得不到提高。

2. 纵向处理方式

按操作步骤分段进行所有元素的操作：

第 1 步　$\boldsymbol{B}+\boldsymbol{C}=\boldsymbol{E}$　$\boldsymbol{B}$、$\boldsymbol{C}$ 都是 n 个元素的向量，得到 n 个结果 $\boldsymbol{E}$

第 2 步　$\boldsymbol{A}\times\boldsymbol{E}=\boldsymbol{D}$

可以看出，完成上述操作只需要一条向量加法指令和一条向量乘法指令即能完成，所以这种方式适用于流水线处理。向量长度不受限制，n 越大，实际吞吐率与效率越好。

3. 纵横处理方式

上述两种方式的结合，把长度为 N 的向量分成若干组，每组的长度为 n，组内按纵向处理方式，组间按横向处理。假如分成 K 组：

第 1 组　① $\boldsymbol{B}_{1\sim n}+\boldsymbol{C}_{1\sim n}=\boldsymbol{E}_{1\sim n}$

　　　　② $\boldsymbol{A}_{1\sim n}\times\boldsymbol{E}_{1\sim n}=\boldsymbol{D}_{1\sim n}$

第 2 组　① $\boldsymbol{B}_{n+1\sim 2n}+\boldsymbol{C}_{n+1\sim 2n}=\boldsymbol{E}_{n+1\sim 2n}$

　　　　② $\boldsymbol{A}_{n+1\sim 2n}\times\boldsymbol{E}_{n+1\sim 2n}=\boldsymbol{D}_{n+1\sim 2n}$

第 K 组　① $\boldsymbol{B}_{(k-1)n+1\sim N}+\boldsymbol{C}_{(k-1)n+1\sim N}=\boldsymbol{E}_{(k-1)n+1\sim N}$

　　　　② $\boldsymbol{A}_{(k-1)n+1\sim N}\times\boldsymbol{E}_{(k-1)n+1\sim N}=\boldsymbol{D}_{(k-1)n+1\sim N}$

需要说明：向量长度 N 不受限制，在分组时每组长度为 n，就可能有两种结果。一是 $N/n=K$ 得整除，没有余数。上述分析无须修改；二是 $N/n=K+r$ 有余数 r，所以在处理次数上应该再加一次，即进行 $K+1$ 次的计算。

4.6.2　向量处理机的结构

目前，向量计算机的系统结构主要有以下两种。

1. 存储器-存储器结构

参加运算的向量数据在存储器中，运算的结果也送到存储器中，以向量加法 $\boldsymbol{C}=\boldsymbol{A}+\boldsymbol{B}$ 为例，其结构与数据流的示意图如图 4-34 所示。

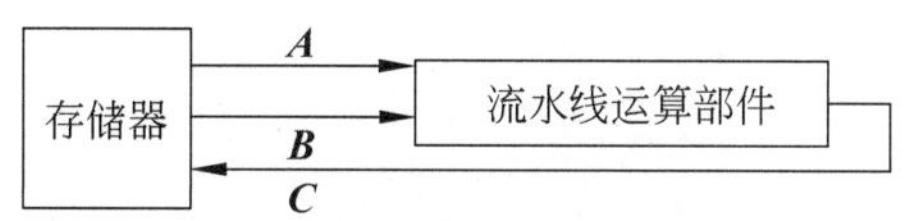

图 4-34　多模块存储器系统的向量处理机

流水线的加法运算部件能够每一个时钟周期得到一个结果 $\boldsymbol{C}$，那么也就要求存储器每一个时钟提供两个数据 $\boldsymbol{A}$、$\boldsymbol{B}$，源源不断地送给运算部件，否则就会断流，因此就要求存储器在一个时钟周期内完成三次存储器访问，两次读操作，一次写操作。下面介绍一种采用多模块存储器的结构，如图 4-35 所示。

图中以 $\boldsymbol{C}=\boldsymbol{A}+\boldsymbol{B}$ 的向量加法为例，假设 $\boldsymbol{A}$、$\boldsymbol{B}$、$\boldsymbol{C}$ 的向量长度为 8，加法流水线分为 4 个功能段，主存储器采取了 8 个存储体。

图中所示存储器系统采用了 8 个存储体，多体交叉访问，如果不出现存储体冲突，它的带宽将是单体存储器的 8 倍。流水线部件有三条数据通路与存储器相连，三个通路可以并行工作。将三个向量的元素合理地分配在各个存储体中，使其不产生冲突。整个向

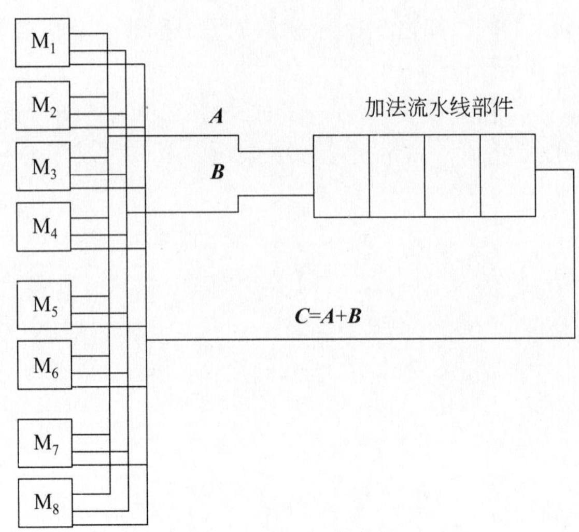

图 4-35　多模块存储器系统的向量处理机

量处理过程的时序图如图 4-36 所示。

	0	1	2	3	4	5	6	7	8	9	10	11	12	13	14
功能部件4						1	2	3	4	5	6	7	8		
功能部件3					1	2	3	4	5	6	7	8			
功能部件2				1	2	3	4	5	6	7	8				
功能部件1			1	2	3	4	5	6	7	8					
存储体M_8						RB_6	RB_6	RA_8	RA_8	WC_4	WC_4				
存储体M_7					RB_5	RB_5	RA_7	RA_7	WC_3	WC_3					
存储体M_6				RB_4	RB_4	RA_6	RA_6	WC_2	WC_2						
存储体M_5			RB_3	RB_3	RA_5	RA_5	WC_1	WC_1							
存储体M_4		RB_2	RB_2	RB_4	RA_4									WC_8	WC_8
存储体M_3	RB_1	RB_1	RA_3	RA_3									WC_7	WC_7	
存储体M_2		RA_2	RA_2					RB_8	RB_8			WC_6	WC_6		
存储体M_1	RA_1	RA_1					RB_7	RB_7			WC_5	WC_5			

(横轴：t)

图 4-36　$\boldsymbol{C}=\boldsymbol{A}+\boldsymbol{B}$ 向量处理时序图

图中横坐标为时间(时钟周期)，假定每一个存储体的访问周期为两个时钟周期。纵坐标为空间，整个系统的各部件，每个对应格子内注明了此时对此部件所进行的操作，如 RA_0，即说明在第 1 个时钟周期内，存储模块 M_0 进行读出操作数 A_0。在流水线各功能部件的对应格内指出的是第 n 个任务。此例中因为操作数与结果都安排得很好，没有冲突，所以可以得到最高的吞吐率。

说明：同一时间，即同一个存储周期内，读出两个数。例如，1、2 时钟周期中，从存储体 M_0 读出 A_0，从 M_2 读出 B_0，在 2、3 时钟周期中，从 M_1 读出 A_1，从 M_3 读出 B_1。其他数据以时间类推。当第 1、2 时钟周期结束，也就是第一次访问存储器结束，读出 A0，B0，在时钟周期 3 内将数据送至流水线段 0 进行处理,以后每一个时钟周期,送入 A、B 一对数据,即进入流水线一个任务。经过 6 个时钟周期输出一个结果,结果 C_0 写入存储器 M_4。以后每一个时钟周期写入一个结果。

2. 寄存器-寄存器型

在运算部件中设置多个向量寄存器,需要进行向量处理时,先执行存储器取指令,将向量数据传送至向量寄存器中,流水线运算部件由向量寄存器提供数据,处理后的结果也送至向量寄存器中。Cray-1 向量计算机就是典型的寄存器-寄存器型。下面介绍简化后的 Cray-1 计算机的结构。Cray-1 是一台高速巨型计算机,处理速度可达每秒亿次以上,结构图如图 4-37 所示。

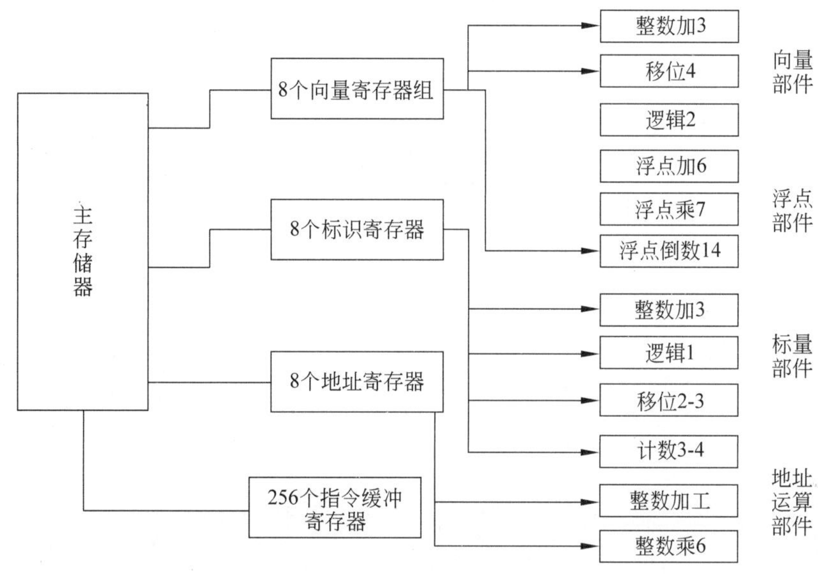

图 4-37 Cray-1 向量计算机结构

Cray-1 计算机的主存储器容量为 8MB,包含 64 个存储模块。Cray-1 计算机设置了 8 个向量寄存器堆,每个寄存器包含 64 个数据元素,每个数据 64 位。另有 8 个 64 位标量寄存器和 8 个 24 位地址寄存器,以及长度为 256 的指令缓冲寄存器。机器的运算部件采用独立的多个功能部件,可分为 4 组,共 12 个单功能流水操作部件。图中指出了每个功能部件的功能及操作延迟,例如,浮点部件包含三个单功能流水部件,其中,浮点加需 6 个时钟周期,浮点乘需 7 个,浮点倒数需 14 个。向量处理部件可以处理两个向量数据或是一个向量数据和一个标量数据。标量部件用以处理标量数据。

4.6.3 改进向量处理机性能的方法

1. 链接技术与并行操作

为了更清楚地理解提高向量处理机性能的技术,先来分析向量指令的类型及其执行过程中出现的问题。

在寄存器-寄存器型的 Cray-1 机器中，向量指令可以综合为 4 种形式，如图 4-38 所示。

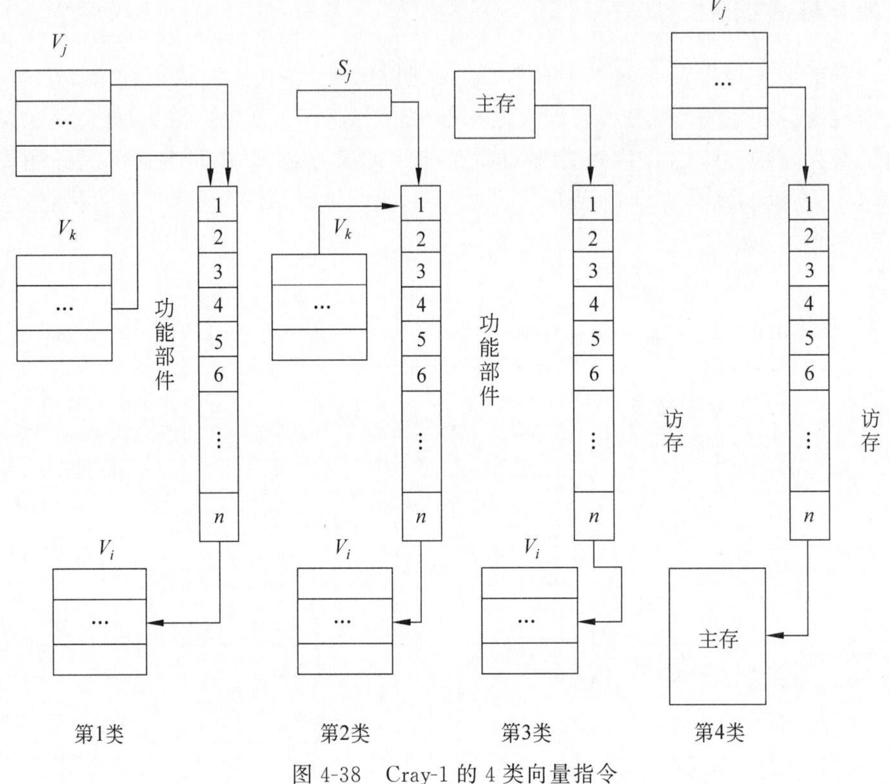

图 4-38　Cray-1 的 4 类向量指令

第一类，参加运算的是两个向量数据，操作结果也是一个向量，操作数与结果都是存放在向量寄存器中。

第二类，参加运算的数据一个是来自向量寄存器的向量数据，另一个是来自标量寄存器的标量，两数进行操作后，得到的是一个向量，存放在向量寄存器中。

第三类与第四类向量指令是存储器的存、取指令，即由主存储器取数，经过固定的延迟时间传送到向量寄存器中。存数则是反向传送。

在向量指令的执行过程中，由于每条向量指令的执行都需要一定的时间，那么，各指令之间可能出现的相互影响也可以归纳为 4 种情况。

相继的两条向量指令之间没有数据的相关，也没有设备的相关问题，这样的两条指令的操作可以并行进行。例如：

$$\boldsymbol{V}_0 \leftarrow \boldsymbol{V}_1 + \boldsymbol{V}_2$$

$$\boldsymbol{V}_4 \leftarrow \boldsymbol{V}_3 * \boldsymbol{V}_5$$

上述两条指令使用的是不同的向量寄存器，不同的功能流水部件，因此其操作可以并行。相继两条向量指令之间有设备相关问题，没有数据相关。例如：

$$\boldsymbol{V}_3 \leftarrow \boldsymbol{V}_1 + \boldsymbol{V}_2$$

$$\boldsymbol{V}_6 \leftarrow \boldsymbol{V}_4 + \boldsymbol{V}_5$$

上述两条指令都是加法指令，需要占用加法功能部件。如果该机只有一个加法功能部件，则第 2 条指令需要第 1 条指令执行结束，释放加法功能部件后才可以进行。

相继的两条指令有数据相关的问题，它们共享同一个操作数寄存器。例如：

$$\boldsymbol{V}_3 \leftarrow \boldsymbol{V}_1 + \boldsymbol{V}_2$$

$$\boldsymbol{V}_6 \leftarrow \boldsymbol{V}_1 \times \boldsymbol{V}_5$$

上述两条指令都需要访问 V_1 向量寄存器，但是两条指令所要处理的向量元素可能不同，处理的向量有效长度不同，所以不可能同时使用 V_1，只可能在第 1 条指令释放后才能执行第二条。

相继两条指令既有数据寄存器相关，也有功能部件相关的问题。例如：

$$\boldsymbol{V}_0 \leftarrow \boldsymbol{V}_1 + \boldsymbol{V}_2$$

$$\boldsymbol{V}_3 \leftarrow \boldsymbol{V}_1 + \boldsymbol{V}_5$$

如前所述，必须在第一条对使用资源释放后才可以执行后一条。

上述这种向量指令占用资源，需要预定若干时钟周期，这段时间与流水线部件延迟时间、向量的长度有关，必须满足它的预定时钟周期数，才能保证结果的正确。

从以上分析可以看出，在第一种情况下，同相继向量指令不产生设备的冲突和源操作数地址的冲突，所以两条指令可以相继发出，向量的操作可以并行。

链接技术可以应用在另外的情况下，当两条相继的指令所占用的功能部件不冲突，而第 1 条指令的结果是第 2 条指令的操作数，这时，所得到的第 1 条指令的中间结果无须等待全部向量元素都执行完才进行第 2 条指令的操作，可以将从一个流水线部件得到的结果直接送入下一个功能流水线部件的向量寄存器，形成两条指令的链接。所以当第 1 条指令的第 1 个结果变成可用时，即可进行后继的操作。下面举例说明 Cray-1 中的链接处理与并行操作。

例如，在 Cray-1 计算机上进行向量运算：

$$\boldsymbol{D} = \boldsymbol{A} \times (\boldsymbol{B} + \boldsymbol{C})$$

假设向量长度≤64，$\boldsymbol{B}$ 和 $\boldsymbol{C}$ 已存于在向量寄存器 V_0 和 V_1 中，完成上述运算需要 3 条向量指令：

```
LD      V3,A        ;存储器取,将 A 向量送入 V3 向量寄存器,V3←A。
ADDV    V2,V0,V1    ;向量加指令,完成 V2←V0+V1
MULTV   V4,V2,V3    ;向量乘指令,完成 V4←V2 * V3
```

第 1、2 条指令既为无向量寄存器冲突，也无功能部件的冲突，所以可以并行。第 2、3 条指令因 V_2 是前条指令的结果，后一条指令的源操作数因而可以链接，如图 4-39 所示。

如果每一个时钟周期的延迟称为 1 拍，在 Cray-1 计算机中 LD 指令需要 6 拍，浮点加为 6 拍，浮点乘为 7 拍，假若向量寄存器的存与取的传送各为 1 拍，内存的传送为 1 拍，分别计算上述 3 条指令不同的执行方式所需的时间。

若 3 条指令串行执行，即每次只有前条指令结束，才执行后继指令，那么 3 条指令执

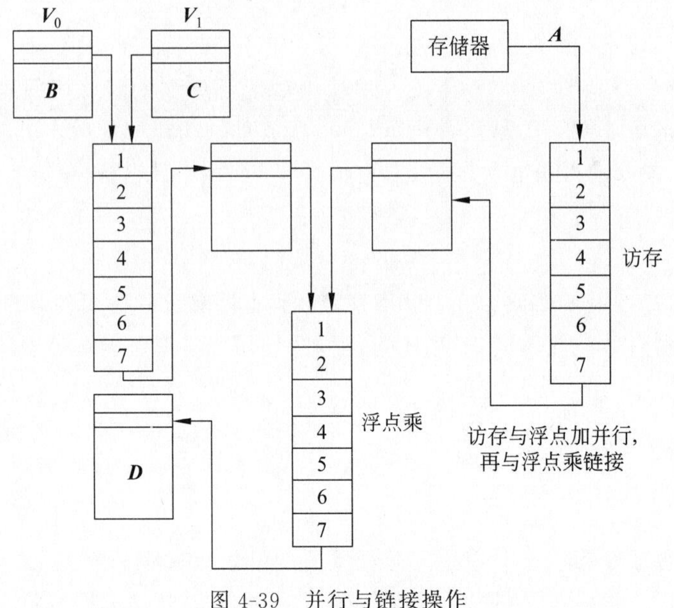

图 4-39　并行与链接操作

行的总时间为：

$$[(1+6+1)+N-1]+[(1+6+1)+(N-1)]+[(1+7+1)+N-1]=3N+22(\text{拍})$$

若第 1、2 条指令并行与第 3 条串行，则有：

$$[(1+6+1)+N-1]+[(1+7+1)+(N-1)]=2N+15(\text{拍})$$

若第 1,2 条指令并行与第三条链接，则有：

$$[(1+6+1)+(1+7+1)+(N-1)]=N+16(\text{拍})$$

可以看出，采用并行与链接后，可以很有效地改善性能。值得注意的是，在上例中，第 3 条指令的两个源操作数是来自两种并行执行的操作，当与第 3 条指令操作链接时两个数据必须要同步，所以应当要求前两条并行操作部件的延迟时间是相等的，向量的长度也应该是相等的。

2. 向量循环或分段开采技术

当向量的长度 N 大于向量寄存器的长度时，必须按向量寄存器的长度将向量长度 N 分成固定长度的段，一次处理一个向量段，各段经程序的循环执行完成，称为向量循环或分段开采。例如，执行向量运算：

$$A=5.0*\boldsymbol{B}+\boldsymbol{C}$$

$\boldsymbol{B}$ 为长度为 N 的向量，C 为标量，5.0 为常数，当 $N\leqslant 64$ 时，可执行下列指令序列完成上述运算。

```
S1←5.0   ;常数送标量寄存器
S2←C     ;标量 C 送标量寄存器
VL←N     ;向量长度 N 送入 VL 向量长度寄存器，用以控制分段
V0←B     ;向量 B 送 V0 向量寄存器
```

```
V1←S1 * V0   ;向量运算
V2←S2+V1     ;
A←V2         ;存结果
```

当长度 N 超过向量寄存器的长度 64 时，则 $N/64$ 得到循环计数值。

除了上述两种处理技术外，在向量处理机中，对稀疏矩阵和向量递归的处理都采用了相应的改进技术以提高其处理速度。

4.7 奔腾Ⅱ/Ⅲ/Ⅳ处理器流水线处理举例

1. Pentium 的超标量流水线

1）Pentium 的五级双流水线

Pentium 是哈佛结构的 RISC 处理器，即具有分开的指令 Cache 与数据 Cache，两者容量各为 8KB。

Pentium 的一个很重要的特点是它具有在硬件上分开的两条整数执行流水线，即 U 流水线与 V 流水线。它们可以有分开的地址产生部件和 ALU 执行部件。每条流水线可在一个周期内发射常用的指令，因此它可以在一个周期内发射两条整数指令。再加上 Pentium 具有片上的浮点部件，浮点部件内还具有自己的浮点寄存器堆、加法器和乘/除法器，故在一个周期内它可发出一条浮点指令（有时可发两条）。

Pentium 是超标量结构（后面将具体介绍），它可以并行地在一个周期内执行两条整数指令。如图 4-40 所示为 Pentium CPU 的流水线执行过程。

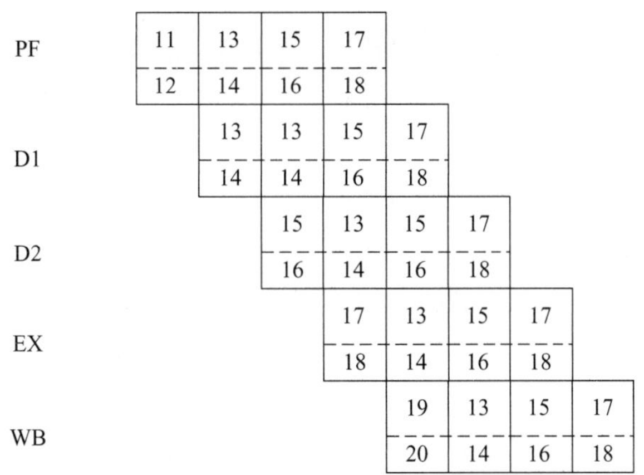

图 4-40　Pentium CPU 的流水线执行过程

Pentium 的两个整数流水线分别称为“U”和“V”，而并行发射两条指令称为“成对”。U 管道可执行 Intel x86 体系结构中的任何指令，而 V 管道只可执行“指令成对法则”中规定的“简单”指令。当指令成对时，发给 V 管道的指令永远是发给 U 管道的那条指令后的下一条指令。

(1) 预取级 PF。

流水线第一级 PF 从片上指令 Cache 取指令。如果所请求取指令的行不在片上指令 Cache 中，则要进行外界的存储器访问。

在 PF 级，两个独立的行长为 32B 的预取缓冲配对，并且和转移目标缓冲 BTB 一起操作。实际上。成对的预取缓冲中有一个是在任何给定时间内请求预取指令。预取请求是顺序进行的，一直到取出一条转移指令。当遇到一条转移指令时，BTB 要预测转移是否会发生。如预测转移不发生，则预取请求将继续顺序进行。如预测转移会发生，则另一个预取缓冲被"使能"，并开始按照 BTB 所预测的指令流预取指令，如同转移确已发生。因此，不管转移事实上是否发生，两个方向的指令流路径上的指令都已经取出。

(2) 译码级 D1。

流水线第二级 D1 中，两个并行的译码器都要译码，并发出下一对顺序指令。指令配对具有"指令配对法则"。译码器要根据"指令配对法则"来决定可发出一条指令还是两条指令。Pentium 与 486CPU 一样，对于指令前缀的译码，要求有一个额外的 D1 周期。前缀是以每个周期发一个前缀(没有配对)的速率发给 U 管道。在所有前缀都发射出以后，基本指令才发出，并按指令配对法则配对。

(3) 译码级 D2。

在 D2 级中，存储器中操作码的地址要进行计算。由于 Pentium 没有专门的地址生成部件，所以各种寻址方式的地址计算都可以在这个流水级内完成。

(4) 执行级 EX。

Pentium 利用这一流水线，既做 ALU 操作，也做数据 Cache 的访问，因此，凡是那些规定 ALU 操作和数据 Cache 访问两种操作都要做的指令，在执行时需要比时钟周期长一些。在 EX 级中，除了条件转移以外，所有在 U 管道中流的指令和所有在 V 管道中流的指令都已取到正确的转移方向。在执行级中还设计有高效的微码操作，因此在 U 和 V 管道中凡要用到微码的较复杂指令，其执行速度都要比 Intel 486 快。

(5) 写回级 WB。

在这一级中指令可以修改处理器状态并完成执行。在这一级中，V 管道中的条件转移指令也已取得正确的转移方向。

2) Pentium CPU 结构

下面简要总结 Pentium 在超标量流水线、分立的指令 Cache 和数据 Cache、重新设计的浮点单元和转移预测 4 个方面的新型体系结构特点。

(1) 超标量流水线。

超标量流水线是 Pentium 系统结构的核心。它的 U 和 V 两条指令流水线都有自己的 ALU、地址生成电路和与数据 Cache 的接口。U、V 流水线采用的是按序发射、按序完成的调度策略。

Pentium CPU 的结构框图如图 4-41 所示。

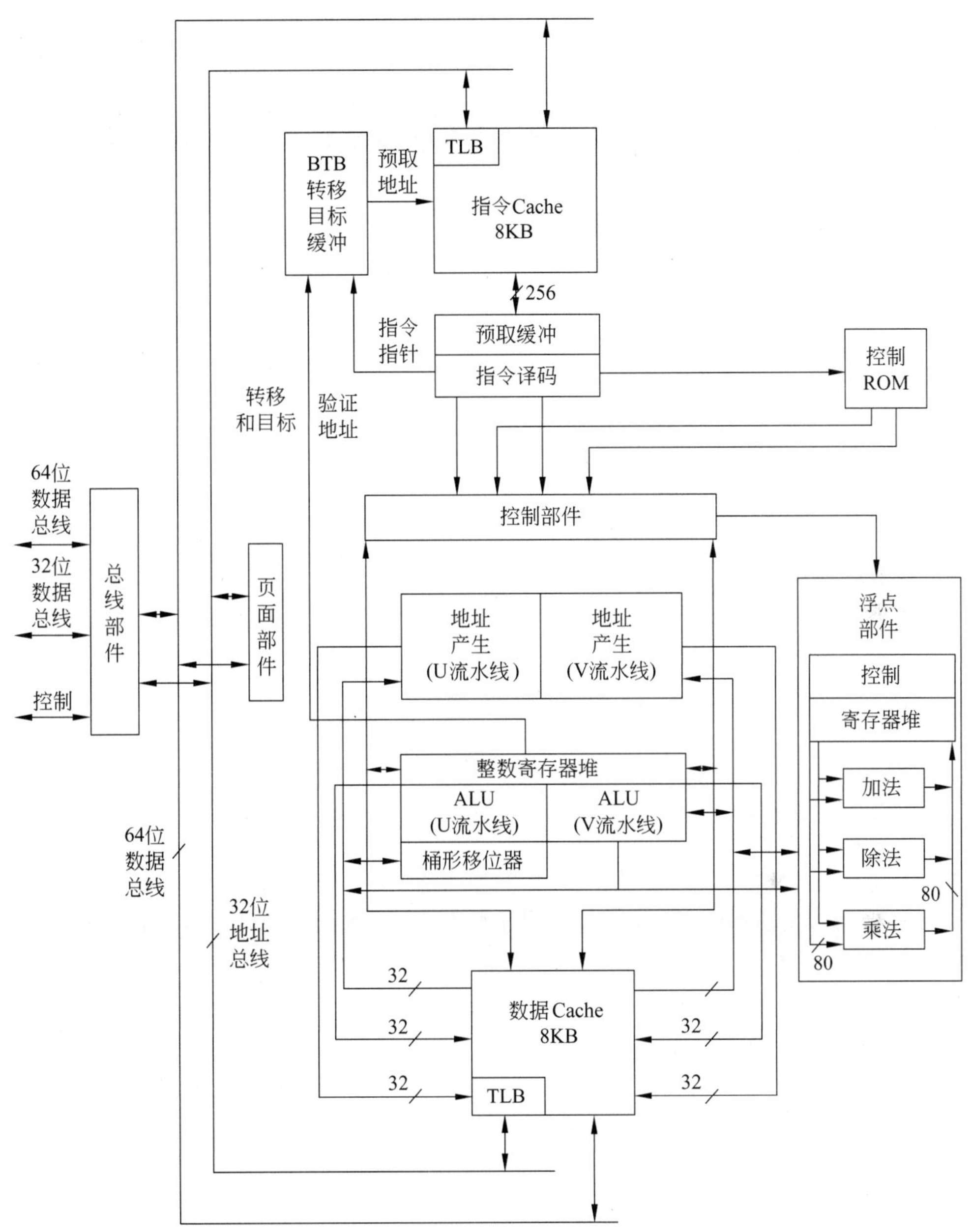

图 4-41 Pentium CPU 的结构框图

(2) 分立的指令 Cache 和数据 Cache

分立的指令和数据 Cache 是对 Pentium 超标量结构的有力支持。它不仅使指令预取和数据读写能无冲突地同时完成，而且可同时与 U、V 两条流水线分别交换数据。

(3) 重新设计的浮点运算部件。

同 80486DX 一样，Pentium 也将浮点运算器包含于芯片内，但 Pentium 的浮点运算部件重新设计了。执行过程是分为8段的流水线。前4段为指令预取(PF)、指令译码(D1)、地址生成(D2)、取操作数(EX)，在U、V流水线完成；后4段为执行1(X1)、执行2(X2)、结果写回寄存器堆(WF)、错误报告(ER)，在浮点运算部件中完成。一般情况下，只能由U流水线完成一条浮点操作指令；少数情况下，V流水线也能同时完成一条如浮点数交换这样的指令。

浮点部件内有浮点专用的加法器、乘法器和除法器，有8个80位寄存器组成的寄存器堆，内部的数据总线为80位宽。支持IEEE754标准的单、双精度格式的浮点数，另外还适用一种称为临时实数的80位浮点数。对于浮点数的常用指令如LOAD，ADD，MUL等采用了新的算法并予以固化，用硬件来实现，其执行速度是80486的10倍多。

(4) 以BTB实现的动态转移预测。

Pentium采用动态转移预测技术，来减少由于过程相关性引起的流水线性能损失。它提供的转移目标缓冲器BTB是个小容量的Cache，当一条指令导致程序转移时，BTB记住这条指令及其转移目标地址。以后遇到这条转移指令时，BTB会依据前面转移发生的历史来预测这次是转移还是顺序取，若是预测为转移取，则记录的转移目标地址立即送出。

除了上述特点，Pentium在数据完整性、容错性和节电等方面也采取了一些特殊的设计方法。

2. 实现动态执行技术的Pentium核心结构

动态执行(Dynamic Execution)技术也称为随机推测执行(Randomly Speculative Execution)技术，此技术可概括为：通过预测程序流来调整指令的执行，并且分析程序的数据流来选择指令执行的最佳顺序。

它由以下三项技术组成。

(1) 多路分支预测(Multiple Branch Prediction)。

利用先进的转移预测技术(预测正确率高达90%)，允许程序的几个分支流向同时在处理器中进行。这样，处理器在取指令时，还会在程序中寻找未来要执行的指令，加速了向处理器传递任务的过程，并为指令执行顺序的优化提供了可调度基础。

(2) 数据流分析(Dataflow Analysis)。

通过分析指令之间的数据相关性，产生优化的重排序的指令调度。处理器读取软件指令并经过译码后，判断该指令能否与其他指令一道处理，然后处理器分析这些指令的数据相关性和资源可用性，以优化的执行顺序高效地处理这些指令。

(3) 推测执行(Speculative Execution)。

将多个程序流向的指令序列，以调度好的优化顺序送往处理器的执行部件去执行，尽量保证多端口多功能的执行部件始终为“忙”，以充分发挥此部件的效能。因为程序流向是建立在转移预测基础上的，因此指令序列的执行结果也只能作为“预测结果”而保留。

一旦证实转移预测正确，已提前建立的“预测结果”立即变成“最终结果”并修改机器的状态。显然，推测执行可保证处理器的超标量流水线始终处于忙碌，加快了程序执行的速度，从而全面提高了处理器性能。

下面简要介绍 Pentium Pro、Pentium Ⅱ/Ⅲ核心结构的新特征。

(1) 分立的双总线结构，即处理器的总线接口单元 BIU 通过分立的两条总线，分别与系统主存和二级 Cache 连接。

(2) 采用超标度为 3 的超标量结构，并将指令流水线由 5 段细分为 12 段，即它们的指令流水线是一个超标量与超流水相结合的流水线。12 段流水线可分成三个大阶段：取指/译码，调遣/执行和回收。

(3) 取指/译码阶段将由 L1 指令 Cache 取来的 IA 指令转换成 Intel 称为微操作(Micro-ops 或 μop)的 RISC 指令，这将大大简化以复杂著称的 IA 指令处理。

(4) 核心结构以(RISC)指令缓冲池(Instruction Pool)为中心。多重程序流向的 IA 指令序列译码后暂存于指令缓冲池，可多达 40 项。然后以优化的重排序送往执行部件去执行，推测执行的结果也暂存于指令缓冲池，等待回收。

(5) 采用寄存器换名策略。

(6) 采用动态转移预测法和静态转移预测法相结合的两级转移预测技术。

综上所述，12 段的超流水线中的前 7 段是有序取指/译码阶段，中间 3 段是无序的调度、派遣/执行阶段，最后段是有序的回收阶段。有序的取指/译码阶段每次能同时译码 3 条 IA 指令，产生最多为 6 个的 RISC 型 μop，以每时钟周期 3 个 μop 的速率按序送往微操作缓冲池。无序的调遣/执行阶段以优化的无结构冒险、无数据冒险的重排顺序执行指令，保留站的 5 个端口可同时执行 5 个 μop。最后以有序的回收阶段保证程序最终结果的正确性，RET 段以每时钟可回收 3 个 μop 的速率工作。因此可以说，Pentium Ⅱ的指令流水线是超标度为 3 的流水线。采用动态转移预测与静态转移预测的两级预测，使预测正确率高达 90%以上，从而极大地减少了由于转移可能给超标量超流水线带来的性能损失。

Intel 于 2000 年 11 月发布了 Pentium 4 首款处理器。之后不断推出新的产品，直到 2005 年 5 月又推出了双核 Pentium 4 版本，具有允许 4 个线程并行处理的超线程技术。

Intel 在 Pentium 4 处理器中第一次引入了真正全新的 IA-32 x86 架构，并称其为 Netburst(网际爆发)微架构。Intel 的 Pentium Ⅲ处理器是 12 层计算管线的超标量设计，而 P4 处理器是 20 层计算管线的超标量设计，其中集成了多管线并行计算。P4 处理器的内核集成了 8KB 的一级缓存、12KB 的追踪缓存和 256KB 的二级缓存，三者的工作频率全部和处理器的主频相同。Pentium Ⅲ处理器采用的 0.18μm 制程的速度上限为 1.1～1.2GHz，Pentium 4 处理器的起跳速度是 1.4GHz，这是相同制造工艺、不同架构的 Pentium Ⅲ处理器所无法达到的。Pentium 4 Netburst(网际爆发)微架构的设计特点就是处理器的主频速度和每个时钟周期内单位计算管线完成指令的数目成反比，单位计算管线完成的指令越少,处理器的主频越高,但是单位计算管线效能的下降必要影响到处理器的整体计算能力,所以说,Pentium 4 处理器主频的提高,是在牺牲部分效能的前提下达成的。

对于 Pentium 4 处理器内置的分支预测运算单元效能下降问题,Intel 在 Pentium 4 处理器内部集成了 4KB 大小的 BTB(Branch Target Buffer,预测目标缓存)来存储分支预测运算单元前几次所做的分支预测的跳转操作结果,而普通的 Pentium Ⅲ 处理器,在 BTB 的容量上就比 Pentium 4 处理器逊色不少,Pentium Ⅲ 处理器的 BTB 容量只有 512B。另外,Intel 也在 Pentium 4 处理器架构中加入了“高级分支预测运算单元”,希望将分支预测的能力提升到 93%正确,超过 Pentium Ⅲ 处理器分支预测能力 33%。其次,Intel 采用了追踪缓存(Trace Cache)来存储 Pentium 4 解码单元送出来的微操作,来解决一旦预测错误后的微操作重新获取问题。追踪缓存位于指令解码器和内核第一层计算管线之间,指令在解码单元内获取和解码之后,微操作首先要经过追踪缓存的存储和输出,才能到达内核第一层计算管线并被执行,追踪缓存最多可以存储 1200 条微操作,其容量是 12KB。

Intel 在 Pentium 4 处理器中加入了 SSE2 指令集,与之前 Pentium Ⅲ 处理器采用的 SSE 指令集相比,目前 Pentium 4 的整个 SEE2 指令集总共有 144 个,其中包括原来旧有的 68 组 SEE 指令及新增加 76 组 SEE2 的指令。全新的 SEE2 指令除了将传统整数 MMX 寄存器也扩展成 128 位(128b MMX),另外还提供了 128 位 SIMD 整数运算操作和 128 位双精密度浮点运算操作。SSE2 指令集的引入在一定程度上弥补了 Pentium 4 处理器单位计算管线效能的不足。Intel 在 Pentium 4 处理器的算术逻辑单元(ALU)中添加了快速执行引擎(Rapid Execution Engine,REE),这样 1.5GHz Pentium 4 处理器的 ALU 单元运行速度就是 3.0GHz,ALU 单元利用了类似 DDR 内存的工作原理,ALU 部分电路在一个处理器时钟周期的上沿和下沿都可以进行同频运算,0.5 个时钟周期内,ALU 就可以完成一条算术逻辑指令。由于 ALU 具体负责处理器的整数运算,因此 REE 的引入,让 Pentium 4 处理器的整数运算效能比 Pentium Ⅲ 处理器提高了一倍,在半个时钟周期内就可以完成一个整数运算操作。在 Pentium 4 的前端总线架构上,Intel 采用了 QDR(Quad Data Rate)技术,在 100MHz 的系统总线上通过同时传输 4 条不同的 64 位数据流达到了 400MHz 的传输效能。由于 Pentium 4 处理器的二级缓存是 8 路,256 位全速缓存,因此和一级缓存之间的数据带宽达到了 45GB/s,而一级缓存则是 4 路,256 位全速缓存,与处理器内核界面之间的数据带宽也达到了 22GB/s 之巨。

下面是目前不同版本英特尔 Pentium 4 处理的列表以及它们不同的特点,如表 4-3 所示。

表 4-3 不同版本英特尔 Pentium 4 处理

公开名称	内核	CPU 频率	Socket	FSB/理论宽度	高速缓存	其他特点
最初发布版本	Willamette	1.3～2.0GHz	423，478	400MHz/3.2GB·s^{-1}	8KB L1 数据+12KB L1 指令/256KB L2	20 级流水线，MMX/SSE/SSE2 指令
P4A	Prescott	1.8～2.8GHz	478	533MHz/3.2GB·s^{-1}	8KB L1 数据+12KB L1 指令/512KB L2	改进的分支预测和其他的伪代码调整；这个技术也应用到了随后的改进版本中，21 级的流水线，MMX/SSE/SSE2 指令
P4B	Northwood	2.0～3.06GHz	478	533MHz/4.2GB·s^{-1}	8KB L1 数据+12KB L1 指令/512KB L2	更高前置总线，3.06GHz 版本支持超线程，21 级的流水线，MMX/SSE/SSE2 指令
P4C	Northwood	2.4～3.4GHz	478	800MHz/6.4GB·s^{-1}	8KB L1 数据+12KB L1 指令/512KB L2	更高前置总线，超线程，21 级的流水线，MMX/SSE/SSE2 指令
P4E/5x0 系列	Prescott	2.8～3.6GHz	478，LGA775	800MHz/6.4GB·s^{-1}	16KB L1 数据+12KB L1 指令/1024KB L2	超线程，31 级的流水线，MMX/SSE/SSE2/SSE3 指令
P4A * /5x5/5x9 系列	Prescott	2.4～3.06GHz	478，LGA775	533MHz/4.2GB·s^{-1}	16KB L1 数据+12KB L1 指令/1024KB L2	不支持超线程，31 级的流水线，MMX/SSE/SSE2/SSE3 指令
P4 Extreme Edition	Gallatin	3.2～3.4GHz	478，LGA775	800MHz/6.4GB·s^{-1}	8KB L1 数据+12KB L1 指令/512KB L2/2MB L3	超线程，增加 L3 内存，21 级的流水线，MMX/SSE/SSE2 指令
5x0J 系列	Prescott	2.8～3.8GHz	LGA775	800MHz/6.4GB·s^{-1}	16KB L1 数据+12KB L1 指令/1MB L2	超线程、执行禁止位(eXecute Disable bit)(等同于 AMD 的不执行位(No eXecute bit))、31 级指令流水线、MMX/SSE/SSE2/SSE3 指令
5x5J/5x9J 系列	Prescott	2.67～3.06GHz	LGA775	533MHz/4.2GB·s^{-1}	16KB L1 数据+12KB L1 指令/1MB L2	无超线程、执行禁止位(eXecute Disable bit)(等同于 AMD 的不执行位(No eXecute bit))、31 级指令流水线、MMX/SSE/SSE2/SSE3 指令

续表

公开名称	内核	CPU 频率	Socket	FSB/理论宽度	高速缓存	其他特点
P4F/5x1 系列	Prescott	2.8～3.8GHz	LGA775	800MHz/6.4GB • s^{-1}	16KB L1 数据＋12KB L1 指令/1MB L2	超线程、支持 EM64T(包括执行禁止位(eXecute Disable bit)(等同于 AMD 的不执行位(No eXecute bit)))、31 级指令流水线、MMX/SSE/SSE2/SSE3 指令
6x0 系列	Prescott 2M**	3.0～3.8GHz	LGA775	800MHz/6.4GB • s^{-1}	16KB L1 数据＋12KB L1 指令/2MB L2	超线程、2MB L2 缓存、支持 EM64T(包括执行禁止位)、Speedstep 和温度监测2、31 级指令流水线、MMX/SSE/SSE2/SSE3 指令
6x1 系列	Prescott 2M**	3.6～3.8GHz	LGA775	800MHz/6.4GB • s^{-1}	16KB L1 数据＋12KB L1 指令/2MB L2	超线程、2MB L2 缓存、支持 EM64T(包括执行禁止位)、Speedstep 和温度监测2、31 级指令流水线、MMX/SSE/SSE2/SSE3 指令、虚拟技术
6x2 系列	Cedar Mill	3.0～3.8GHz	LGA775	800MHz/6.4GB • s^{-1}	16KB L1 数据＋12KB L1 指令/2MB L2	超线程、2MB L2 缓存、支持 EM64T(包括执行禁止位)、Speedstep 和温度监测2、31 级指令流水线、MMX/SSE/SSE2/SSE3 指令、虚拟技术
P4 Extreme Edition	Gallatin	3.46GHz	LGA775	1066MHz/8.5GB • s^{-1}	8KB L1 数据＋12KB L1 指令/512KB L2/2MB L3	超线程、addition of on-die L3 缓存、21 级指令流水线、MMX/SSE/SSE2 指令
P4 Extreme Edition	Prescott 2M**	3.73GHz	LGA775	1066MHz/8.5GB • s^{-1}	16KB L1 数据＋12KB L1 指令/2MB L2 缓存	超线程、更快前端总线、31 级指令流水线、MMX/SSE/SSE2/SSE3 指令
5x6 系列	Prescott	2.67～2.93GHz	LGA775	533MHz/4.2GB • s^{-1}	16KB L1 数据＋12KB L1 指令/1MB L2	无超线程、支持 EM64T(包括执行禁止位,等同于 AMD 的不执行位)、31 级指令流水线、MMX/SSE/SSE2 等

本章小结

本章重点介绍了流水线技术。流水线技术是一种非常经济,对提高处理机的运算速度非常有效的技术。流水线是把一个重复的过程分解为若干子过程,每个子过程可以与其他子过程并行进行。

流水线按功能分类可分成单功能流水线和多功能流水线两种;按工作方式分类分为静态流水线和动态流水线;按连接方式可以分为线性流水线与非线性流水线。

衡量流水线处理机的性能主要是吞吐率、加速比和效率。吞吐率是指单位时间内能处理的指令条数或能输出的数据量。吞吐率越高,计算机系统的处理能力就越强。加速比是指采用流水方式后的工作速度与等效的顺序串行方式的工作之比。效率是指流水线中的各功能段的利用率。

流水线指令间的相关将使指令流水线出现停顿,这将影响到指令流水线的效率。所谓指令间的相关,指一条指令要用到前面的一条(或几条)指令的结果,因而这条指令必须等待前面的一条(或几条)指令流过流水线后才能执行完。通常可能会出现三种相关:资源或结构相关、数据相关和控制相关。

超级计算机包括一个周期能发射多条指令的计算机,有超标量、超流水、超长指令字计算机几种。向量处理机可以对向量进行流水处理,提高效率。

在处理机中采用流水线方式与采用传统的串行方式相比,具有很多特点。在流水线的每一个功能部件的后面都要有一个缓冲寄存器或锁存器,保存本流水段的执行结果,这样通过多条指令并行执行使整个程序的执行时间缩短。流水线设计中应尽量使各段的时间相等,否则将引起堵塞或断流,使其他部件不能充分发挥作用。另外,只有连续不断地提供同种任务才能充分发挥流水线的效率。只有流水线完全充满时,整个流水线的效率才能得到充分发挥。

习题

4.1 解释下列术语:

流水线;吞吐率;效率;加速比;非线性流水线;原始冲突向量;超级标量机;超级流水机;超长指令字机;向量流水处理;分段开采;链接技术;向量流水线流过时间;半性能向量长度。

4.2 简述流水处理的概念、分级、分类、特点。

4.3 简述流水线性能指标的分析、计算(TP、E、Sp 等)。

4.4 简述流水线三种冲突(资源,数据,控制相关)的概念和处理方法。

4.5 简述线性流水线和非线性流水线的调度方法。

4.6 简述一个周期能完成多条指令(多发射结构的 RISC)、三种超级计算机的主要特点。

4.7 简述奔腾处理器的超标量流水结构,动态执行技术核心。

4.8　叙述向量流水处理的主要特点。它与标量流水相比有何不同之处？

4.9　向量流水机的工作方式可分为哪两类？它们的主要特点是什么？

4.10　一个由 4 段构成的双输入端的流水浮点加法器，每一段的延迟为 10ns，输出可直接返回到输入端或把结果暂存到相应缓冲寄存器中。现若要将 12 个浮点数相加，问最少需用多少时间？要求画出相应的流水线工作的时空图。

4.11　若有一静态多功能流水线分为 6 段，如图 4-42 所示，其中，乘法流水线由 1、2、3、6 段组成，加法流水线由 1、4、5、6 段组成。使用流水线时，要等某种功能（如加法）操作都处理完毕后才能转换成另一种功能（如乘法）。

若要计算：$\boldsymbol{A}\times\boldsymbol{B}=(a_1+b_1)\times(a_2+b_2)\times(a_3+b_3)$，问：

(1) 在上述流水方式下，完成 $\boldsymbol{A}\times\boldsymbol{B}$ 需多少时间？画出时空图并计算此流水线的使用效率和吞吐率。

(2) 与顺序运算方式相比，加速比为多少？

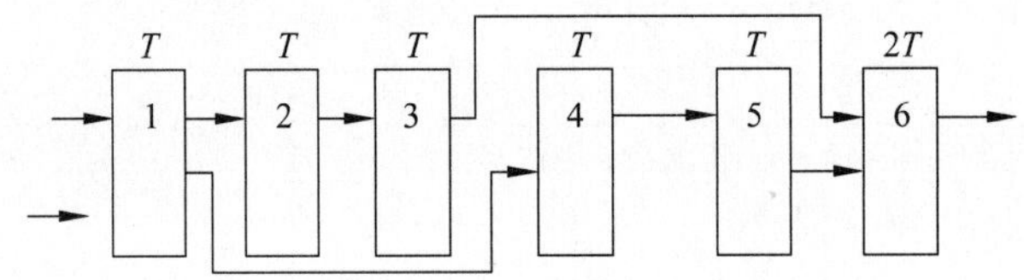

图 4-42　习题 4.11 中的静态多功能流水线

4.12　设有一指令流水线，由 A、B 和 C 三段组成，如图 4-43(a)所示，由 Cache 高速缓存每隔 200ns 连续提供 4 条指令。

(1) 试画出在条件下，包括 C 在内的处理过程的时空图，并求出其实际吞吐率和效率。

(2) 将图 4-43(a)改成图 4-43(b)的形式，画出此时处理过程的时空图并求其实际吞吐率和效率。

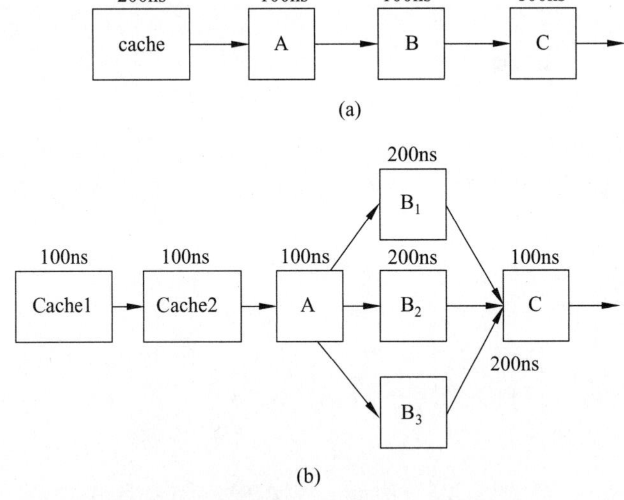

图 4-43　习题 4.12 的指令流水线图

4.13 已知某单功能非线性流水线的预约表如表 4-4 所示，要求：

(1) 列出禁止表 F 和冲突向量 **C**。

(2) 画出该流水线状态图，确定其最小平均延迟以及此时的调度方案。当按此流水调度方案共输入 8 个任务时，其实际吞吐率为多少？

表 4-4 某单功能非线性流水线的预约表

段 s \ 时间 t	t_1	t_2	t_3	t_4	t_5	t_6
	×				×	
		×				×
			×			
				×		

4.14 考虑三条功能流水线 f1、f2 和 f3，预约表如表 4-5 所示。

(1) 当独立使用 f1、f2 和 f3 流水线时，它们各自的最小平均等待时间为多少？

(2) 若将三条流水线链接成线性的串联形式，则此时的最小平均等待时间为多少？最大吞吐率为多少？

表 4-5 习题 4.14 中的三条流水线预约表

f1	t_1	t_2	t_3	t_4	t_5	t_6
S1	×					×
S2		×		×		
S3			×		×	

f2	t_1	t_2	t_3	t_4
S1	×			×
S2		×		×
S3			×	

f3	t_1	t_2	t_3	t_4	t_5
S1	×			×	
S2		×			×
S3			×		

4.15 有一个双输入端的加-乘双功能静态流水线，经过时间分别为 t、t、$2t$、t 的 1、2、3、4 四个子过程，当加法时按 1→2→4 连接，而乘法时按 1→3→4 连接，流水线输出设有数据缓冲器，也可将数据直接回收到流水线输入端。现要执行

$$\boldsymbol{A}\times(\boldsymbol{B}+\boldsymbol{C}\times(\boldsymbol{D}+\boldsymbol{E}\times\boldsymbol{F}))+\boldsymbol{G}\times\boldsymbol{H}$$

的运算，请对计算顺序进行变换，画出能获得尽可能高的吞吐率的流水线时空图，标出流水线入端、出端的操作数变化情况，求出完成全部运算所需时间及此期间整个流水线的吞吐率、效率、加速比。如对流水线瓶颈子过程再细分，最少需多少时间完成全部运算？若子过程 3 已无法再细分，只能采用并联方法改进，问流水线效率又为多少？

4.16 超级标量机和超级流水线机都能开发指令级的并行性，现假定这两种机器的流水线都为 4 段，每段均需 1 个时钟周期。若在超级标量机中，每个时钟周期可同时启动 3 条指令，而超级流水线机中则是每隔 1/3 时钟周期启动一条指令。现若要执行 6 条指令的代码序列，问在两种机器上各需用多少个时钟周期方可执行完毕？

4.17 一台非流水处理器 A 的工作时钟频率为 25MHz，它的平均 CPI 为 4。处理器 B 是 A 的改进型，它有一条 5 段的线性指令流水线。由于锁定电路延迟及时钟扭斜效应，它的工作时钟频率仅为 20MHz。

(1) 若在A和B两个处理器上执行含有100条指令的程序,则处理B对A的加速比为多少?

(2) 在执行上述程序时,计算A、B处理器各自的MIPS为多少?

4.18 在Cray-1上,V为向量寄存器,设向量长度均为32,s为标量寄存器,所用浮点功能执行部件的执行时间分别为:加法需6拍,相乘需7拍,从存储器读数需6拍,求倒数近似值需14拍,打入寄存器及启动功能部件(包括存储器)各需1拍。问下列各指令组中的哪些指令可以链接?哪些指令可以并行执行?试说明其原因并分别计算出各指令组全部完成所需的拍数。

(1) V0←存储器
V1←V2+V3
V4←V5×V6

(2) V2←V0+V1
V3←存储器
V4←V2×V3

(3) V0←存储器
V3←V1+V2
V4←V0×V3
V6←V4+V5

(4) V0←存储器
V1←1/V0
V3←V1+V2
V5←V3×V4

(5) V0←存储器
V1←V2+V3
V4←V5×V6
s0←s1+s2

(6) V3←存储器
V2←V0/V1
s0←s2+s3
V3←V1×V4

(7) V3←存储器
V2←V0+V1
V4←V2×V3
存储器←V4

(8) V0←存储器
V2←V0+V1
V3←V2+V1
V5←V3×V4

4.19 在Cray-1上,按链接方式执行下述4条向量指令(括号中给出相应功能部件时间),如果向量寄存器和功能部件之间的数据传送需1拍,试求此链接流水线的流过时间为多少拍?如果向量长度为64,则需多少拍能得到全部结果?

V0←存储器	(存储器取数:7拍)
V2←V0+V1	(向量加:3拍)
V3←V2<A3	(按A3左移:4拍)
V5←V3∧V4	(向量逻辑乘:2拍)

第5章 并行处理机和多处理机

5.1 概述

并行处理机是单一控制部件控制下的多个处理单元构成的阵列，也称为阵列处理机，Flynn分类法中的单指令流多数据流(Single Instruction Stream Multiple Data Stream，SIMD)结构就属于并行处理机。并行处理机主要适用于要求高速向量或矩阵运算的场合。

多处理机是指由两个或两个以上处理机组成，具有统一的操作系统，共享输入/输出子系统，通过共享主存或高速通信网络进行通信，共同求解复杂的问题。Flynn分类法中的多指令流多数据流(Multiple Instruction Stream Multiple Data Stream，MIMD)结构就属于多处理机结构，多个处理机之间按某种方式互连，实现程序之间的数据交换和同步。

5.2 并行处理技术与发展

并行处理技术是四十几年来在微电子、印刷电路、高密度封装技术、高性能处理机、存储系统、外围设备、通信通道、语言开发、编译技术、操作系统、程序设计环境和应用问题等研究和工业发展的产物，并行计算机具有代表性的应用领域有：天气预报建模、VLSI电路的计算机辅助设计、大型数据库管理、人工智能、犯罪控制和国防战略研究等，其应用范围还在不断地扩大。并行处理技术主要是以算法为核心，并行语言为描述，软硬件作为实现工具的相互联系而又相互制约的一种结构技术。

在计算机发展过程中，提高计算机性能的重要手段是增加并行性。并行性可以定义为在同一时刻或同一时间间隔内完成两种或两种以上性质相同或不相同的任务。

并行性有两种含义：一是同时性，指两个或多个事件在同一时刻发生在多个资源中；二是并发性，指两个或多个事件在同一时间间隔内发生在多个资源中。

计算机系统中的并行性可从不同的层次上实现，从低到高大致可分为以下层次。

(1) 指令内部的并行：是指指令执行中的各个微操作尽可能实现并行操作。

(2) 指令间的并行：是指两条或多条指令的执行是并行进行的。

(3) 任务处理的并行：是指将程序分解成可以并行处理的多个处理任务，而使两个或多个任务并行处理。

(4) 作业处理的并行：是指并行处理两个或多个作业，如多道程序设计、分时系统等。另外，从数据处理上，也有从低到高的并行层次。

(5) 字串位并：同时对一个二进制字的所有位进行操作。

(6) 字并位串：同时对多个字的同一位进行操作。

(7) 全并行：同时对许多字的所有位进行操作。

5.2.1 并行处理技术的开发途径

并行处理技术有三种形式：时间并行、空间并行、时间并行与空间并行组合。

1. 时间并行

时间并行指时间重叠，在并行性概念中引入时间因素，让多个处理过程在时间上相互错开，轮流重叠地使用同一套硬件设备的各个部分，以加快硬件周转而赢得速度。时间并行性概念的实现方式就是采用流水处理部件。这是一种非常经济而实用的并行技术，能保证计算机系统具有较高的性能价格比。目前的高性能微型计算机几乎无一例外地使用了流水技术。

2. 空间并行

空间并行指资源重复，在并行性概念中引入空间因素，以“数量取胜”为原则来大幅度提高计算机的处理速度。大规模和超大规模集成电路的迅速发展为空间并行技术带来了巨大生机，因而成为实现并行处理的一个主要途径。空间并行技术主要体现在多处理器系统和多计算机系统，在单处理器系统中也得到了广泛应用。

3. 时间并行＋空间并行

指时间重叠和资源重复的综合应用，既采用时间并行性又采用空间并行性。显然，第三种并行技术带来的高速效益是最好的。

提高计算机系统的并行性措施主要有时间重叠、资源重复和资源共享三种方法。

时间重叠(Time Interleaving)：在并行性概念中引入时间因素。让多个处理过程在时间上相互错开，轮流重叠地使用同一套硬件设备的各个部分，以加快硬件周转而赢得速度。如指令内部各操作步骤采用重叠流水的工作方式。一条指令的解释分为取指、分析、执行三大步骤，分别在相应的硬件上完成。只要不出现相关，则每过一个 Δt 时间，就可以流出结果。这种执行方式加快了程序的执行速度。这种时间重叠技术原则上不需要增加更多的硬件设备就可以提高计算机系统的性能价格比。

资源重复(Resource Replication)：并行性概念中引入空间因素。通过重复设置的硬件资源来提高系统可靠性或其他性能。例如，通过使用两台或多台完全相同的处理器或计算机完成同样的任务来提高性能。

资源共享(Resource Sharing)：利用软件的方法让多个用户按一定时间顺序轮流地使用同一套资源，以提高其利用率，这样相应地提高整个系统的性能。例如，多道程序分时系统是利用共享 CPU 和主存资源以降低系统价格、提高设备利用率的一个实例。

在一个计算机中，可以通过多种技术途径，采取多种并行措施，既有执行程序的并行性，又有处理数据的并行性，它是一种信息处理的有效形式。

5.2.2 并行处理技术发展

计算机系统并行处理的发展体现了计算机系统结构的演变。并行处理技术的发展可以从两个方向上进行讨论,一是从单处理机上实现系统的并行,二是从多计算机系统向并行处理系统发展。具体发展过程为在单处理机范围内采取上述时间重叠、资源重复和资源共享三大计算机结构学的措施来发挥并行性,以提高处理速度和系统使用效率。其主要技术只是停留在功能部件一级,即在单处理机内部千方百计地改进各种功能部件(例如,使用流水线处理部件、多处理单元、相联存储器等)。实现系统并行性的进一步提高,需开发程序、任务、作业一级的并行。因此要摆脱单处理机的束缚,把多台相互独立离散的计算机相连,相互协调和配合,发展各种不同耦合度的多计算机系统(Multi-computer System),达到更高的并行处理水平,获得更高的系统效率和处理速度,即采用功能专用化、机间互连和网络化三项基本技术措施,促使多计算机系统向并行处理系统进一步发展。多计算机采取各种措施,实现不同类型的多处理机系统(Multiprocessor System),包括同构型多处理机、异构型多处理机和分布处理系统。

对于单处理机的发展,主导作用的是时间重叠这个途径。实现时间重叠的基础是部件功能专用化,即不断地对功能部件进行分离和细化以及平衡好它们之间的频带,尤其是注意克服信息流运行过程中影响速度的"瓶颈"来发展出高并行度的系统。为了取得主存和中央处理器的速度匹配,先后发展了指令重叠、先行控制、并行主存系统等,在 CPU 内部设置较多的通用寄存器、指令和数据缓冲寄存器、高速缓冲存储器 Cache 等。

在单机系统中,如果把功能专用化深入到处理机的执行部件内部,将部件再分成多个专用功能段进行流水处理,也可以提高处理机的并行度。

向量处理机(Vector Computer)是面向向量型并行计算,以流水线结构为主的并行处理计算机。采用先行控制和重叠操作技术、运算流水线、交叉访问的并行存储器等并行处理结构,对提高运算速度有重要作用。但在实际运行时还不能充分发挥并行处理潜力。向量运算很适合于流水线计算机的结构特点。向量型并行计算与流水线结构相结合,能在很大程度上克服通常流水线计算机中指令处理量太大、存储访问不均匀、相关等待严重、流水不畅等缺点,并可充分发挥并行处理结构的潜力,显著提高运算速度。向量处理机的发展方向是多向量机系统或细胞结构向量机。实现前者须在软件和算法上取得进展,解决如任务划分和分派等许多难题;后者则须采用适当的互连网络,用硬件自动解决因用户将分散的主存当作集中式的共存使用而带来的矛盾,才能构成虚共存的细胞结构向量机。它既具有阵列机在结构上易于扩大并行台数以提高速度的优点,又具有向量机使用方便的优点。

把时间重叠原理应用于任务一级,对各任务设置专用处理机,按流水线方式工作,就构成了宏流水线(Macro-Pipeline),即由单处理机发展成多处理机系统。

多处理机通常分为同构型和异构型多处理机系统。同构型多处理机系统是指每个处理(器)机是同类型的,而且完成同样的功能,能同时处理同一作业中能并行执行的多个任务,这种多机系统称为对称型或同构型多处理机系统。这种同构型多处理机系统可以是基于处理机一级冗余的容错多处理机,让多个处理机中的一部分作为备用处理机以随时顶替出故障的工作处理机,从而提高系统工作的可靠性。在此类系统中,平时几台机器都正常工作,像通常的多处理机一样,如果某个处理机出故障就被“切”掉,让系统重新组织,降低规格继续运行,直到故障排除为止。

非对称型或异构型多处理机系统是指由多个不同类型担负不同功能的处理机构成,按照作业要求的次序,利用时间重叠原理,依次执行多个任务,各自实现规定的操作。

并行处理机是指通过重复设置多个相同的处理单元,在一个控制器的指挥下,按照同一指令(一条向量指令)要求,各处理机同时对向量各元素进行操作。它在指令内部实现了数据处理的全并行。如果并行处理机普遍采用阵列结构形式,也称为阵列机。

相联存储器是一种按内容寻址的、具有信息处理功能的存储器,能按字并位串或全并行方式对所有存储单元的内容进行操作。以相联存储器为核心,加上中央处理器、指令存储器、控制器和I/O接口,就可以构成以存储器并行操作为特征的相联处理机。它将并行处理机思想运用于相联存储器内部。发展到相联处理机(Associative Processor)和并行处理机(Parallel)等多种按单指令流多数据流方式工作的多处理(器)机系统,就进入了并行处理的领域。如果要进一步提高到任务级并行,则每个处理单元配备自己的控制器,能独立地解释、执行指令而成为一台处理机,就进入了多机系统范畴。

通过资源共享的途径进行并行性的开发最初是在单处理机上采用多道程序和分时操作,其实质是单处理机模拟多处理机功能,发展形成了虚拟存储器、虚拟处理机。分时系统适用于多终端情况,对于远地用户,可配接远程终端。随着远程终端、计算机网络和微型计算机、小型计算机的发展,采用真正的处理机代替虚拟处理机,构成以分散为特征的多处理机系统。如果在终端内配上微处理器,使其不仅有I/O功能和通信功能,还具有一定的信息存储、分析、处理的能力,就成为智能终端。智能终端的出现,使原来“集中”的形态向“分布”形态方向发展。这里将这种有大量分散、重复的处理机资源(一般是具有独立功能的单处理机)相互连接在一起,在操作系统(可以是集中的也可以是分散的)的全盘控制作用下统一协调地工作而最少依赖于集中的程序、数据或硬件的系统称为分布处理系统(Distributed Processing System)。

综上所述,遵循不同的技术途径,采用不同的并行措施,在不同的层次上实现并行性的过程,反映了计算机体系结构向高性能发展的自然趋势。

在单处理机系统中,主要的技术措施是在功能部件上,即改进各功能部件,按照时间重叠、资源重复和资源共享形成不同类型的并行处理系统。在单处理机的并行发展中,时间重叠是最重要的。把一个任务分成若干相互联系的部分,把每一部分指定给专门的部件完成,然后按时间重叠措施把各部分执行过程在时间上重叠起来,使所有部件依次完成一组同样的工作。例如,将执行指令的过程分为三个子过程:取指令、分析指令和执行指令,而这三个子过程是由三个专门的部件来完成,它们是取指令部件、分析指令部件和指令执行部件。它们的工作可按时间重叠,如在某一时刻第 i 条指令在执行部件中执行,第 $i+1$ 条指令在分析部件中分析,第 $i+2$ 条指令被取指令部件取出。三条指令被同时处理,从而提高了处理机的速度。另外,在单处理机中,也较为普遍地运用了资源重复,如多操作部件和多体存储器的成功应用。

多机系统是指一个系统中有多个处理机，它属于多指令流多数据流计算机系统。按多机之间连接的紧密程度，可分为紧耦合多机系统和松耦合多机系统两种。在多机系统中，按照功能专用化、多机互连和网络化三个方向发展并行处理技术。

功能专用化经松散耦合系统及外围处理机向高级语言处理机和数据库机发展。多机互连是通过互连网络紧密耦合在一起的、能使自身结构改变的可重构多处理机和高可靠性的容错多处理机。计算机网络是为了适应计算机应用社会化、普及化而发展起来的。它的进一步发展，将满足多任务并行处理的要求，多机系统向分布式处理系统发展是并行处理的一种发展趋势。

并行技术的发展还可以从并行软件的角度进行分析。并行软件可分成并行系统软件和并行应用软件两类，并行系统软件主要指并行编译系统和并行操作系统，并行应用软件主要指各种软件工具和应用软件包。在软件中所牵涉的程序的并行性主要是指程序的相关性和网络互连两方面。

1. 程序的相关性

程序的相关性主要分为数据相关、控制相关和资源相关三类。

数据相关：说明的是语句之间的有序关系，主要有流相关、反相关、输出相关、I/O相关和求知相关等。这种关系在程序运行前就可以通过分析程序确定下来。数据相关是一种偏序关系，程序中并不是每一对语句的成员都是相关联的。可以通过分析程序的数据相关，把程序中一些不存在相关性的指令并行地执行，以提高程序运行的速度。

控制相关：是语句执行次序在运行前不能确定的情况。它一般是由转移指令引起的，只有在程序执行到一定的语句时才能判断出语句的相关性。控制相关常使正在开发的并行性中止，为了开发更多的并行性，必须用编译技术克服控制相关。

资源相关：与系统进行的工作无关，而与并行事件利用整数部件、浮点部件、寄存器和存储区等共享资源时发生的冲突有关。软件的并行性主要是由程序的控制相关和数据相关性决定的。在并行性开发时往往把程序划分成许多的程序段——颗粒。颗粒的规模也称为粒度，它是衡量软件进程所含计算量的尺度，用细、中、粗来描述。划分的粒度越细，各子系统间的通信时延越低，并行性就越高，但系统开销也越大。因此，在进行程序组合优化的时候应该选择适当的粒度，并且把通信时延尽可能放在程序段中进行，还可以通过软硬件适配和编译优化的手段来提高程序的并行度。

2. 网络互连

将计算机子系统互连在一起或构造多处理机或多计算机时可使用静态或动态拓扑结构的网络。静态网络由点-点直接相连而成，这种连接方式在程序执行过程中不会改变，常用来实现集中式系统的子系统之间或分布式系统的多个计算结点之间的固定连接。

动态网络是用开关通道实现的，它可动态地改变结构，使之与用户程序中的通信要求匹配。动态网络包括总线、交叉开关和多级网络，常用于共享存储型多处理机中。在网络上的消息传递主要通过寻径来实现。常见的寻径方式有存储转发寻径和虫蚀寻径等。在存储转发网络中，以长度固定的包作为信息流的基本单位，每个结点有一个包缓冲区，包从源结点经过一系列中间结点到达目的结点。存储转发网络的时延与源和目的之间的距离(段数)成正比。而在新型的计算机系统中采用虫蚀寻径,把包进一步分成一些固定长度的片,与结点相连的硬件寻径器中有片缓冲区。消息从源传送到目的结点要经过一系列寻径器。同一个包中所有的片以流水方式顺序传送,不同的包可交替地传送,但不同包的片不能交叉,以免被送到错误的目的地。虫蚀寻径的时延几乎与源和目的之间的距离无关。在寻径中产生的死锁问题可以由虚拟通道来解决。虚拟通道是两个结点间的逻辑链,它由源结点的片缓冲区、结点间的物理通道以及接收结点的片缓冲区组成。物理通道由所有的虚拟通道分时地共享。虚拟通道 虽然可以避免死锁,但可能会使每个请求可用的有效通道频宽降低。因此,在确定虚拟通道数目时,需要对网络吞吐量和通信时延折中考虑。

5.3 并行处理机结构

并行处理机是通过重复设置大量相同的处理单元(Processing Element,PE),将它们按一定的方式互连,在统一的控制部件(Control Unit,CU)控制下,对各自分配来的不同数据并行地完成同一条指令所规定的操作。它依靠操作一级的并行处理来提高系统的速度。SIMD 计算机的操作模型如图 5-1 所示。

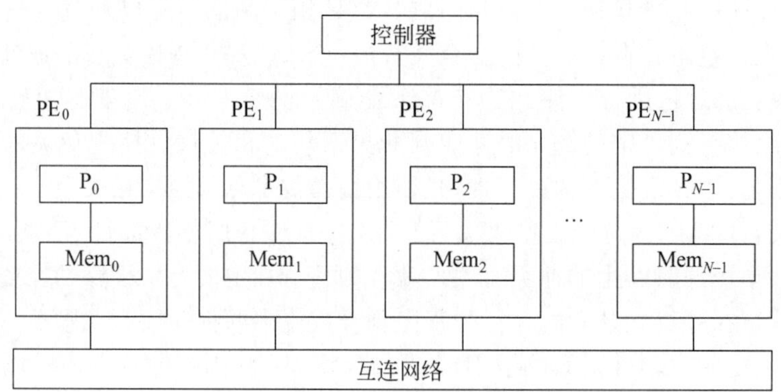

图 5-1　SIMD 计算机的操作模型

并行处理机根据存储器采用的组成方式不同分成两种基本构成：分布存储的并行处理机和共享存储的并行处理机。下面分别介绍这两种结构。

1. 分布式存储器结构

各个 PE 设有局部存储器存放分布式数据,它们只能被本处理单元直接访问。此种局部存储器称为处理单元存储器(Processing Element Memory,PEM)。在 CU 内设有一个用来存放程序的主存储器 CUM。整个系统在 CU 统一控制下运行系统程序和用户程序。执行主存中的用户程序时,所有指令都在 CU 中进行译码。将译码结果中属于标量或控制类的指令交由 CU 自己直接执行,将属于向量类的指令“播送”给各个 PE,控制 PE 并行地执行。为了有效地对向量数据进行高速处理,这种结构形式要求能将数据合理地分配到各个处理单元的局部存储器中，以使 PE_i 主要取自己的局部存储器 PEM_i 中的数据来进行运算。运算过程中处理单元之间的数据交换可通过设置于处理单元之间的互连网络(Interconnection Network，ICN)完成。ICN 的工作也受 CU 的统一控制。其示意图如图 5-2 所示。

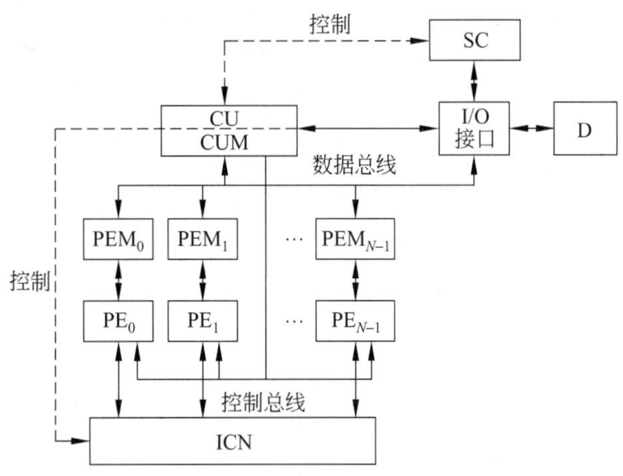

图 5-2　分布式存储器并行计算机

此类系统中处理器阵列一般是通过 CU 接到一台管理处理机(SC)上。SC 一般是一种通用计算机，用于管理整个系统的全部资源，完成系统维护、输入/输出、用户程序的汇编及向量化编译、作业调度、存储分配、设备管理、文件管理等操作系统的功能。这里 D 是大容量的磁盘存储器，通过输入/输出接口(I/O 接口)和系统相连。

采用这种结构方式的并行处理机有 ILLIAC-Ⅳ阵列处理机，1972 年由 Burroughs 公司开始生产并投入使用；美国 Goodyear 宇航公司 1979 年研制成的巨型并行处理机(Massively parallel Processor，MPP)；英国 ICL 公司 1974 年开始设计、1980 年生产的分布式阵列处理机(Distributed Array Processor，DAP)，等等。

其中，ILLIAC-Ⅳ阵列处理机是比较典型的分布式存储器并行计算机，它比当时传统的计算机速度要快得多，在一些要求高速运算的部门得到了广泛应用。总体来说，ILLIAC-Ⅳ是由三种处理机联合组成的多处理机系统，一种是专门进行数组运算的处理单元阵列，一种是进行标量运算同时又是处理单元的控制器，还有一种是管理机 B6700，担负 ILLIAC-Ⅳ输入/输出系统和操作系统管理，具体结构如图 5-3 所示。

图 5-3 中主要包括以下几部分。

(1) 处理单元阵列。

在 ILLIAC-Ⅳ计算机中，处理机阵列由 64 个结构完全相同的处理单元 PE_i 构成，每个处理单元 PE_i 字长为 64 位，PEM_i 为隶属于 PE_i 的局部存储器，每个存储器有 2k 字，全部的 PE_i 由 CU 统一管理，PE_i 都有一根方式位线，用来向 CU 传送每个 PE_i 的方式寄存器 D 中的方式位，使 CU 能了解各 PE_i 的状态是否活动，作为控制它们工作的依据。

PE_i 内部的主要寄存器有以下几种类型。

4 个 64 位寄存器：A 为累加器，存放第一个操作数和结果，B 是操作数寄存器，存放

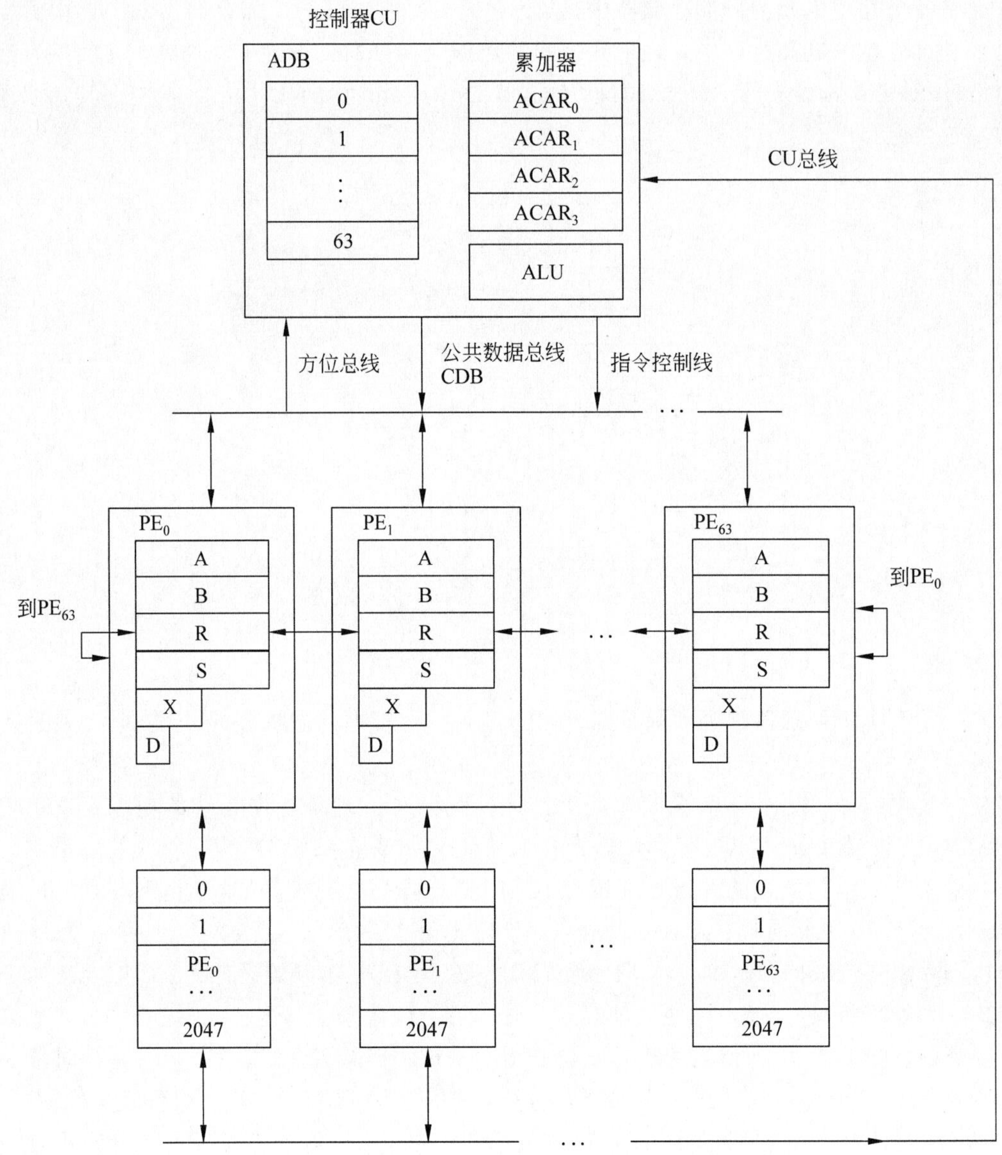

图 5-3 ILLIAC-Ⅳ阵列处理机结构图

加、减、乘、除等第二个操作数,R 是数据路由寄存器(在互连指令控制下,与相邻 PE_i 的路由寄存器相连),S 是通用存储寄存器(存放程序中间结果)。

1 个 16 位变址寄存器 X(用来形成有效地址的变址值)。

1 个 8 位方式寄存器 D,存放测试结果和 PE_i 屏蔽信息(活动标志位)。

PU 间互连状态:PU_i 代表 64 位处理单元 PE_i、所带局部存储器 PEM_i 及存储器逻辑部件总称。每台 PU_i 只能与它的 4 个近邻连接。PU_i 的 4 个近邻是 PU_{i-1},PU_{i+1},PU_{i-8},PU_{i+8}(mod 64)。在这种连接称为闭合螺线阵列。这种互连网络中,当数据从一个 PU_i 传送到另一个 PU_i 要走好几步,中间经过其他 PU_i 传送。传送步数 $I \leqslant \sqrt{N}-1$

(N 为 PE_i 总数)。当 $N=64$ 时,最多步数为 7。在每次数据传送操作时由软件算出最短路径。如将 PU_{63} 传送到 PU_{10},最快可经 $PU_{63} \rightarrow PU_7 \rightarrow PU_8 \rightarrow PU_9 \rightarrow PU_{10}$。处理单元存储器 PEM_i 分属每一个处理单元,各有 2048×64 位的存储容量和不大于 352ns 的取数时间。64 个 PEM_i 联合组成阵列存储器,存放数据和指令。整个阵列存储器可以接受控制器的访问,但是每一个处理单元只能访问到自己的局部存储器。各单元之间的连接如图 5-4 所示。

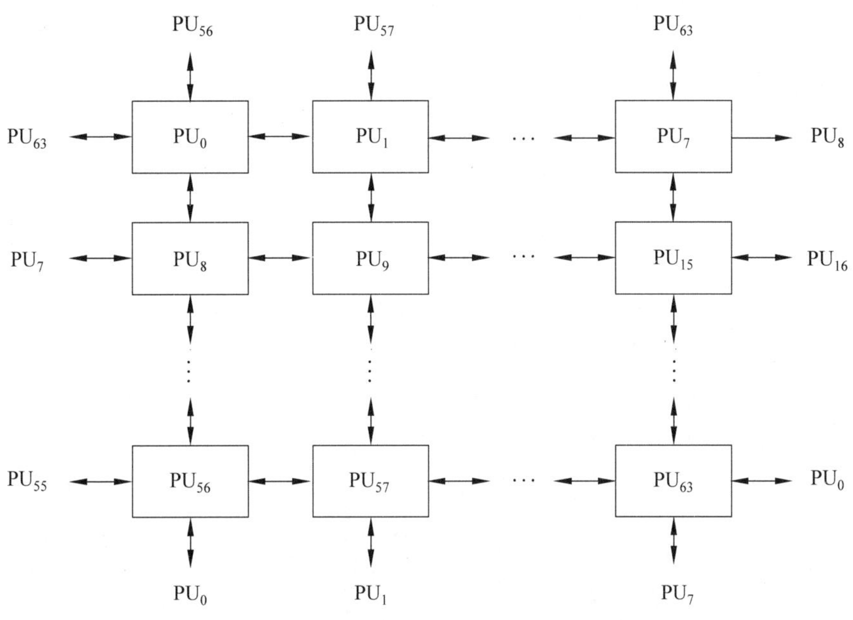

图 5-4 ILLIAC-Ⅳ各处理单元连接图

分布在各个处理单元存储器中的公共数据,只能在读至控制器后,再经过公共数据总线(CDB)广播到 64 个处理单元中来。这样,阵列存储器就如同一个二维访问存储器:如果把 64 个 PEM_i 看成列,把每一个 PEM_i 本身看成行,那么,CU 对它是按列访问,而 PE 对它是按行访问。阵列存储器的另一个特点是它的双重变址机构:控制器实现所有处理单元的公共变址,每一个处理单元内部还可以单独变址。最终的操作数有效地址对 PE_i 来说由式(5-1)决定:

$$a_i = a + (b) + (C_i) \tag{5-1}$$

式(5-1)中,a 是指令地址,(b)是 CU 中央变址寄存器内容,(C_i)是 PE_i 局部变址寄存器内容。

(2) 阵列控制器。

阵列控制器 CU 实际上是一台小型控制计算机。它除了对阵列的处理单元实行控制以外,还能利用本身的内部资源执行一整套指令,用以完成标量操作,在时间上与各 PE 的数组操作重叠起来。因此,控制器的功能有以下五方面。

① 对指令流进行控制和译码,包括执行一整套标量操作指令。

② 向各处理单元发出执行数组操作指令所需的控制信号。

③ 产生和向所有处理单元广播的公共地址部分。

④ 产生和向所有处理单元广播的公共数据。

⑤ 接收和处理由各PE、系统I/O操作以及B6700所产生的陷阱中断信号。

(3) 输入/输出系统。

ILLIAC-Ⅳ输入/输出系统由磁盘文件系统(DFS)、I/O分系统和B6700组成，完成输入/输出及其他管理功能。

ILLIAC-Ⅳ系统的操作系统，连同编译程序、汇编程序、输入/输出服务子程序等都驻留在宿主机B6700中，处理单元阵列就像是宿主机的一台专门作向量处理的后端机。或者说宿主机是处理单元阵列的一台输入/输出处理机。

ILLIAC-Ⅳ在64个PE_i并行工作时，系统最高速度可达2亿次/秒运算，可供气象预报、核工程研究等科学计算使用。

2. 集中式共享存储器组成的并行处理机结构

集中式共享存储器的结构如图5-5所示，其中大部分与分布式相同。

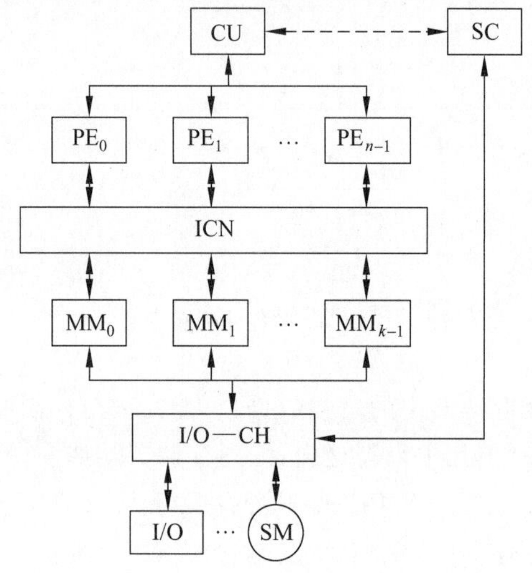

图5-5　集中式共享存储器结构

主要区别如下。

(1) 系统的存储器是由K个存储体($M_0 \sim M_{k-1}$)集中在一起构成，经过互连网络ICN为全部N个处理单元($PE_0 \sim PE_{n-1}$)所共享。在这种结构形式中，为使各处理单元对长度为N的向量中的各个元素都能同时并行处理，存储体的体数K通常总是等于或多于处理单元的个数N。为了使各处理单元在访问主存时，尽可能避免发生分体冲突，也要求有合适的算法能够将数据按一定规律合理地分配到各个存储体中。

(2) 互连网络ICN的作用不同。集中式主存的结构形式中，互连网络是用来连接处理单元和存储器分体之间的数据通路的，希望能让各个处理单元可以高速、灵活的方式连到不同的存储体上。因此有的并行处理机系统上将其称为对准网络(Alignment Network)。具体的示例有 Burroughs 公司与伊利诺伊大学联合研制的科学处理机(Burroughs Scientific Processor,BSP)。

BSP 系统采用了全面并行化操作,即把资源重复和时间重叠两种并行性技术结合起来,有人称之为第二代并行处理机。BSP 科学处理机系统由系统资源机和科学处理机两大系统构成,前者担负 BSP 编译、任务调度、数据通信、外部设备管理等任务;而科学处理机本身又包括控制处理机、文件存储器及并行处理机三部分。

(1) 并行处理机。

并行机中每个处理器以 160ns 的时钟周期进行向量计算。所有 16 个算术单元 AE 对不同的数据组(从并行处理机控制器广播来)进行同一种指令操作。大部分的算术运算能在两个时钟周期(320ns)内完成。进行向量运算的数据是存在 17 个并行存储器模块中,每个模块的容量可达 512 千字。17 个存储器模块的组织形成了一个无冲突访问存储器,它容许对任意长度以及跳距不是 17 倍数的向量实现无冲突存取。16 个 AE 是以 SIMD 方式在单一微序列控制下同步工作的。

(2) 控制处理器。

控制处理器除了用以控制并行处理机以外,还提供了与系统管理机相连的接口。标量处理机则处理存储在控制存储器中的全部操作系统和用户程序的指令。控制维护单元是系统管理机与控制处理机其余部分之间的接口,用来进行初始化,监控口令通信和维护。

(3) 文件存储器。

文件存储器是一个半导体辅助存储器。BSP 的计算任务文件从系统管理机加载到它上面。然后对这些任务进行排队,由控制处理机加以执行。

(4) 对准网络。

对准网络包含完全交叉开关以及用来实现数据从一个源广播至几个目的地以及当几个源寻找一个目的地地址时能分解冲突的硬件。这就需要在算术单元阵列和存储器模块之间具备通用的互连特性。而存储模块和对准网络的组合功能则提供了并行存储器的无冲突访问能力。算术单元也利用输出对准网络来实现一些诸如数据压缩和扩展操作以及快速傅里叶变换算法等专用功能。

(5) BSP 的五级数据流水线。

在 BSP 中,存储器-存储器型的浮点运算是流水进行的。BSP 的流水线组织由五个功能级组成。尤其是并行处理机包括 16 个处理单元、17 个存储器模块和 2 套互连网络(也称为对准网络)组合在一起,就形成了一条五级的数据流水线,使连续几条向量指令能时间重叠起来执行。

五级的功能作用依次如下。

(1) 由 17 个存储器模块并行读出 16 个操作数。

(2) 经对准网络 NW1 将 16 个操作数重新排列成 16 个处理单元所需要的次序。

(3) 将排列好的 16 个操作送到并行处理单元完成操作。

(4) 所得的 16 个结果经过对准网络 NW2 重新排列成 17 个存储器模块所需要的次序。

（5）写入存储器。

3. 并行处理机的特点

（1）利用资源重复而非时间重叠。

（2）利用同时性而非并发性。它的每个处理单元在同一时刻要同等地担负起各种运算功能，相当于向量处理机的多功能流水线部件那样，但其效率（设备利用率）可能没有多个单功能流水线部件那样高。

（3）提高运算速度主要是靠增大处理单元个数，比起向量流水线处理机主要依靠缩短时钟周期来说，速度提高的潜力要大得多。

（4）使用简单而又规整的互连网络来确定多个处理单元之间的连接模式。互连网络的结构形式限定了并行处理机适用的解题算法类别。

（5）由于并行处理机在机间互连方式上要比固定结构的单功能流水线部件灵活，使得在相当一部分以算法为背景的专用计算机应用方便。因此研究并行处理机的系统结构必须要和所采用的并行算法紧密联系。

阵列机实质上是由专门数据组运算的处理单元阵列组成的处理机、专门从事处理单元阵列的控制及标量处理机和专门从事系统输入/输出及操作系统管理的处理机三部分构成的一个异构型多处理机系统。

5.4 多处理机结构

多处理机属于 Flynn 分类法中的多指令流多数据流系统（MIMD），与上述介绍的并行处理机有很大的区别。多处理机的设计主要是通过多台处理机对多个作业、任务进行并行执行来提高求解大而复杂问题的速度，也可以使用冗余的多个处理机，通过重新组织来提高系统的可靠性、适应性和可用性。因此，从其根本上看，多处理机实现的是更高一级的作业或任务间的并行，是开发并行中的并发性；而前面讲述的阵列处理机主要是针对向量、数组处理来实现向量指令操作级的并行，是开发并行性中的同时性。

多处理机的硬件结构主要分成两种，一种是紧耦合多处理机，其中存储器和 I/O 设备都是独立的子系统，由所有的处理机共享，各处理机与主存经互连网络连接，处理机数目受限于互连网络带宽及各处理机访问主存冲突的概率，其示意图如图 5-6 所示。

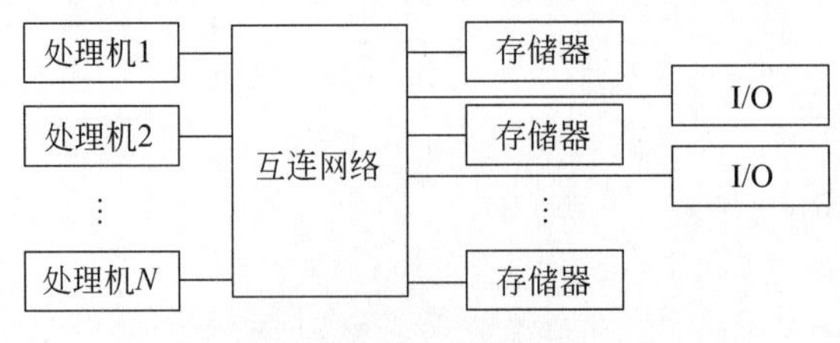

图 5-6 紧耦合多处理机

另一种是松耦合多处理机，每台处理机都有一个容量较大的局部存储器，用于存储经常用的指令和数据，以减少紧耦合系统中存在的访问主存冲突。松耦合多处理机示意图如图 5-7 所示。

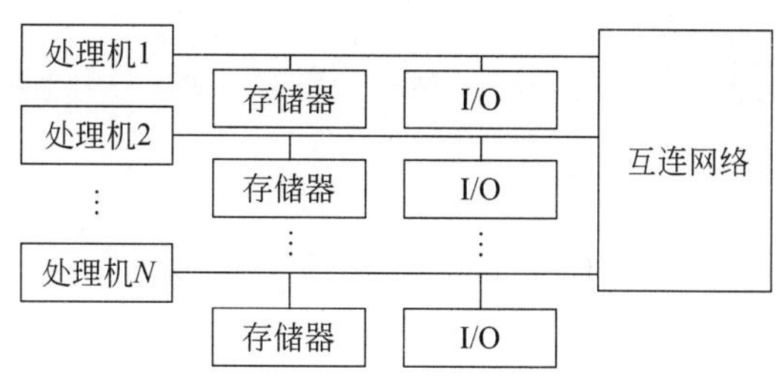

图 5-7　松耦合多处理机

对多处理机的硬件结构需要用多个指令部件分别控制，通过机间互连网络实现异步通信。多处理机为了适应多种并行算法，又要求硬件结构上解决好处理机、存储器模块及 I/O 子系统之间的灵活多变的互连。多处理机的设计既要满足高带宽、低成本、机间通信模式的多样性、灵活性和不规则性，又要避免争用共享的硬件资源，实现无冲突连接。

5.4.1　紧耦合多处理机系统

紧耦合多处理机系统中所有处理机共享 I/O 设备或通过通道和外设相连，整个系统有统一的操作系统管理，提供处理机及程序之间的作业、任务、文件、数据各个级别上的相互联系。在这种系统中，通常处理机的数目受到两方面的约束：一是采用共享主存进行通信，当处理机数目增大时，将导致访问主存冲突概率增大，使系统性能下降；二是处理机与主存间的互连网络带宽有限，当处理机数目增多后，互连网络将成为系统性能的瓶颈。

紧耦合多处理机按照系统采用的处理机结构类型是否相同及操作功能是否对称，可分为同构对称型多处理机系统和异构非对称型多处理机系统。

目前，同构对称型的紧耦合多处理机系统比较适用于求解并行任务。

Sequent 公司的 Balance 多处理机是一种同构对称型的紧耦合多处理机，处理机可以从 2 台扩充到 32 台，共享存储器模块为 1～6 个。其中，每台处理机由 80386 微处理器和浮点运算器组成，带 64KB 的 Cache。每个存储器模块为 8MB 并带一个存储控制器。各处理机和存储器模块均与系统总线相连并经总线适配器与 Ethernet 局域网、I/O 设备接口与设备相连，或连至磁盘控制器，系统总线还可经总线适配器和 Multibus 与远程网相连。

紧耦合多处理机按存储器存取方式可分为三种紧耦合多处理机模型，分别是均匀存储器存取（Uniform Memory Access，UMA）、非均匀存储器存取（Nonuniform Memory Access，NUMA）和只用高速缓存的存储结构（Cache-Only Memory Architecture，COMA）。下面分别介绍这三种模型的具体结构和特征。

1. UMA 模型

UMA 模型是所有物理存储器 $SM_1, SM_2, \cdots, SM_m$ 被所有处理机均匀共享，所有处理机对所有存储字具有相同的存取时间,每台处理机允许私有的 Cache,系统的外部设备也可以以一定形式共享,这种结构比较适合描述多用户的一般应用和分时应用,它可以在限时应用中用来加快单个大程序的执行。为了协调并行事件,各处理器之间的同步和通信可通过公用存储器的共享变量来实现。UMA 多处理机模型如图 5-8 所示。

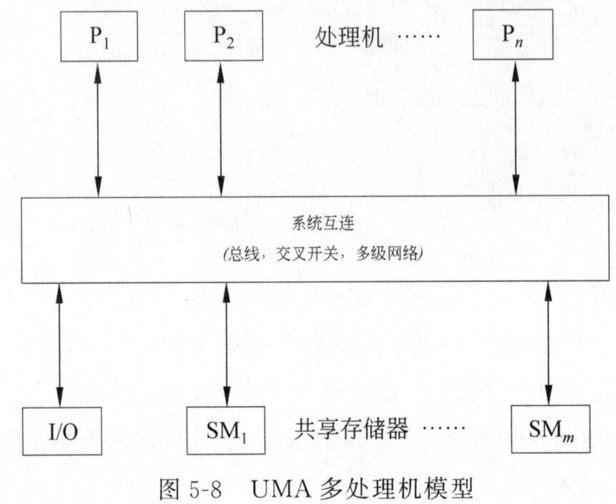

图 5-8 UMA 多处理机模型

2. NUMA 模型

NUMA 多处理机是另一种共享存储器系统,其访问时间随存储字的位置不同而变化。两种 NUMA 机模型如图 5-9 所示。

其共享存储器物理上是分布在所有处理机的本地存储器上。所有本地存储器的集合组成了全局地址空间,可被所有的处理机访问。处理机访问本地存储器是比较快的,但访问属于另一台处理机的远程存储器则比较慢,因为通过互连网络会产生附加延迟。图 5-7(a)为共享本地存储器结构,这种结构除各处理机分属存储器外,这种多处理机系统还可构成全局共享存储器。在这种情况下,存储器访问有三种模式:最快的是本地存储器访问,其次是全局存储器访问,最慢的是如图 5-7(b)所示的远程存储器访问。

其中,P 代表处理机,CSM 代表群内共享存储器,CIN 代表机群互连网络层次结构多处理机。处理机被分成几个机群(Cluster),每个机群本身是 UMA 或 NUMA 多处理机,各机群与全局共享存储器模块相连,整个系统可认为是一台 NUMA 多处理机,属于同一机群的所有处理机可随机访问群内共享存储模块。

所有机器都有同等访问全局存储器的权利,但是访问群内存储器的时间要比访问全局存储器短,这里可用不同的方法描述机群间存储器的访问权。伊利诺伊大学研制的 Cedar 多处理机就使用这种结构。

只用高速缓存的多处理机可认为是 COMA 模型,如图 5-10 所示。

图中,P 为处理机,C 为 Cache,D 为目录。COMA 机器是 NUMA 机的一种特例,只是将后者分布主存储器换成了高速缓存,在每个处理机结点上没有存储器层次结构,全部高速缓冲存储器组成了全局地址空间。远程高速缓存访问则借助于分布高速缓存目录进行,分级目录往往可用来帮助寻找高速缓存块的副本,这与所用的互连网络有关。数据的

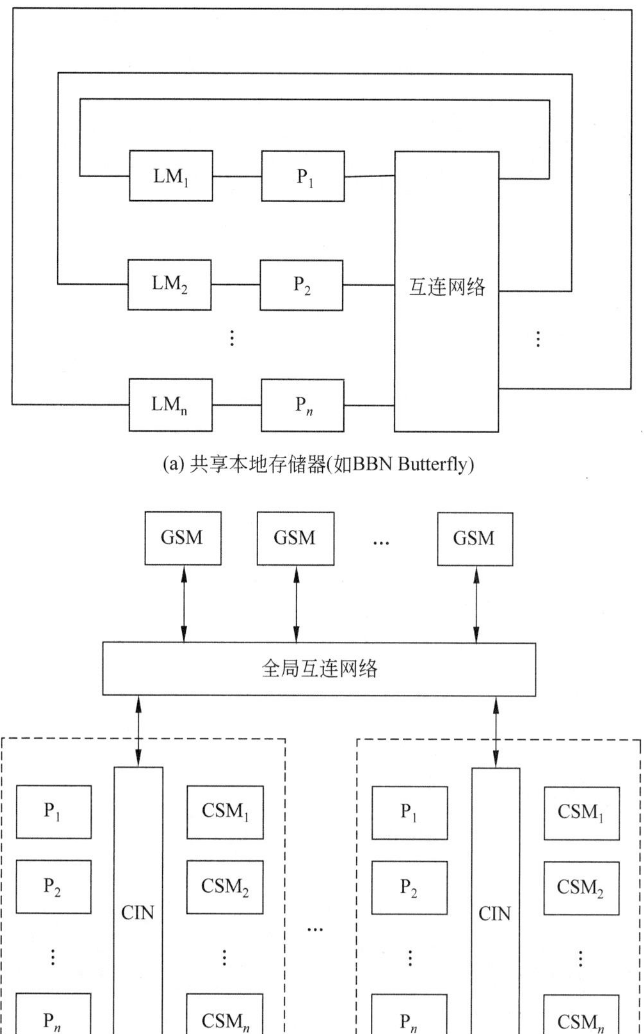

图 5-9 多处理机系统的两种 NUMA 模型

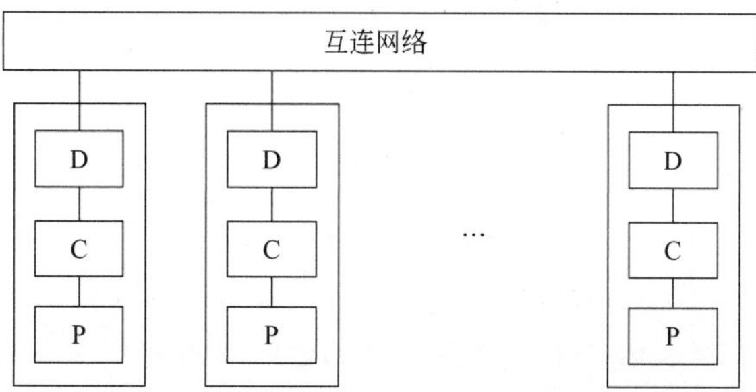

图 5-10 多处理机的 COMA 模型

初始位置并不重要，因为它最终将会迁移到要用到它的地方。

多处理机系统较适合通用的多用户系统，主要缺点是缺乏可扩展性，因为用集中共享存储器模型构造大规模并行处理机（MPP）是相当困难的。另外，远程存储器访问容许延时也是主要限制。

5.4.2 松耦合多处理机系统

松耦合多处理机系统是指多个处理机之间物理连接松散，每台处理机都有一个容量较大的局部存储器，用于存储经常用的指令和数据。不同的处理机之间通过通道互连或者消息传送系统来交换信息。松耦合多处理机适合做粗粒度的并行计算，处理的作业分割成若干相对独立的任务，在各个处理机上并行，各处理机任务间交互较少时，可以将其看成是一个分布系统。

松耦合多处理机可分为非层次型和层次型两种。非层次型松散耦合多处理机的结构图如图 5-11 所示。

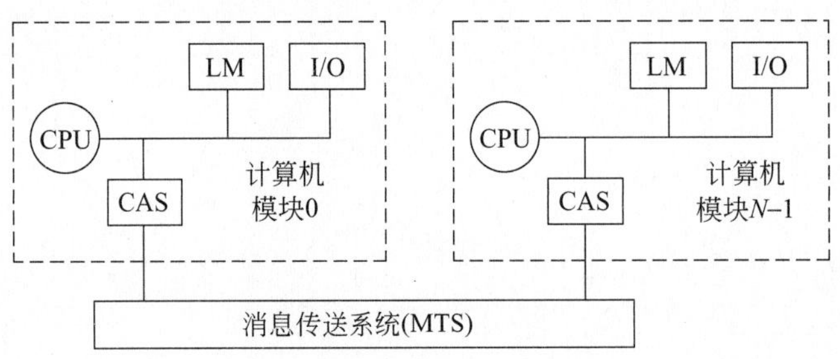

图 5-11　通过消息传送系统连接的松耦合多处理机结构

系统中有 n 个计算机模块，每个计算机模块中有处理机 CPU、Cache、局部存储器（Local Memory，LM）和一组 I/O 设备。图 5-11 中的 CAS 是仲裁开关，主要负责在两个或多个计算机模块同时请求访问消息传送系统（MTS）的某个物理段时进行仲裁。仲裁是通过一定的算法选择其中的一个请求并延迟其他的请求，直至被选择的请求服务完成。CAS 的通道中有一个高速通信存储器缓冲传送的信息块，该通信存储器经 MTS 可被所有处理机访问。

松耦合多处理机中的层次型总线式多处理机的典型示例是由卡内基·梅隆大学设计的，结构如图 5-12 所示。

图中采用多级总线实现层次间的连接，是一个三层总线的多处理机。所有计算机模块通过两级总线按层次连接，基本的计算机模块 C_m 通过 LSI-11 总线连接本地的处理器 P、存储器 M 和 I/O 模块，再通过开关 S 经 MAP 总线与其他的 C_m 相连。每个 MAP 总线可连接 14 个计算机模块 C_m，构成了一个计算机模块群，以加强组内各处理机间的协作，用低的通信开销实现数据共享。连接到 MAP 总线的 K_{map} 是各计算机模块组间的连接器，为提高可靠性，多个模块组之间通过两条 Internetcluster 组间双总线连接成一个完全的系统，用包交换方式进行通信。

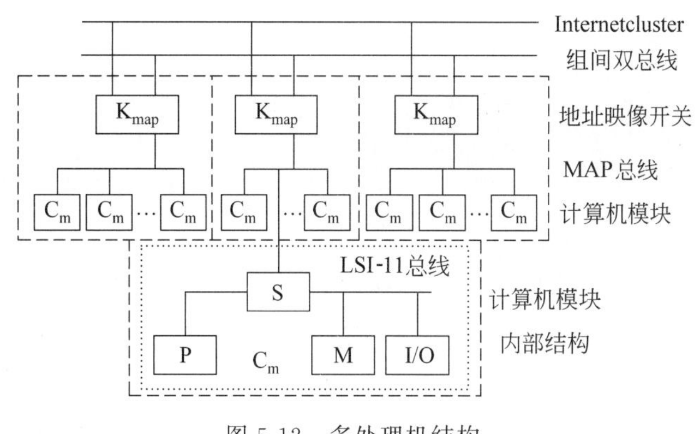

图 5-12 多处理机结构

5.5 多处理机 Cache 一致性

单处理机中的 Cache 和主存由于 I/O 子系统输入/输出会出现内容不一致的情况，多处理中也存在着相同的问题。单处理机中 Cache 一致性问题只存在于 Cache 与主存之间，即使有 I/O 通道共享 Cache 也可通过全写法或回写法较好地加以解决。另外，不同处理器的 Cache 都保存有对应存储器单元的内容，在操作中也可能出现数据不一致的情况，这就是多处理机 Cache 一致性问题，如果采用全写法，也只能维持一个 Cache 和主存之间的一致性，不能自动更新其他处理机中的 Cache 的相同副本，所以解决不了多处理机中 Cache 之间的一致性问题。

导致多处理机系统中 Cache 内容不一致的因素有以下三个。

(1) 可写数据的共享。一台处理机采用全写法或回写法修改某一个数据块时，引起其他处理机的 Cache 中同一副本的不一致。

(2) 输入/输出活动。如果输入、输出处理机直接接在系统总线上，也会导致 Cache 不一致。

(3) 进程迁移。进程迁移就是把一个尚未执行完的进程调度到另一个空闲的处理机中去执行。为提高整个系统的效率，有的系统允许进程迁移，使系统负载平衡，但这将引起 Cache 的不一致性。

下面分别对上述三种情况进行详细的说明。

对于两个处理机 P_1 和 P_2，各自有私有 Cache 分别为 C_1 和 C_2，并共享一个主存储器。假设 C_1 和 C_2 某个时刻分别有内存的某个数据 X 的拷贝，如果某个操作完成之后 P_1 所带的 C_1 中 X 的值变成了 X′，并且 P_1 采用全写法将内存的 X 也修改为 X′，但是 P_2 的 C_2 中的内容却没有发生变化。如果这之后某个时刻 P_2 需要读取 C_2 中的 X 数据，则出现了 C_2 与内存中数据不一致的情况。如果采用写回法，内存的内容仍然保持 X 的话，当 P_2 要读取 X 时，却没有读取到更新后的 X′，也会导致 C_1 和内存中内容不一致的情况。可写数据的共享如图 5-13 所示。

I/O 传输引起的 Cache 不一致性示意图如图 5-14 所示。

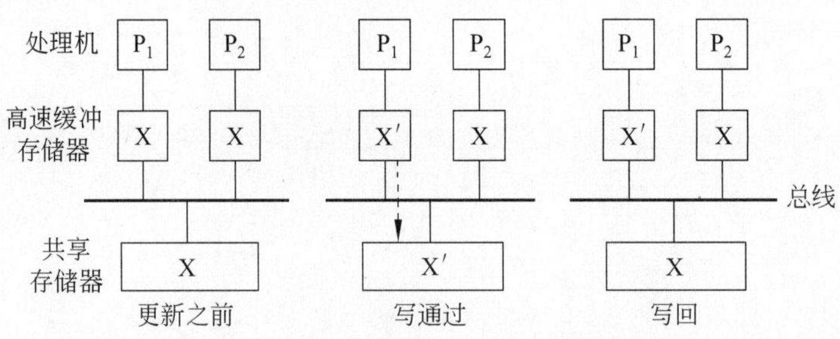

图 5-13　共享可写数据引起的 Cache 不一致性

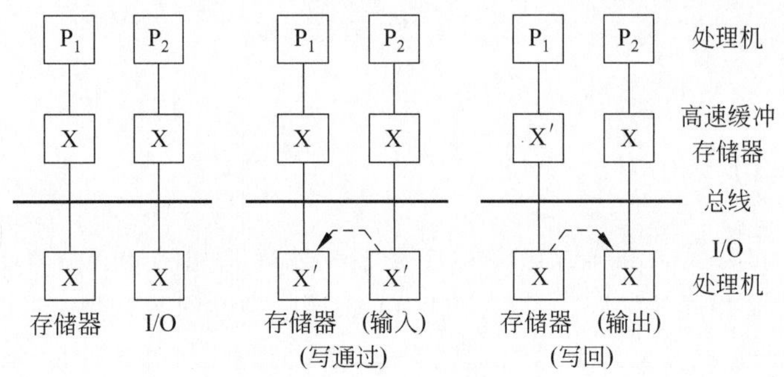

图 5-14　I/O 传输引起的 Cache 不一致性

输入/输出活动 P_1 和 P_2 所带的 C_1 和 C_2 中分别有某个数据 X 的拷贝，当 I/O 处理机将一个新的数据 X′写入内存中时，就导致了内存和 Cache 之间的数据不一致性；另外，在采用写回法时，P_1 在运行过程中将 X 修改为 X′，则 C_1 的内容与内存的数据不一致，如果此时 I/O 需要读取 X，内存则输出给 I/O 处理机的数据是 X，这就造成了数据的不一致。

进程迁移引起的 Cache 不一致性如图 5-15 所示。

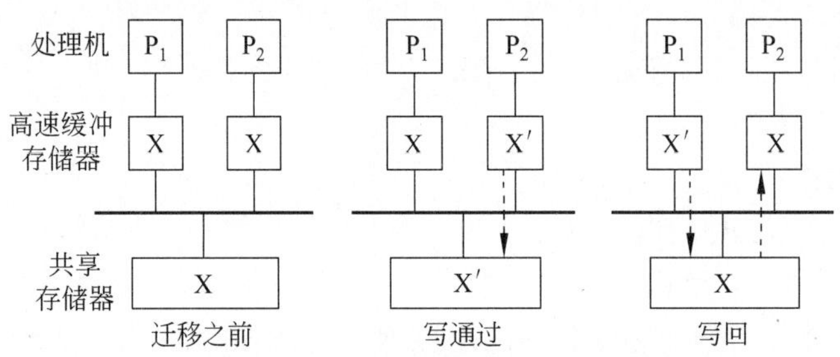

图 5-15　进程迁移引起的 Cache 不一致性

进程迁移引起数据不一致的原因有两种情况，一是当 P_1 中有共享数据 X 的拷贝，P_2 中没有，如果 P_1 进程对 X 进行了修改，采用写回法时没有对内存中的数据进行修改，这时该进程迁移到了 P_2 处理机上运行，则 P_2 只能读到“过时”的数据 X；二是 P_1 和 P_2 中都有共享数据 X 时，P_2 修改了 X 并采用全写法，这时内存中的数据也变成了 X′，当进程迁

移到 P_1 时，P_1 的 C_1 中仍然存放着 X，也造成了数据的不一致。

解决多处理机 Cache 不一致性问题主要有两种方法：监听 Cache 协议法（Snoopy Cache Protocol）和基于 Cache 目录的协议。

监听 Cache 协议是指各处理机的每次写操作都是公开发布，各个处理机中的 Cache 控制器随时都在监视其他 Cache 的行动，各处理机根据监听的信息对自身的数据采取保持一致的措施。这种方法一般适用于采用总线连接的共享主存多处理机系统中。当一个处理机写入本身的 Cache 中某一个数据块时，同时也写入主存，这个写主存操作，起到了向总线上的其他处理机发送保持一致命令（Consistency Command）的作用，通知这些处理机的 Cache 控制器把总线上给出的地址同本身 Cache 目录表中的数据块地址做比较，如果存有这个数据块的副本，就应把这个副本作废或更新，以此来达到 Cache 的一致性。写作废是指使所有远程 Cache 中相同数据块“作废”，使全部 Cache 中该数据块只有一个有效；写更新是指当改写时，凡存有该数据块的远程 Cache 也进行同样的改写，使它们的内容同时“更新”，结果在全部 Cache 中可能有多个有效的数据块。

如果采用写更新方式，每当某个 Cache 中的内容被改写后，就必须将改写的内容送到所有的远程 Cache 中。在总线方式组织的系统中，将会大大地增加总线的负担，所以一般的应用系统很少使用写更新策略。在采用写作废策略的系统中，为了表示 Cache 中每个数据块当前的状态，必须安排一些标志位说明该数据是有效或无效，有时可能需要两个标志位，除说明本地的数据块状态外，还需要表明与系统中对应数据块之间的某种关系。

这种监视 Cache 协议法实现起来比较简单，但只适用于总线结构的多处理机系统，而且不管是写作废还是写更新都要占用总线不少时间，所以只能用于处理机数量不多的多处理机系统中。

基于 Cache 目录的协议是指当某个处理机的写操作无法为其他的处理机知道时，通过修改目录间接地向其他处理机报告，以便其他处理机采取措施。目录协议的思想是非常简单的，即将所有使用某一数据块的处理机登记在册，每次变动前都要查目录，变动后则修改目录。目录表的每一项中记录一个数据块的使用情况，内容包括有几个指示器，这些指示器指出这个数据块的副本放在哪几个处理机的 Cache 中，还有指示是否已有 Cache 向这个数据块写入过的指示位，等等。有了这个目录表，当一个处理机写入本身的 Cache 时，只需要有选择地通知存有这个数据块的其他处理机的 Cache 即可。

根据目录存储方法的不同，可以将基于 Cache 目录的协议分为集中式目录协议和分布式目录协议。集中式目录协议是指在主存储器中只用一个目录来标志数据块在各个处理机 Cache 中存储的情况。集中式目录协议有几种方案，其中全映射目录方案就是采用一个集中存储的目录，每个数据块都在目录中建立一个项，目录项中设有与系统处理机个数相同的“存在位”，每个处理机一位。如果该数据块存在于某处理机的 Cache 中，相应位就置 1，反之就置 0。此外，在每一项中还设置了一个重写位，如果该位为 1，表示该数据块的内容已经被改写过，此时存在位中只能有一位为 1，即改写此数据块的那个处理机拥有该块。与目录表相对应，每个 Cache 中也为每个数据块安排两个控制信息位，一个是有效位，表示该数据是否有效；另一位表示有效位是否允许写。Cache 一致性协议必须保证目录的状态位与 Cache 数据块的状态位一致。

全映射目录协议有三种状态，如图 5-16 所示。

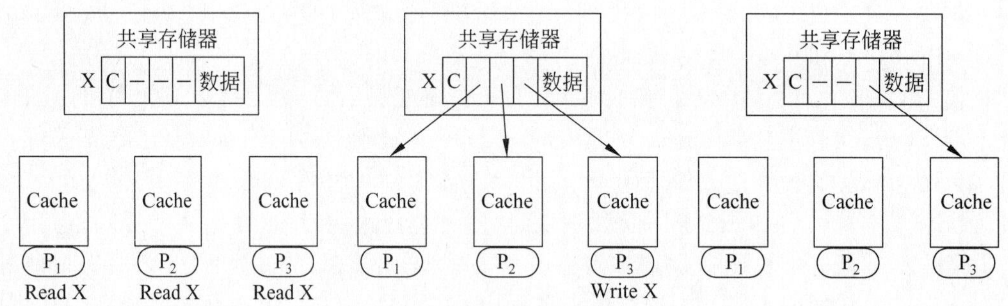

图 5-16　全映射目录的三种状态

第一个图表示全系统中所有 Cache 都没有单元 X 的拷贝，当三个处理机都对 X 有过度请求之后，目录就进入第二种状态。三个处理机位都被置“1”，表示三个 Cache 中都有 X 的拷贝。第三种状态表示 P_3 处理机获得了对 X 的写权力之后的状态。

全映射目录协议的效率比较高，但是其开销与处理机数目的平方成正比，这是因为目录的项数与处理机数目成正比，项的大小又与处理机数目成正比，所以其开销等于目录的项数乘以项的大小，也就是与处理机数目的平方成正比。由于其过多的存储器开销，所以扩展性差。

基于全映射目录的问题，可以采用有限目录协议来解决目录过大的问题。

有限目录协议中对数据块在 Cache 中的拷贝数有一定的限制，即目录的大小与处理机数目和处理机数目对 2 的对数之积成正比，这样就限制了一个数据块能在各 Cache 中存放的副本数。其状态与全映射目录基本相似。有限目录的驱逐过程如图 5-17 所示。

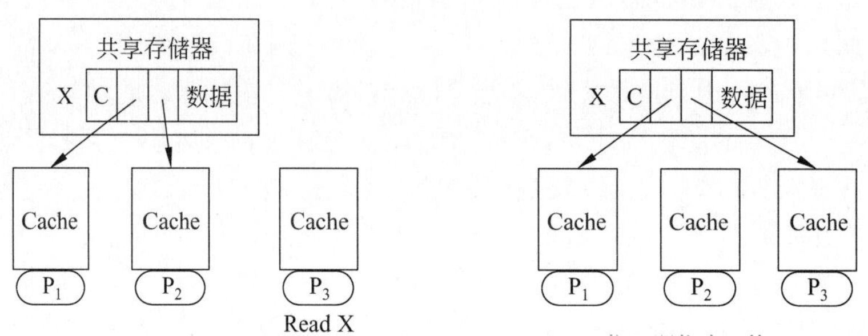

图 5-17　有限目录的驱逐

从图中可以看出，左图中表示处理机 P_1 和 P_2 的 Cache 中的数据块 X，由于目录表中只有两个指示位置，当 P_3 的 Cache 要读 X 时，P_2 中的 Cache 中不能存放 X 了，目录表中指示 P_2 Cache 的指示器改为指向 P_3 的 Cache。上面的两种目录表都集中在共享主存中，还要靠从主存向处理机广播。

这种方法比较适合处理机个数少的情况，由于多处理机系统中在任何给定的时间间隔内，只有一小部分处理机访问某个给定的存储器数据，所以这种方法经常使用。

分布式目录协议的典型方法是链接目录表，如图 5-18 所示。

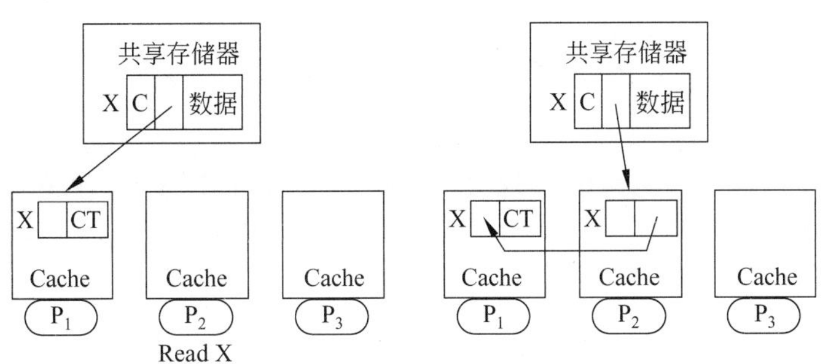

图 5-18 链式目录

链接目录表是把目录分散到各个 Cache 中，主存只存有一个指示器，指向一台处理机，要查找所有放有同一个数据块的 Cache 时，先找到一台处理器的 Cache，然后按链接目录表法，当处理器 P_1 的 Cache 有 X 副本时，主存目录表指向 P_1 的 Cache，在这个 Cache 的目录表指示器中指示"链路终止"(CT)，当 P_2 要读 X 时，主存目录表改为指向 P_2 的 Cache，在 P_2 Cache 的目录表中指示器指向 P_1 的 Cache，再有其他处理机要读 X 时可以此类推。图中各目录表的指示位中均为 C(清洁)，表示尚无任何 Cache 向此数据块写入过，如已有某个 Cache 写入过，则指示位为 D(沾污)，需进行作废或更新操作。链接目录表法的复杂程度超过了前两种目录，但是它具有可扩展性，其指针的大小以处理机数目的对数关系增长，Cache 的每个数据块的指针数目与处理机数目无关。

上面所介绍的方法主要是以硬件为基础，这种方法对互连网络的通信量有很大影响，当处理机数目很多时，硬件将十分复杂。鉴于此，可以靠软件的作用来限制一些公用的可写数据存放到 Cache 中。在编译时，通过编译程序分析，把数据分为能用 Cache 的(Cacheable)和不能用 Cache 的(Noncacheable)两部分，不能用 Cache 的数据只能存在主存中。为了尽量提高工作效率，并不是把所有要写入的数据都归入不能用 Cache 的数据之列，编译程序在分析时，要看一下可写数据是否在哪一段时间里可以安全地存入 Cache，哪一段时间里不允许写到 Cache 中，使它在安全的期间使用 Cache 存放，等到这段安全时期结束时，再把这个可写数据在 Cache 中的副本作废，并规定不能用 Cache。

以软件为基础的方法可以减少硬件的复杂性，对互连网络通信量的影响也小，因而性能价格比可以较高，比较适用于大规模的多处理机系统。

5.6 互连网络

多处理机间互连的形式是决定多处理机性能的一个重要因素。在满足高通信速率、低成本的条件下，互连还应灵活多样，实现各种复杂及不规则的互连且不发生冲突。本节主要介绍多处理机和多计算机中的互连网络，包括互连网络的作用、性能参数、互连函数、拓扑结构、消息寻径机制和互连网络实例等问题。

5.6.1 互连网络的概念

互连网络是一种由开关元件按照一定的拓扑结构和控制方式构成的，用来实现计算机系统内部的多个处理机或者是多个功能部件之间的相互连接。随着计算机应用发展对高性能计算机的要求越来越高,多处理机规模也越来越大,对各处理机或功能部件间通信速度和难度要求也越来越高。在SIMD计算机中,无论是处理单元之间,还是处理单元和存储模块之间,都要经互连网络来实现信息交换。因此,互连网络性能好坏对SIMD计算机系统的运算速度、处理单元的使用率、求解算法适应性、拓扑结构灵活性以及成本等有很大影响。在MIMD计算机中,各计算机之间也是通过互连网络连接的,并涉及更多的远程网络技术。因此,互连网络的设计是计算机中重要的研究课题之一。

计算机互连网络对整个系统性能价格比起着决定性的影响。一个常用多处理机系统的互连结构如图5-19所示。

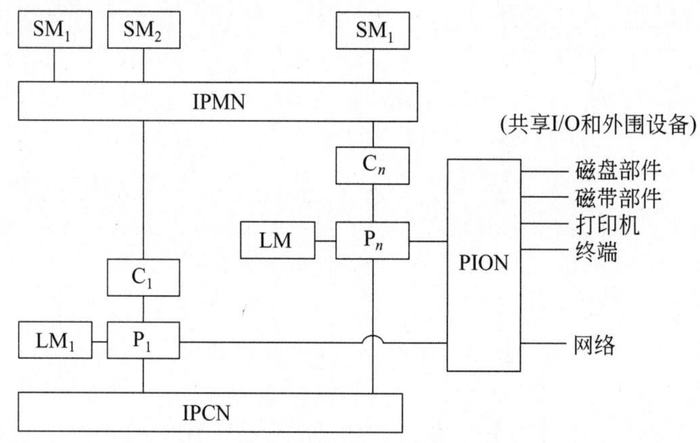

图5-19 一般处理机系统的互连结构

这个结构具有多个处理机 P_i、本地存储器 LM_i、私有高速缓存 C_i、共享存储器 SM_i、共享外围设备等部分,构成了具有多个互连网络的多处理机系统。图中包含三种连接网络,分别是IPMN(处理机-存储器间网络),PION(处理机-I/O网络),IPCN(处理机间通信网络)。图中表明每台处理机 P_i 与自己的本地存储器(LM_i)和私有高速缓存(C_i)相连,多处理机-存储器互连网络IPMN与共享存储器模块(SM_i)相连,各处理机通过处理机-I/O网络PION访问共享的I/O和外围设备,各处理机之间通过处理机间通信网络IPCN进行通信。

5.6.2 互连网络的性能参数

互连网络可以用有向边或无向边连接有限个结点的图来表示。下面定义几个用于估算网络复杂性、通信效率和网络价格的参数。

网络规模:网络中的结点数称为网络规模,它表示该网络所能连接的部件个数。

结点度:与结点相连接的边(即链路或通道)数称为结点度,用 d 表示。在单通道情况下,进入结点的通道数称为入度,从结点出来的通道数则称为出度。结点度是二者之和。结点度反映了结点所需要的I/O端口数,也反映了结点的价格。为了降低价格和扩展系统,结点度应尽可能小并保持恒定。

距离：两结点之间相连的最少边数。

网络直径：网络中任意两个结点之间距离的最大值。它是说明网络通信性能的一个指标。从通信的观点来看，网络直径应当尽可能小。

等分宽度：当某一网络被切成相等的两半时，沿切口的最小边数(通道)称为通道等分宽度，用 b 表示。线等分宽度用 $B=b\times w$ 表示，其中，w 为通道宽度(用位表示)。因此，等分宽度是说明沿等分网络最大通信带宽的一个参数。网络的所有其他横截面都应限在等分宽度之内。

结点间的线长：它是两个结点间线的长度，影响信号的时延、时钟扭斜和对功率的需要。

对称性：对于一个网络，如果从任何一个结点看拓扑结构都是一样的话，称此网络为对称网络。对称网络较易实现，编程也较容易。

路由：在网络通信中对路径的选择与指定。互连网络中路由功能较强将有利于较少数据交换所需的时间，因此能显著地改善系统的性能。

互连网络在传输方面的性能参数主要有以下几个。

(1) 频宽：它是指消息进入网络后，互连网络传输信息的最大速率。它的单位是 Mb/s，而不用 MB/s。

(2) 传输时间：消息通过网络的时间，它等于消息长度除以带宽。

(3) "飞行"时间：消息的第一位信息到达接收方所花费的时间，它包括由于网络中转发或其他硬件所引起的时延。

(4) 传输时延：它等于"飞行"时间和传输时间之和。它是消息在互连网络上所花费的时间，但不包括消息进入网络和到达目的结点后从网络接口硬件取出数据所花费的时间。

(5) 发送方开销：处理器把消息放到互连网络的时间，这里包括软件和硬件所花费的时间。

(6) 接收方开销：处理器把到达的消息从互连网络取出来的时间，这里包括软件和硬件所花费的时间。

一个消息的总时延可以用式(5-2)表示。

总时延 = 发送方开销 + "飞行"时间 + 消息长度 / 频宽 + 接收方开销 (5-2)

这几个性能参数的关系如图 5-20 所示。

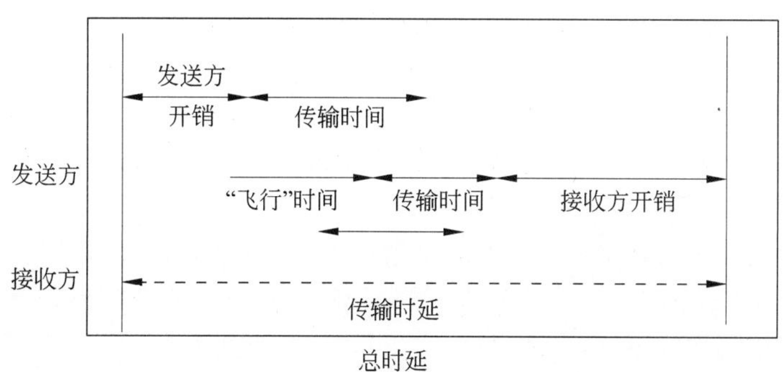

图 5-20 互连网络的传输性能参数

5.6.3 互连网络拓扑结构

网络拓扑分为静态和动态两种。拓扑是指互连网络中的各个结点间的连接关系，通常用图来描述。静态拓扑是指在各结点间有专用的连接通路，且在运行中不能改变。动态拓扑设置有源开关，可根据需要借助控制信号对连接通路加以重新组合。计算机系统互连网络可分为静态互连网络和动态互连网络两类。

1. 静态互连网络

静态网络常用来实现集中式系统的多系统之间或分布式系统的多个计算机结点间的固定连接，它一旦构成后就固定不变。这种网络比较适合构造通信模式时预测或可用静态连接实现的计算机系统。计算机互连网络的研究目标就是要在设计的系统中，使网络拓扑中的度数和直径能够取得良好的平衡。常见的静态网有线性阵列结构，二维的有环状、星状、树状、网格状等，三维的有立方体等，三维以上的有超立方体等。如图 5-21 所示为一些常用的互连网络结构。其中，N 表示网络中总的结点数。动态拓扑主要有单级循环网络和各种多级互连网络等。

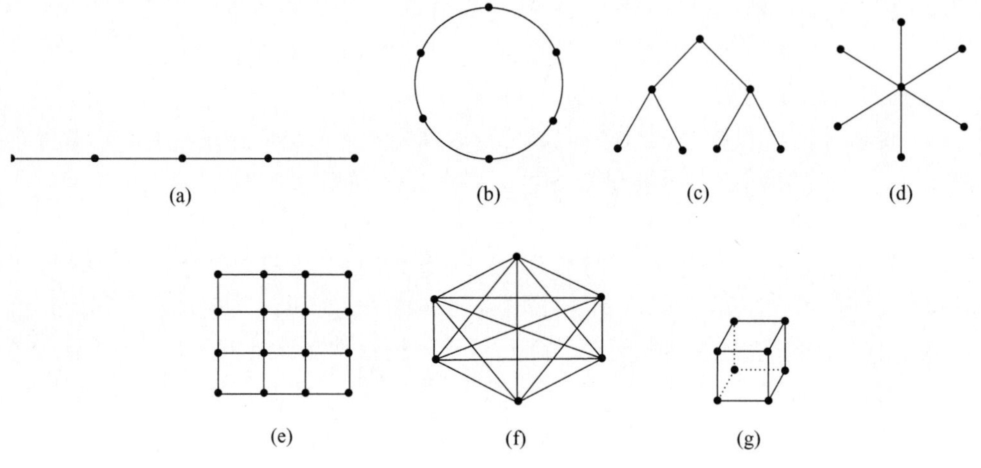

图 5-21　常用的静态互连网络结构图

以上几种结构可使用维数来分类，所谓维数就是它们画在几维空间上时才能使各条链路不会相交。图 5-21(a)是一维的拓扑，图 5-21(b)～图 5-21(e)为二维拓扑结构，图 5-21(g)和图 5-21(f)为多维的拓扑结构。这些结构中，图 5-21(a)～图 5-21(f)都属于对称拓扑结构，在对称拓扑中，所有结点在网络中的样子都相同，这种对称拓扑的优点是在链路和结点上的负载量的分布比较均匀。

图 5-21(a)为一维拓扑结构，其中 N 个结点用 $N-1$ 个链路连成一行，内部结点度为 2，端结点度为 1，直径为 $N-1$。N 较大时，直径就比较大。线性阵列是连接最简单的拓扑结构，一般用于流水线系统，当 N 很小时，可以使用这种线性排列，由于直径随线性增大，因此当 N 比较大时，通信效率很低。

图 5-21(b)是环状拓扑结构，用一条附加链路将线性阵列的两个端点连接起来即可得到，环可以单向工作。也可以双向工作。它是对称的，结点度是常数，为 2，双向环的直径为 $N/2$，单向环的直径是 N。

图 5-21(c)是树状拓扑结构，一般来说，一棵 k 层完全平衡的二叉树应有 $N=2^{k-1}$ 个结点，最大结点度为 3，直径是 $2(k-1)$。由于结点度是常数，因此二叉树是一种可扩展的系统结构，但其直径相当长。

图 5-21(d)星状可看成是一种两层树，结点度数较高，为 $d=N-1$，直径较小，是一个常数 2。星状结构已用于有集中监督结点的系统中。

图 5-21(e)是网状拓扑结构，这种结构比较灵活，可有许多种变体形式。通常，$N=n^k$ 结点的 k 维网格的内部结点度为 $2k$，网格直径为 $k(n-1)$。必须指出，图 5-21(e)所示的纯网格型不是对称的，其边结点和角结点的结点度为 3 或 2。

图 5-21(f)是最复杂的拓扑结构，属于全连接网络，其每个结点同其他所有结点都连接，直径为 1，度数是 $N-1$。

图 5-21(g)是三维立方体结构，在很多系统中都已实现。通常，一个 n 方体由 $N=2^n$ 个结点组成，它们分布在 n 维上，每维有两个结点。

表 5-1 给出了各种互连网络主要性能比较。它们是互连网络设计的重要依据，设计时必须综合考虑加以合理组合。

各种互连网络主要性能比较如表 5-1 所示。

表 5-1　各种互连网络主要性能比较

互连网络拓扑结构	连接数	最大连接度	最大结点距离(网络直径)
线型	$N-1$	2	$N-1$
环状	N	2	$N/2$
网状($N\times N$)	$2(N-N)$	4	$2(N-1)$
星状	$N1$	$N1$	2
超立方($N=2^K$)	$(N)/2$	$\mathrm{Log}_2 N$	$\mathrm{Log}_2 N$
全互连	$N(N-1)/2$	$N-1$	1
二叉树	$N-1$	3	$2[\mathrm{Log}_2(N+1)-1]$

这些网络的价格都与所需的导线、开关、仲裁器和连接器的成本有关。性能可用网络带宽、数据传输速率、网络延时和所用的通信模式来说明。

2. 动态互连网络

为了达到多用或通用的目的，经常要采用动态连接网络，它能根据程序要求实现所有的通信模式。通常，紧耦合多处理机系统的互连网络采用这种动态拓扑结构，它不用固定连接，而是沿着连接通路使用开关于仲裁器以提供动态连接特性，实现所要求的通信模式。按照价格和性能增加的顺序，动态连接网络分为总线系统、多端口存储器、交叉开关和多处理机的多级网络等。

5.6.4 互连函数

为了反映不同互连网络的连接特性,每种互连网络可用一组互连函数来定义。如果把互连网络的 N 个入端和 N 个出端分别用整数 0,1,…,N-1 来表示,则互连函数就是表示互连网络的出端号和入端号的一一对应关系。令互连函数为 f,则它的作用是:对于所有的 $0\leqslant j\leqslant N-1$,同时存在入端 j 连至出端 $f(j)$的对应关系。当互连函数用来实现处理机之间数据变换时,互连函数也反映了网络输入数组与输出数组间对应的排列关系或者为置换关系。互连函数有三种表示法,一种是输入/输出对应表示法,一种是循环表示法,另一种是函数表示法。

下面分别介绍这三种表示方法。

1. 输入/输出对应表示法

这种表示法把互连函数表示为:

$$\begin{pmatrix} 0 & 1 & \cdots & N-1 \\ f(0) & f(1) & \cdots & f(N-1) \end{pmatrix}$$

即将 0 变换为 $f(0)$,1 变换为 $f(1)$,…,$N-1$ 变换成 $f(N-1)$,f 是互连函数。例如,$N=8$ 均匀洗牌函数表示形式为:

$$\begin{pmatrix} 0 & 1 & 2 & 3 & 4 & 5 & 6 & 7 \\ 0 & 2 & 4 & 6 & 1 & 3 & 5 & 7 \end{pmatrix}$$

2. 循环表示法

把互连函数 $f(x)$表示为$(x_0\ x_1\ x_2\cdots x_j\cdots x_{k-1})$,其中,$k\leqslant N$。循环表示有下列对应的函数关系:

$$f(x_0)=x_1,f(x_1)=x_2,\cdots,f(x_j)=x_{j+1},\cdots,f(x_{k-1})=x_0$$

其中,x_i 为结点编号,这里 k 为循环长度。

3. 函数表示法

x 表示输入变量,用 $f(x)$表示互连函数,常常把输入端 x 和输出端 $f(x)$都用二进制编码表示,从中看出对应的函数关系和规模,写出表达式。

例如,$x:\{b_{n-1}b_{n-2}\cdots b_i\cdots b_0\}$,互连函数对应地表示为 $f(b_{n-1}b_{n-2}\cdots b_i\cdots b_0)$。例如,交换置换写为

$$E(b_{n-1}b_{n-2}\cdots b_i\cdots b_0)=b_{n-1}b_{n-2}\cdots b_i\cdots \overline{b}_0$$

它表示二进制地址编号中第 0 位位值不同的输入端和输出端之间的连接。

下面介绍常用的基本互连函数、函数表达式和主要的特征。

在以下例子中,用 N 表示结点数目,当用二进制表示这些结点号码时,将用 n 位二进制数表示,其中,$n=\text{Log}_2 N$。

1. 恒等置换

相同编号的输入端与输出端一一对应互连所实现的置换称为恒等置换，函数用 I 表示，其表达式为：

$$I(x_{n-1}x_{n-2}\cdots x_1x_0)=x_{n-1}x_{n-2}\cdots x_1x_0$$

其中，等式左边括号内的 $x_{n-1}x_{n-2}\cdots x_1x_0$ 和等式右边的 $x_{n-1}x_{n-2}\cdots x_1x_0$ 均为网络输入端和输出端的二进制地址编号。其变换图形如图 5-22 所示。图的左部为输入端，右部为输出端。

2. 交换置换

交换置换是实现二进制地址编号中第 0 位位值不同的输入端和输出端之间的连接。函数用 E 表示，其表达式为：

$$E(x_{n-1}x_{n-2}\cdots x_1x_0)= x_{n-1}x_{n-2}\cdots x_1\overline{x}_0$$

其输入端与输出端的互连图形如图 5-23 所示。

图 5-22　$N=8$ 的恒等置换　　图 5-23　$N=8$ 的交换置换

3. 方体置换

方体置换是实现二进制地址编号中第 k 位位值不同的输入端与输出端之间的连接。函数用 Cube(立方体)表示，其一般表达式为：

$$\text{Cube}_k(x_{n-1}x_{n-2}\cdots x_{k+1}x_kx_{k-1}\cdots x_1x_0)= x_{n-1}x_{n-2}\cdots x_{k+1}\overline{x}_kx_{k-1}\cdots x_1x_0$$

如果 $N=8$，它应有 $n=\text{Log}_2N$ 个方体置换，即 $n=3$，则有：

$\text{Cube}_0(x_2x_1x_0)=x_2x_1\overline{x}_0$　　实现二进制第 0 位的方体变换

$\text{Cube}_1(x_2x_1x_0)=x_2\overline{x}_1x_0$　　实现二进制第 1 位的方体变换

$\text{Cube}_2(x_2x_1x_0)=\overline{x}_2x_1x_0$　　实现二进制第 2 位的方体变换

其变换图形如图 5-24 所示，其中，Cube_0 相当于交换置换。

4. 均匀洗牌置换

均匀洗牌置换是将输入端分成数目相等的两半，前一半和后一半按序一个隔一个地从头至尾依次与输出端相连，相当于洗扑克牌时，将整副牌分成相等的两叠来洗，以达到理想的一张隔一张的均匀情况，因此称为均匀洗牌置换，也称为洗牌置换，函数用 shuffle 表示，或用符号 σ 表示，其表达式为：

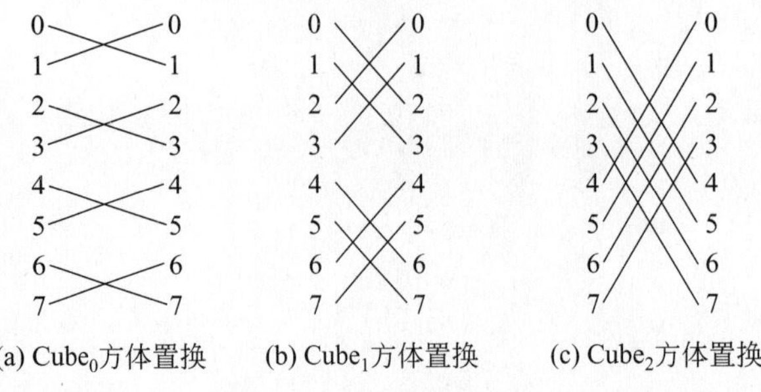

图 5-24　$N=8$ 方体置换

$$\sigma(x_{n-1}x_{n-2}\cdots x_1x_0)=x_{n-2}x_{n-3}\cdots x_1x_0x_{n-1}$$

从表达式中可以看出,洗牌变换是将输入端二进制地址循环左移一位即得到对应的输出端二进制地址。

逆均匀洗牌是均匀洗牌的逆函数,二者所完成的变换图形如图 5-25 所示。

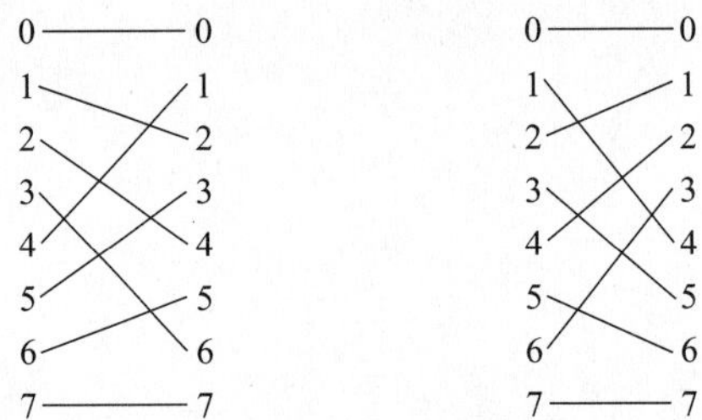

图 5-25　$N=8$ 的均匀洗牌置换和逆均匀洗牌置换

两者的输入端和输出端正好互换了位置,其函数表达式为:

$$\sigma^{-1}=(x_{n-1}x_{n-2}\cdots x_1x_0)=x_0x_{n-1}x_{n-2}\cdots x_1$$

表达式说明逆均匀洗牌是将输入端二进制地址编号循环右移一位即得到相应的输出端地址。均匀洗牌与逆均匀洗牌可以与以交换置换代表的开关多级组合起来构成 Omega(Ω)网与逆 Omega(Ω^{-1})网络。σ 函数在实现多项式求值、矩阵转置和 FFT 等并行运算以及并行排序等方面都得到广泛的应用。

另外,还可以定义子洗牌(subshuffle)$\sigma_{(k)}$ 和超洗牌(supershuffle)$\sigma^{(k)}$,具体表达式如下。

$$\sigma_{(k)}(x_{n-1}x_{n-2}\cdots x_{k+1}x_kx_{k-1}\cdots x_1x_0)=x_{n-1}x_{n-2}\cdots x_{k+1}x_{k-1}\cdots x_1x_0x_k$$

$$\sigma^{(k)}(x_{n-1}x_{n-2}\cdots x_{n-k}x_{n-k-1}x_{n-k-2}\cdots x_1x_0)=x_{n-2}\cdots x_{n-k}x_{n-k-1}x_{n-1}x_{n-k-2}\cdots x_1x_0$$

根据上述表达式,可以得出:

$$\sigma^{n-1}(x)=\sigma_{n-1}(x)=\sigma(x)$$

$$\sigma^{(0)}(x)=\sigma_{(0)}(x)=x$$

$N=8$ 时的 σ、$\sigma_{(2)}$ 和 $\sigma^{(2)}$ 的变换图形如图 5-26 所示。

5. 蝶式置换

蝶式置换的名称源于 FFT 变换,实现时图形的形状如蝴蝶一样。函数用 β

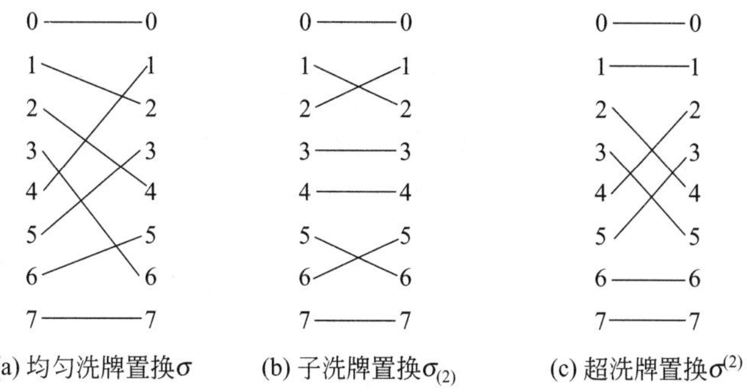

图 5-26 $N=8$ 的均匀洗牌置换和逆均匀洗牌置换

(butterfly)表示，被定义为：

$$\beta(x_{n-1}x_{n-2}\cdots x_1x_0)=x_0x_{n-2}\cdots x_1\ x_{n-1}$$

即将输入端二进制地址的最高位和最低位互换位置即可求得相应输出端的地址。

同样，还可以定义子蝶式(subbutterfly)$\beta_{(k)}$置换和超蝶式置换$\beta^{(k)}$如下。

$$\beta^{(k)}(x_{n-1}x_{n-2}\cdots x_{k+1}x_kx_{k-1}\cdots x_1x_0)=x_{n-1}x_{n-2}\cdots x_{k+1}x_0x_{k-1}\cdots x_1x_k$$

$$\beta^{(k)}(x_{n-1}x_{n-2}\cdots x_{n-k}x_{n-k-1}\cdots x_1x_0)=x_{n-k-1}x_{n-2}\cdots x_{n-k}x_{n-1}x_{n-k-2}\cdots x_1x_0$$

$\beta_{(k)}$置换将输入端二进制地址第 k 位和最低位互换位置求得输出端地址。而$\beta^{(k)}$是将输入端第 $n-k$-1 位和最高位互换位置求得输出端地址，$N=8$ 的蝶式 β、$\beta_{(2)}$和$\beta^{(2)}$变换图如图 5-27 所示。

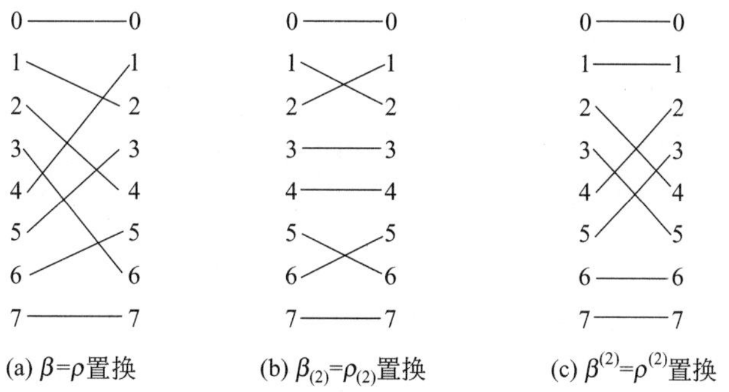

图 5-27 $N=8$ 的蝶式置换

6. 移数置换

移数置换是将输入端数组循环移动一定的位置向输出端传输。其函数表达式无须用二进制编号来写，如式(5-3)所示。

$$a(X)=(X+k)\mathrm{mod}N,\quad 0\leqslant X\leqslant N \tag{5-3}$$

其中，k 为常数，指移动的位置值，也可以将整个输入数组分成若干个子数组，在子数组内进行循环移数置换，这种段内循环移数的表达式可写成式(5-4)和式(5-5)。

$$a(X)_{(r-1):0}=((X)_0+K)\mathrm{mod}2^r \tag{5-4}$$

$$a(X)_{(n-1):r}=X_{(n-1):r} \tag{5-5}$$

其中,下标$(n-1):r$和$(r-1):0$分别指从$n-1$位到r位和从$r-1$到0位。

循环移数的变换图形如图5-28所示。

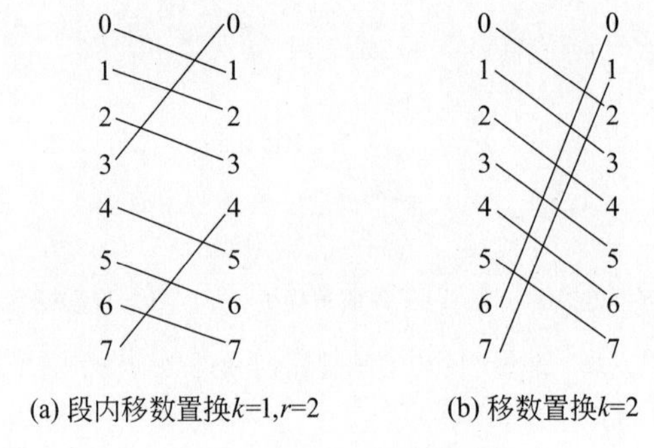

图5-28 $N=8$的移数置换

7. 加减2^i(PM2I)置换

加减2^i置换实际上是一种移数置换,它包含$2n$个互连函数,其表达式为:

$$PM2_{+i}(j)=j+2^i \bmod N$$

$$PM2_{-i}(j)=j-2^i \bmod N$$

式中,$0\leqslant j\leqslant N-1$,$0\leqslant i\leqslant n-1$,$n=\log_2 N$。

加减2^i置换函数的变换图像如图5-29所示,它是构成数据变换网络的基础。

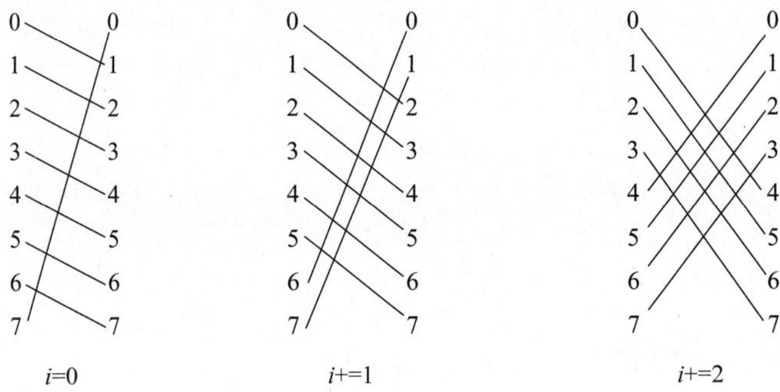

图5-29 $N=8$时的PM2I置换

ILLIAC函数是构成ILLIAC Ⅳ阵列的基础,它是PM2I函数的一个特例,包含$PM2_{\pm 0}$和$PM2_{\pm n/2}$等四个互连函数。

5.6.5 单级互连网

在计算机中,单级互连网不论哪一种,都可以表示为一个普通模型。单级互连网的一个普遍模型如图5-30所示。

图中IS代表输入端选择器,OS代表输出端选择器,二者配合能实现N个入端和N

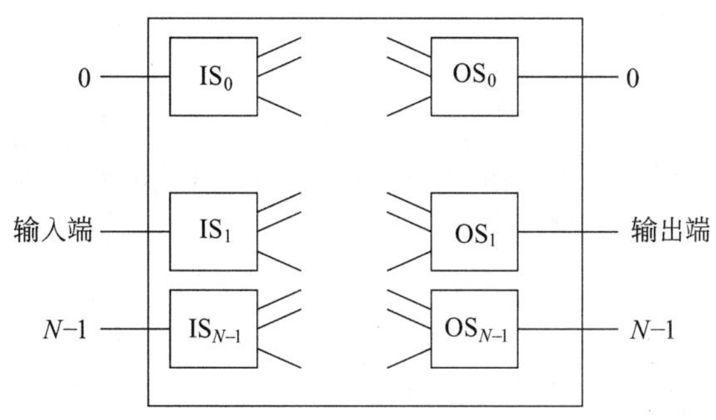

图 5-30 单级互连网的普遍模型

个出端之间的各种连接。由于 SIMD 互连网往往是用一些单级互连网经过多次通过或多级连接而成，下面以 $N=8$ 为例介绍常用的三个单级互连网，即立方体单级网、PM2I 和混洗交换单级网。

1. 立方体单级网

立方体单级网各结点间互连关系实现的是立方置换，其结构为一个立方体，立方体的每个顶点表示一个结点，共有 8 个结点，用 ZYX 三位二进制代码予以标号，它所能实现的入、出端连接如同立方体各顶点间能实现的互连一样，即每个结点只能直接连到其二进制标号的某一位取反的其他 3 个结点上。例如，010 只能连到 011、000、110 上，分别对应 010 结点的右起第 0 位、第 1 位、第 2 位变反，但不能直接连到对角线上的 001、100、101、111 上，因此，三维的立方体单级网络有 3 种互连函数：$Cube_1$、$Cube_2$ 和 $Cube_3$。这里 $Cube_i$ 函数下标数字 0(1 或 2)表示右起第 0 位，第 1 位或第 2 位变反，它们分别对应结点坐标在 X，Y，Z 轴上的连接，其连接方式如图 5-31 所示，单级立方体网的最大距离为 3，若反复使用该立方体单级网，最多 3 次可实现任意一对结点连接。

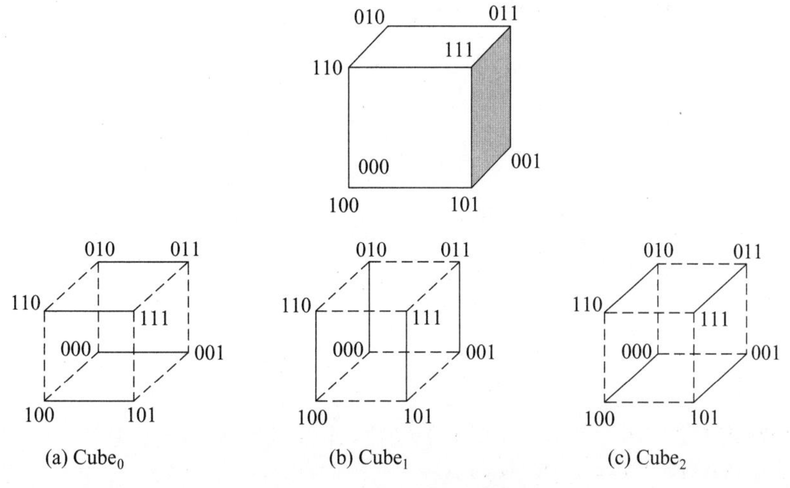

图 5-31 立方体网结构图

立方体单级网循环表示为：

$Cube_0$：(0　1)(2　3)(4　5)(6　7)

$Cube_1$：(0　2)(1　3)(4　6)(5　7)

$Cube_2$：(0　4)(1　5)(2　6)(3　7)

推广到 n 维的情形。立方体网共有 $n=\mathrm{Log}_2 N$ 种互联函数，即为

$$CUBE_K(X_{n-1}X_{n-2}\cdots X_{k+1}X_kX_{k-1}\cdots X_1X_0)=X_{n-1}X_{n-2}\cdots X_{k+1}X_k\overline{X}_{k-1}\cdots X_1X_0$$

其中，X_k 为输入端标号的第 K 位二进制代号，且 $0\leqslant k\leqslant n-1$。

单级立方体网的最大距离为 n，若反复使用单级立方体网，最多 n 次可实现任意一对结点连接。

2. PM2I 单级互连网

PM2I 单级网结点间的互连函数关系为加减 2^i 置换，$N=8$ 时，PM2I 单级网共有 $2\times3=6$ 个互连函数，循环表示为：

PM_{2+0}：(0　1　2　3　4　5　6　7)

PM_{2-0}：(7　6　5　4　3　2　1　0)

PM_{2+1}：(0　2　4　6)(1　3　5　7)

PM_{2-1}：(6　4　2　0)(7　5　3　1)

$PM_{2\pm2}$：(0　4)(1　5)(2　6)(3　7)

比较而言，立方体单级网络中的 1 个入端只有 3 个出端可与之直接相连，如 0 可直接连到 1,2 或 4，而 PM2I 中 0 却可以直接连到 1,2,4,6,7 上（实现加减 2^i 置换），比立方体网更灵活，就更一般的普遍情况来说，PM2I 网络总存在有 $PM2_{+(n-1)}=PM2_{-(n-1)}$，所以实际上 PM2I 互连网络只有 $2n-1$ 种不同的互连函数。

三维的 PM2I 网的互连网连接图如图 5-32 所示。

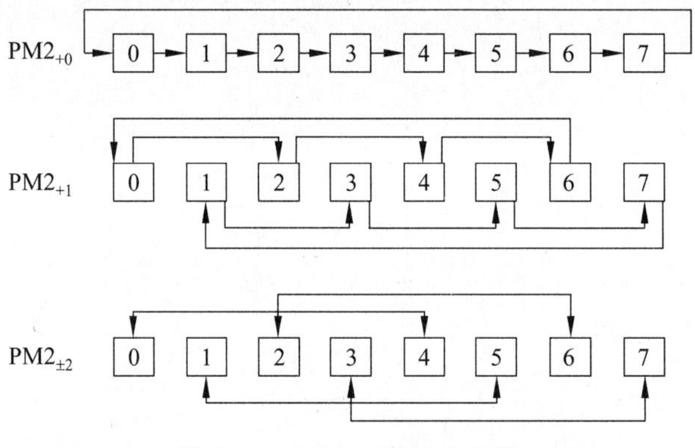

图 5-32　PM2I 互连网连接图

对于其余 $PM2_{-i}$，$0\leqslant i\leqslant n-2$ 等互连函数，连接的箭头相反。PM2I 单级网络的最大距离为$\lceil n/2\rceil$，从上面 $N=8$ 的三维 PM2I 互连网络的例子就可以看出，最多只要二次使用，即可实现任意一对入、出端号之间的连接。

3. 混洗交换单级互连网

混洗交换单级互连网络,包含两个互连函数,一个是全混洗(Perfect shuffle),另一个是交换(Exchange)。当各站点间按均匀洗牌置换的互连函数关系相连,每混洗一次,其二进制编码循环左移一位,当全混总次数为 n 时,全部 N 个处理器便又恢复到最初的排列次序,由此可以发现,在多次全混的过程中,除了编号为全"0"和全"1"的处理器外,各个处理器都遇到了与其他多个处理器连接的机会。

单纯的全混互连网络增加交换互连函数($Cube_0$),便可实现二进制编号为全"0"和全"1"的处理器与其他处理器的任何连接,即全混交换单级网络如图 5-33 所示。

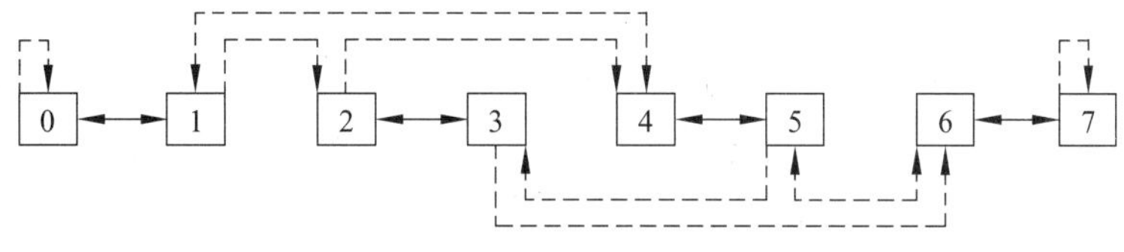

图 5-33 全混洗交换单级网

其中,实线表示交换,虚线表示全混。从图中也可看到,全混 3 次以后,入端标号恰好回到原来的位置。在混洗交换网络中,最远的两个入、出端号是全"0"和全"1",它们的连接,需要 n 次交换和 $n-1$ 次混洗,所以其最大距离为 $2n-1$。

5.6.6 多级互连网

单级互连网络只能实现有限几种基本连接,并不能实现任意处理器之间的互连,为实现任意处理器之间的互连,可以对单级互连网采取下面两种基本方法实现。一种是将同一套单级互连网循环使用,组成循环互连网络;另一种是将多套单级互连网串联使用,组成多级互连网。在此基础上,还可以将多级互连网循环使用。

多级互连网增加了设备和成本,但因缩短了通过时间而提高了速度,还可以利用上述各种单级互连网络进行不同的组合,产生具有各种特性和连接模式的多级互连网络,所以灵活性好。目前,由于器件价格已有了明显下降,在绝大多数并行处理机系统中都采用多级互连网络。

最基本的多级互连网络就是与上述 3 种单级互连网络相对应组成的多级立方体互连网络,多级混洗交换网络和 PM2I 网络。先讨论 8 个入端和 8 个出端的情况,级数为 3,然后再扩大讨论 N 个入端,N 个出端,级数为 $n=\log_2 N$ 的情况,形成更多级的互连网络。实现各种多级网络的区别就在于所用开关模块、控制方式和拓扑结构(级间连接模式)三个因素不同。

开关模块是交叉开关网络和多级交换网的基本构件,最简单的开关模块是 2×2 开关。2×2 交叉开关连接模式如图 5-34 所示。

这种交叉开关可以有两个入端,两个出端。它可以有两种连接模式:直连和交叉;也可以有四种连接模式:直连、交叉、上播和下播。图中画出了 2×2 交叉开关的连接模式。

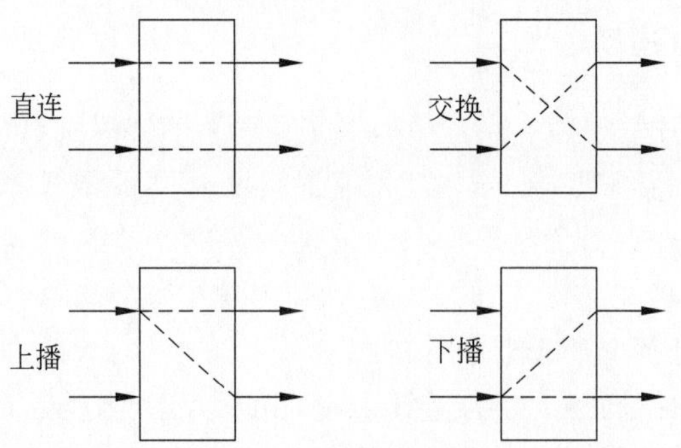

图 5-34　2×2 交叉开关连接模式

这种开关模块每一个输入可与一个或两个输出相连，当有两个输入而有一个输出时是不允许的。进一步扩大有一个 $a\times b$ 个开关模块，它有 a 个输入和 b 个输出，理论上 a 和 b 不一定要相等，实际上，a 和 b 经常为 2 的整数次幂，即有 $a=b=2$，$K\geqslant 1$，如有 2×2、4×4 等。同样，这种开关模块每一个输入可与一个或多个输出相连，因为输出端必须避免冲突，当有多个输入而有一个输出时是不允许的。

控制方式是对各个开关模块进行控制的方式，可以有以下 3 种。

(1) 级控制——每一级的所有开关只用一个控制信号控制，同时只能处于同一种状态。

(2) 单元控制——每一个开关都有自己单独的控制信号控制，可各自处于不同的状态。

(3) 部分级控制——第 i 级的所有开关分别用 $i+1$ 个信号控制，$0\leqslant i\leqslant n-1$，$n$ 为级数。

拓扑结构是指各级之间出端和入端相互连接的规则或连接模式，即单级互连网的哪些连接模式都可以被利用来进行不同组合，构成多种不同连接特性的多级互连网。下面介绍常用的多级互连网。

(1) 多级立方体网：由多个单级立方体网组成，以 8 个处理器为例进行说明，多级立方体网基本结构如图 5-35 所示。

它的特点是第 i 级($0\leqslant i\leqslant n-1$)交换单元控制信号为“1”时，处于交换状态时，实现的是 Cube_i 互联函数，当该信号为“0”时，相应单元处于直连状态代码不变，它们都采用两个功能(直接、交换)的交换单元。常用的多级立方体网有 STARAN 网、间接二进制 n 方体网等。两者的差别在于控制方式不同，STARAN 网采用级控和部分级控方式，而间接 n 方体网用单元控制，从而有更灵活连接的特性。

在 STARAN 网中，当控制信号为 001 时，意味着(末位)第 0 级所有交换开关处于交换状态，出端号在入端号第 0 位变反，入端排列：0 1：　：2 3：　：4 5：　：6 7：

出端排列：1 0：　：3 2：　：5 4：　：7 6：

当控制信号为 111 时，实现全交换(又称镜像交换)，完成对 8 个处理器的一组 8 元交换，变换图像，入端排列：0　1　2　3　4　5　6　7：

出端排列：7　6　5　4　3　2　1　0：

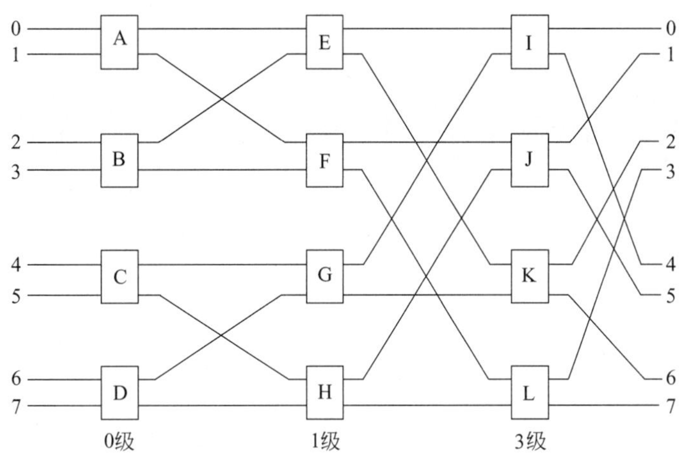

图 5-35 多级立方体基本结构

在间接二进制 n 方体网中控制方式为单元控制，如实现 1→5 时则 A 直连 F 直连 J 交换即可完成这个操作。STARAN 网络用在 STARAN 相连处理机的多维访问存储器与处理部件之间，对存储器中杂错存放的数据在读出后和写入前进行重新排列，以适应处理部件对数据正常位序的需要。利用 STARAN 网络的交换和移数两种基本功能，加上对数据位进行屏蔽，还能实现全混、展开、压缩等多种数据交换函数。三级 STARAN 交换网络实现的输入/输出端连接如表 5-2 所示。

表 5-2 三级 STARAN 交换网络实现的输入/输出端连接

		级控制信号							
		000	**001**	**010**	**011**	**100**	**101**	**110**	**111**
入端号	0	0	1	2	3	4	5	6	7
	1	1	0	3	2	5	4	7	6
	2	2	3	0	1	6	7	4	5
	3	3	2	1	0	7	6	5	4
	4	4	5	6	7	0	1	2	3
	5	5	4	7	6	1	0	3	2
	6	6	7	4	5	2	3	0	1
	7	7	6	5	4	3	2	1	0

（2）多级混洗交换网络又称 Omega 网络，由 n 级相同的网络组成，每一级都包含一个全混拓扑和随后一列 2^{n-1} 个四功能交换单元（直连、交换、上播、下播），采用单元控制方式。$N=8$ 的多级混洗网结构图如图 5-36 所示。

比较图 5-35 和图 5-36 可以看出，Omega 网络的入端和出端对调，就等同于二进制 n 方体网，如也采用二功能交换开关，那么由于数据入出流向相反，Omega 网络就成了二进

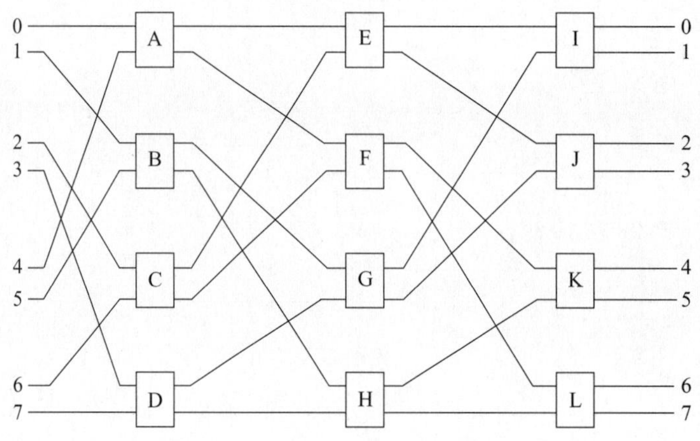

图 5-36　$N=8$ 多级混洗交换网

制 n 方体网的逆网络。对基本互联网可以实现任意一个入端与任意一个出端的连接，但要实现两对或多对的入出端的连接，就可能发生连接路径上的冲突。在多级混洗交换网中如实现 1→5，则交换开关单元 B 交叉，H 直连，K 直连，就可实现。但不能同时实现 1→5 和5→4 的连接。Omega 网络由于采用四功能交换开关，多级混洗网还可以实现一个处理器和多个处理器相连接的广播形式。如实现 2 号输入，0～7 全部 8 个输出时，则开关单元控制为 C 上播，E、F 下播，I、J、K、L 为上播。这是多级立方体网不可能办到的。上述交叉开关在处理机多时比较复杂，可采用改进的方法，即把多个较小规模交叉开关"串联"和"并联"，组成多级交叉开关网络。

对上述开关模块进行扩展，可以形成 $a\times b$ 开关模块，包含 a 个输入和 b 个输出，理论上 a 和 b 不一定相等，实际上 a 和 b 的选取一般是 2 的整数幂，即 $a=b=2^k,k\geqslant 1$。表 5-3 给出了几种常用的开关模块对应的状态和连接。这里，一对一和一对多映射是允许的，但多对一映射时输出端将发生冲突。

几种常用的开关模块对应的状态和连接如表 5-3 所示。

表 5-3　几种常用的开关模块对应的状态和连接

模块大小	合法状态	置换连接
2×2	4	2
4×4	256	24
8×8	16 777 216	40 320
$n\times n$	n^n	$n!$

如果每一级都是用多个 $a\times b$ 开关，可以构造出一种通用的多级网络，如图 5-37 所示。

针对上述的 2×2 开关的 Omega 网络，16×16 的 Omega 网络如图 5-38 所示。

Omega 网络共需 4 级 2×2 开关，网络左侧有 16 个输入，右侧有 16 个输出，网络互

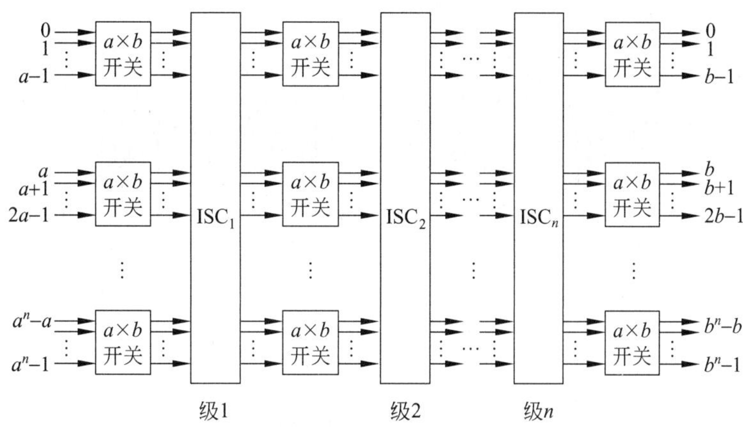

图 5-37　由 $a\times b$ 开关模块和级间构成的通用多级互连网络结构

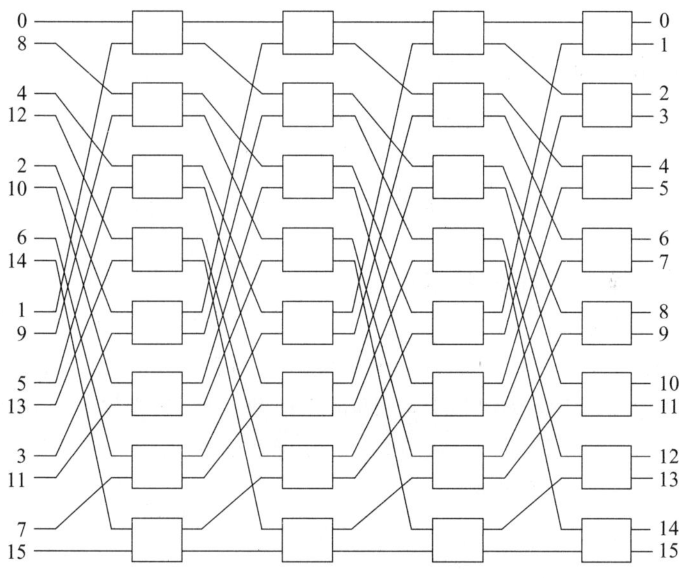

图 5-38　用 2×2 开关和均匀混洗构成的 16×16 Omega 网络

连采用的是 16 个对象的均匀洗牌模式。一般来说，一个 n 输入的 Omega 网络需要 $\log_2 n$ 级 2×2 开关，每级 $n/2$ 个开关模块，网络共需 $n\log_{2n}/2$ 个开关。每个开关模块采用单元控制方式，不同的开关状态组合可实现各种置换、广播或从输入到输出的其他连接。

(3) 多级 PM2I 互连网络。

多级 PM2I 互联网又称为数据交换网，三级 PM2I 互联网的连接情况如图 5-39 所示。

其中，$N=8$，$n=\log_2 N=3$。各级中的处理单元按 PM2I 互连函数关系连接起来。其中，对第 i 级来说($0\leqslant i\leqslant n-1$)，每个输入端 j 都有三根连接线分别连到 j，$(j+2I)\bmod N$，$(j-2I)\bmod N$。第 0 级完成的是 PM2，第一级完成的是 PM2I，第二级完成的是 PM2I。由于单级 PM2I 互联网的网络直径为 $n/2$，但组成多级网时用了 n 级，网络中提供了冗余通路，提高了可靠性。

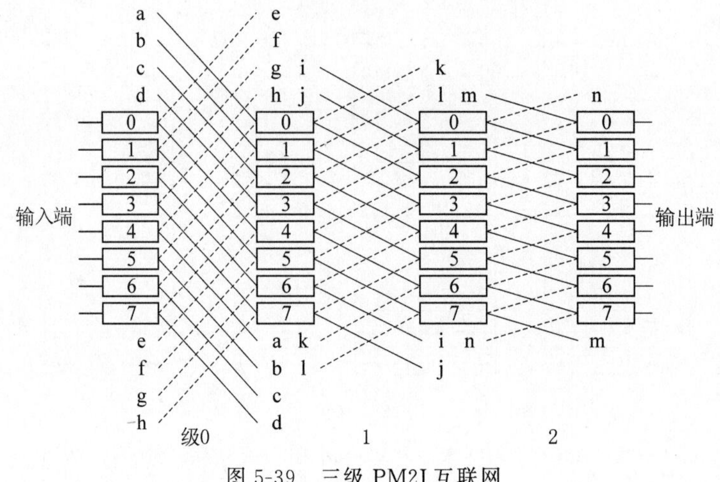

图 5-39　三级 PM2I 互联网

5.7　多处理机的操作系统

多处理机可以通过相应的控制机构实现管理功能，来管理包含并行性的程序，这主要是通过多处理机操作系统用软件来实现的。

5.7.1　多处理机操作系统的特点

多处理机操作系统在许多方面沿用单处理机多道程序分时操作系统所具有的功能，如资源分配、资源管理、存储管理和保护、防止死锁和处理、异常终止或例外处理等。多处理机操作系统具有多个实际的处理机，应比单处理机多道程序分时操作系统有更强的功能，从而增加了它的复杂度和难度。

多处理机操作系统应具备如下特点。

1. 程序执行的并行性

单处理机多道程序分时系统中，进程调度只是简单地按一定算法从就绪队列中选出一个进程，然后把处理机分配给它，运行一定的时间。单处理机中实现并发主要是为用户建立多个虚拟处理机来模拟多处理机的环境，让程序能并发执行，以提高资源的利用率和系统处理能力。

多处理机中实际存在多台处理机，可以真正实现多个进程的并行执行。因此，多处理机操作系统希望能增强程序执行的并行性，以获得更高的系统处理能力和处理速度。

2. 分布性

单处理机多道程序系统中所有任务都在同一台处理机上执行，全部文件和资源都受操作系统统一管理。

多处理机中任务上的分布表现于一个作业或一个作业中的多个可并行执行的子任务可以被分配在多个处理机上并行执行。资源上的分布表现于系统资源被配置在不同的多个处理机上,以便能充分发挥出系统效率,也便于各处理机上的进程共享资源。控制上的分布表现于系统中各台处理机均可配置自己的操作系统,用来管理本地进程的运行和资源分配,同时协调各处理机间的通信和资源共享。

3. 机间通信与同步性

处理机多道程序系统中,所有进程都在同一台处理机上运行,它们共享同一主存,进程之间的通信主要采用共享主存直接通信即可。同时,单处理机多道程序系统中的各个进程只能交替,不可能发生多个进程同时访问同一资源,因此不存在进程同步的问题。

多处理机中相互合作的进程可以运行于不同的处理机上,进程间的通信会在多个处理机之间进行。同时,多处理机中多个进程并行执行,完全有可能若干进程要求同时访问某一共享的资源。因此,多处理机操作系统需要协调统一处理机上并发执行的进程间的通信和同步,还要完成运行于不同处理机上的多个进程之间的通信和同步的处理,其性能直接影响到程序的并行和系统的性能。

4. 系统的容错性

系统容错对多处理机,特别是分布式系统是非常重要的。当系统中某一部分发生故障之后,应能进行动态切换和重新组合,以便降级使用。为提高系统的容错能力,往往需要增大系统成本和降低系统效率,因此应根据实际需要来限定容错的范围和程度。

5.7.2 多处理机操作系统分类

多处理机操作系统分为三类,包括主从型(Master-Slave Configuration)、各自独立型(Separate Supervisor)和浮动型(Floating Supervisor)。

1. 主从型

主从型管理程序只在一个指定的处理机(主处理机)上运行。该主处理机可以是专门的执行管理功能的控制处理机,也可以是与其他从处理机相同的通用机,除执行管理功能外,也能作其他方面的应用。由于主处理机是负责管理系统中所有其他处理机(从处理机)的状态及其工作的分配,只把从处理机看成是一个可调度的资源,实现对整个系统的集中控制,因此,也称为集中控制或专门控制方式。从处理机是通过访管指令或自陷(Trap)软中断来请求主处理机服务的。

主从型的优点如下。

(1) 硬件结构比较简单。整个管理程序只在一个处理机上运行,除非某些需递归调用或多重调用的公用程序,一般都不必是可再入的;只有一个处理机访问执行表,不存在系统管理控制表格的访问冲突和阻塞。

(2) 简化了管理控制的实现。所有这些均使这种操作系统能最大限度地利用已有的单处理机多道程序分时操作系统的成果，只需要对它稍加进行扩充即可。

(3) 实现起来简单、经济、方便，是目前大多数多处理机操作系统所采用的方式。

主从型也存在一些缺点。

(1) 对主处理机的可靠性要求很高，一旦发生故障，很容易使整个系统瘫痪，这时必须要由操作员干预才行。如果主处理机不是设计成专用的，操作员可用其他处理机作新的主处理机来重新启动系统。

(2) 整个系统显得不够灵活，同时要求主处理机必须能快速执行其管理功能，提前等待请求，以便及时为从处理机分配任务，否则将使从处理机因长时间空闲而显著降低了系统的效率，即使主处理机是专门的控制处理机。

(3) 如果负荷过重，也会影响整个系统的性能。特别是当大部分任务都很短时，由于频繁地要求主处理机完成大量的管理性操作，系统效率将会显著降低。

主从型操作系统适合工作负荷固定，且从处理机能力明显低于主处理机，或由功能相差很大的处理机组成的异构型多处理机。典型的例子有 CYBER-170、DEC System10、IBM360/67 等。

2. 各自独立型

各自独立型将控制功能分散给多台处理机，共同完成对整个系统的控制工作。每台处理机都有一个独立的管理程序(操作系统的内核)在运行，即每台处理机都有一个内核的副本，按自身的需要及分配给它的程序需要来执行各种管理功能。由于多台处理机执行管理程序，要求管理程序必须是可再入的或对每台处理机提供专用的管理程序副本。

各自独立型的优点如下。

(1) 很适应分布处理的模块化结构特点，减少对大型控制专用处理机的需求。

(2) 某个处理机发生故障，不会引起整个系统瘫痪，有较高的可靠性。

(3) 每台处理机都有其专用控制表格，使访问系统表格的冲突较少，也不会有许多公用的执行表，同时控制进程和用户进程一起进行调度，能取得较高的系统效率。

各自独立型也有一些缺点。

(1) 这种方式实现复杂。尽管每台处理机有自己的专用控制表格，但仍有一些共享表格，会增加共享表格的访问冲突，导致进程调度的复杂性和开销加大。

(2) 某台处理机一旦发生故障，要想恢复和重新执行未完成的工作较困难。每台处理机都有自己专用的输入/输出设备和文件。

(3) 整个系统的输入/输出结构变换需要操作员干预，各处理机负荷的平衡比较困难。

(4) 各台处理机需有局部存储器存放管理程序副本，降低了存储器的利用率。

各自独立型操作系统适合松耦合多处理机系统。采用这种操作系统的典型多处理机有 IBM370/158、DMACE/Purdur2 6500 及 Purdur1 6600 等。

3. 浮动型

浮动型管理程序可以在处理机之间浮动。在一段较长的时间里指定某一台处理机为控制处理机，但是具体指定哪一台处理机以及担任多长时间控制都不是固定的。主控制程序可以从一台处理机转移到另一台处理机，其他处理机中可以同时有多台处理机执行同一个管理服务子程序。因此，多数管理程序必须是可再入的。由于同一时间里可以有多台处理机处于管态，有可能发生访问表格和数据集的冲突，一般采用互斥访问方法解决，服务请求冲突可通过静态分配或动态控制高优先级方法解决。这种系统可以使各类资源做到较好的负荷平衡，一些像I/O中断等非专门的操作可交由在某段时间最闲的处理机去执行。它在硬件结构和可靠性上具有分布控制的优点，而在操作系统的复杂性和经济性上则接近于主从型。如果操作系统设计得好，将不受处理机数的多少所影响，因而具有很高的灵活性。然而这种操作系统的设计也是最困难的。

这种方式的操作系统适用于紧耦合多处理机，特别是由公用主存和I/O子系统的多个相同处理机组成的同构型多处理机。采用这种操作系统的多处理机例子有IBM3081（MVS，VM）、C.mmp（Hydra）、Tandem/16（Nonstop）等。

5.8 多处理机系统实例

多处理机系统主要有四类。第一类是多向量处理机，以CRAY YMP-90、NEC SX-3和FUJITSU VP-2000等机型为代表，其中向量处理机在第4章已介绍过；第二类是基于共享存储的多处理机系统，如SGI Challenge和Sun SparcCenter 2000；第三类是基于分布存储的大规模并行处理系统（MPP），例如Intel paragon、CM-5、Cray T3D等；第四类是机群系统。下面简单介绍上述几种多处理机系统。

5.8.1 SMP共享存储型多处理机

SMP的全称是Shared Memory Multiprocessors，也就是对称型多处理机（Symmetry Multiprprscessors）。共享存储型多处理机有三种模型：均匀存储器存取（Uniform-Memory-Access，UMA）模型、非均匀存储器存取（Nonuniform-Memory-Access，NUMA）、只用高速缓存的存储器结构（Cache-only Memory Architecture，COMA）模型，这些模型的主要区别在于存储器和外围资源如何共享或分布。

UMA多处理机模型如图5-40所示。

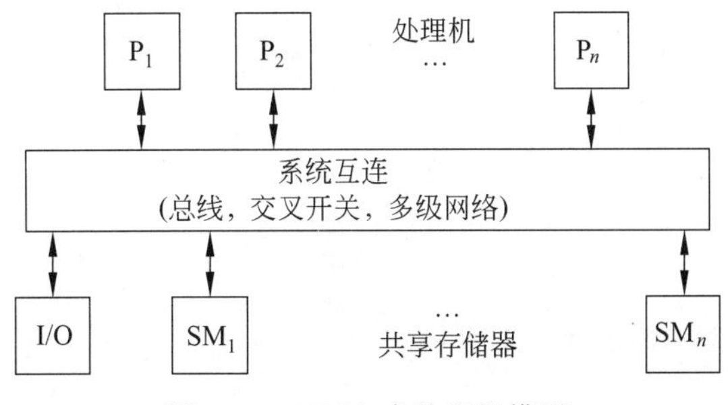

图5-40　UMA多处理机模型

图5-40中，物理存储器$SM_1 \sim SM_m$被所有处理机均匀共享，所有处理机对所有存储字具有相同的存取时间，因此称作均匀存储器存取。每台处理机可以有自己的私有高速缓存，外围设备也以一定方式共享。

NUMA多处理机模型如图5-41所示。

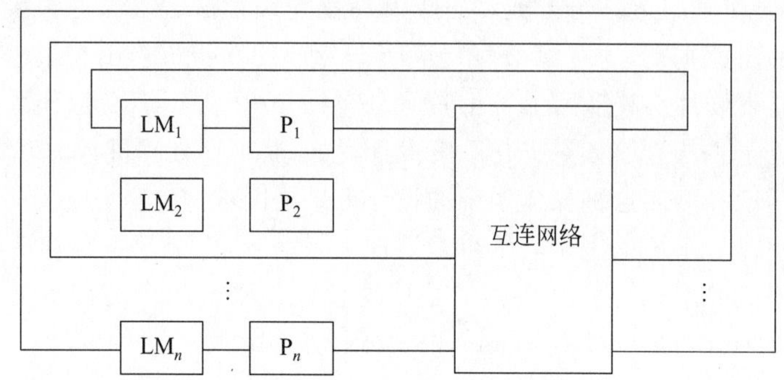

图5-41 NUMA多处理机模型

NUMA模型中访问时间随存储字的位置不同而变化，共享存储器物理上分布在所有处理机的本地存储器上。所有本地存储器的集合组成了全局地址空间，可被所有的处理机访问。处理机访问本地存储器是比较快的，但通过互连网络会产生附加时延，所以访问属于另一台处理机的远程存储器则比较慢。COMA模型如图5-42所示。

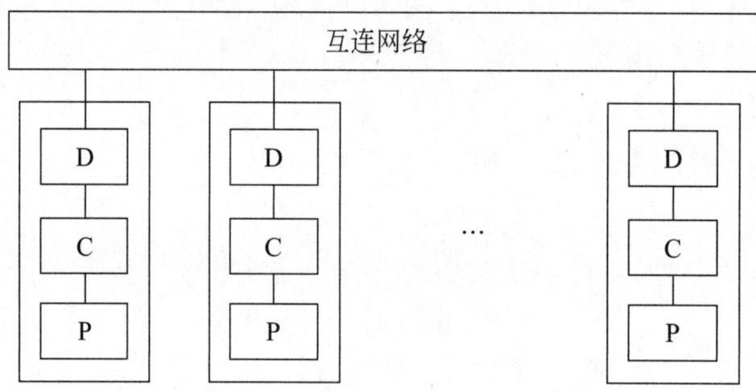

图5-42 COMA多处理机模型

图中P是处理机，C是高速缓存，D是目录。COMA模型是一种只用高速缓存的多处理机，也是NUMA机的一种特例，只是将后者中分布主存储器换成了高速缓存，在每个处理机结点上没有存储器层次结构，全部高速缓冲存储器组成了全局地址空间。远程高速缓存访问则借助于分布高速缓存目录运行。

共享存储系统拥有统一寻址空间，程序员不必参与数据分布和传输。Cache一致性是通过监听协议实现的，这种实现方式虽然简单，但是阻碍了系统的扩展能力。

5.8.2 MPP大规模并行处理机

MPP的全称是Massicely Parallel Processor，是由成千上万个微处理机构成的大规模并行处理机，主要用于气候模拟、流体湍流、污染分析、人类染色体组、海洋环流、量子动力学、半导体模拟、超导体模拟、燃烧系统和视觉等研究领域。

曙光7000是曙光公司为适应未来市场需求设计的新一代超级计算机系统，从处理器、高速通信网络、大规模存储系统、系统软件到应用软件全面采用自主技术，安全可控。其性能、效率、工艺、应用水平全面进入全球领先行列，并开始进入国际市场。

曙光7000是我国前往E级超算道路上的又一次探索。曙光7000选择使用海光CPU搭配海光DCU，曙光7000规模达到12800个节点，每一个节点1块CPU，4个NUMA节点，4块海光DCU。1.6GHz的海光DCU双精度理论峰值6.5TFLOPS。2.7GHz CPU单核心双精度理论峰值10.8GFLOPS，单节点理论峰值6.9TFLOPS。2019年，曙光7000实测峰值性能达到180.9PFLOPS，超过当时Top500排名第一的美国Summit超算系统，但由于其他原因并未纳入Top500排名。

每个节点使用1块Mellanox 200G HDR网卡，网络架构采用核心层交换机和接入层交换机互连的三层胖树拓扑结构，计算节点之间的网络速率达到200Gb/s。可以极大地提高计算速度和可扩展性。

曙光7000采用分布式并行文件系统架构。不同的文件均匀分散在不同的存储服务器上，以此获得极高的聚合带宽。这一设计消除了传统存储系统的性能瓶颈，也大大提高了存储系统的可扩展性。

与此同时，曙光7000超算系统配备了完整、高效、专业的各类基础软件，包括操作系统、编译器、数学库、并行计算环境软件等。根据用户的使用需求，还可以安装、更新各学科所需的应用软件。

5.8.3 机群系统

1. 机群系统的组成

机群系统是利用高速通用网络将一组高性能工作站或高档PC，按某种结构连接起来，并在并行程序设计以及可视化人机交互集成开发环境支持下，统一调度，协调处理，实现高效并行处理的系统。

从结构和结点间的通信方式来看，它属于分布存储系统，主要利用消息传递方式实现各主机之间的通信，由建立在一般操作系统之上的并行编程环境完成系统的资源管理及相互协作，同时也屏蔽工作站及网络的异构性，对程序员和用户来说，机群系统是一个整体的并行系统。机群系统中的主机和网络可以是同构的，也可以是异构的。

目前已实现和正在研究中的机群系统大多采用现有商用工作站和通用LAN，这样既可以缩短开发周期又可以利用最新的微处理器技术。大多数机群系统的并行编程环境也是建立在一般的UNIX操作系统之上，尽量利用商用系统的研究成果，减少系统的开发与维护费用。

RISC技术、网络技术和并行编程环境的发展使得机群系统这一新的并行处理系统形式正成为当前研究的热点。

(1) 由于RISC技术的发展,使得微处理器的性能不断提高。高档芯片的运算能力平均每年增长30%,而价格在不断下降,直接使用商用工作站或PC作为运算结点的机群系统在结点性能上能够同处理器的发展保持同步增长。

(2) 网络技术的进步使得松散耦合系统的通信瓶颈逐步得到缓解。网络传输速度的提高有效地提高了应用程序之间的通信带宽。快速以太网的速率为100Mb/s,ATM局域网的带宽达到155Mb/s,622Mb/s的产品也已经研制出来。而开关技术的发展则大幅度地降低了传输延迟,使得许多高速局域网能和MPP中的专用互连网络的性能相当。

(3) 并行编程环境的开发使得新编并行程序或改写串行程序更为容易。并行应用程序的开发和不同系统之间的可移植性一直是传统并行系统能否广泛应用的一个问题。由于机群系统的发展,近年来开发出了多个并行程序开发及运行系统,如PVM、MPI、EXPRESS、Linda、P4等。这些系统的适应平台非常广,现在流行的工作站上都可以运行,应用程序在这些系统上的可移植性较好,往往仅需要修改相应的数据交换语句。特别是PVM和MPI,由于其开放性,许多大学和研究机构都有广泛的研究和应用,在这些环境下开发了许多应用程序。

2. 机群系统的特点

机群系统之所以能够从技术可能发展到实际应用,主要是它与传统的并行处理系统相比有以下几个明显的特点。

(1) 系统开发周期短。由于机群系统大多采用商用工作站和通用LAN,使结点主机及系统管理相对容易,可靠性高。开发的重点在通信和并行编程环境上,既不用重新研制计算结点,又不用重新设计操作系统和编译系统,这就节省了大量的研制时间。

(2) 用户投资风险小。用户在购置传统巨型计算机或MPP系统时很不放心,担心使用效率不高,系统性能发挥不好,从而浪费大量资金。而机群系统不仅是一个并行处理系统,它的每个结点同时也是一台独立的工作站,即使整个系统对某些应用问题并行效率不高,它的结点仍然可以作为单个工作站使用。

(3) 系统价格低。由于生产批量小,传统巨型计算机或MPP的价格都比较昂贵,往往要几百万到上千万美元。工作站或高档PC由于是批量生产出来的,因而售价较低。由近十台或几十台工作站组成的机群系统可以满足多数应用的要求,而价格却比较低。

(4) 节约系统资源。由于机群系统的结构比较灵活,可以将不同体系结构、不同性能的工作站连在一起,这样就可以充分利用现有设备。单从使用效率上看,机群系统的资源利用率也比单机系统要高得多。UN Berkeley计算机系一百多台工作站的使用情况调查表明,一般单机系统的使用率不到10%,而机群系统中的资源利用率可达到80%左右。另一方面,即使用户设备更新,原有的一些性能较低或型号较旧的机器在机群系统中仍可发挥作用。

(5) 系统扩展性好。从规模上说,机群系统大多使用通用网络,系统扩展容易;从性能上说,对大多数中、粗粒度的并行应用都有较高的效率。清华大学计算机系研制的可扩展机群系统上测试的结果表明,8台工作站的加速比可以达到5.83~7.9,并行处理的效率为72.88%~99%。

(6) 用户编程方便。机群系统中,程序的并行化只是在原有的C、C++或FORTRAN串行环境中,插入相应的通信原语。用户使用的仍然是熟悉的编程环境,不用适应新的环境,这样就可以继承原有的软件财富,对串行程序做并不很多的修改。

3. 机群系统的关键技术

对于并行处理系统,用户希望有较高的结点运算速度,系统的加速比性能接近线性增长,并行应用程序的开发要高效、方便。机群系统主要具备以下关键技术。

1) 高效的通信系统

机群系统一般使用局域网连接。

目前常用的局域网技术大体可以分成两类,一类是共享介质网络,最常见的是10Mb/s或100Mb/s的Ethernet;另一类是开关网络,如155Mb/s或622Mb/s的ATM、640Mb/s或1.28Gb/s的Myrinet和100Mb/s的交换式Ethernet。

对于共享介质网络,由于其聚合网络频带与单独链路频带是一样的,其性能会随网络负载的增加而下降,特别是对于某些负载比较集中的应用程序,这种影响会更明显,但是售价便宜,组成系统也相对容易,是组成中低档机群系统的一种较好的选择。而开关网络则相反,其聚合网络频带比单独的链路频带要高得多,理论上讲是N倍;除开关的交换延迟影响外,性能不会随网络负载的增加而降低很多,开关网络的另一个优点是其可扩展性较好,由于Wormhole、Cut-through等交换技术的发展,交换时延已经很低,与发送/接收端的开销相比要小得多。

2) 并行程序设计环境

随着MPP和机群系统等分布存储结构并行系统的发展,开发出了PVM、MPI、Express、P4等基于消息传递方式的并行程序设计环境,它为并行程序的设计和运行提供了一个整体系统和各种辅助工具。功能包括提供统一的虚拟机、定义和描述通信原语、管理系统资源、提供可移植的用户编程接口和多种编程语言的支持。目前研制的机群系统绝大多数支持PVM和MPI,除了能适应广泛的硬件平台和编程方便特点之外,它们都是免费软件,可以方便地进行再开发,有利于系统的推广和应用。

3) 多种并行语言支持

并行程序设计语言是并行系统应用的基础,已有的机群系统大多数支持FORTRAN、C和C++,实现的方法主要是使用原有顺序编译器链接并行函数库,如PVM、MPI或者加入预编译。目前机群系统并行程序设计语言的研究主要有三方面,一是扩展原有顺序语言,提供广泛的并行语言支持;二是提供全新的并行语言,如OCCam;三是研究自动化编译方法,直接将顺序程序编译成并行代码。

4) 全局资源的管理与利用

有效地管理系统中所有的资源是机群系统的一个重要方面,常用的并行编程环境PVM、MPI等对这方面的支持比较弱,仅提供统一的虚拟机,主要原因是结点的操作系统是单机系统,不提供全局服务支持,同时也缺少有效的全局共享方法,要研究在一般操作系统之上建立一个全局UNIX,用来解决机群系统中所有资源管理,包括组调度、资源分配和并行文件系统。除此之外,还要研究并行I/O系统,全局操作的广播,广播高效实现等。

5）机群负载平衡技术

在并行处理系统中，一个大的任务往往由多个子任务组成，这些子任务被分配到各个处理结点上并行执行，称为负载。对于由各结点处理机结构不同，处理能力不同，使得各种子任务在其上运行时间和资源占有率不同，当整个系统任务较多时，各结点上的负载可能产生不均衡现象，就会影响整个系统的利用率。这就是负载不平衡问题，这个问题解决得好坏直接影响到系统性能，因此它就成为并行处理中的一个重要问题。

为了充分利用高度并行的系统资源，提高整个系统的吞吐率，就需要负载平衡技术的支持。负载平衡技术的核心就是调度算法，即将各个任务比较均衡地分布到不同的处理结点并行计算，从而使各结点的利用率达到最大。

在机群系统上，负载平衡要解决的问题主要有以下几点。

（1）系统资源使用不均。以CPU资源为例，在并行计算中常常会出现这样的现象，某个结点的CPU处于十分繁忙的状态，而另一些结点却非常空闲，这导致了系统资源的极大浪费和并行效率的下降。在机群系统中，由于现有的并行编程/运行环境负载平衡机制通常十分简单，同时各个结点的体系结构和资源状况互不相同，如何充分利用资源和调度负载就主要成为程序员的责任。由于并行程序运行时系统资源状况在动态改变，程序员很难做出准确的并行任务静态调度。因此，必须动态监听系统的资源状况，做出准确的分配决策。

（2）机群系统是多用户系统，同时可能有几个用户运行各自的作业，这就要保证前台用户对工作站的优先使用权。

4. 几种典型系统

目前国内外许多科研机构都在对机群系统下的通信技术进行深入的研究，如UCB（University of California，Berkeley）提出的NOW计划，Cornell大学研制的U-Net系统，UIUC开发的MPI-FM协议和快速消息传递机制（FMP）等。

由于网络速度不同，性能提高的幅度会有所不同，网络速度越高，则提高性能的潜力越大。MPI-FM和FMP在Myrinet上的延迟时间和峰值带宽数据清晰地说明了这一结论。

这些系统从实现技术上看，可分为两类，一类是采用精简通信协议的方法，另一类是使用Active Message通信机制。对比这两类系统的性能可知，采用Active Message通信机制实现的系统的性能比用精简通信协议实现的系统一般来说要好些。高性能的工作站、高档微型计算机的使用是提出并行机群系统的前提条件，而高速网络硬件设备的出现，则为机群系统的发展打下了坚实的基础，极大地推动了它的使用和推广，新型通信协议的研究又进一步发挥了高速网络的高性能，使得机群系统具有更好的性能和更广的适应性。因此可以预计，随着工作站本身性能的不断提高以及新的通信技术的研究，并行机群系统将会逐渐接近或达到MPP的性能指标，成为目前并行计算领域中的主流技术之一。

5.8.4 曙光一号共享存储并行处理机

由国家智能计算机研究开发中心研制成功的曙光一号共享存储多处理机系统是一个支持大规模事务处理、数据处理和科学计算应用开发的通用并行计算平台。系统设计的主要目标是攻克全对称紧耦合共享存储的多处理机的设计和实现技术,并以提高单任务并行效率和多任务的吞吐量为主攻方向,使其成为具有市场竞争力的高科技产品。为了实现这个设计目标,在设计过程中要解决对称式多处理机技术,支持中细粒度的并行处理,实现多线程技术。而且要设计多处理中断控制器,增加存储容量,提高局部总线性能,要尽量采取工业标准,提高系统可靠性,使系统成为一个性能先进、稳定可靠、开放性好、可灵活扩展的并行计算环境。

曙光一号智能化共享存储多处理机系统是一台采用20世纪90年代最新技术的并行计算机。它采用了精减指令系统RISC技术、大容量的动态存储器和多种大规模集成电路芯片,设计了内部高速总线,实现了各主要部件之间的高速通信。采用了最新的现场可编程的门阵列FPGA,设计了多处理机中断控制器,处理多处理机的中断请求,保证每个处理机能平等地访问内部总线上的资源,形成了一个全对称的紧耦合的共享存储的体系结构。在输入/输出端口上采用了SCSI、Ethernet、VMEbus和RS-232C等标准的总线技术,可灵活连接网络,配置系统。

曙光一号多处理机具有以下几个硬件特点。

1. 全对称的共享存储多处理机的体系结构

支持各种不同粒度特别是中小粒度和精细粒度的并行操作,大大提高了系统的并行效率和作业吞吐量。所谓全对称的多处理机系统是指系统的每个处理器是平等的,都有同样的机会平等地占有局部总线和访问共享的存储器,能平等地提出中断请求和完成中断服务,既能运行用户程序,又能运行操作系统的核心程序,而不是由某一特定处理器专门运行操作系统,把用户程序分配给其他处理器。为了实现全对称的体系结构,在硬件上采用了下列技术措施。

(1) 专门设计了CD92多处理机中断控制器,它是处理多处理机中断和保证对称性的关键部件,它能接受每个CPU的中断请求,它的24个中断源的中断请求可以分配到任何一个CPU处理。也可以由四个CPU一起处理,这完全由软件编程中断屏蔽寄存器决定,非常灵活。

(2) 局部总线的公平的仲裁规程保证每个CMMU能有均等的机会访问总线上的设备,包括存储器,避免CPU访问总线的长时间等待。

(3) 采用总线监视的Cache一致性方案。局部总线上的所有数据传输都被所有CPU监视,一旦局部总线上的地址与某一CPU的Cache中的内容一致,则该CPU的CMMU自动中断该数据传送,执行必要的操作,自动实现多处理机间Cache一致性。

(4) 原子操作是多机系统建立同步机制的基础。CPU指令系统提供了原子的操作指令Xmem,而曙光一号的局部总线的设计中也提供了读改写周期,保证读改写这种原子操作在执行期间不被任何其他设备打断,保证了读改写指令在4个处理机情况下的原子性。

2. 分布的输入/输出系统

专门的输入/输出处理器提供丰富的计算处理能力,分担了系统处理机大量的工作,其中有SCSI I/O处理器、局部网处理器、串行通信控制器、计数I/O控制器和自行设计的用XC4010FPGA实现的CD92。

3. 采用工业标准的总线接口

VME总线、SCSI总线、EtherNET和RS-232接口都符合工业标准,能支持很多的功能板和很多的外部设备,拓宽了系统的应用和适应能力。

此外,系统中还有多种总线结构,各尽其用,使系统结构紧凑,高效可靠。如M总线(通用的同步32位总线,连接8个CMMU和共享存储器,形成多种主设备的系统结构,M总线已纳入局部总线),局部总线(32位的局部总线是系统板内部的主总线,将系统板的处理器/CMMU、存储器、VME总线接口和I/O接口连接起来,还扩展到存储器扩展板),I/O总线(它能为处理器和局部网处理器取得局部总线主设备的控制权,以便访问系统存储器),BIT总线(它为EPROM、BiPROM、CD92、RTC/NVRAM、SCC和CIO提供地址和数据通路)。

4. 高可靠性

为了实现高可靠性,硬件设计中采取了下列措施。

(1) 选用尽可能多的大规模集成电路。

(2) 采用工业标准的硬件和软件。

(3) 在数据传输中普遍采用奇偶检查。

(4) 在系统板上工作条件最差的区域设置温度和电压自动测量系统。由监控程序和诊断程序周期地采集,如果这些参数的偏差超过正常值,就通知操作系统进行登录,并通知操作员。

(5) 在系统板和板级有诊断程序,很容易隔离故障和检查损坏的器件。

(6) 系统印刷电路板和底板及机箱的严格设计控制与降低了信号的串扰和反射噪声。

本章小结

并行处理机是以单一控制部件控制下的多个处理单元构成的阵列,主要使用于要求大量高速向量或矩阵运算的场合。多处理机是由若干台独立的处理机组成的系统。

并行处理机包括分布式存储器结构和集中式共享存储器组成的并行处理机结构。多处理机的硬件结构主要分成两种,一种是紧耦合多处理机,其中,存储器和I/O设备都是独立的子系统,由所有的处理机共享,各处理机与主存经互连网络连接;一种是松耦合多处理机，每台处理机都有一个容量较大的局部存储器，用于存储经常用的指令和数据，以减少紧耦合系统中存在的访问主存冲突。

互连网络是一种由开关元件按照一定的拓扑结构和控制方式构成的，用来实现计算机系统内部的多个处理机或者是多个功能部件之间的相互连接。常用的单级互联网有立方体单级网、PM2I 单级互连网和混洗交换单级互连网络等。根据这三种单级互联网可以构成多级立方体互连网络，多级混洗交换网络和 PM2I 网络。实现各种多级网络的区别就在于所用开关模块、控制方式和拓扑结构（级间连接模式）三个因素不同。

多处理机操作系统分为三类：主从型、各自独立型和浮动型。主从型操作系统适合工作负荷固定，且从处理机能力明显低于主处理机，或由功能相差很大的处理机组成的异构型多处理机。各自独立型操作系统适合松耦合多处理机系统。浮动型操作系统适用于紧耦合多处理机，特别是由公用主存和 I/O 子系统的多个相同处理机组成的同构型多处理机。

习题

5.1 解释下列术语：

多级互联网；结点度数；最大直径；四功能多级开关；Omega 网；立方体多级网；存储转发寻径；虫蚀寻径；虚拟直通寻径。

5.2 说明三种单级互连网及两种多级互连网的功能和工作方式。

5.3 互联网中的消息传递机制有哪几种方式？

5.4 多处理机互连网有哪几类？

5.5 多处理机操作系统分成几类？

5.6 设 16 个处理器的编号分别为 0，1，…，15，用单级互连网络互连，若互连函数为：

(1) E(X)

(2) $PM2_{+3}$，$PM2_{-1}$

(3) Shuffle

(4) Butterfly

时，第 9 号处理器各与哪一个处理器相连？

5.7 设 128 个处理器的编号分别为 0，1，2，…，127，当复合互连函数为 Shuffle($Cube_0$($PM2_{-2}$)时，第 8 号处理器将与哪个处理器相连？

5.8 在有 16 个处理器的混洗交换网络中，若要使第 0 号处理器与第 15 号处理器相连，需要经过多少次混洗和交换？以连接图的形式表明其变化过程。

5.9 若令 8×8 矩阵 $A=(a_{ij})$以行为主存放在主存储器中，用什么样的单级互连网络可使 A 转换成转置矩阵 A^T？总共需要传送多少步？

5.10 在三级 STARAN 移数网络中，若要实现移 4(mod 8)的功能，试给出 0 级(A、B、C、D)的级控信号，1 级的(E、G)和(F、H)的两部分级控信号和 2 级的(K、L)以及(I)和(J)的三个 9 部分级控信号值。

5.11　在处理器 $N=8$ 的 Omega 网络中,若要实现处理器 2 与所有处理器相连,应怎样设置网络中交叉开关单元的状态?

5.12　分别画出 4×9 的一级交叉开关以及用两级 2×3 的交叉开关组成的 4×9 的 Delta 网络,比较一下交叉开关设备的数量。

5.13　在多处理机互连网中总线仲裁方法有哪些?优缺点如何?

5.14　画出 0~7 号共 8 个处理器的三级混洗交换网络,在该图上标出实现将 6 号处理器数据播送给 0~4 号,同时将 3 号处理器数据播送给其余 3 个处理器时的各有关交换开关的控制状态。

5.15　并行处理机有 16 个处理器,要实现相当于先 4 组 4 元交换,然后是两组 8 元交换,再次是一组 16 元交换的交换函数功能,请写出此时各处理器之间所实现之互联函数的一般式;画出相应多级网络拓扑结构图,标出各级交换开关的状态。

5.16　实现 16 个处理单元的单级立方体互连网络。

(1) 写出所有各种单级立方体互联函数的一般式。

(2) 3 号处理单元可以直接将数据传送到哪些处理单元上?

5.17　设有一个多机系统,有 16 个处理器编号分别为 0,1,2,3,…,15,它们采用单级互连网互连,当互连函数分别为如下时,第 11 号处理器和哪一个处理器相连?(写出处理器号,并写出具体变换公式。)

(1) Cube_2

(2) PM2_{-3}

(3) Shuffle(Shuffle)

(4) PM2_{+0}

5.18　在有 8 个处理器的混洗交换网络中,若要使第 0 号处理器与第 7 号处理器相连,需要经过多少次混洗和交换?以连接图的形式表明其变化过程。

第 6 章　输入/输出系统

6.1　概述

6.1.1　输入/输出设备的分类

输入/输出系统简称 I/O 系统，是提供处理机与外部世界进行交往或通信能力的设备，包括 I/O 设备和 I/O 设备与处理机的连接。这里所说的外部世界，指处理机以外的需要与处理机交换信息的人和物，主要包括本地和远程用户、系统操作员、操作控制台、输入/输出设备、辅助存储器、其他处理机、各种通信设备和虚拟现实系统等。

输入/输出系统的特点是输入/输出设备的品种繁多，性能差异极大，功能多样，涉及机、电、光、磁和声等多种学科。I/O 系统可以从不同的角度进行分类，一般按照它们的功能将其分为以下几类。

1. 输入设备

输入设备是指将程序、数据等信息转换为能够被计算机所接收的形式并送入计算机内的设备。典型的输入设备有键盘、扫描仪和字符识别设备等。

2. 输出设备

输出设备是将计算机处理的结果以恰当的形式表示到计算机外的设备，典型的输出设备有打印机、显示器、绘图仪等。

3. 外存储器设备

外存储器设备是一种既可以输入也可以输出的设备，用来存放那些不直接被处理器所使用的数据和程序。典型的外存储器设备有磁带、磁盘、光盘和 Flash 固态盘等。

4. 模/数转换设备

负责将测量到的温度、压力和速度等的模拟量转换为计算机能够识别的数字量后输入计算机中；或者将计算机处理后的结果转换为模拟量后输出到计算机外的其他部件中。

5. 网络通信设备

网络通信设备是为实现计算机的联网、远程通信等而设置的设备。典型的网络通信设备有网卡、调制解调器等。

6.1.2 输入/输出设备的特点

面对如此繁杂的外部设备,必须具有功能比较强的软、硬件系统,并且必须满足多样性外设与单一的主机性能的要求,应具有良好的速度、可扩展和可维护等性能,为此I/O系统表现出了明显的三种特点。

1. 异步性

外部设备与主机间是异步工作的。因为主机的工作时序是一定的,各种外设的速度是各异的,而且工作的时间是随机的。例如,终端设备通常按照人操作键盘的速度输入字符到处理器中,同时将其显示在显示器上,然后打印机按照自身的速度进行打印。为了很好地与主机相连,一般的工作过程是外设准备好后,向处理机提出中断申请,等待处理机在适当的时间逐个地处理这些申请。输入/输出设备的工作在很大程度上独立于处理机之外,通常不使用统一的中央时钟,各个设备按照自己的时钟工作,但又要在某些时刻接受处理机的控制。

由于输入/输出设备和处理机速度上的差异,当一个处理机管理多台外围设备时,必须做到在任意两次处理机与设备交往的时刻之间,处理机仍然能够全速运行它本身的程序,或者管理其他外围设备,从而保证处理机与外设之间、外设与外设之间能够并行工作,无须互相等待。

2. 实时性

某些外设的信息传送是按数据块或按文件为单位传送的,数据传输率比较高。如磁盘、磁带存储器,每秒约为2000KB,所以当进行信息传输时,要求CPU能实时地为外设服务,正确地接收或发送信息。如果不能在时间上满足要求,则会丢掉数据,造成错误。

实时控制的计算机系统,以及进行多媒体的文、图、声并茂的系统中,对实时性要求更为严格,如果处理机提供的服务不及时,很可能造成巨大损失。

对于处理机本身的硬件或软件错误,例如,电源故障、数据校验错、页面失效、非法指令、地址越界等,处理机必须及时进行处理。

处理机为了能够为各种不同类型的设备提供服务,必须具有与各种设备相配合的多种工作方式,包括程序控制方式、中断方式和直接存储器方式(DMA)等,可以满足输入/输出设备的实时性要求。

3. 与设备无关性

由于外设的种类繁多,性能各异,数据的格式、传送方式也各不相同,而且差异很大,为了能够让主机适应于不同外设的不同要求,可以按其工作速度与传送方式的不同进行分类,并根据不同的类型制定国际统一的标准。

按速度可分为面向字符的低速设备和面向数据块的高速设备。按传送方式可分为并行传送与串行传送的设备。国际的标准接口有串行接口、并行接口和SCSI接口等。计算机的输入/输出系统根据国际规定的标准的要求,实现结构及逻辑组成。处理机本身不必了解各外设自己的特性,可以采用比较统一的硬件和软件对品种繁多的设备进行管理。计算机系统的使用者也只需通过操作系统提供的高级命令或程序请求来使用各种各样复杂的外围设备。各种设备只要满足国际标准,就可以与任何计算机系统连接上,组成合理的硬件集成系统。

6.2 基本工作原理

6.2.1 输入/输出系统的结构

I/O 系统的层次结构如图 6-1 所示。

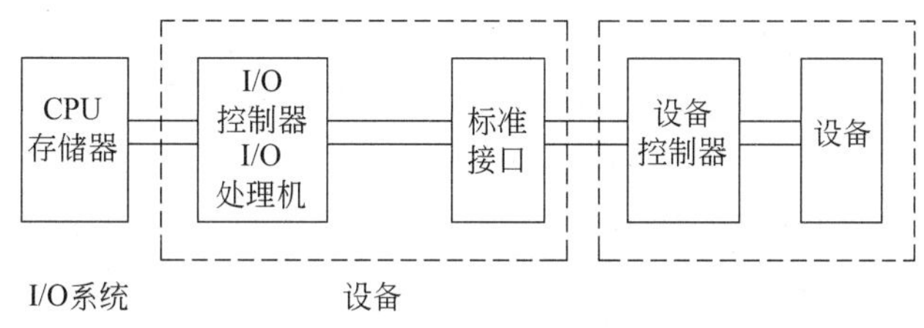

图 6-1 I/O 系统的层次结构

与 CPU 和主存储器直接相连接的是输入/输出控制部件。该部件可以是一个控制器,只产生输入/输出操作的控制信号及完成数据传送速度的匹配及格式的转换,但在 I/O 设备数量大、品种复杂、性能要求比较高的情况下,可以是一个独立于 CPU 的专用处理机。图中的标准接口与设备控制器的目的是使各种不同输入/输出控制方式和各种不同的外部设备都具有一个标准的对外接口,以使两者可以很方便地连接起来。I/O 系统之间的连接目前比较通用的是总线结构的形式,称为计算机的系统总线,如微型计算机中通常采用的 EISA 总线、PCI 总线、VAX-11/180 采用的 SB1 总线和高性能的 VEM 总线等。I/O 系统与外设之间连接的标准总线有 RS-232 串行总线,IEEE-488 并行总线,SCSI 总线等。对于数量繁多、功能性能要求较高的系统,I/O 系统的层次结构比较复杂。以总线连接为例,如图 6-2 所示。

图中 I/O 处理机可以有两种组成方式,一是通道控制方式,二是 I/O 处理机。由 I/O 系统的构成可以看出,I/O 系统相对于计算机的其他主要部件而言,具有相当的独立性。从 I/O 的各种控制方式上可以看出,程序查询、程序中断、通道到 I/O 处理机方式的发展过程,使 I/O 的自治性逐渐增强,I/O 系统与 CPU 并行工作能力也就越强,从而使整机体现出更强的功能与更好的性能。

6.2.2 输入/输出系统的逻辑组成及工作原理

输入/输出是计算机的重要组成部分,也是重要的信息驻留场所,同时也是人机对话

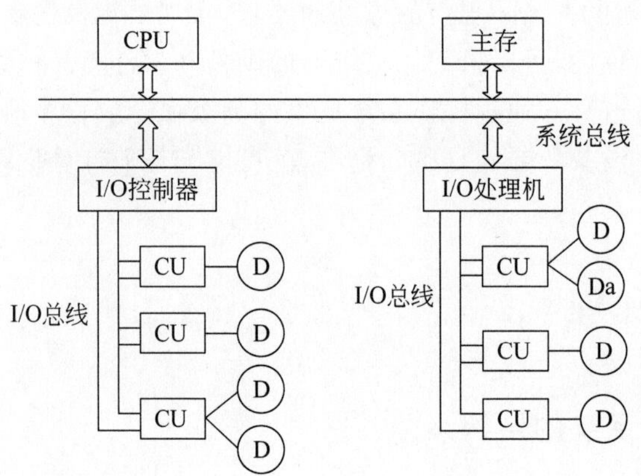

图 6-2　I/O 系统的总线连接

的工具。系统最基本的功能可以包括下列几点。

(1) 接收 CPU 的命令产生输入/输出系统所需的时序及控制信息，完成输入/输出的操作。

(2) 与 CPU 进行数据传输。

(3) 与外部设备进行数据通信。

(4) 对传输的数据进行缓冲存储及传送格式和传送方式的转换。如串行与并行的转换，8 位与 16 位、32 位数据格式的转换。

(5) 对传输的数据进行错误检查。

根据功能要求，I/O 系统的逻辑框图如图 6-3 所示。

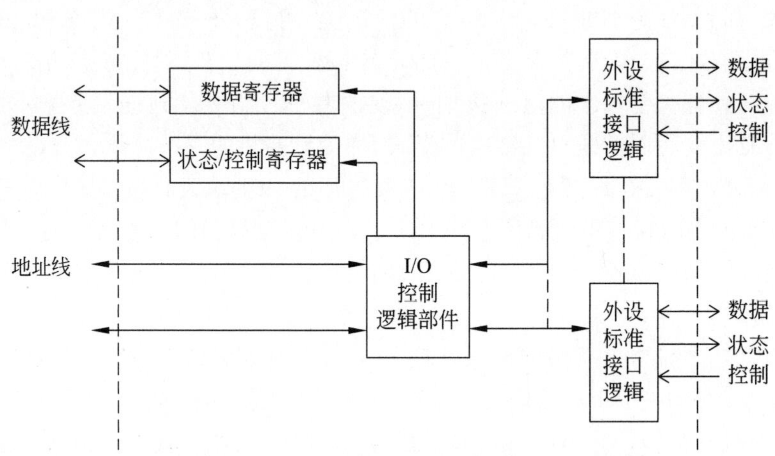

图 6-3　I/O 系统逻辑框图

数据寄存器(或称数据缓冲寄存器)：用来寄存需要传输的数据。输入时，由某一设备的标准接口送入，在数据寄存器中暂存后进行格式的转换(由 8 位输入、组装成为 16 位或 32 位)，或者由串行变为并行。在数据完全准备好后，再送到数据总线上。当输出时，则由数据总线送入，准备好后变为标准所需的格式与方式输出到外部设备上。数据寄存器可以有一个或数个不等。

状态/控制寄存器：存放I/O设备、I/O系统的状态及必要的控制信息。一方面，接收CPU发来的信息，为I/O系统设置工作状态，如启动的状态、中断状态等，I/O控制逻辑部件可以根据这些状态产生必要的控制信息；另一方面，此寄存器中的某些位可以由设备接口的信号及I/O控制逻辑部件的信号置于所需的状态，如忙状态、请求中断状态和故障状态等。

I/O控制逻辑部件：接收CPU发送来的地址，进行地址选择，决定本I/O系统是否被选。如果被地址选中，则开始处于工作状态。CPU通过系统控制总线发送来控制信息，如读、写和中断允许等，同时将必要的控制信息返回到控制总线上。I/O控制逻辑部件在DMA方式、通道方式、I/O处理机方式工作时，需要将数据传送的地址发送给地址总线，以便指定数据在主存的缓存区。

外设标准接口逻辑：每一个I/O控制器或I/O处理机可以带多个同类的外部设备，因而可以根据外设的需要设置一个或多个标准接口。

I/O系统中可以被CPU访问的是数据寄存器及状态/控制寄存器。I/O系统的编址也就是指对这两种部件的编址。CPU-主存可以与多个I/O控制器和I/O处理机连接，对每一个I/O控制器或I/O处理机而言，也可以具有多个地址码。I/O系统的编址工作，在低性能系统中由程序员来设置。现在的计算机系统中已经实现了即插即用的技术，当符合标准的设备与计算机连接后，由操作系统统一分配地址、中断号和DMA号，并由操作系统提供驱动软件，当用户需要某种设备时，只需提交操作系统输入/输出的请求即可。

6.2.3 输入/输出系统的工作方式

对于工作速度、工作方式和工作性质不同的外围设备，通常要采用不同的输入/输出方式。目前常用的基本输入/输出方式有三种。

1. 程序查询方式

程序查询方式的流程如图6-4(a)所示。

图6-4(a)程序查询方式主要用于低速外围设备，如终端、打印机等，是一种程序直接控制方式，这是主机与外设间进行信息交换的最简单的方式，输入和输出完全是通过CPU执行程序来完成的。一旦某一外设被选中并启动后，主机将查询这个外设的某些状态位，看其是否准备就绪。若外设未准备就绪，主机将再次查询；若外设已准备就绪，则执行一次I/O操作。这种方式控制简单，但外设和主机不能同时工作，各外设之间也不能同时工作，系统效率很低，因此仅适用于外设的数目不多，对I/O处理的实时要求不那么高，CPU的操作任务比较单一，并不很忙的情况。

2. 中断输入/输出方式

如图6-4(b)所示就是中断输入/输出方式的流程。采用中断输入/输出方式能够完

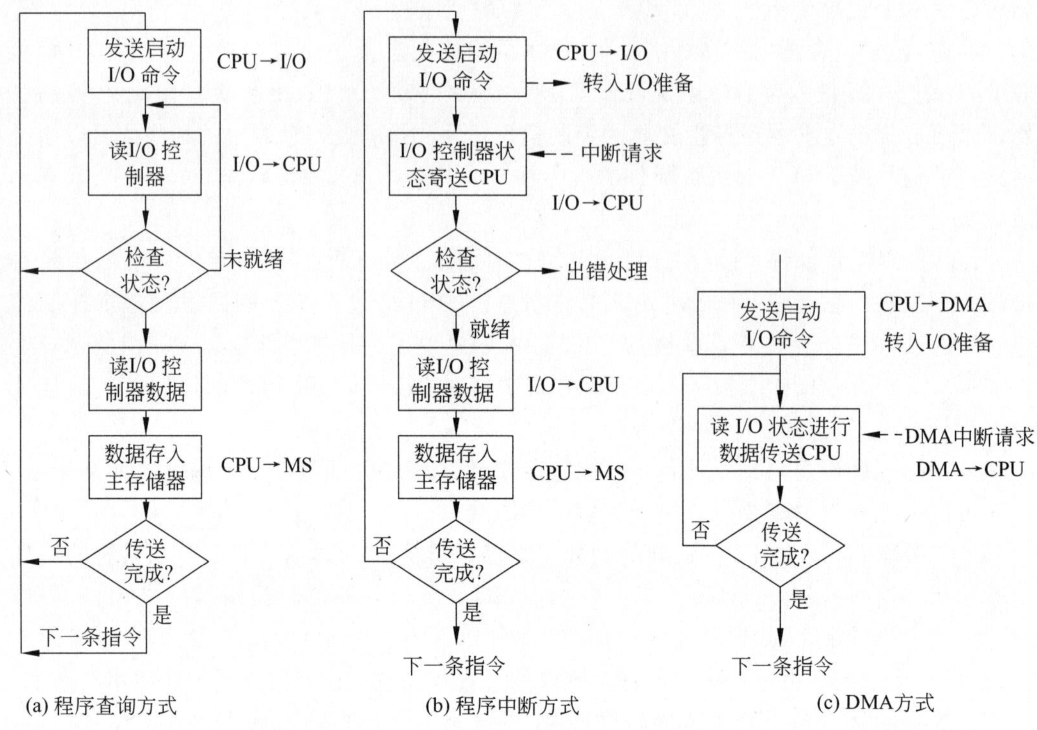

图 6-4　三种 I/O 控制方式工作流程的比较

全克服程序控制输入/输出方式中处理机与外围设备之间不能并行工作的缺点。为了实现中断输入/输出方式，外围设备和 CPU 都必须增加相应的功能。在外围设备方面，要改变被动地等待 CPU 来为它服务的工作方式。当输入设备已经把数据准备就绪或者输出设备已经空闲时，要主动向 CPU 发出服务的请求。在 CPU 方面，每当执行完一条指令后都要测试有没有外围设备的中断服务请求。如果发现有外围设备的中断服务请求，则要暂时停止当前正在执行的程序，先去为外围设备服务，等服务完成后再继续执行原来的程序。

中断输入/输出方式的定义是：当出现来自系统外部、机器内部，甚至处理机本身的任何例外的，或者虽然是事先安排的，但出现在现行程序的什么地方是事先不知道的事件时，CPU 暂停执行现行程序，转去处理这些事件，等处理完成后再返回继续执行原先的程序。

中断输入/输出方式一般也用于连接低速外围设备，但 CPU 能与外围设备并行工作，并能处理例外事件。

3. 直接存储器访问（DMA）方式

图 6-4(c)是直接存储器访问方式，主要用来连接高速外围设备，例如，磁盘存储器、磁带存储器等。由于这类设备的数据传输速度都在 30MB/s 以上，所以上述程序控制输入/输出方式和中断输入/输出方式都不能使用，必须在外围设备与主存储器之间建立直接数

据通路。这样,支持DMA方式的计算机系统必须采用以主存储器为中心的系统结构。DMA方式的数据传送过程如图6-5所示。

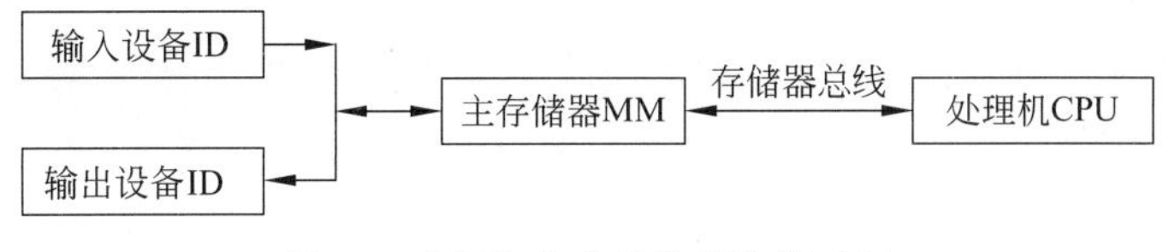

图6-5 DMA方式的数据传送过程

DMA方式的特点如下。

(1) 在DMA控制器中,除了需要设置数据缓冲寄存器、设备状态寄存器或控制寄存器之外,还要设置主存储器地址寄存器、设备地址寄存器和数据交换个数计数器。外围设备与主存储器之间的整个数据交换过程全部要在硬件控制下完成。

(2) 主存储器既可以被CPU访问,也可以被外围设备访问。在主存储器中通常要有一个存储管理部件来为各种访问主存储器的申请排队,一般计算机系统把外围设备的访问申请安排在最高优先级。

(3) 由于在外围设备与主存储器之间传送数据不需要执行程序,也不动用CPU中的数据寄存器和指令计数器等,因此,不需要做保存现场和恢复现场等工作,从而使DMA方式的工作速度大大加快。

(4) 在DMA方式中,CPU不仅能够与外围设备并行工作,而且整个数据的传送过程都不需要CPU的干预。

6.3 总线

总线(Bus)是计算机各种功能部件之间传送信息的公共通信链路。总线是一种内部结构,它是CPU、内存、输入/输出设备传递信息的公用通道,主机的各个部件通过总线相连接,外部设备通过相应的接口电路再与总线相连接,从而形成了计算机硬件系统。在计算机系统中,各个部件之间传送信息的公共通路叫总线,微型计算机是以总线结构来连接各个功能部件的。

按照计算机所传输的信息种类,计算机的总线可以划分为数据总线、地址总线和控制总线,分别用来传输数据、数据地址和控制信号。

数据总线用于传送数据信息。数据总线是双向三态形式的总线,既可以把CPU的数据传送到存储器或I/O接口等其他部件,也可以将其他部件的数据传送到CPU。数据总线的位数是微型计算机的一个重要指标,通常与微处理的字长相一致。例如,Intel 8086微处理器字长16位,其数据总线宽度也是16位。需要指出的是,数据的含义是广义的,它可以是真正的数据,也可以是指令代码或状态信息,有时甚至是一个控制信息,因此在实际工作中,数据总线上传送的并不一定仅仅是真正意义上的数据。

地址总线是专门用来传送地址的,由于地址只能从CPU传向外部存储器或I/O端口,所以地址总线总是单向三态的,这与数据总线不同。地址总线的位数决定了CPU可直接寻址的内存空间大小，比如8位微型计算机的地址总线为16位，则其最大可寻址空间为2^{16}=64KB，16位微型计算机的地址总线为20位，其可寻址空间为2^{20}=1MB。一般来说，若地址总线为n位，则可寻址空间为2^nB。

控制总线用来传送控制信号和时序信号。在控制信号中，有的是微处理器送往存储器和I/O接口电路的，如读/写信号、片选信号、中断响应信号等；也有其他部件反馈给CPU的，如中断申请信号、复位信号、总线请求信号、设备就绪信号等。因此，控制总线的传送方向由具体控制信号而定，一般是双向的，控制总线的位数要根据系统的实际控制需要而定。实际上，控制总线的具体情况主要取决于CPU。

6.3.1 总线工作原理

当总线空闲（其他器件都以高阻态形式连接在总线上）且一个器件要与目的器件通信时，发起通信的器件驱动总线，发出地址和数据。其他以高阻态形式连接在总线上的器件如果收到（或能够收到）与自己相符的地址信息后，即接收总线上的数据。发送器件完成通信，将总线让出（输出变为高阻态）。

总线如果按设备定时方式划分的话，可以分为同步总线和异步总线两类。

同步总线上所有设备通过统一的总线系统时钟进行同步。同步总线成本低，因为它不需要设备之间互相确定时序的逻辑。缺点是总线操作必须以相同的速度运行。

异步总线上的设备之间没有统一的系统时钟，设备自己内部定时。设备之间的信息传送用总线发送器和接收器控制。异步总线容易适应更广泛的设备类型，扩充总线时不用担心时钟时序和时钟同步问题，但传输时需要额外的同步开销。异步总线的实例有FutureBus、VMEBUS等。

总线的主要技术指标如下。

1. 总线的带宽（总线数据传输速率）

总线的带宽指的是单位时间内总线上传送的数据量，即每秒传送MB的最大稳态数据传输率。与总线密切相关的两个因素是总线的位宽和总线的工作频率，它们之间的关系是：总线的带宽=总线的工作频率×总线的位宽/8。

2. 总线的位宽

总线的位宽指的是总线能同时传送的二进制数据位数，或数据总线的位数，即32位、64位等总线宽度的概念。总线的位宽越宽，每秒数据传输率越大，总线的带宽就越宽。

3. 总线的工作频率

总线的工作时钟频率以MHz为单位，工作频率越高，总线工作速度越快，总线带宽越宽。总线的设计取决于要达到的性能和价格，总线的主要特性如表6-1所示。

表 6-1 总线的主要特性

选 择	高 性 能	低 价 格
总线宽度	独立的地址和数据总线	分时复用数据和地址总线
数据总线宽度	越宽越快(64/128 位)	越窄越便宜
传输块大小	块越大总线开销越小	每次传送单字
总线主设备	多个(需要仲裁)	单个(无须仲裁)
分离处理	采用	不用
定时方式	同步	异步

上述因素中,是否采用独立的地址和数据线、数据总线的位数和传输块的大小这三项对总线的性能和价格的影响最为明显。如果想使总线的成本低,可以采用地址和数据分时复用的总线;若要追求总线的高性能,就要采用独立的地址和数据总线。增加总线位数是直接改进性能最容易的方法,减少总线位数是降低价格最容易的方法。

总线主设备是能够初始化总线操作的设备,例如,CPU 总是总线主设备,当有多个 CPU 或有多个能够初始化读写操作的 I/O 设备时,总线就具有多个主设备。如果有多个主设备,就必须要有总线仲裁机制来处理多个主设备使用总线时的竞争,以选择由哪个主设备来获得总线使用权。

分离处理是指在有多个主设备时,总线就可以通过数据打包来提高总线带宽而不必在整个传输过程中占有总线。分离处理总线有较高的带宽,但是它的数据传送延迟比独占总线方法要大。

定时方式指的是选择同步还是异步。同步总线的控制线中包含一个供总线上所有设备使用的时钟,很少甚至不需要附加逻辑电路来决定下一步的动作。异步总线上没有统一的参考时钟,每个设备自带时钟,总线上的发送设备和接收设备采用握手协议。异步处理可以满足大量不同设备的连接,传输距离较长。选用同步总线还是异步总线,主要应考虑实际传输距离和可连接的设备数,即不仅要考虑数据带宽,还要注意 I/O 系统的能力。同步总线通常比异步总线快,因为它避免了传输时握手协议的额外开销。异步总线能够适应多种类型的不同设备。

6.3.2 总线标准与实例

计算机系统中,不同的设备是通过接口连接的,通过制定标准,就可以使计算机和 I/O 设备的设计都满足相应的标准,I/O 设备和计算机可以任意连接,I/O 总线标准就是定义设备连接的文件。

下面介绍几种通用的总线标准。

1. ISA 总线

1981 年,IBM 生产出的以 Intel8088 为 CPU 的面向个人或办公室的 PC 时,同时推出了其用于PC功能扩充的8位总线，后被国际标准化组织ISO确定为ISA总线标准。1984年，ISA总线在原来8位总线的基础上扩充出16位数据总线宽度。同时地址总线宽度也由20位扩充到24位，但仍保持原8位ISA总线的完整性，形成了现在使用的8位基本插槽加上16位扩充插槽的16位ISA总线标准。

ISA总线与80286兼容，具有16根数据线，支持8位和16位的数据存取；20根地址线，支持16MB的存储器空间和64KB的I/O寻址空间；支持11级中断；7个DMA通道；支持主从控制；支持I/O等待和I/O校验。

2. PCI总线和PCI Express

PCI（Peripheral Component Interconnect，外围设备互连）是由Intel公司于1991年推出的用于定义局部总线的标准。此标准允许在计算机内安装多达10个遵从PCI标准的扩展卡。最早提出的PCI总线工作在33MHz频率之下，传输带宽达到133MB/s（33MHz×32b/s），基本上满足了当时处理器的发展需要。随着对更高性能的要求，后来又提出把PCI总线的频率提升到66MHz，传输带宽能达到266MB/s。1993年又提出了64b的PCI总线，称为PCI-X，目前广泛采用的是32b、33MHz或者32b、66MHz的PCI总线，64b的PCI-X插槽更多的是应用于服务器产品。从结构上看，PCI是在CPU和原来的系统总线之间插入的一级总线，具体由一个桥接电路实现对这一层的管理，并实现上下之间的接口以协调数据的传送。管理器提供信号缓冲，能在高时钟频率下保持高性能，适合为显卡、声卡、网卡和MODEM等设备提供连接接口，工作频率为33MHz/66MHz。

PCI总线系统要求有一个PCI控制卡，它必须安装在一个PCI插槽内。这种插槽是目前主板带有最多数量的插槽类型，在当前流行的台式计算机主板上，ATX结构的主板一般带有5～6个PCI插槽，而小一点儿的MATX主板也都带有2～3个PCI插槽。根据实现方式不同，PCI控制器可以与CPU一次交换32位或64位数据，它允许智能PCI辅助适配器利用一种总线主控技术与CPU并行地执行任务。PCI允许多路复用技术，即允许一个以上的电子信号同时存在于总线之上。

普通PCI总线带宽一般为133MB/s（在32b/33MHz下）或者266MB/s（在32b/66MHz下）。对于普通的声卡、百兆网卡和Modem卡等扩展设备一般使用的是133MB/s的传输速率，这种设备的金手指特征一般是与PCI插槽对应（长-短），而对于部分PCI显卡、千兆网卡、磁盘阵列卡、USB 2.0或者火线卡等需要较高带宽的PCI设备一般可以使用266MB/s的带宽，这种设备的特征是金手指一般是三段式（短-长-短）。至于设备是否工作在66MHz下可以通过软件Everest查看。在PCI设备栏中选中需要观察设备并查看“66MHz操作”是否为“已支持”，如果显示为“不支持”，则表示这个设备最多只能使用133MB/s的带宽。

PCI总线的主要特点如下。

（1）数据线和地址线采用多路复用结构，减少了引脚数。

（2）PCI总线定义了两种电信号标准环境：5V和3.3V。

（3）总线信号与处理器无关，可以支持多系列的处理器。

（4）透明的32/64位总线，允许32位和64位总线设备相互操作。

(5) PCI 支持总线扩展和设备的自动配置。

Intel 在 2001 年春季的 IDF 上，正式公布了旨在取代 PCI 总线的第三代 I/O 技术，该规范由 Intel 支持的 AWG(Arapahoe Working Group)负责制定。2002 年 4 月 17 日，AWG 正式宣布 3GIO1.0 规范草稿制定完毕，并移交 PCI-SIG(PCI-Special Interest Group，PCI 特别兴趣小组)进行审核。开始的时候大家都以为它会被命名为 Serial PCI(受到串行 ATA 的影响)，但最后却被正式命名为 PCI Express，Express 意思是高速、特别快。

随着 PCI Express 技术日益赢得认可和广泛采用，2004 年以及此后推出的新型 PC 同时配有 PCI 插槽和 PCI Express 插槽。PCI Express 保持了与 PCI 寻址模式的兼容性，从而保证了所有现有的应用程序和驱动操作无须改变。PCI Express 配置使用的是 PCI 即插即用标准中所定义的标准机制。软件层发出读和写请求，并使用基于数据包、分段传输的协议通过处理层传输至 I/O 设备。链路层向这些数据包添加序列号和循环冗余校验(CRC)创建一个高度可靠的数据传输机制。基本的物理层包括两个单工通道，即传输对和接收对。这个传输对和接收对一起被称为一个信道。2.5Gb/s 的初始速度提供了在每个 PCI Express 信道上每个方向上大约 250MB/s 的标准带宽。这一速率是大多数典型 PCI 设备的 2～4 倍，而且不同于 PCI 的是，只要总线带宽在设备之间共享，每一个设备都具有此带宽。

对于基于 PC 的测量和自动化系统，多年来一直选择 PCI 总线作为插入式扩展卡总线。在未来它还将继续扮演重要角色。然而，随着 PC 的发展，PCI 总线和它的并行构架已不能跟上平台其他部分的发展。PCI Express 解决了这些问题并在以下几个方面体现出优势。

1) 高性能

在带宽方面，其带宽超过 PCI 的两倍，并且随着通路的增加带宽也线性增宽，这样的带宽还可同时存在于每个链路的双方向。

2) 简化 I/O

简化芯片到芯片和内部用户之间过多的总线访问，如 AGP、PCI-X 和 Hublink。这一特性能降低设计的复杂性和系统实现的成本。

3) 同步数据传输

通过同步数据传输，PCI Express 能为数据采集和多媒体应用提供新的功能。同步传输能提高服务质量保证，从而确保数据以确定性和依赖时间的方式及时地传送。

4) 易用性

PCI Express 能极大地简化用户对系统进行添加和升级。PCI Express 支持热交换和热插拔。由于热插拔依赖于特定的操作系统特性，可能会延缓硬件的推出。此外，PCI Express 设备的各种形式，特别是 SIOM 和 ExpressCard，将为服务器和笔记本提供高性能的外设。

3. RS-232C 串行总线

RS-232 是美国电子工业协会(Electronic Industry Association，EIA)制定的一种串

行物理接口标准。目前 RS-232 广泛用于计算机之间、计算机与终端或外设间的串行数据传送，RS-232 对串行接口中的连接器规格、引线信号名称、功能、信号电平等均做了统一规定。该标准目前广泛应用于微机串行通信中。RS-232C 总线标准设有 25 条信号线，包括一个主通道和一个辅助通道。RS-232C 标准规定的数据传输率为每秒 50、75、100、150、300、600、1200、2400、4800、9600 和 19 200 波特。RS-232 标准规定，驱动器允许有 2500pF 的电容负载，通信距离将受此电容限制，例如，采用 150pF/m 的通信电缆时，最大通信距离为 15m，若每米电缆的电容量减小，通信距离可以增加。

RS-232 总线有 DB-25、DB-15、DB-9 等类型的连接器，其引脚的定义也各不相同。表 6-2 是常用信号线的定义。

表 6-2　常用信号线的定义

引脚号 DB25/DB9	信号名称	信号方向	信号定义
3/2	RxD 发送数据	DTE→DCE	
2/3	TxD 接收数据	DTE←DCE	
20/4	DTR 数据终端就绪	DTE→DCE	表示 DTE 准备发送数据给 DCE
6/6	DSR 数据终端就绪	DTE←DCE	表示 DCE 已与通信信道相连接
4/7	RTS 请求发送	DTE→DCE	表示 DTE 要求向 DCE 发送数据
5/8	CTS 清除发送	DTE←DCE	表示 DCE 已准备好接收来自 DTE 的数据
22/9	RI 振铃指示	DTE←DCE	表示 DCE 正在接收振铃信号
8/1	DCD 载波信号检测	DTE←DCE	DCE 收到满足要求的载波信号
7/5	GND 信号地		

RS-232 总线的典型连接方式如图 6-6 所示。

其中，图 6-6(a)是通过 MODEM 连接，图 6-6(b)是三线连接，图 6-6(c)是反馈连接，图 6-6(d)和图 6-6(e)是交叉连接。

4. USB 总线

通用串行总线（Universal Serial Bus，USB）是由 Intel、Compaq、Digital、IBM、Microsoft、NEC、Northern Telecom 等 7 家世界著名的计算机和通信公司共同推出的一种新型接口标准。USB 2.0 最高传输速率可达 480Mb/s，基于通用连接技术，实现外设的简单快速连接，方便用户使用、降低成本，不需要单独的供电系统。

USB 的特点如下。

(1) 具有热插拔的功能。

热插拔指的是系统上电后可以自由地插拔 USB 设备，而不会对系统产生任何影响。USB 提供机箱外的热插拔连接，连接外设不必打开机箱，也不必关闭主机电源，非常方便。

(2) 采用"级联"方式连接各个外部设备。

每个 USB 设备用一个 USB 插头连接到前一个外设的 USB 插座上，而其本身又提供

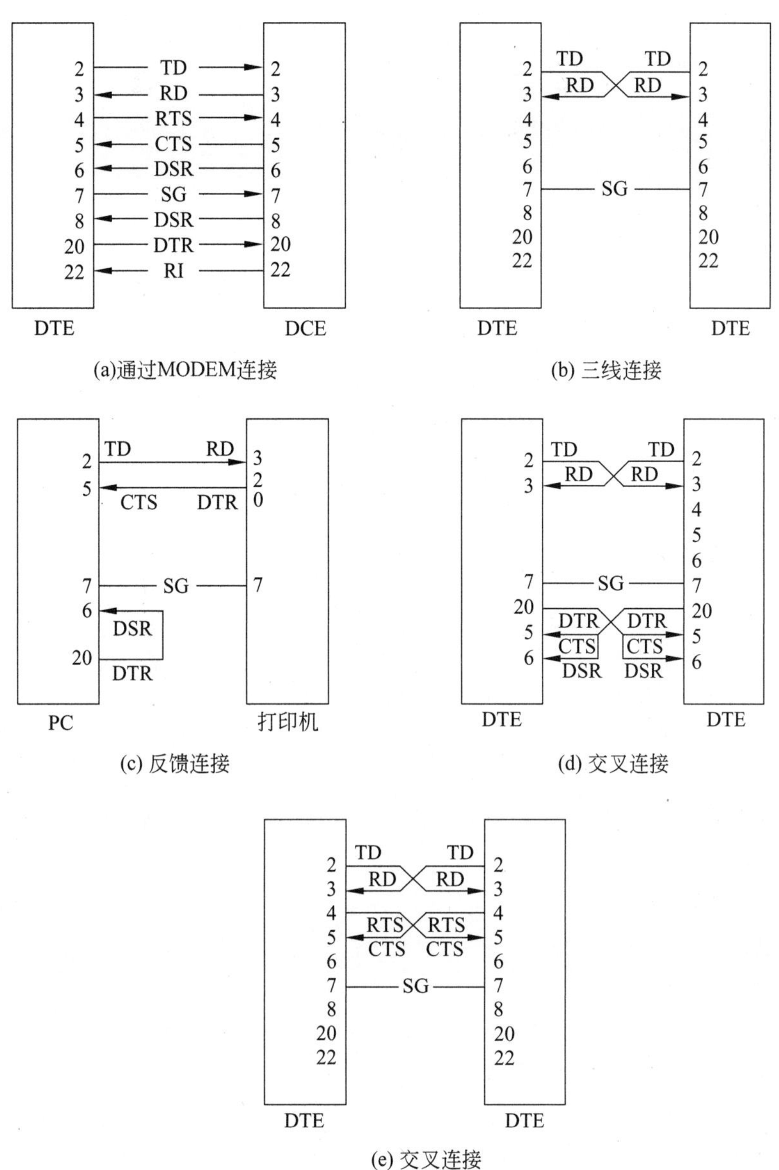

(a)通过MODEM连接

(b) 三线连接

(c) 反馈连接

(d) 交叉连接

(e) 交叉连接

图 6-6　RS-232 总线的典型连接方式

一个 USB 插座供下一个 USB 外设连接用。通过这种连接，一个 USB 控制器可以连接多达 127 个外设，而两个外设间的距离可达 5m。

(3) 适用于低速外设连接。

根据 USB 规范，USB 传送速度可达 12Mb/s，除了可以与键盘、鼠标、MODEM 等常见外设连接外，还可以与 ISDN、电话系统、数字音响、打印机、扫描仪等低速外设连接。

(4) 具有良好的可靠性及兼容性。

USB 总线使用起来十分可靠，因为它在协议层提供了很强的差错控制和恢复功能，而且 USB 总线是与系统完全独立的。只要有软件的支持，同一个 USB 设备就可以在任何一种计算机体系中使用，这种良好的兼容性也使得USB技术可以迅速地发展壮大。

USB的物理拓扑结构如图6-7所示。

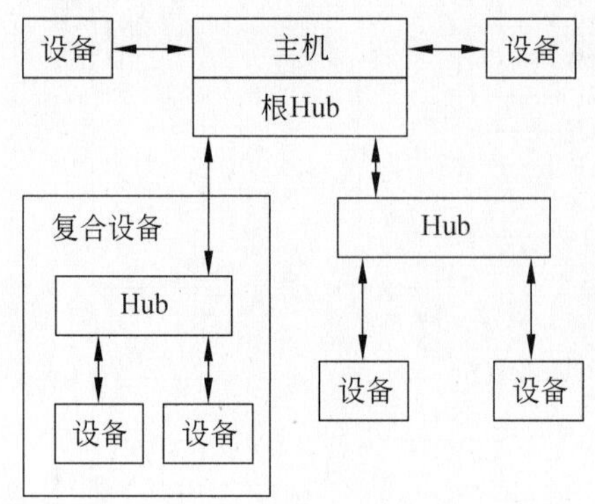

图6-7　USB的物理拓扑结构

USB系统中的设备与主机的连接方式采用的是星状连接。通过使用集线器扩展可外接多达127个外设。USB的电缆有四根线，两根连接5V电源，另外两根是数据线。功率不大的外围设备可以直接通过USB总线供电，而不必外接电源。USB总线最大可以提供5V、500mA电流，并支持节约能源的挂机和唤醒模式。

USB主机在USB系统中处于中心地位，对连接的USB设备进行控制。主机控制所有USB的访问，一个USB外设只有主机允许才有权访问USB总线。

USB提供了四种传输方式，以适应各种设备的需要。四种传输方式如下。

(1) 控制传输方式。

控制传输是双向传输，数据量通常较小，主要用来进行查询、配置和给USB设备发送通用的命令。

(2) 等时传输方式。

等时传输提供了确定的带宽和间隔时间。它被用于时间严格并具有较强容错性的流数据传输，或者用于要求恒定的数据传送率的即时应用中。

(3) 中断传输方式。

中断传输方式是单向的并且对于主机来说只有输入的方式。中断传输方式主要用于定时查询设备是否有中断数据要传送，这种传输方式应用在少量的、分散的、不可预测的数据传输中。

(4) 大量传输方式。

主要应用在没有带宽和间隔时间要求的大量数据的传送和接收中，它要求保证传输。

在USB传输中，任何操作都是从主机开始，主机以预先安排的时序发出一个描述操作类型、方向、外设地址以及端点号的令牌包，然后在令牌中指定数据发送者发出一个数据包或指出它没有数据传输。USB外设将发出一个确认包做出响应，表明传输成功。

5. InfiniBand标准

虽然PCI总线是一种可靠的互连方式，提供了高达1GB/s的传输率，但它安装在计算机母板上，距离的测量以 cm 为单位。与 PCI 不同，2001 年国外著名公司联合推出的 InfiniBand 标准，是瞄准高端服务器市场的最新 I/O 规范，它将 I/O 模块从服务器机架上移走，若使用铜线，允许 I/O 设备安置在离服务器 17m 远的地方，若使用多模光纤，I/O 设备距离可达 300m，若使用单模光纤，距离可达 10km。

InfiniBand 标准为处理器和智能 I/O 设备间的数据流，描述了一种新的体系结构和规范。用 InfiniBand 来替代当前服务器中的 PCI 总线，可使服务器设计中提供更大的容量、更好的扩充性和更高的灵活性。

InfiniBand 的主要功能构件如下。

1）主机通道适配器

通道适配器替代了 PCI 的多个槽，典型的服务器具有到通道适配器的一个接口连接到 InfiniBand 开关。其另一侧接到服务器的存储器控制器，以连接系统总线，控制 CPU 和存储器之间的信息量，以及通道适配器和存储器之间的信息量。通道适配器使用 DMA 方式来读写存储器。

2）目标通道适配器

通过目标通道适配器将远程存储系统、路由器、其他外围设备连接到 InfiniBand 开关。

3）InfiniBand 开关

此开关对各类设备提供点对点的物理连接，并将来自一个链路的信息量切换到另一个链路上。服务器和各个设备通过各自的适配器，经由开关相互通信，开关智能地管理连接，无须中断服务器的操作。

4）链路

链路为传输线，介于开关和通道适配器，或介于两个开关。

5）子网

一个子网由一个开关或多个开关以及连接其他设备到这些开关的链路组成。当需要大量设备互连时，要求更复杂的子网，它允许管理者将多点传送限制在子网范围内。

6）路由器

连接 InfiniBand 各子网，或连接 InfiniBand 开关到局域网、广域网或存储区域网这类网络上。

InfiniBand 标准是一种基于开关的体系结构，可连接多达 64 000 个服务器、存储系统、网络设备，能替代当前服务器中的 PCI 总线，数据传输率高达 30GB/s，因此适用于高成本的较大规模计算机系统。

6.4 中断

6.4.1 中断基本概念

在程序运行时，系统外部、内部或现行程序本身若出现紧急事件，处理器必须立即强行中止现行程序的运行，改变机器的工作状态并启动相应的程序来处理这些事件，然后再恢复原来的程序运行，这一过程称为中断。

能够引起中断的事件称为中断源，也就是能够向 CPU 发出中断请求的中断来源。常见的中断源有 I/O 设备，如键盘、打印机等；故障信号，如硬件损坏、电源掉电等；实时时钟，如外部硬件时钟电路定时到等；软件中断，如软中断指令、调试指令等。在微型计算机系统中，中断源有两类，即内部中断和外部中断。

1. 内部中断

由处理器内部产生的中断事件。例如，当 CPU 进行运算时，运算结果超出了可以表示的范围，或者符号数运算发生溢出，或者执行软中断指令等情况发生，都属于内部中断。

2. 外部中断

由处理器以外的设备产生的中断事件。例如，外设请求输入/输出数据，硬件时钟定时到，设备故障等。Intel 系列 CPU 接入中断请求信号的引脚有两个，一个为 NMI 引脚，另一个为 INTR 引脚。

按照中断请求信号接入引脚的不同，外部中断又可分为可屏蔽中断和非屏蔽中断。

可屏蔽中断是指从 INTR 引脚接入的外部中断。CPU 根据可屏蔽中断请求信号来决定是否处理该外部事件。另外，CPU 内部标志寄存器中的 IF 标志位的值如果为 0，则 CPU 不能响应该中断请求；IF 标志位为 1 时，CPU 能响应该中断请求、处理该外部事件。可屏蔽中断一般用于常规事件的处理。

非屏蔽中断是指从 NMI 引脚接入的外部中断。CPU 收到非屏蔽中断请求信号后，一定会立即响应中断去处理该外部事件，不受 IF 标志屏蔽。非屏蔽中断一般用于紧急突发事件的处理。

在中断系统中，中断响应时间是一个很重要的因素。中断响应时间是从某一个中断源发出中断服务请求到处理机响应这个中断源的中断服务请求，并开始执行这个中断源的中断服务程序所用的时间。

6.4.2 中断处理过程

从某一个中断源发出中断服务请求到这个中断服务请求全部处理完所经过的主要过程如下。

1. 关中断

CPU 在响应中断时，发出中断响应信号 INTA，同时内部自动地关中断，以禁止接受其他的中断请求。

2. 保存断点

把断点处的指令指针 IP 值和 CS 值压入堆栈，以使中断处理完后能正确地返回主程序断点。

3. 识别中断源

CPU 要对中断请求进行处理，必须找到相应的中断服务程序的入口地址，这就是中断的识别。

4. 保护现场

为了不使中断服务程序的运行影响主程序的状态，必须把断点处有关寄存器（指在中断服务程序中要使用的寄存器）的内容以及标志寄存器的状态压入堆栈保护。

5. 执行中断服务程序

在执行中断服务程序中，可在适当时刻重新开放中断，以便允许响应较高优先级的中断。

6. 恢复现场并返回

即把中断服务程序执行前压入堆栈的现场信息弹回原寄存器，然后执行中断返回指令，从而返回主程序继续运行。

在上述中断响应及处理的 6 项操作中，前 3 项是中断响应过程，一般由中断系统硬件负责完成；后 3 项是中断处理过程，通常是由用户或系统程序设计者编制的中断处理程序（软件）负责完成。针对一个具体的系统或机型，中断服务程序设计者应该清楚该系统在中断响应时，中断响应硬件完成了哪些操作（如程序状态字 PSW 是否已被压入堆栈），还需中断处理软件（中断服务程序）完成哪些操作。

6.4.3 中断优先级和嵌套

在实际系统中，多个中断请求可能同时出现，但中断系统只能按一定的次序来响应和处理，这时 CPU 必须确定服务的次序，即根据中断源的重要性和实时性，照顾到操作系统处理的方便，对中断源的响应次序进行确定。这个响应次序称为中断优先级。

中断优先级的原则如下。

(1) 同时有多个请求时，先响应高优先级中断，再响应低优先级中断。

(2) 当 CPU 执行某个中断服务子程序时，出现新的高优先级中断源请求中断，则暂停正在执行的低优先级中断服务子程序，先去执行高优先级中断服务子程序，高优先级中断服务结束后，再返回到低优先级中断服务程序继续执行。

通常，可用软件查询法确定中断优先级，也可用硬件组成中断优先级编码电路来实现。现代 PC 中多采用可编程中断控制器（如 8259A）来处理中断优先级问题。

1. 软件查询法确定中断优先级

在采用软件查询方式进行中断源识别时,可以同时实现多个外部中断源的优先级控制。当响应中断请求进入中断服务子程序后,在中断源识别程序段依次查询有效的中断请求信号时,可以按照事先安排好的优先级次序,对高优先级的中断源先查询,对低优先级的中断源后查询,只要改变查询次序,就可以改变中断优先级。这样在中断源识别过程中同时实现了优先级控制,不需要与专门的判断与确定优先级的硬件排队电路。其缺点是在中断源较多的情况下,从查询到转至相应的中断服务子程序入口的时间较长。

2. 硬件实现方法

硬件实现方法一般是使用专用的中断控制器,集成了中断请求、中断屏蔽、中断优先级、中断源类型码等综合管理功能的芯片,其优先级排列方式可以通过指令设置修改,使用起来十分灵活方便。在微型计算机系统中,大多数场合都是利用专用中断控制器来实现中断优先级管理的。中断嵌套指的是在中断优先级确定的条件下,CPU 总是先响应优先级最高的中断请求。当 CPU 正在执行优先级较低的中断服务程序时,允许响应比它优先级高的中断请求,而将正在处理的中断暂时挂起,转去处理优先级更高的中断,即去执行高级中断的服务子程序。多级中断嵌套时因为要逐级将断点自动压栈进行断点保护,使压入堆栈的内容不断增加,所以可能使堆栈溢出。因此在设计中断编程时,要留出足够多的堆栈单元来保存断点和寄存器的内容。

6.5 DMA 方式

6.4 节中介绍了中断方式,可以提高 CPU 的利用率,但这种方式不适合高速的批量数据传送,因此本节主要介绍计算机系统中的直接存储器传送方式,即 DMA 方式。

6.5.1 DMA 方式的概念

DMA 的全称是 Direct Memory Access,也称为直接存储器传送方式。外设通过 DMA 的一种专门接口电路——DMA 控制器(DMAC),向 CPU 提出接管总线控制权的总线请求,CPU 收到该信号后,在当前的总线周期结束后,会按 DMA 信号的优先级和提出 DMA 请求的先后顺序响应 DMA 信号。CPU 对某个设备接口响应 DMA 请求时,会让出总线控制权。于是在 DMA 控制器的管理下,外设和存储器直接进行数据交换,而不需要 CPU 干预。数据传送完毕后,设备接口会向 CPU 发送 DMA 结束信号,交还总线控制权。

DMA 方式具有以下特点。

(1) 在 I/O 设备与主存之间直接传送数据,以“周期窃取”方式暂停 CPU 对系统总线的控制,占用时间很少。

(2) 传送时,源与目的均直接由硬件逻辑指定。

(3) 主存中要开辟相应的数据缓冲区,指定数据块长,计数由硬件完成。

(4) 在一批数据传送结束后,一般通过中断方式通知 CPU 进行后处理。

(5) CPU 与 I/O 设备能在一定程度上并行工作,效率很高。

(6) 一般用于高速、批量数据的简单传送。

因此,DMA 方式一般用于主存与高速 I/O 设备之间的数据交换,例如,与磁盘、磁带等设备的数据传送,以及高速通信口等。

6.5.2 DMA 的工作过程

DMA 的工作过程主要包括初始化、DMA 请求、DMA 响应、DMA 传送和结束后处理等几个阶段。

1. 初始化

初始化阶段是在实际开始传送操作之前进行的,分为两种情况。如果将主存中某数据块送往外围接口,则需先准备好数据;如果从接口读数据块送入主存,则需在主存中设置相应的缓冲区。初始化 DMA 接口的有关逻辑,以及 DMA 传送结束后以中断方式 CPU 进行后处理所需要的初始化工作。

2. DMA 请求

当接口已准备好输入数据可送入主存或已做好准备可从主存接收新的数据时,接口通过有关逻辑向 CPU 发出 DMA 请求信号。

3. DMA 响应

CPU 接到 DMA 请求,在当前总线周期操作结束后,暂停 CPU 对系统总线的控制和使用,发出 DMA 应答信号,并将其地址总线、数据总线和控制总线的输出端置成高阻态,将总线控制权交给 DMA 控制器。

4. DMA 传送

DMA 控制器接到应答信号后,根据初始化布置的传送功能命令,发出相应的信号驱动总线,将"地址指针"内容送上地址总线,将存储器读/写与 I/O 读/写信号灯送上控制总线,并与其他信号配合,完成一次总线传送。

每完成一次 DMA 传送后,可以暂时清除 DMA 请求信号,接口再次具备传送条件时重新发出请求信号,如此重复进行,直至完成整个数据块的传送。

5. 结束处理

当数据块传送完成后,一般可由块长计数器的回零信号或由接口产生中断请求,通知 CPU 进行后处理。

6.6 通道处理机

6.6.1 通道的功能

在大型计算机系统中,外围设备的台数一般比较多,设备的种类、工作方式和工作速度的差别也比较大。为了把对外围设备的管理工作从CPU中分离出来,从IBM360系列机开始,普遍采用通道处理机技术。IBM公司在360/370机型上首先采用了通道结构。这是一个CPU/主存—通道—设备控制器—外围设备的结构,通道处理机与主存之间有直接的通路。三种不同的通道分别连接不同类型的设备。CPU执行输入/输出的管态指令,并处理来自通道的中断。IBM370的通道结构框图如图6-8所示。

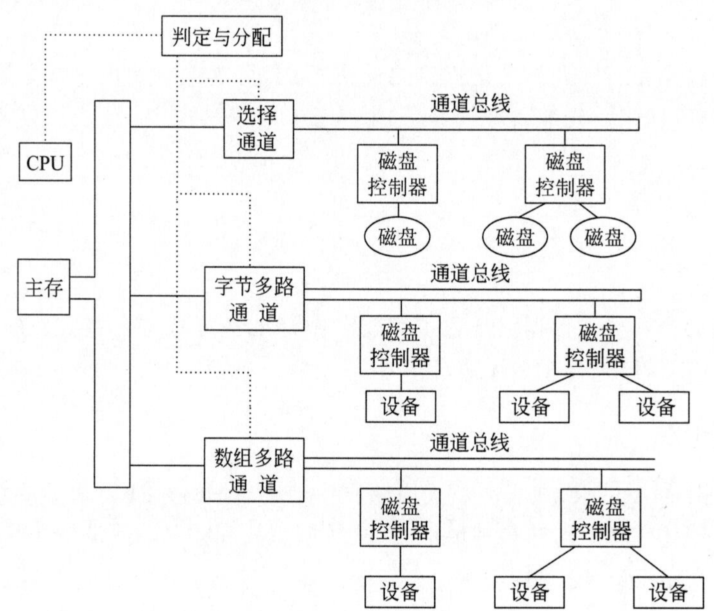

图6-8 IBM370通道结构框图

综合而言,通道的具体功能如下。

(1) 选择设备。由于第一个通道带有多台设备,而每台设备的工作状态可能各不相同,必定会处于下述4个状态之一:①空闲可用;②等待中断处理;③正在工作;④故障或脱机。当需要该类设备输入/输出时,通道可根据现有状态指定参与工作的设备。

(2) 执行通道程序。从主存中取出通道指令,对通道指令进行译码,并根据需要向被选中的设备控制器发出各种操作命令。

(3) 给出外围设备的有关地址,即进行读/写操作的数据所在的位置。如磁盘存储器的柱面号、磁头号和扇区号等。

(4) 给出主存缓冲区的首地址,这个缓冲区用来暂时存放从外围设备上输入的数据,或者暂时存放将要输出到外围设备中去的数据。

（5）控制外围设备与主存缓冲区之间数据交换的个数，对交换的数据个数进行计数，并判断数据传送工作是否结束。

（6）指定传送工作结束时要进行的操作。例如，将外围设备的中断请求以及通道的中断请求送往 CPU 等。

（7）检查外围设备的工作状态是正常还是故障。根据需要将设备的状态信息送往主存指定单元保存。

（8）在数据传输过程中完成必要的格式变换，例如，把字拆卸为字节，或者把字节装配成字等。

通道为外围设备的控制通过 I/O 接口和设备控制器进行，对于各种不同的外围设备，设备控制器的结构和功能也各不相同。指令通过通道与设备控制器之间的标准 I/O 接口送到设备控制器，设备控制器解释并执行这些通道命令，完成命令指定的操作，并且将各种外围设备产生的不同信号转换成标准接口和通道能够识别的信号。

6.6.2 通道的逻辑组成与工作过程

通道组成的逻辑框图如图 6-9 所示。

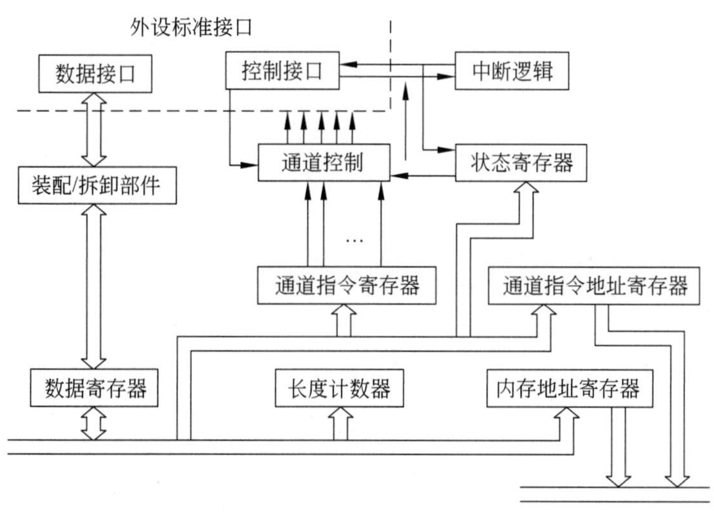

图 6-9 通道逻辑组成

1. 通道指令地址寄存器

存放通道指令的地址。其输出送到主存地址寄存器，取出通道指令后立即进行修改，形成下条通道指令地址。在 IBM370 计算机中因为指令长度为 64 位，所以每次加“8”。

2. 通道指令寄存器

存放现行的通道指令中命令码与标志码等字段。

3. 内存地址寄存器

开始传送指令时,它接收通道指令中的内存地址字段,存放内存区的首地址。在传送过程中,每传送1字节,进行加"1"操作,形成下1字节的地址。

4. 长度计数器

接收通道指令中的传送长度字段。在执行过程中,每传送1字节进行减"1",当全部为"0"时,则说明该条指令结束。

5. 数据缓冲寄存器

存放一个机器字长的数据,与主存进行数据传送。

6. 装配/拆卸部件

通道与主存的数据交换是按一个机器字长进行,而通道与外设之间是按1字节进行。该部件用来进行机器字长与字节之间的变换。

7. 状态寄存器

存放通道与设备的状态。

8. 中断逻辑

根据工作状态产生输入/输出中断请求,并接受CPU的响应信息,同时包含排优逻辑及其他中断控制电路。

9. 标准接口

输入/输出接口部件包括缓冲器、驱动器及校验电路,其结构符合标准,具有良好的一致互换性。

10. 通道控制部件

产生通道工作中所需的控制信号。

在具有通道的机器中,输入/输出系统对用户程序员而言是透明的。用户程序不可以使用输入/输出指令,只能将输入/输出要求提交给操作系统,然后机器由目标状态(即运行用户程序)进入管理状态进行。由目态到管态的转换可以在用户程序中使用一条特殊指令,或广义指令。

广义指令由一条访管指令与一组参数组成。在这条指令中,用户可以提出对输入/输出操作的要求。下面是一条广义指令格式,如表6-3所示。

这是一条读入成批数组的访管指令,M为操作系统中设备管理程序的入口地址,设备号指明了是哪种设备,其他为输入数组的参数。

表 6-3　广义指令的格式

K	访管	保留位	M
$K+1$	—	设备号	输入批数
$K+2$	—	内存起始地址	
$K+3$	—	传送字节数	

当 CPU 在执行用户程序的过程中，遇到 K 条指令时，则根据指令的设备号转入到操作系统设备管理程序的入口，开始执行管理程序。这一段管理程序的功能是根据给出的参数编制好通道程序，并存放在主存某一区域，之后将该存储区的首地址填入通道地址字单元中。这是一个固定的存储单元。在 IBM370 计算机中是主存的 72 号单元。最后执行一条启动输入/输出的指令。若启动成功，则从通道地址字中取出通道程序的第 1 条指令，送到通道处理机开始执行通道程序，同时修改通道指令的地址，为取下一条指令做好准备。通道地址字此时已空闲，可记录其他通道程序地址。每条通道指令结束后，通道程序则根据通道指令中的标志位的状态得知该段程序是否结束。如果没有结束，则继续执行下条通道指令；如果已执行完，则发出"通道结束"和"设备结束"信息。整个通道程序完成后，发出正常结束中断请求，CPU 响应中断，进行传送的后处理。

6.6.3 输入/输出中断

通道工作过程中可能出现下列几种中断。

1. 错误中断

在启动外设或开始输入/输出操作的过程中，都可能出现通道、子通道、设备的故障或程序上的错误。这些错误可能使得输入/输出操作提前中止，或命令链、数据链被中止，并产生输入/输出中断，请求中央处理机处理。

2. 正常结束中断

通道程序按正常情况执行到最后一条指令，即命令链位、数据链位均为"0"时，则产生中断，请求中央处理机进行输入/输出操作的后处理。

3. 通道空闲中断

原来该通道是处于"忙"的状态，当其工作结束处于"空闲"状态时，可产生中断通知中央处理机，以便进行新的输入/输出操作。

多个通道中的多个中断请求，也需要通过排优后，才能送到中央处理机中。处理过程与前述中断排优基本相同。

6.6.4 通道的种类及流量分析

根据外设的工作速度及传送方式的不同，通道分为三种类型：字节多路通道、选择通道和数组多路通道。这三种类型的通道与CPU、设备控制器和外围设备的连接关系如图6-10所示。

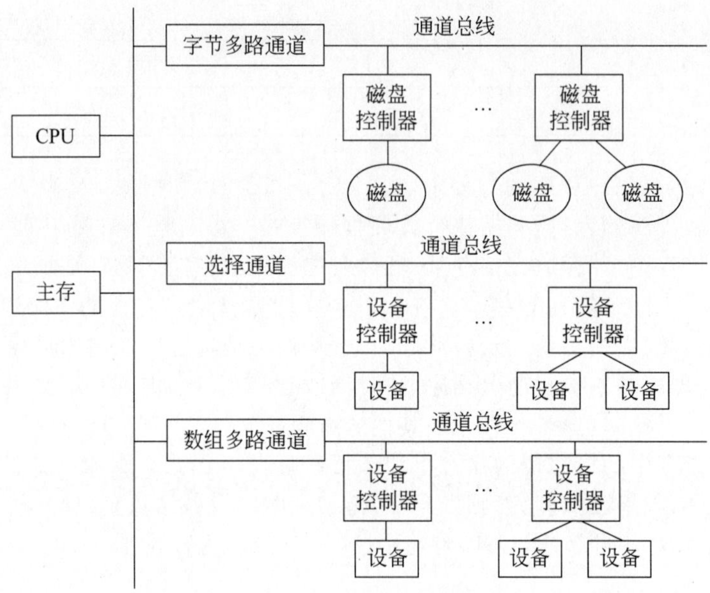

图6-10　三种类型的通道与CPU、设备控制器和外围设备的连接关系

1. 字节多路通道

用于连接多台慢速外设，采用交叉传送数据的方式。一个通道可以连接多台外设，而且使其都处于工作状态。外设对一个数据的传送在时间上分为两部分：①辅助操作时间，即设备准备时间，如机电操作所用的时间；②数据传送时间，通道只是在数据传送时工作，在设备准备时间可以为其他已准备好的设备服务。字节多路通道示意图如图6-11所示。

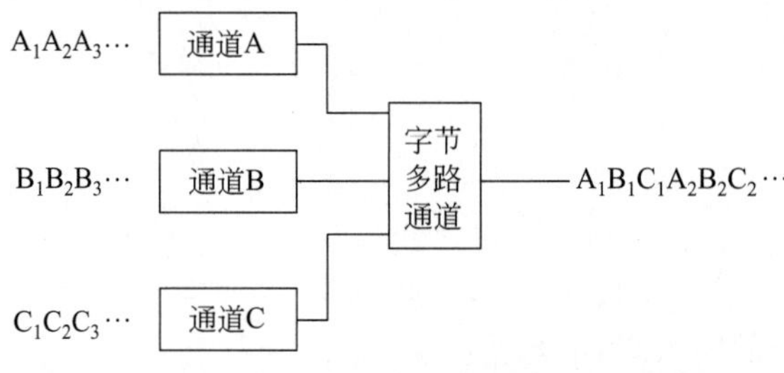

图6-11　字节多路通道

通道连接了三个设备。当设备A已准备好，通道即为它传送第一个数据A，此时设备B、C处于准备工作状态。当通道结束设备A的服务后，B已准备好，则可转向为B服务。B传送完后，设备C已就绪，则又转向C。如此交叉地为各设备工作，换句话说，设备可以分时占用通道，通道每传送一次为1字节。

字节多路通道包含多个子通道，每个子通道连接一个设备控制器，最少需要有1字节缓冲寄存器，一个状态/控制寄存器以及指明固定地址的少量硬件。与各个子通道有关的参数，如主存数据缓冲区地址、交换字节个数都存放在主存固定单元中。当通道在逻辑上与某台设备连接时，就从主存相应的单元中把有关参数取出来，根据主存数据缓冲区地址访问主存储器，读出或写入1字节，并将交换字节个数减1，将主存数据缓冲区地址增至下一个数据的地址。在这些工作都完成之后，就将通道与该设备在逻辑上断开。

2. 选择通道

许多高速设备，如磁盘、磁带，其数据传输率很高。数据的传送是成组进行的，因此要求通道只能为一台设备所占用。选择通道是指每一个通道连接一台高速外设，也可以连接多台相同的高速外设，但通道只能对各台外设串行服务。当某一设备工作时，则通道与该设备相连，一直到整个数组传送完后，才可能转向为其他设备服务。如果该设备具有 n 个数据，则其输出为 $A_1A_2A_3\cdots A_n$。外围设备与通道控制器之间通常是以字节为单位传送数据的，而通道与主存储器之间要以字为单位传送数据，一个字的长度一般为32位或64位。数据格式变换部件完成字到字节的拆卸及字节到字的装配。

3. 数组多路通道

数组多路通道是字节多路通道与选择通道工作方式的综合，是在数组传送的基础上，再分时为多个高速外设服务。每台高速外设(如磁盘)的工作时间有寻址时间与传送时间之分。而寻址时间很长，在这段时间中并不需要通道的控制，所以是通道空闲时间，那么通道可以为其他准备好的高速外设服务。其工作方式如图6-12所示。

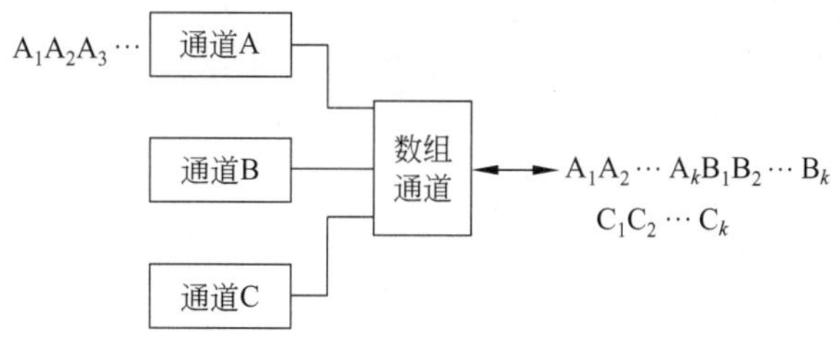

图6-12 数组通道

当通道向A设备发出寻址命令后，立即从逻辑上与该设备断开，它可以为准备好的C设备传送数据。当A寻址结束，开始传送数据时，通道就在整个数组传送时间中为A设备独占。数组多路通道的传输率应该与选择通道相同。

通道的性能决定于通道数据传送的方式，三种通道的传送方式都不相同，为说明其传送方式，需要将外设传送过程的时间阶段予以较为详细的分析。外设设备自得到启动命令到可以进行数据传送之间，有一段设备准备时间，这段时间相对于计算机的主机而言是很长的，是机电或人为动作所需的时间。如人按键、打印机的机械运动或磁盘、光盘启动转动磁头定位所需的时间，期间通道是不参与工作的。当设备准备完毕，需要传送数据时，发出数据传送请求信息到通道。

下面规定通道中数据传送过程中的参数定义。

T_S：设备选择时间。从通道响应设备发出数据传送请求开始，到通道实际为这台设备传送数据所需要的时间。

T_D：传送1字节所用的时间，实际上就是通道执行一条通道指令"数据传送"所用的时间。

p：在一个通道上连接的设备台数，且这些设备同时都在工作。

n：每一个设备传送的字节个数，这里假设每一台设备传送的字节数都相同，都是 n 个字节。

D_{ij}：连接在通道上的第 i 台设备传送的第 j 个数据，其中，$i=1,2,\cdots,p$；$j=1,2,\cdots,n$。

T：通道完成全部数据传送工作所需要的时间。

三种通道数据传送的过程分别如下。

在字节多路通道中，通道每连接一个外围设备，只传送1字节，然后又与另一台设备连接，并传送1字节。字节多路通道如图6-13所示。

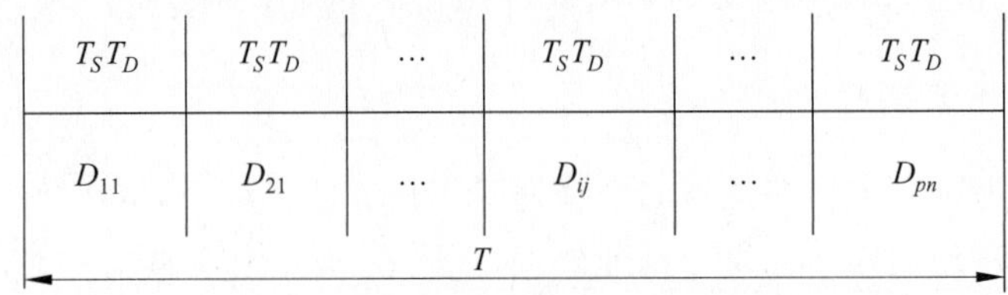

图6-13　字节多路通道数据传送过程

图中表示的是字节多路通道分时地为 p 台外设服务，每台设备传送 n 个字节所需的时间 T 中各过程的分配。T 所需的总时间如式(6-1)所示。

$$T_{\text{BYTE}}=(T_s+T_D)p\cdot n \tag{6-1}$$

选择通道在一段时间内只为一台设备服务，当一台传送完毕后再为第2台设备服务，其传送时间图如6-14所示，那么 p 个设备传送数据所需的总时间如式(6-2)所示。

$$T_{\text{SELECT}}=\left(\frac{T_s}{n}+T_D\right)p\cdot n \tag{6-2}$$

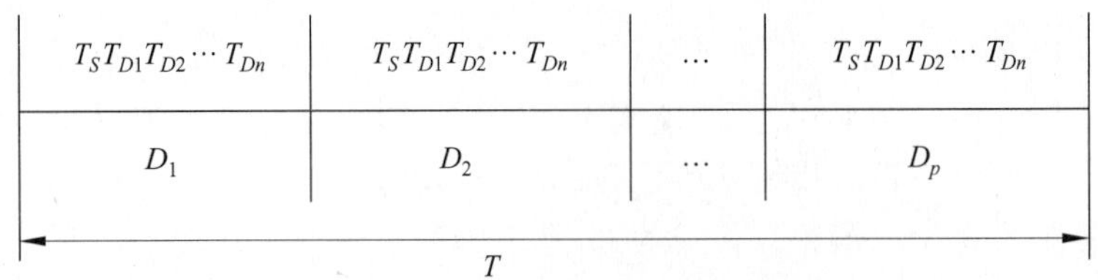

图6-14　选择通道数据传送过程

数组多路通道的数据传送方式适用于数据的高速成组传送，通道分时地为多个设备服务，在每个分时的时段内传送一个数据块，传送完成后，又与另一台高速设备连接，再传送一个数据块。

在数组多路通道中，还需用到以下几个参数。

T_{Di}：通道传送第 i 个数据所用的时间，其中：$i=1,2,\cdots,n$。

D_i：通道正在为第 i 台设备服务，其中：$i=1,2,\cdots,p$。

k：一个数据块中的字节个数。一般情况下，$k<n$。

数组多路通道中在一个设备寻址时间 T_S 之后，有连续 k 个数据传送时间 T_D，如图 6-15 所示。

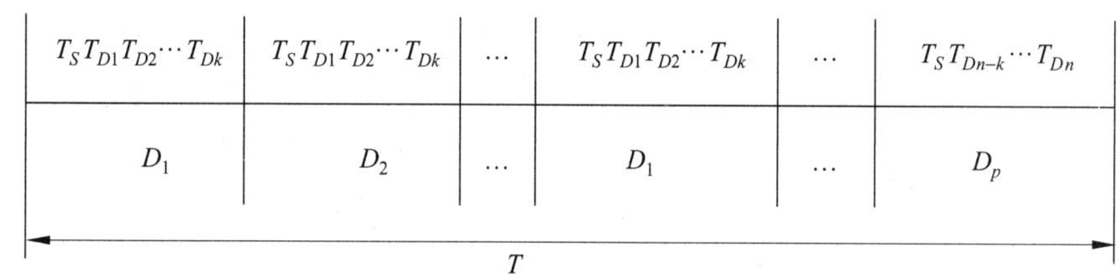

图 6-15　数据通道数据传送过程

当一个通道连接有 p 台外围设备，每一台外围设备都传送 n 字节时，总共需要的时间 T 如式(6-3)所示。

$$T_{\text{BLOCK}}=\left(\frac{T_s}{k}+T_D\right)p\cdot n \tag{6-3}$$

对通道性能的分析通常用通道吞吐率来衡量，也就是通道的流量，是指一个通道在数据传送期间，单位时间内能够传送的数据量。当通道在满负荷工作状态下工作时，得到的则是通道的最大流量。从上述数据传送时间图分析，三种通道的最大流量如式(6-4)～式(6-6)所示。

$$f_{\text{BYTE}\cdot(\max)}=\frac{1}{T_S+T_D} \tag{6-4}$$

$$f_{\text{SELECT}\cdot(\max)}=\frac{1}{\frac{T_S}{n}+T_D} \tag{6-5}$$

$$f_{\text{BLOCK}\cdot(\max)}=\frac{1}{\frac{T_S}{k}+T_D} \tag{6-6}$$

根据字节多路通道的工作原理可知，它的实际流量是连接在这个通道上的所有设备的数据传输率之和，如式(6-7)所示。

$$f_{\text{BYTE}}=\sum_{i=1}^{p} f_i \tag{6-7}$$

对于数组多路通道和选择通道，在一段时间内一个通道只能为一台设备传送数据，而且这时的通道流量就等于这台设备的数据传输率，因此，这两种通道的实际流量就是连接在这个通道上的所有设备中数据流量最大的那一个，如式(6-8)所示。

$$f_{\text{BLOCK}}\leqslant \max_{i=1}^{p} f_i$$

$$f_{\text{SELECT}} \leqslant \max_{i=1}^{p} f_i \tag{6-8}$$

为了保证通道能够正常工作，即不丢失数据，各种通道实际流量应该不大于通道最大流量，应该满足式(6-9)中的不等式关系。

$$\begin{aligned} f_{\text{BYTE}} &\leqslant f_{\text{MAX-BYTE}} \\ f_{\text{BLOCK}} &\leqslant f_{\text{MAX-BLOCK}} \\ f_{\text{SELECT}} &\leqslant f_{\text{MAX-SELECT}} \end{aligned} \tag{6-9}$$

两边的差值越小，通道的利用率就越高。当两边相等时，通道处于满负荷工作状态。在实际设计最大通道流量时，应留有一定的余量。如果1字节多路通道的最大流量正好等于连接在这个通道上的所有设备的流量之和，当所有设备的数据传送请求集中出现时，有可能要丢失数据。

下面引用一个例子说明通道的流量分析问题。

例 1字节多路通道连接 D_1、D_2、D_3、D_4、D_5 共5台设备，这些设备分别每 10μs、30μs、30μs、50μs 和 75μs 向通道发出一次数据传送的服务请求，回答下列问题。

(1) 计算这个字节多路通道的实际流量和工作周期。

(2) 如果设计字节多路通道的最大流量正好等于通道实际流量，并假设对数据传输率高的设备，通道响应它的数据传送请求的优先级也高。5台设备在0时刻同时向通道发出第一次传送数据的请求，并在以后的时间里按照各自的数据传输率连续工作。计算这个字节多路通道处理完各台设备的第一个数据传送请求的时刻。

解：(1) 这个字节多路通道的实际流量是：

$$f_{\text{BYTE}} = \frac{1}{10} + \frac{1}{30} + \frac{1}{30} + \frac{1}{50} + \frac{1}{75} = 0.2MB/s$$

则通道的工作周期为：

$$t = \frac{1}{f_{\text{BYTE}}} = 5\mu\text{s}$$

这里包括通道选择设备的时间 T_s 和为设备传送1字节所用的时间 T_D。

(2) 5台设备在0时刻同时向字节多路通道发出第一次传送数据的请求，通道处理完各设备第一次请求的时间如下。

处理完设备 D_1 的第一次请求的时刻为 5μs。

处理完设备 D_2 的第一次请求的时刻为 10μs。

处理完设备 D_3 的第一次请求的时刻为 20μs。

处理完设备 D_4 的第一次请求的时刻为 30μs。

设备 D_5 的第一次请求没有得到通道的响应，直到第 85μs 通道才开始响应设备 D_5 的服务请求，这时，设备已经发出了两个传送数据的服务请求，因此，第一次传送的数据有可能要丢失。

5台设备向通道请求传送数据和通道为它们服务的时间关系如图6-16所示。

当字节多路通道的最大流量与连接在这个通道上的所有设备的数据流量之和非常接近时，虽然能够从宏观上保证通道流量平衡，不会丢失数据，但是，由于传输速度高的设备频繁发出服务请求，并且优先得到通道的响应，某些低速设备可能在比较长一段时间内得

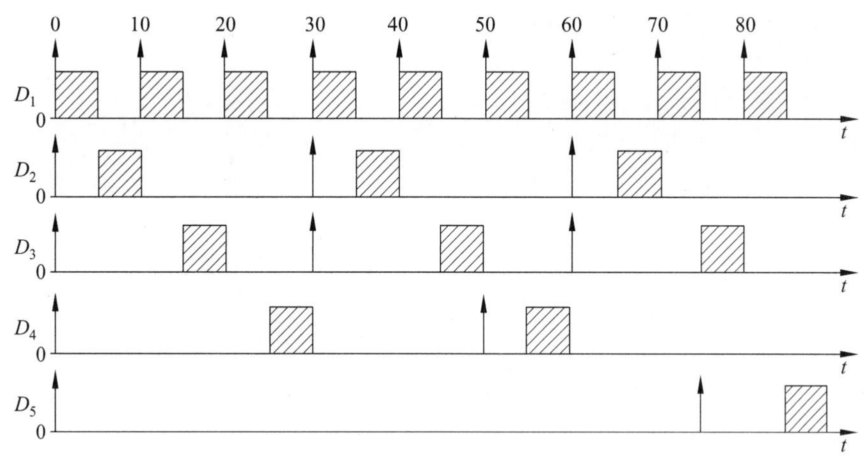

图 6-16　5 台设备向通道请求传送数据和通道为它们服务的时间关系

不到通道的响应。

(3) 分析如图 6-16 所示的时间关系图可以发现，如果对所有设备的请求时间间隔取最小公倍数，那么，在这一段时间内通道的流量是平衡的，即所有设备的每一次服务请求都能够得到通道的响应，但是，在任意一台设备的任意两次时间传送请求之间并不能保证都得到通道的响应。

根据以上分析，为了保证字节多路通道能够正常工作，即不丢失数据，可以采取下列几种方法。

第一种：增加通道的最大流量，保证连接在通道上的所有设备的数据传送请求能够及时得到通道的响应。

第二种：动态改变设备的优先级。

第三种：增加一定数量的数据缓冲器，特别是对优先级比较低的设备。

6.7　输入/输出处理机

6.7.1　输入/输出处理机的功能

通道处理机虽然具有处理机的主要特点，具有执行通道程序的功能，但还不能算是一个功能完备的处理机。它尚不具备数据的处理功能及存储能力。通道的主要功能是能够独立地完成数据的传送功能，还有许多输入/输出工作仍然需要 CPU 来承担。例如，每次输入/输出通道工作的前处理、后处理工作，包括初始条件的设置；执行管理程序，完成通道程序的编制；启动选择设备；通道工作完成后的中断处理；异常情况的检测与处理；数据格式转换，码制转换，等等。当外部设备比较多时，CPU 的付出就很大，使 CPU 时间得不到充分有效的利用，使系统性能最终降低。为此选择一台功能完整的处理机，用以管理与处理输入/输出的全部工作，与主机与主存之间建立多机系统的连接关系。

输入/输出处理机的功能可归纳为下述几点。

(1) 完成通道处理机的全部功能,完成数据的传送。

(2) 数据的码制转换,如十进制与二进制之间的转换,ASCII 码与 BCD 码之间的转换。

(3) 数据传送的校验和校正。各种外设都有比较复杂而有效的校验方法,必须通过执行程序予以实现。

(4) 故障处理及诊断系统。负责处理外设及通道处理机及各种 I/O 控制器出现的故障。通过定时运行诊断程序,诊断外设及 I/O 处理机的工作状态,并予以显示。

(5) 文件管理。文件管理、设备管理是操作系统的工作,此部分可以由 I/O 处理机承担其中的大部分任务。

(6) 人机对话处理,网络及远程终端的处理工作。

总之,I/O 处理机因为具有数据处理功能及一定的存储能力,所以可以完成输入/输出所需的尽量多的工作,与主 CPU 并行进行,从而提高了系统的性能。具有输入/输出处理机的系统,中央处理机不与外部设备直接联系,输入/输出处理机进行全部的管理与控制,它是独立于中央处理机异步工作的。从结构上看,可分为两类。一类是与中央处理机共享主存,输入/输出处理机要执行的管理程序一般放在主存储器中,为所有输入/输出处理机所共享。每台 I/O 处理机可以有一个小容量的局部存储器,在需要的时候,才将本处理机所要执行的程序加载到局部存储器中来,此类结构的机器有 CDC 公司的 CYBER,Texas 公司的 ASC。另一类是不共享主存储器的结构,各台输入/输出处理机具有自己大容量的局部存储器存放本处理机运行所需的管理程序,其优点是减少了主存储器的负担。目前大多数的并行计算机系统都是这种结构,例如 STAR-100。

6.7.2 输入/输出处理机系统举例

CYBER170 的结构图如图 6-17 所示,以主存为系统结构的中心。

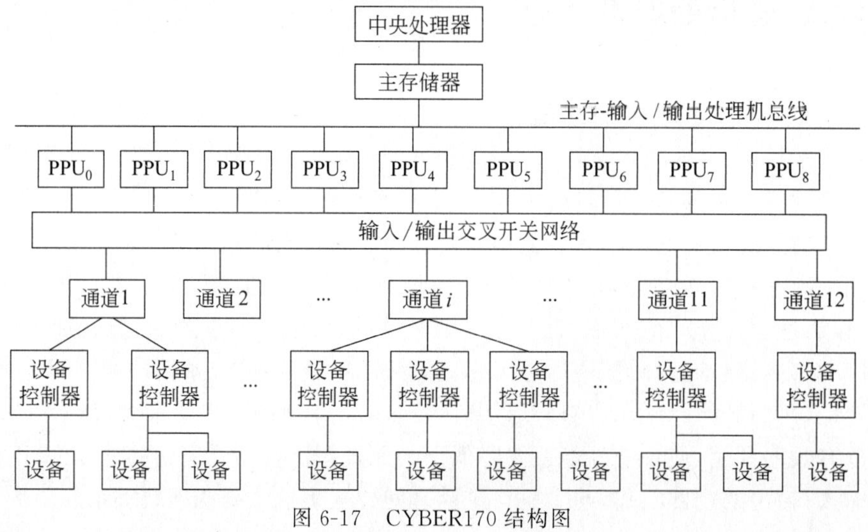

图 6-17 CYBER170 结构图

输入/输出系统包含 10 台 I/O 处理机 PPU_0～PPU_9，每个 PPU 有一个容量为 4k×13 位(其中一位为奇偶位)的局部存储器。系统监督程序常驻在 PPU_0 的局部存储器中，操作台显示程序常驻在 PPU_1 的局部存储器中，其余均装有各自的常驻程序。每台 PPU 都能独立执行有关 PPU 的程序，都有相同的指令系统，完成算术/逻辑运算、读/写主存、与外设交换信息等功能。PPU_0～PPU_9 与中央处理机共享主存。当用户程序需要输入/输出时，中央处理机只需发出调用 PPU 请求，即可继续执行它的用户程序。其后，外围处理机就自己来与外部设备通信。所有 10 台 PPU 分时循环使用同一个算术/逻辑部件，每台 PPU 一次占用一个时间片，隔 10 个时间片之后又可再次占用一个时间片。因此，一条 PPU 指令可能要经过多个大循环周期才能完成。由于主存字长 60 位，PPU 局部存储器字长 12 位，它们之间交换信息时，需要采用桶形移位器的方法进行拆卸和装配，这种拆卸和装配所用的部件也是由 10 个 PPU 分时共享的。

CYBER170 I/O 系统具有 12 个简单的通道，它不同于前面所述的通道处理机，而只是一个输入/输出与外设通路的接口部件。这 12 个简单通道与 10 台 I/O 处理机通过交叉开关网络连接。也就是说，任意一台 I/O 处理机可以选择任意一个通道相接。每个简单通道最多可以接 8 台外设，可用设备号选择。

采用外围处理机方式，可以自由选择通道和设备进行通信，主存、PPU、通道和设备控制器相互独立，可以视需要用程序动态地控制它们之间的连接，具有比通道处理机方式强得多的灵活性。由于 PPU 是独立的处理机，具有一定的运算功能，可以承担一般的外围运算处理和操作控制任务，还可以让各台外设不必通过主存就可以直接交换信息，这些都进一步提高了整个计算机系统的工作效率。

本章小结

输入/输出系统能够提供处理机与外部世界进行交往或通信的各种手段。输入/输出系统具有明显的三种特点：异步性、实时性和与设备无关性。对于工作速度、工作方式和工作性质不同的外围设备，通常要采用不同的输入/输出方式。目前常用的基本输入/输出方式有三种：程序查询方式、中断输入/输出方式和直接存储器访问方式。程序查询方式仅适用于外设的数目不多、对 I/O 处理的实时要求不那么高、CPU 的操作任务比较单一并不很忙的情况。中断输入/输出方式一般也用于连接低速外围设备，但 CPU 能与外围设备并行工作，并能处理例外事件。直接存储器访问方式主要用来连接高速外围设备。

通道处理技术可以把外围设备的管理工作从 CPU 中分离出来。通道的功能主要有选择设备、执行通道程序、给出外围设备的有关地址、给出主存缓冲区的首地址、在数据传输过程中完成必要的格式变化等。

输入/输出处理机具有数据处理功能及一定的存储能力，可以完成输入/输出所需的尽量多的工作，与主 CPU 并行进行，从而提高了系统的性能。

习题

6.1 简单说明下列名词、术语。

程序中断;程序查询;DMA传送方式;I/O接口;通道数据流量;通道程序;I/O系统的异步性与实时性。

6.2 (1) 字节多路通道、数组多路通道、选择通道,它们一般用什么数据宽度来进行通信?

(2) 如果通道在数据传送期中选择设备需9.8μs,传送1字节数据需0.2μs,某低速设备每隔500μs发出1字节数据传送请求,问至多可接几台这种低速设备?对于如下A~F种高速设备,一次通信传送的字节数不少于1024B,问哪些设备可以挂在此通道上?哪些不能?其中,A~F设备每发1字节数据传送请求的时间间隔分别如表6-4所示(单位为μs)。

表6-4 设备发送数据请求时间

设 备	A	B	C	D	E	F
发申请间隔	0.2	0.25	0.5	0.19	0.4	0.21

6.3 某字节多路通道连接6台外设,其数据传送速率分别如表6-5所示。

表6-5 数据传送速率

设 备 号	1	2	3	4	5	6
传送速率/KB·s^{-1}	50	15	100	25	40	20

(1) 计算所有设备都工作时的通道实际最大流量。

(2) 如果设计的通道工作周期,使通道极限流量恰好与通道实际最大流量相等,以满足流量设计的基本要求,同时让速率越高的设备被响应的优先级越高,从6台设备同时发出请求开始,画出此通道在数据传送期内响应和处理各外设请求的时间示意图。

6.4 1字节多路通道连接有5个设备,它们的数据传输率如表6-6所示。

表6-6 数据传输率

设备名称	D_1	D_2	D_3	D_4	D_5
数据传输速率/KB·s^{-1}	100	33.3	33.3	20	10
服务优先级	1(最高)	2	3	4	5

(1) 计算这个字节多路通道的实际工作流量。

(2) 为了使通道能够正常工作,请设计通道的最大流量和工作周期。

(3) 当这个字节多路通道工作在最大流量时,5台设备都在0时刻同时向通道发出第一次传送数据的请求,并在以后的时间里按照各自的数据传输速率连续工作。画出通道分时为各台设备服务的时间关系图,并计算这个字节多路通道处理完各台设备的第一次数据服务请求的时刻。

6.5　1字节多路通道连接有4台外围设备,每台设备发出输入/输出服务请求的时间间隔、它们的服务优先级和发出第一次服务请求的时刻如表6-7所示。

表6-7　服务优先级和发出第一次服务请求的时刻

设备名称	DEV_1	DEV_2	DEV_3	DEV_4
发服务请求间隔	10μs	75μs	15μs	50μs
服务优先级	1(最高)	4	2	3
发出第一次请求时刻	0μs	70μs	10μs	20μs

(1) 计算这个字节多路通道的实际流量和工作周期。

(2) 在数据传送期间,如果通道选择一次设备的时间为3μs,传送1字节的时间为2μs,画出这个字节多路通道响应各设备请求和为设备服务的时间关系图。

(3) 从(2)的时间关系图中,计算通道处理完成各设备第一次服务请求的时刻。

(4) 从(2)画出的时间关系图中看,这个字节多路通道能否正常工作(不丢失数据)?为什么?

(5) 在设计1字节多路通道的工作流量时,可以采用哪些措施来保证通道能够正常工作(不丢失数据)?

6.6　一台计算机系统有两个选择通道,两个数组多路通道,1字节多路通道带有三个子通道。各通道的工作速度如表6-8所示。

表6-8　各通道的工作速度

通道名称		连接在这个通道上的设备的数据传送速率/KB·s^{-1}
字节多路通道	子通道1	100,50,50,25,20,5
	子通道2	60,60,60,45,15,10
	子通道3	100,100,80,80,80,60
数组多路通道1		4000,4000,4000,3000,3000
数组多路通道2		4000,4000,4000,3500,4000
选择通道1		5000,5000,5000,4500,4000
选择通道2		6000,6000,5000,5000,5000

(1) 分别计算各通道和子通道的实际流量和工作周期。

(2) 如果这台计算机系统的速度为1GIPS,指令和数据的字长都是32位。指令Cache的命中率为99%,数据Cache的命中率为95%。假设平均每执行一条指令需要读或写一个操作数,这些操作数大部分来自通用寄存器,只有20%来自存储系统。主存储系统的字长为32位,请设计主存储器的访问周期和数据传输率。

6.7　一个通道型I/O系统,由1字节多路通道A(其中包括两个子通道A1和A2)、两个数组多路通道 B1、B2 和一个选择通道 C 构成，各通道所接设备和设备的数据传送速率如表 6-9 所示。

表 6-9　各通道所接设备和设备的数据传送速率

通　道　号		所接设备的数据传送速率/KB·s^{-1}
字节多路通道	子通道 A1	50,35,20,20,50,35,20,20
	子通道 A2	50,35,20,20,50,35,20,20
数组多路通道 B1		500,400,350,250
数组多路通道 B2		500,400,350,250
选择通道 C		500,400,350,250

（1）分别求出各通道应具有多大实际流量才不会丢失信息。

（2）假定整个 I/O 系统流量占主存流量的 1/2 时，才认为这二者速度相匹配，那么主存流量应达到多少？

6.8　假设某设备向 CPU 传送信息的最高频率是 40kHz，而相应的中断处理程序其执行时间为 40ns，试问该外设是否可用程序中断方式与主机交换信息？为什么？

6.9　用图示说明并比较程序查询方式、程序中断方式和 DMA 方式的 CPU 工作效率。

6.10　采用 DMA 方式实现主机与 I/O 交换信息的接口电路有哪些硬件？各有何作用？

6.11　CPU 响应中断应具备哪些条件？画出中断处理过程流程图。

第7章　MIPS 体系结构

7.1　MIPS 的发展历程

7.1.1　RISC 与 CISC

复杂指令集计算机（Complex Instruction Set Computer，CISC）依靠增加指令复杂性及其功能来提高计算机系统性能。通过测试，这种不断增加指令复杂度的办法并不能使系统性能得到很大提高，反而使指令系统的实现更加困难和费时。

20 世纪 70 年代中期出现了 RISC 设计，将那些不是很频繁使用的功能或指令由软件来实现，优化硬件，提高指令执行速度。MIPS 处理器就是最早研发的 RISC 处理器，具有高速、可靠、易实现、易优化等优点，其设计理念和处理能力比早期的 CISC 处理器要先进许多。

RISC 的主要特征包括：具有有限的简单指令集，选取使用频率高的简单指令；指令长度固定，指令格式少，寻址方式少；指令流水线优化，大多数指令可在一个时钟周期内执行完成；只有取数/存数指令能访问存储器，其余指令的操作都在寄存器之间进行；采用由阵列逻辑实现的组合电路控制器，不用或少用微程序；CPU 配备大量的通用寄存器，以寄存器/寄存器方式工作，减少访问内存的操作；采用优化编译技术，对寄存器分配进行优化，保证流水线畅通。

CISC 的主要特征包括：指令集复杂且数量多；寻址方式多，指令格式多；大多数指令需要多个时钟周期才能执行完成；各种指令都可访问存储器；采用微程序控制；有专用寄存器；难以用优化编译生成高效的目标代码程序。

7.1.2　MIPS Ⅰ到 MIPS Ⅴ

MIPS 是世界上很流行的一种 RISC 处理器。MIPS 的意思是“无内部互锁流水级的微处理器”（Microprocessor without Interlocked Piped Stages），其机制是尽量利用软件办法避免流水线中的数据相关问题。它最早是在 20 世纪 80 年代初期由斯坦福（Stanford）大学 Hennessy 教授领导的研究小组研制出来的。MIPS 公司的 R 系列就是在此基础上开发的 RISC 工业产品的微处理器。这些系列产品为很多计算机公司采用构成各种工作站和计算机系统。

MIPS 技术公司是美国著名的芯片设计公司，它采用精简指令集计算机构（RISC）来设计芯片。和 Intel 采用的复杂指令集计算机（CISC）相比，RISC 具有设计更简单、设计周期更短等优点，并可以应用更多先进的技术，开发更快的下一代处理器。MIPS 是出现最早的商业 RISC 架构芯片之一,新的架构集成了所有原来的 MIPS 指令集,并增加了许多更强大的功能。MIPS 体系结构家族经历了最初的 MIPS Ⅰ到 MIPS Ⅴ几个时代,它们在实现方式上有一些不同。

MIPS Ⅰ:提供 load/store、计算、跳转、分支、协处理器及其他特殊指令等,用于最初的 32 位处理器,至今仍很通用。

MIPS Ⅱ:提供陷阱读取链接条件存储、同步、可能分支、平方根指令等,为 R6000 机器所定义,做出了一些细微的改进,虽然与以前的版本相比没有提高,但后来实现在 1995 年的 32 位处理器中。

MIPS Ⅲ:提供 32 位指令集,同时支持 64 位指令集等,应用于 R4XXX 系列的 64 位指令集。

MIPS Ⅳ:提供条件转移操作及预取指令等,是 MIPS Ⅲ的升级版本,应用于两个不同的实现中。

MIPS Ⅴ:增加了可以提高代码生成效率和数据转移效率的指令等。

MIPS 科技公司后来的一些设计都基于 R10000 内核。R10000 是超标量处理器,但其主要创新是乱序执行。即使使用单个内存流水线和更简单的 FPU,R10000 的大幅改进使其拥有更低的价格和更高的晶体管密度。R12000 使用 0.25 微米的工艺来缩小芯片并获得更高的时钟频率。修改后的 R14000 允许更高的时钟频率,并在片外缓存中额外支持 DDR SRAM。以后的迭代分别称为 R16000 和 R16000A ,与前代相比,它们具有更高的时钟频率和更低的晶体制程精度。

在 MIPS 芯片开发过程中,在 SGI 接管 MIPS 时,从 MIPS 公司中分离了出来,并建成了一个独立的、具有开发领先的中端 CPU 能力的设计团队 QED。在 1996 年初期,QED 发布了 R5000,MIPS 发布了 R10000,再加上低端 R4x00 芯片在嵌入式设计领域获得的大销售量,二者都具有自己的优势。其中,R5000 是 R4600 的扩展版本,增强了浮点,增加了一个高性价比的二级缓存控制器,用于进一步的发展。R10000 是第一个真正可以打乱流水线顺序执行的 CPU,但是 R10000 的调试非常困难。

目前使用的 MIPS CPU 来源于以下四类。

(1) ASIC 核。MIPS CPU 可以在相对较小的空间内实现,而且功耗较小。MIPS 是第一个以 ASIC 核发展起来的可用的 CPU,可以提供 MIPS CPU 核的公司包括 LSI Logic、Toshiba、NEC 和 Philips。

(2) 完整的 32 位 CPU。其价格十分低廉,最低只有几美元,这些芯片包含 CPU、缓存和一定数量简化后的系统接口。它们在价格、功率消耗和处理能力等方面都存在着较大的差异。这些芯片大多数都忽略了内存管理单元,硬件浮点在这些芯片中也是很少见的。

(3) 完整的 64 位 CPU。1993 年年底发布的这些芯片提供了惊人的速度和合理的功率消耗,在高端嵌入式控制领域中已经成为首选芯片。这些芯片的范围正在不断扩大,继续向具有更高性能的 CPU 扩展,向低成本、具有精简总线接口特征的 CPU 扩展。

(4) 超强机器。被称为“MIPS 体系结构之父”的 SGI 公司联合了一些半导体提供商开发了该体系结构的一些高端版本。

7.1.3 MIPS32 和 MIPS64

MIPS16 是一个 1997 年面世的可选的指令集扩展，它能减少二进制程序尺寸的 30%～40%。实现者希望这种 CPU 能够在很关心代码尺寸的场合中更有吸引力——这种场合通常就是指低成本系统。MIPS 增加了一种模式，在这种模式下，CPU 可以对 16 位固定大小的指令进行解码。大多数 MIPS16 指令扩展成正常的 MIPS Ⅲ指令，所以很明显这将是一个相当受限制的指令子集。窍门就在于使这个子集对足够多的程序充分地进行高效编码，以使整个程序的大小得到大大的压缩。当然，16 位指令并不会使其变成一个 16 位指令集。MIPS16 CPU 是实际存在的带有 32 位或者 64 位寄存器的 CPU，MIPS16 CPU 的运算也都在这些寄存器上。MIPS16 远不是一个完整的指令集——例如，它既没有 CPU 控制指令，也没有浮点运算指令。1999 年，MIPS 公司发布 MIPS32 和 MIPS64 架构标准，为未来 MIPS 处理器的开发奠定了基础。新的架构集成了所有原来 MIPS 指令集，并且增加了许多更强大的功能。MIPS 公司陆续开发了高性能、低功耗的 32 位处理器内核 MIPS32 4Kc 与高性能 64 位处理器内核 MIPS64 5Kc。2000 年，MIPS 公司发布了针对 MIPS32 4Kc 的版本以及 64 位 MIPS64 20Kc 处理器内核。

MIPS Ⅴ和 MDMX 是在 1997 年早些时候一起公布的。它们本来是作为一种新的准备在 1998 年发布 MIPS/SGI 的 CPU 中的指令而设计的。但是那个 CPU 后来被取消了，关于它们的未来还存在疑问。上述二者都是为了克服一些已知的传统指令集的不足，这些不足是在 ISA 面向多媒体应用中产生的，像调制解调器的语音编/解码、流媒体应用、图像/视频的压缩/解压缩这样的任务采用一些过去只有专用数字信号处理器(DSP)才用的数学算法，在这种计算等级，多媒体任务通常都包括重复进行一些对大向量或者数组数据的相同操作。引入 SIMD 多媒体指令的原因和 20 世纪 70 年代晚期以前在超级计算机中提供向量处理单元的原因相似。SGI 在 1997 年做出的放弃发展它的 H1 高端处理器项目的决定使这两种指令集(MDMX 和 MIPS Ⅴ)一直没能正式发布。

MIPS32 和 MIPS64 体系结构定义了兼容的 32 位和 64 位指令，使用条件编译或宏汇编指令能写出可同时在 MIPS32 和 MIPS64 上运行的程序。MIPS 指令集是典型的 RISC 指令集，二者的特点比较如表 7-1 所示。

表 7-1 MIPS32 和 MIPS64 的特点比较

MIPS32 体系结构的特点	MIPS64 体系结构的特点
完全兼容 MIPS Ⅰ和 MIPS Ⅱ ISA	64 位的 MIPS 精简指令 R4000 和 R5000 的 TLB 特权结构
增加了条件转移和预取指令	可选的成对单精度浮点指令
标准 DSP 操作指令	标准 DSP 操作指令
有特权的 Cache 控制指令	有特权的 Cache 加载和控制指令
兼容 MIPSS4 体系结构	兼容 MIPS32 体系结构

续表

MIPS32 体系结构的特点	MIPS64 体系结构的特点
经典 MIPS 存取指令格式及跳转和延迟指令	经典 MIPS 存取指令格式及跳转和延迟指令
32 个通用寄存器	32 个通用寄存器
两个专用的乘除操作寄存器	两个专用的乘除操作寄存器
支持浮点操作	可选的浮点处理单元
32 个单精度 32 位或者 16 个双精度 64 位浮点寄存器	32 个双精度 64 位浮点寄存器
浮点条件代码寄存器	浮点条件代码寄存器
可选的内存控制单元	可选的内存控制单元
TLB 或是 BAT 地址翻译结构	TLB 或是 BAT 地址翻译结构
可编程的页大小	可编程的页大小
可选择使用的 Cache	可选择使用的 Cache
虚拟和物理地址映射	虚拟和物理地址映射
EJTAG 调试接口	EJTAG 调试接口
	提供给嵌入式系统双地址模型
	32 位或 64 位寻址空间和 64 位数据长度

7.2 MIPS 体系结构

7.2.1 MIPS 的指令格式

MIPS 的指令格式主要有三种：寄存器指令、立即数指令及跳转指令。每种格式指令都是 32 位的,但其中每一位的含义在不同的格式中是不同的。每个 MIPS 指令都由独立的操作码来定义,一共支持 $2^6 = 64$ 个指令。三种 MIPS 指令格式如表 7-2 所示。

表 7-2 三种 MIPS 指令格式的区别

指令格式	6b	5b	5b	5b	5b	6b
寄存器指令(R)	操作码	源操作数寄存器(RS)	源/目的操作数寄存器(RT)	目的操作数寄存器(RD)	移位位数(shamt)	函数码
立即数指令(I)	操作码	源操作数寄存器(RS)	源/目的操作数寄存器(RT)	立即数		
跳转指令(J)	操作码	跳转目的地址				

MIPS 的指令集(Instruction Set Architecture,ISA)中寄存器指令包括所有 3 个操作数的指令,但寄存器在指令中的顺序与汇编语言不一定相同,立即数指令的操作对象由两

个寄存器和一个立即数构成。跳转指令是所有 MIPS 指令中最简单的一种，有 6 位操作码，剩下的 26 位用来指明要跳转到的目标指令。目标指令的地址由这 26 位左移两位得到，即目标地址是以“00”结尾的 28 位地址，可寻址 $2^{28}=256$MB 的地址空间。若跳转范围大于 256MB，则需用某种寄存器指令，用 32 位的源操作数寄存器的内容指示要跳转到的地址，使寻址能力扩大到 4GB。除了上述基本指令外，MIPS32 和 MIPS64 还提供了特权资源指令集架构、专用扩展指令以及用户定义指令等特殊指令集。

MIPS32 和 MIPS64 的特权资源指令集架构定义了指令集的执行环境和性能，提供了一系列必要的机制来管理处理器资源，如虚拟内存、高速缓存、异常等。MIPS32 和 MIPS64 的专用扩展指令集(Application Specific Extension，ASE)是基本架构的扩展。常用的 MIPS 专用扩展指令集如表 7-3 所示。

表 7-3　常用的 MIPS ASE

专用扩展指令集 ASE	结构要求	应　　用
MIPS 16e	MIPS32 或 MIPS64	减少代码长度
MDMX	MIPS64	数码领域
MIPS-3D	MIPS64	几何计算
SmartMIPS	MIPS32	智能产品

7.2.2　MIPS 与 CISC 体系结构的比较

MIPS 的指令集和寄存器与 x86 和 680x0 CISC 指令集有很大的不同，在设计 MIPS 时尽可能将流水线设计简单，实现起来也更简单和快捷。鉴于以上的设计思路，对 MIPS 指令有如下限制。

(1) 所有指令都是 32 位长。也就是说，在 MIPS 机器中任何指令都要占用 4B 的内存空间，而且也不能超过 4B。MIPS 体系结构的设计者决定在跳转指令或跳转到子程序指令中使用一个 26 位长的常数对目的地址进行编码，其他指令中只有 16 位的常数项空间，这使得加载一个 32 位数值需要两条指令，而条件分支也限制在 64K 指令的范围之内。

(2) 指令操作必须符合流水线。指令操作只有在正确的流水线阶段才能够执行，并且必须在一个时钟周期内执行完毕。例如，寄存器写回阶段只允许一个值存储到寄存器堆，因此这些 MIPS 指令只能修改一个寄存器的值。

(3) 三个操作数指令。算术/逻辑操作不需要指令内存地址。指令中有足够的指令位来定义两个独立的源寄存器和一个目的寄存器。编译器对三个操作数指令的处理比较简单，可以为优化器提供很大的空间来改善处理复杂表达式的代码。

(4) 32 个寄存器。在 MIPS 中设置了 32 个通用寄存器和 32 个浮点寄存器，这个数量在现代体系结构中是最为流行的。16 个寄存器对现代编译器是不够的，而 32 个寄存器对 C 编译器而言除了最大、最复杂的函数之外，足够将最常访问的数据存放在寄存器中。如果是 64 个寄存器或更多的话不但需要更大的指令空间来对寄存器进行编码，而且还会增加上下文切换的代价。

(5) 寄存器0。寄存器0是MIPS机器中的特殊寄存器，总是返回值0，该寄存器为0这个有用的常数提供了一种简洁的编码形式。

(6) 无条件码。x86机器中的条件转移指令是通过程序状态字PSW的标志位进行转移的，MIPS指令集中没有任何条件标志。它规定所有的信息都存储在寄存器堆中，比较指令设置通用寄存器，而条件分支指令测试通用寄存器。

7.2.3 编址和内存访问

MIPS中的编址和内存访问有如下几方面的特征。

(1) 字节编址。MIPS对8位和16位变量提供了一整套加载/存储操作，数据一旦到了寄存器中，就会被扩展到整个寄存器的长度，未对齐的数据将通过两种方式来进行扩展：有符号扩展和无符号扩展。

(2) 只有一种数据寻址方式。所有内存地址的加载或存储都是通过一个基址寄存器的值加上一个16位的有符号偏移量来实现的。

(3) 加载/存储必须对齐。内存操作只能加载或存储经过数据类型转换后按地址对齐的数据。

(4) 跳转指令。在MIPS指令里，最小的操作码字段是6位，剩下的26位用于定义跳转目标。由于所有指令在内存中都是4字节对齐的，并且最低两个有效位不需要存储，因此允许的地址空间大小是$2^{28}=256$MB。

7.2.4 MIPS不支持的特性

在MIPS机器中有以下几项是不支持的。

(1) 没有字节或半字运算。所有的算术和逻辑操作都是针对32位数值的。C程序定义使大多数算术运算通过int精度实现，MIPS中的int型是32位整数。

(2) 最小子程序支持。MIPS有一个特点，跳转指令有一个跳转和链接选项，该选项可以把返回地址存储到一个寄存器中，在MIPS中通常使用$31号寄存器作为返回地址寄存器。

(3) 没有专门的栈支持。在MIPS汇编语言中定义了一个寄存器作为栈指针，对于子程序栈帧的布局，MIPS有一种推荐的格式，可以把来源于不同语言和编译器的模块混合在一起。出栈操作需要将两个值写到寄存器中，一个是栈中的数据，一个是递增的栈指针值，所以它不适合流水线。

(4) 最小中断处理。在MIPS中无法判断硬件如何能做到更少。中断发生时，硬件将重启的位置放入特定的寄存器中，修改机器状态以便找出中断发生的原因，并阻止进一步发生中断，然后跳转到低端内存中的一个预定义地址位置。其他所有的操作都由软件来完成。

(5) 最小异常处理。中断只是一种类型的异常，异常的原因可能是中断，或者试图访问物理上并不存在的虚拟内存地址或其他许多事件。不管什么异常，MIPS CPU都不会在栈中存储任何东西，不对内存进行写操作也不存储寄存器的值。通常 MIPS 为异常保留了两个通用寄存器，从而使得异常程序能够自引导。在任何支持中断或自陷的系统中，对于一个正在运行的程序而言，这两个寄存器中的值随时都有可能改变，因此最好不要使用它们。

7.3 MIPS的缓存

MIPS 机器中的缓存和其他机器一样，都是将内存中的一部分数据在缓存中保留一个备份，使这些数据能在一个固定的极短时间内被快速存取并返回给 CPU，以保证流水线的连续运行。MIPS CPU 都采用独立的指令和数据缓存，这样，读指令和读数据的读或写操作能同时发生。

MIPS 机器中的 Cache 与主存的映像方式有三种方式：直接映像、全相联映像和组相联映像。直接映像是最简单缓存的基本设计方案，被 1992 年以前的 MIPS CPU 广泛使用。这种结构非常简单，容易做到更快，从而使整个 CPU 能运行更快；但是这种方法缓存的利用率很低。全相联内存尽管缓存利用率高，但是硬件非常复杂、昂贵，而且速度很慢。折中方法是使用两路组相联缓存，即两个直接相联的缓存并联。相比而言，一个组相联的缓存比直接映射缓存需要多得多的总线连接。

由于运行一段时间后缓存会被装满，所以当再次存放从内存读来的数据时，就会抛弃一些缓存内原有的数据。如果知道这些数据在缓存和内存中是一致的，那么可以直接把缓存中的备份抛弃，但如果缓存中的数据更新，就需要首先把这些数据存回到内存中。因此带来的问题是缓存如何处理写操作。

对 Cache 的写操作一般有两种方式。早期 MIPS CPU 中通常采用全写法(Write through)，即写操作时，CPU 总是在写 Cache 的同时将数据写到内存中去。这样做的好处就是在任何时刻 Cache 的数据都和内存中的数据保持一致，所以即使在任何时刻抛弃缓存块的任何一个数据，除了时间也不会失去任何东西。

从另一方面讲，在写内存的同时，处理器要处于等待状态，会导致处理器的运行速度急剧下降。通常可以将要写入内存的数据及其地址先保存在另一边，然后由内存控制器自己完成写操作。这个临时保存写操作内容的地方被称为写操作缓冲区，符合先进先出的特性。

近期的 MIPS CPU 一般会采用写回法(Write back)，即要写的数据只写到缓存中，并且对应的那个缓存块要做一个标记，以便不会忘记在某个时候把它写回到内存中。写回法可以分成几种处理方式。如果当前缓存中没有要写地址所对应的数据，可以直接写到内存中而不管缓存；另一种是用特殊的方式把数据读入缓存，然后再直接写缓存，这种方法称为写分配法。

从 MIPS4000 开始，MIPS CPU 在芯片内拥有缓存，而且都支持写回法和写分配法两种工作模式，缓存块的大小也支持 16B 和 32B 两种。

在 MIPS CPU 中，系统启动时需要初始化缓存，这个过程比较复杂，在开始正常运行时，有三种情况需要 CPU 进行干涉。

1. 在 DMA 设备从内存取数据之前

如果数据缓存采用的是写回法的话,可能其中一些被更新过的数据还保留在数据缓存中没有被写回到内存中去,在这样的情况下,一个设备要从内存中取得数据就会出现错误。因此,在 DMA 设备开始从内存中读数据前,如果任何一个将被读的数据还保留在数据缓存中,那么它必须被写回到内存中。

2. DMA 设备写数据到内存

如果一个设备要将数据存储到内存中,要使缓存中任何对应将要写入内存位置的缓存块都无效,这样可以保证内存的更新不会引起 CPU 读缓存中错误的数据。因此在数据通过 DMA 写入内存之前,使对应的缓存块无效。

3. 写指令

当 CPU 自己写一部分指令到内存中用于随后执行时,首先必须保证这些指令会被写回到内存中,其次保证指令缓存中对应这些指令的块被置为无效。在 MIPS CPU 中,数据缓存和指令缓存是没有任何联系的。当 CPU 自己写指令到内存中时,指令是被当作数据写的,很可能只被写到数据缓存中;而取指令执行时,CPU 只看指令缓存,如果不命中,则直接从内存取,所以必须保证这些指令都会被写回到内存中。

在大型系统中,通常需要多级缓存,其中最小而快的一级缓存最接近 CPU,二级缓存在速度和大小上介于一级缓存和内存之间,一些高端机器目前还配有三级缓存。MIPS 处理器中的缓存配置情况如表 7-4 所示。

表 7-4 MIPS 处理器中缓存配置情况

CPU/MHz	一级				二级			三级		
	大小		相联	片上	大小	相联	片上	大小	相联	片上
	I-	D-								
R3000-33	32KB	32KB	Direct	Off						
R3052-33	8KB	2KB	Direct	On						
R4000-100	8KB	8KB	Direct	On	1MB	Direct	Off			
R4600-100	16KB	16KB	Two	On						
R10000-250	32KB	32KB	Two	On	4MB	Two	Off			
R5000-200	32KB	32KB	Two	On	1MB	Direct	Off			
RM7000-xxx	16KB	16KB	Four	On	256KB	Four	On	8MB	Direct	Off

在这里,时钟速度越高,缓存构造的种类就越多。为了提高性能,缓存必须保证提供数据的速度比外围的存储器要快得多,同时也要保证尽可能多地命中。

7.4 MIPS 指令集

7.4.1 MIPS 汇编语言

MIPS 汇编语言和普通的汇编语言类似,都有很多寄存器号,但是由于 MIPS 机器中的寄存器数量多,使其汇编程序更加晦涩难懂。大多都是用比较熟悉的 C 预处理器,C 预处理器会把 C 风格的注解去掉,而得到一个可用的汇编代码。有 C 预处理器的帮助,MIPS 汇编程序都是用助记符来表示寄存器。助记符同时也代表了每个寄存器的用法。

下面是一个 MIPS 汇编语言的例子。

```
/* this is a comment */
#so is this
entrypoint: #this's a label
addu $1, $2, $3 #(registers) $1 = $2 + $3
```

与大多数汇编语言一样, MIPS 汇编语言也是以行为单位的。每一行的结束是一个指令的结束,并且忽略任何“#”之后的内容,认为是注释。在一行里可以有多条指令。指令之间要用分号“;”隔开。一个符号(label)是一个后面跟着冒号“:”的字。符号可以是任何字符串的组合。符号被用来定义一段代码的入口和定义数据段的一个存储位置。在 MIPS 中,许多指令都是 3 个操作数/符(operand)。目标寄存器在左侧(注意,这一点与 Intel x86 正相反)。一般而言,寄存器结果和操作符的顺序与 C 语言或其他符号语言的方式是一致的。例如: subc \$1, \$2, \$3,意味着: \$1= \$2- \$3。

在 MIPS 汇编语言中只有一种寻址方式,任何载入和存储机器指令都可以写成:

```
Lw $1,offset($2)
```

这里可以用任何寄存器为目的操作数或源操作数,偏移量是一个有符号的 16 位数(-32 768~+32 767),程序使用寄存器与偏移量之和来载入地址。更多复杂的寻址方式如双寄存器寻址、多维索引寻址等,均必须按指令序列来实现。

7.4.2 MIPS 指令集

汇编语言中的习惯用法如表 7-5 所示。

表 7-5 在汇编语言中的习惯用法

惯用法	用途
s, t	作为源操作数的 CPU 寄存器
d	存放计算结果的 CPU 寄存器
j	“立即数”常量

续表

惯用法	用途
label	标号，在指令序列中一个入口点的名字
offs	16位的相对PC寄存器的偏移值，表示指令序列中到某个标号的距离
addr	任意一种合法的寻址方式，在汇编程序中，编写load/store或load address指令时使用（详见9.4节，看看汇编器是如何实现各种不同寻址方法的）
at	汇编器临时寄存器，实际上是$1寄存器
zero	寄存器$0，其值永远为0
ra	保存返回地址的寄存器，$31
hi, lo	hi与lo寄存器结合在一起，用来保存整数乘法双倍长度的计算结果。作为实际的寄存器，hi和lo二者都有相同的比特数。32位计算机中hilo能存放6位的整数；64位计算机中hilo则能保存128位的结果
MAXNEG32BIT MAXNEG64BIT	用2的补码形式表示的最大的负数，MAXNEG32BIT和MAXNEG64BIT分别表示32位和64位情况下的最大负数。作为2的补码形式的一个特点是MAXNEG32BIT这个正数是不能用32位表示出来的
cd	由指令进行写操作的协处理器寄存器
cs	由指令进行读操作的协处理器寄存器
exception(CAUSE, code) exception(CAUSE)	设置一个CPU陷阱；CAUSE决定Cause寄存器的ExcCode域的设置。code是一个不由硬件解释的值。它编码后放在指令中的空闲位置上，系统软件以通过读这条指令的机器码并加以分析来得到它。并不是每条指令都会定置"code"域，所以有时候不写它
const31..16	表示获取一个二进制常量的一部分，从第31位到第16位。MIPS的手册t是采用与此类似的写法

按字母序排列的汇编指令列表如表7-6所示。

表7-6 按字母序排列的汇编指令列表

汇编指令/机器指令	解释
abs d,s→ sra at,s,31 xor d,s,at sub d,d,at	d = s < 0 ? -s : s;
add d,s,j→ addi d,s,j	d = s + (signed)j; /* 溢出时会触发异常，很少见 */
add d,s,t	d = s + t; /* 溢出时会触发异常，很少见 */
addciu t,r,j	/* 仅有LSI公司的MiniRISC处理器实现了此特性——"循环加"。该指令用于计算循环缓冲区中的索引下标。CMASK是0#协处理器的一个寄存器，保存了一个0～15的数 */ t = ((unsigned)r + (unsigned)j)%(2 * * CMASK);

续表

汇编指令/机器指令	解　释
addu d,s,j→ addiu d,s,j	d = s + (signed)j; / * 如果不能满足条件－32 768≤j<32 768,就需要更复杂的处理 * /
addu d,s,t	d = s + t;
and d,s,j→ andi d,s,j	d = s & (unsigned)j; / * 如果不能满足条件 0≤i<65 535,就需要更复杂的处理 * /
and d,s,t	d = s &.t;
b label→ beq $ zero, $ zero,offs	goto label;
bal label→ bgezal $ zero,offs	函数调用(基于PC寄存器的有限范围跳转),注意,保存在ra寄存器中的函数返回地址是下一条的指令地址,但该指令并不是内存中指令序列的下一条指令,因为那条指令处在分支指令的延迟槽中,在函数调用实际发生之前就会被执行
bc0f label bc0fl label bc0t label bc0tl label	根据0#协处理器的条件标志进行跳转。在早期的32位处理器上,该指令检测CPU的某个输入引脚,不过在现代CPU中已经没有这个输入引脚了,因此该指令已经无效 助记符中的1后缀代表可能跳转的指令
belf label bclf N, label belfl label belfl N, label belt label belt N, label beltl label beltl N, label	根据浮点协处理器(1#协处理器)的条件标志为真(t)或为假(f)来进行跳转 从MIPS Ⅳ指令集开始,存在8个条件标志位,因此可以根据N = 0,…,7来选择某个标志位 类似belfl指令中的后缀1代表可能跳转的指令
be2f label be2fl label bc2t label be2tl label	根据2#协处理器的条件标志进行跳转。当CPU使用2#协处理器指令集或有相应的外接引脚时,这些跳转指令就非常有用
beq s,t,label	if (s = = t) goto label;
beql s,t,label	这是上一个条件跳转指令的可能跳转的指令变种,该指令延迟槽中的指令只有在跳转实际发生的时候才会被执行
beqz s,label→ beqs, $ zero,offs	if (s = = 0) goto label;
beqzl	这是beqz指令的可能跳转的指令变种
bge s,t,label→ slt at,s,t beq at, $ zero,offs	if ((signed)s≥(signed)t) goto label;
bgel s,t,label→ slt at,s,t beql at, $ zero,offs	bge指令的可能跳转的指令变种,已废弃。这里的宏扩展容易导致使用上的误解:实际上,可能跳转的指令是由编译器或极端的优化器用来优化掉分支延迟槽的,而实际上无法用宏指令来实现这一功能

续表

汇编指令/机器指令	解　释
bgeu s,t,label→ sltu at,s,t beq at, $ zero,offs	if ((unsigned)s≥(unsigned)t) goto label;
bgeul s,t,label	已废弃的可能跳转的指令宏
bgez s,label	if (s≥0) goto label;
bgezal s,label	if (s≥0) label ();/ * 函数调用 * /
bgezall s,label	bgezal 指令的可能跳转的指令变种
bgezl s,label	bgez 指令的可能跳转的指令变种
bgt s,t,label→ slt at,t,s bne at, $ zero,offs	if ((signed) s>(signed)t) goto label;
bgtl s,t,label	已废弃的可能跳转的指令变种宏
bgtu s,t,label→ slt at,t,s beq at, $ zero,offs	if ((unsigned) s>(unsigned) t) goto label;
bgtul t,s,label	已废弃的可能跳转的指令变种宏
bgtz s,label	if (s > 0) goto label;
bgtzl s,label	bgtz 指令的可能跳转的指令变种
ble s,t,label→ sltu at,t,s beq at, $ zero,offs	if ((signed) s≤(signed)t) goto label;
blel s,t,label	已废弃的可能跳转的指令变种宏
bleu s,t,label→ sltu at,t,s beq at, $ zero,offs	if ((unsigned) s≤ (unsigned)t) goto label;
bleul s,t,label	已废弃的可能跳转的指令变种宏
blez s,label	if (s≤0) goto label;
blezl s,label	blez 指令的可能跳转的指令变种
blt s,t,label→ slt at,s,t bne at, $ zero,offs	if ((signed) s< (signed)t) goto label;
bltl s,t,label	已废弃的可能跳转的指令变种宏
bltu s,t,label→ sltu at,s,t bne at, $ zero,offs	if ((unsigned) s< (unsigned)t) goto label;
bltul s,t,label	已废弃的可能跳转的指令变种宏

续表

汇编指令/机器指令	解　　释
bltzs,label	if(s<0) goto label
bltzal s,label	if(s<0) label()
bltzall s,label	bltzall 指令的可能跳转的指令变种
bltzl s,label	bltz 指令的可能跳转的指令变种
bne s,t,label	if(s≠t) goto label;
bnel s,t,label	bne 指令的可能跳转的指令变种
bnez s,label	if(s≠0) goto label;
bnezl s,t,label	bnez 指令的可能跳转的指令变种
break code	断点指令。硬件并不直接处理 code 值,但是断点异常处理例程会读取该指令机器码并获得 code 的值
cache k,addr	该指令会影响 Cache 中的数据,从 MIPS Ⅲ指令集开始引入该指令
cfc0 t,cs cfel t,cs cfc2 t,cs	把协处理器控制寄存器 cs 中的值复制到通用寄存器 t 中。该指令仅当协处理器中含有辅助的控制寄存器集时才有效:不过到现在为止还只有浮点协处理器 CP1 有一个控制寄存器——浮点控制/状态寄存器
ctc0 t,cd ctcl t,cs ctc2 t,cs	把通用寄存器 t 中的值复制到协处理器控制寄存器 cs 中
dabs d,s→ dsra at,s,31 xor d,s,at dsub d,d,at	d = s < 0? - s : s;/ * 64 位操作 * /
dadd d,s,t	d = s + t: / * 64 位操作,溢出时会触发异常,很少见 * /
daddi d,s,j	d = s + j: / * 64 位操作,溢出时会触发异常,很少见 * /
daddiu d,s,j	d = s + j;/ * 64 位操作 * /
daddu d,s,t	d = s + t;/ * 64 位操作 * /
ddiv $zero,s,t→ ddiv s,t	/ * 普通 64 位硬件除法指令 * /lo =(long long)s/ (long long)t; hi =(long long)s%(long long)t;

ddiv d, s, t→
bnezt,1f
ddiv $zero, s, t
break 0x7
1:
li at,-1
bne t,at,2f
lui at,32768
dsll32 at,at,0
bne s,at,2f
nop
break 0x6
2:
mflo d
	/ * 带异常检查的 64 位除法指令 * /
	lo =(long long)s/ (long long)t;hi = (long long)s%(long long)t;
	if (t == 0) exception (BREAK, 7); if (t == -1&&s = MAXNEG64BIT)
	exception (BREAK,6) ;/ * 触发溢出异常 * /d = lo;

续表

<table>
<tr><th>汇编指令/机器指令</th><th>解　　释</th></tr>
<tr><td>ddivd s,t</td><td>普通64位硬件除指令的另一种写法，不过最好还是用 ddiv $zero,s,t</td></tr>
<tr><td>ddivdu s,t</td><td>普通64位硬件除指令的另一种写法，不过最好还是用 ddivu $zero,s,t</td></tr>
<tr><td>ddivu $zero,s,t→
ddivu s,t</td><td>/ * 无符号数的64位硬件除法指令 * /
lo = (unsigned long long)s /
(unsigned long long)t;
hi = (unsigned long long)s %
(unsigned long long)t;</td></tr>
<tr><td>ddivu d,s,t→
divu s,t
bne t, $zero,1f
nop
break7
1:
mflo d</td><td>/ * 带异常检查的无符号数64位硬件除法指令 * /
lo = (unsigned long long)s /
(unsigned long long)t;
hi = (unsigned long long)s %
(unsigned long long)t;
if(t == 0)exception(BREAK,7);
d = lo;</td></tr>
<tr><td>div $zero,s,t→
div s,t</td><td>/ * 普通的有符号数的32位硬件除指令 * /
lo = s/t;hi = s%t;</td></tr>
<tr><td>div d,s,t→
div s,t
bne t, $zero, lf
nop
break 7
1:
li at, -1
bne t,at,2f
nop lui at,0x8000
bne s,at,2f
nop
break 6
2:
mflo d</td><td>/ * 带异常检查的有符号数的32位硬件除指令。/
lo = s / t;
hi = s % t;
if (t == 0) exception(BREAK,7);
if (t == −1 && s == MAXNEG32BIT)
exception(BREAK,6);/ * 触发溢出异常 * /
d = lo;</td></tr>
<tr><td>divds,t</td><td>硬件除指令的另一种写法，不过最好还是用 div $zero,s,t</td></tr>
<tr><td>divdu s,t</td><td>硬件除指令的另一种写法，不过绝大多数的工具链都不支持该指令，所以最好还是用 divu $zero,s,t</td></tr>
<tr><td>divo d,s,t
divou d,s,t</td><td>和 div/divu 完全一样，不过该指令的助记符(o)直接提醒该指令要进行溢出检查(overflow)</td></tr>
<tr><td>divu d,s,t→
divu s,t
bne t, $zero,lf
nop break 7
1:
mflo d</td><td>/ * 带溢出检查的无符号数除法指令 * /
1o = (unsigned)s / (unsigned)t;
hi = (unsigned)s % (unsigned)t;
if(t = = 0)exception(BREAK,7);d = lo;</td></tr>
</table>

续表

汇编指令/机器指令	解　　释

divu $zero,s,t→
divu s,t
	/* 将$zero作为目的寄存器,表示不需要进行任何溢出检查 */
	lo = s / t;
	hi = s % t;

dla t, addr→ # various..	加载64位的地址
dli t, const→ # biggest case: lui t, const63..48 ori t, const47..32 dsllt,16 ori t, const31..16 dsllt,16 ori t, const15..0	加载64位常数。只有当要加载的立即数在0x80000000～0xFFFFFFFF时,该指令才会与i指令有所不同,因为i指令在进行32位到64位转换的过程中会对32位以上的部分进行带符号扩展,即高位全补为1
dmadd16 s, t	/* 该指令只在NEC公司的Vr4100CPU上有实现 */ (long long)lo = (long long)lo + ((short)s * (short)t);
dmfc0 t, cs dmfc1 t, fs dmfc2 t, fs	把64位的数据从协处理器寄存器cs中复制到通用寄存器t中,例如,dmfel就是专门针对浮点协处理器寄存器的
dmtc0 t, cd dmtcl t, cs dmtc2 t, cs	把64位的数据从通用寄存器t中复制到协处理器寄存器cs中
dmul d,s,t→ dmultu s,t mflo d	/* 无溢出检查的乘法指令——64位的源操作数相乘得64位的乘积,对有符号数和无符号数都执行相同的乘法操作 */ d = (long long)s * (long long)t;

dmulo d,s,t→
dmult s,t
mflo d
dsra32 d,d,31
mfhi at
beq d,at,1f
nop
break 0x6
1:
mflo d
	/* 有符号数的乘法指令,如果乘积超过64位有符号数的限制就会触发乘法溢出异常 */
	hilo = (long long)s * (long long)t;
	if ((lo≥0 && hi/0) || (lo<08 && hi≠ 1))
	　　exception(BREAK,6);
	d = lo;

dmulou d,s,t→
dmultu s,t
mfhi at
mflo d
beqz at,lf
nop break 0x6
	/* 无符号数乘法指令,如果乘积超过64位无符号数的限制就会触发乘法溢出异常 */
	hilo = (long long)s * (long long)t;
	if (hi≠0) exception(BREAK,6);d = lo;

dmult s,t	/* 乘法的机器指令,如果是64位有符号数的乘法,该指令将在"hi"寄存器中给出正确的高位计算结果 */ hilo = (long long)s * (long long)t;

续表

<table>
<tr><th>汇编指令/机器指令</th><th>解　释</th></tr>
<tr><td>dmultu s,t</td><td>/ * 乘法的机器指令,如果是 64 位无符号数的乘法,该指令将在“hi”寄存器中给出正确的高位计算结果 * /
hilo = (unsigned long long)s * (unsigned long long)t;</td></tr>
<tr><td>dneg d,s→
dsub d, $ zero,s</td><td>(long long)d = -(long long)s;
/ * 该指令可以触发溢出异常 * /</td></tr>
<tr><td>dnegu d,s→
dsubu d, $ zero,s</td><td>(long long)d = -(long long)s;</td></tr>
<tr><td>drem d,s,t→
bnez t,lf
ddiv $ zero,s,t
break 0x7
1:
li at,-1
bne t,at,2f
lui at,32768
dsll32 at,at,0
bne s,at,2f
nop break 0x6
2:
mfhi d</td><td>/ * 除法的 64 位余数,会触发异常 * /
if (t == 0)exception(BREAK,7);/ * 除 0 错 * /
/ * 看计算结果是否超过 64 位有符号数限制而溢出 * /
if (s == MAXNEG64BIT && t == -1)
exception(BREAK,6);
d = (long long)s % (long long)t;</td></tr>
<tr><td>dret</td><td>专用的异常返回指令,只在已过时的 R6000 CPU 上有实现</td></tr>
<tr><td>drol d,s,t→
dnegu at,t
dsrlv at,s,at
dsllv d,s,t
or d,d,at</td><td>/ * 64 位循环左移 * /
d = (s<<t)| (8>>(64-t));</td></tr>
<tr><td>dror d,s,t→
dnegu at,t
dsllv at,s,at
dsrlv d,s,t
or d,d,at</td><td>/ * 64 位循环右移 * /
d = (s>>t)| (8<<(64-t));</td></tr>
<tr><td>dsll d,s,shft</td><td>d = (long long)s <<shft / * 0≤shft<31 * /</td></tr>
<tr><td>dsll d,s,shft→
dsll32 d,s,shft-32</td><td>d = (long long)s<<shft / * 32≤shft<63 * /</td></tr>
<tr><td>dsll d,s,t→
dsllv d,s,t
dsllv d,s,t</td><td>d = (long long)s<<(t%64);</td></tr>
<tr><td>dsll32 d,s,shft</td><td>d = (long long)s<<(shft + 32)
/ * 0≤shft<31 * /</td></tr>
</table>

续表

汇编指令/机器指令	解　释
dsra d,s,shft	/＊0≤shft<31＊//＊该指令执行算术移位操作,即原来的第63位将被复制并被继续放在最高位上,该指令相当于进行除以2的整数次幂的除法操作,因此即使被除数是负数也能得到正确的计算结果＊/ d = (long long signed)s>>(shft % 32);
dsra d,s,shft→ dsra32 d,s,shft-32	同上,但32≤shft<63
dsra32 d,s,shft	/＊64位算术右移,移动32～63位＊/ d = (long long signed)s>>(shft%32 + 32)
drsa d,s,t→ drsav d,s,t drsav d,s,t	d = (long long signed)s >>(t%64)
dsrl d,s,shft	/＊0≤shft<31＊/d = (long long unsigned)s>>shft%32;
dsrl d,s,shft→ darl32 d,s,shft-32	同上,不过32≤shft<63
dsrl d,s,t→ dsrlv d,s,t dsrlv d,s,t	d = (long long unsigned)s>>(t%64);
dsrl32 d,s,shft	/＊64位算术右移32～63位＊/ d = (long long unsigned)s>>(shft%32 + 32);
dsub d,s,t	d = s－t;/＊64位减法,溢出时会触发异常,很少见＊/
dsubu d,s,t	d = s－t;/＊64位减法＊/
Eret	异常返回指令(从MIPS Ⅲ指令集开始引入)。清除SR(EXL)标志位并跳转到保存在EPC寄存器中的地址,详见12.3节
ffc d,s ffs d,s	定位寄存器s中的第一个为0的位(或者为1的位),是LSI公司的MiniRISC4010系列CPU的专有指令,两条指令执行后将分别把第一个为0(为1)位的位置放到寄存器d中
flushd	使整个Cache失效(只在LSI公司的MiniRISC上有实现)
j label	/＊跳转的目的地址限制在28B(256MB)的页中＊/goto label;
j r jr r	跳转到r寄存器中保存的地址指向的指令
j s→ jr s j rs	跳转到s所指向的地址处。这是可以跳转到任何地址的唯一方法,因为所有被编码在指令中的地址都不可能达到32位长
jal d,addr→ la at,addr jalr d,at	使用非标准返回地址的返回宏指令。该指令宏展开后包括jalr指令和la指令,由于la指令本身也是宏,使用la指令进行宏展开只不过是一种障眼法。另外,这里限于篇幅也不深入讨论寻址模式问题
jal label	子程序调用指令,返回地址保存在ra寄存器中($31)。注意,返回地址是下一条指令的地址:下一条指令处于延迟槽中,在实际跳转到子程序之前就会被执行
jalr d,s	子程序调用,被调用子程序的入口地址保存在s中,而返回地址保存在d中

续表

汇编指令/机器指令	解　释
jal s→ jalr $31,s jalr s→ jalr $31,s	如果 d 寄存器没有指定，就默认使用 ra 寄存器（$31）
la d,addr→ # many options	地址加载指令。la 可以与任何寻址方式搭配工作
lb t,addr	/* 载入 1 字节并进行符号位扩展 */ t = *((signed char *)addr);
lbu t,addr	/* 载入 1 字节，并将高位补 0 */ t = *((unsigned char *)addr);
ld t,addr	/* 如果地址 addr 不是 8B 对齐，则会触发异常 */ t = *((long long *)addr);
ldl t,addr ldr t,addr	向左/向右加载 64 位的 double 型数据——未对齐 64 位数据的左右两部分
ldxel fd,t(b)	/* 根据索引寻址方式把数据加载到浮点处理寄存器中——仅在 MIPS Ⅳ指令集中有效，注意，指令中两个寄存器的作用不是可互换的——寄存器 b 中存放的是基地址，寄存器 t 中存放的是偏移量，如果在 MIPS 的地址空间中(b + t)的值所表示的地址和 b 的值所表示的地址不在一个段内(段是由 64 位地址的最高 2 位来定义的)，那么这个操作是非法的 */ fd = *((double *)(b + t)); /* b,t 都是寄存器 */
lh t,addr	/* 载入 16 位长的数据(半字)，并进行符号位扩展 */ t = *((short *)addr);
lhu t,addr	/* 载入 16 位长的数据(半字)，高位补 0 */ t = *((short *)addr);
li d,j→ ori d, $zero,j	将立即数载入到寄存器中，立即数应满足 0≤j≤65 535
li d,j→ addiu d, $zero,j	如果 −32 768≤j<0，进行这种宏扩展
li d,j→ lui d,hi16(j) ori d,d,lo16(j)	这个宏扩展版本适用于 j 的其他 32 位整数取值
ll t,addr lld t,addr	关联加载指令，分别加载 32/64 位的数据，并附带有关联影响，与 sc 或 s0d 指令成对使用就可以实现无死锁的信号量
lui t,u	/* 加载立即数到寄存器的高位(常量 u 将会被符号扩展到 64 位寄存器中) */ t = u<<16;
lw t,addr	/* 32 位数据加载，对 64 位 CPU 要进行带符号扩展 */ t = *((int *)(addr));

续表

汇编指令/机器指令	解　释
lwcl fd,addr	将单精度浮点数加载到浮点寄存器组中——也可以被记作 l.s 指令。加载到其他协处理器的寄存器的指令也已经有定义了，但是从来没有被真正实现过
lwl t,addr lwr t,addr	字的左/右加载。详见 2.5.2 节，看看这些指令是如何组织在一起，实现地址非对齐的 32 位数加载操作的
lwu t,addr	/* 只在 64 位 CPU 上存在的指令，实现 32 位数的加载，高位用 0 补齐 */ t = (unsigned long long) * ((unsigned int *)addr);
1wxcl fd,t(b)	/* 根据索引寻址方式(寄存器 + 寄存器)加载一个单精度浮点数 */ fd = * ((float *)(t + b));
madd d,s,t	/* 真正的三操作数乘加指令，比如在 Toshiba 公司的 3900 系列处理器内核上就实现了该指令 */ hilo += (long long)s * (long long)t;d = lo;
maddu d,s,t	/* 上面的 madd 指令的无符号数版本 */
mad s,t madu s,t	/* 32 位整数乘加指令，只要 d 寄存器始终为 Szero，该指令在 IDT 公司的 R4640/50 处理器上的实现与前面那个 Toshiba 公司 3900 系列上的乘加指令在指令编码格式和执行行为上完全兼容。注意，mad 指令处理有符号源操作数，madu 指令负责处理无符号数 */ hilo = hilo + ((long long)s * (long long)t);
madd s,t maddu s,t	LSI 公司的 MiniRISC 上实现的整数乘加指令。该指令的编码格式与其他实现的版本不兼容，而且与 MIPS Ⅲ 指令集中 dmult 指令的编码相冲突，madd 与 maddu 分别是有符号数与无符号数的版本
madd16 s,t	/* NEC Vr4100 上的整数乘加操作，只处理 16 位的源操作数 */ lo = lo + ((short)s * (short)t);
max d,s,t	/* 仅在 LSI 公司的 MiniRISC 上有实现 */ d = (s > t) ? s : t;
mfc0 t,cs mfe1 t,fs mfc2t,cs	将 32 位长的数据从协处理器的 cs 寄存器复制到通用寄存器 t 中。mfco 指令对于访问 CPU 的控制寄存器是至关重要的，mfcl 指令把浮点处理单元的数据复制回到整数寄存器中，mfc2 指令只对带 2# 协处理器的 CPU 才有用，而常见的 CPU 设计中通常缺少该协处理器
mfhi d mflo d	将整数乘法单元的计算结果复制到通用寄存器 d 中。lo 中存放的是除法的商或者是乘法的低 32 位计算结果。hi 中存放的是除法的余数，或者是乘法的高 32 位计算结果。如果整除计算仍在执行中的话，执行该指令的流水线会被堵塞
min d,s,t	/* 仅在 LSI 公司的 MiniRISC 上有实现 */ d = (s < t) ? s : t;
move d, s→ or d,s, $ zero	d = s;
movf d,s, N	if (! fpeondition(N)) d = s;

续表

汇编指令/机器指令	解　释
movn d,s, t	if (t) d = s;
movt d,s,N	if (fpcondition(N)) d = s;
movt.d fd, fs, N movt.s fd, fs, N	if (fpcondition(N))fd = fs;
movz d,s,t	if (!t)d = s;
msub s,t msubu s,t	/*32位整数乘减指令,仅在LSI公司的MiniRISC上有实现,参见madd指令*/ hilo = hilo -((long long)s*(long long)t);
mtc0 t,cd mtel t,cs mtc2t,cs	将32位长的数据从通用寄存器t复制到协处理器的cd寄存器中,注意,该指令的写法与一般指令将目的寄存器写在源操作数之前的习惯是相反的 mtc0指令用于访问CPU的控制寄存器,mtc1指令把通用寄存器中的整数写入到浮点处理单元的寄存器中(虽然它们通常直接从内存中加载),mtc2指令只有在有2#协处理器时才有用(极少数CPU才有2#协处理器)
mthi s mtlo s	把数据的高低部分从通用寄存器s分别复制到乘法单元的结果寄存器hi和lo中。这个指令看起来好像没什么用,不过在CPU从异常返回需要恢复现场的时候,这条指令就非常有用了
mul d,s,t mulu d,s,t	/*IDT公司的R4650以及其他CPU上实现的32位整数乘加指令。mul与mulu分别是有符号数与无符号数的版本*/ hilo = (long long)s*(long long)t;d = lo;

mul d,s,t→
multu s,t
mflo d
	d = (signed)s*(signed)t;/*无异常检查*/

mulo d,s,t→
mult s,t
mflo d
sra d,d,31
mfhi at
beq d,at,1f
nop
break 6
1:
mflo d
	/*带溢出检查的32位乘法指令*/
	hilo = (signed)s * (signed)t;
	if((lo≥0 && hi≠0) ‖ (lo<0 && hi≠-1))
	exception(BREAK,6);

mulou d,s,t→
multu s,t
mfhi at
mflo d
beq at, $zero,1f
nop
break 6
1:
	/*带溢出检查的32位无符号数乘法指令*/
	hilo = (unsigned)s * (unsigned)t;
	if (hi≠0) exception(BREAK,6);

续表

汇编指令/机器指令	解　释
mult s,t	hilo = (signed)s * (signed)t;
multu s,t	hilo = (unsigned)s * (unsigned)t;
neg d,s→ sub d, $ zero,s	d =－s;/* 溢出时会触发异常,很少见 */
negu d,s→ subu d, $ zero,s	d =－s;
nop→ sll $ zero, $ zero, $ zero	/* 空操作,指令编码(机器码)为全 0 */
nor d,s,t	d = ～(s|t);
not d,s→ nor d,s, $ zero	d = ～s;
or d,s,t	d = s|t;
or d,s,j→ ori d,s,j　ori t,r,j	d = s|(unsigned)j;
pref hint,addr prefx hint,t(b)	实现指令预取,用于优化内存访问(只在 MIPS Ⅳ或后续指令集版本中才有)。可以在 CPU 的运行过程中把要访问的地址所在的 Cache 行预取到 Cache 中去。该指令没有任何副作用(除了会把数据读到 Cache 中)。具体的 CPU 实现可以把该指令实现为空操作——比如 R5000 就是这么做的。hint 用于告诉 CPU 硬件如何操作 Cache 中的数据,详见 8.4.8 节。两个指令的差别在于一个使用普通的"基址 + 偏移"的寻址方式访问内存,另一个采用"寄存器 + 寄存器"的寻址方式
r2u s	只在 LSI 公司的 ATMizer-Ⅱ机器上有实现,被转换成很怪异的浮点编码格式。结果被存在 lo 寄存器中
radd s,t	只在 LSI 公司的 ATMizer-Ⅱ机器上有实现,怪异的浮点加法指令。结果被存在 lo 寄存器中

rem d,s,t→
bnez t,1f
div $ zero,s,t
break 0x7
1:
li at,-1
bne t,at,2f
lui at,32768
bne s,at,2f
nop
break 0x6
2:
mfhi d
	/* 带溢出异常检查的计算 32 位除法余数的指令 */
	lo = s/t;hi = s%t;if(t == 0)exception(BREAK,7);
	if (t ==－1 && s == MAXNEG32BIT)
	exception(BREAK,6);/* 计算结果溢出 */
	d = hi;

续表

汇编指令/机器指令	解　释
remu d,s,t→ bnez t,1f divu $zero,s,t break 0x7 1: mfhi d	/*同上,不过只做除零异常检查*/
rfe	该指令用于从异常处理返回时恢复CPU的状态——仅在MIPS Ⅰ指令集上有实现。弹出并恢复保存在SR寄存器中断使能/内核状态栈中的值。当该指令只有处在异常处理返回指令jr的延迟槽中才能发挥作用
rmul s,t	只在LSI公司的ATMizer-Ⅱ机器上有实现,怪异的浮点乘法指令。结果被存在lo寄存器中
rol d,s,t→ negu at,t srlv at,s,at sllv d,s,t or d,d,at	/*d = s循环左移t位*/
rsub s,t	只在LSI公司的ATMizer-Ⅱ机器上有实现,怪异的浮点减法指令。结果被存在lo寄存器中
sb t,addr	*((char *)addr) = t;
sc t,addr scd t,addr	条件存储32/64位数据
sd t,addr	*((long long*)addr) = t;
sdbbp c	特殊的断点指令,只在MiniRISC处理器上有实现
sdcl ft,addr	将浮点双精度寄存器中的数据存储到内存中,也可以被记作s,d指令。类似的指令sdc0和sdc2(处理其他协处理器的64位寄存器)也被定义了,但是从来没有处理器真正地实现过它们
sdl t,addr sdr t,addr	向左/向右存储双精度数
sdxcl fs,t(b)	/*根据索引寻址,将浮点寄存器中的数据复制到内存中(t与b都是寄存器),也可以被记作s,d指令*/ *((double*)(t + b)) = fs;
selsl d,s,t	/*LSI公司的MiniRISC处理器上的指令,组合移动指令。该指令会使用ROTATE寄存器(0#协处理器的23号寄存器),不过只使用它的5位,bits 4:0*/ long long dbw; dbw = ((long long)s<<32|t); d = (((long long)0xffffffff & (dbw<<ROTATE))>>32);

续表

汇编指令/机器指令	解　释
selsr d,s,t	/＊功能同上,不过是实现右移操作＊/ long long dbw; dbw ＝ ((long long)s<<32lt); d ＝ (unsigned)0xffffffff & (dbw>>ROTATE);
seq d,s,t→ xor d,s,t sltiu d,d,1	d ＝ (s ＝ ＝ t)? 1: 0;
sge d,s,t→ slt d,s,t xorid,d,1	d ＝ ((signed)s≥(signed)t) ? 1 : 0;
sgeu d,s,t→ sltu d,s,t xori d,d,1	d ＝ ((unsigned)s>(unsigned)t) ? 1 : 0;
sgtd,s,t→ slt d,t,s	d ＝ ((signed)s>(signed)t) ? 1 : 0;
sgtu d,s,t→ sltu d,t,s	d ＝ ((unsigned)s>(unsigned)t)? 1: 0;
sh t,addr	/＊半字存储指令＊/ ＊((short＊)addr) ＝ t;
sle d,s,t→ slt d,t,s xori d,d,1	d ＝ ((signed)s≤(signed)t) ? 1: 0;
sleu d,s,t→ sltu d,t,s xori d,d,1	d ＝ ((unsigned)s≤(unsigned)t) ? 1: 0;
sll d,s,shft	d ＝ s<<shft;/＊0≤shft<32＊/
slld,t,s→ sllv d,t,s sllv d,t,s	d ＝t<<(s%32);
slt d,s,t	d ＝ ((signed)s<(signed)t) ? 1: 0;
slt d,s,j→ slti d,s,j slti d,s,j	/＊j为常数＊/ d ＝ ((signed)s<(signed)j) ? 1: 0;
sltiu d,s,j	/＊j为常数＊/ d ＝ ((unsigned)s<(unsigned)j) ? 1: 0;
sltu d,s,t	d ＝ ((unsigned)s<(unsigned)t) ＝ ? 1: 0;
sne d,s,t→xor d,s,t sltu d, $zero,d	d ＝ (s! ＝ t) ? 1 : 0;
sra d,s,shft	/＊0≤shft<31＊/ /＊算术移动,移动后的第31位用原来的最高位代替,因此该移动指令即使对于负数也相当于是对2的幂的整除操作＊/ d ＝ (signed)s>>shft;

续表

汇编指令/机器指令	解　释
sra d,s,t→ sravd,s,t srav d,s,t	d = (signed)s>>(t%32);
srl d,s,shft	d = (unsigned)s>>shft; /* 0≤shft<32 */
srld,s,t→ srlv d,s,t srlv d,s,t	d = (unsigned)s>>(t%32);
standby	进入一种系统关机模式,仅在NEC公司的Vr4100处理器上有实现
sub d,s,t	d = s−t;/* 溢出时会触发异常,很少见 */
subu d,s,j→ addiu d,s,-j	d = s−j;
subu d,s,t	d = s−t;
suspend	进入一种系统关机模式,仅在NEC公司的Vr4100处理器上有实现
sw t,addr	/* 存储一个字 */ *((int*)addr) = t;
swcl ft,addr	存储一个单精度浮点数,与s.s指令等价。指令集中也为0#和2#协处理器定义了swco和swc2指令,只不过实际的硬件从来没有实现过这两个指令
swl t,addr swr t,addr	向左/向右存储字
swxcl fs,t(b)	/* 存储一个单精度浮点数,使用两个寄存器进行索引寻址,与s.s指令等价 */ *((float*)(t + b)) = fs;
sync	多处理器环境下,存取操作的同步指令
syscall B	/* 引起系统调用异常 */ exception(SYSCALL,B);
teq s,t	/* 条件陷阱指令,只要特定的条件被满足了,就会触发异常,该指令的具体含义如下 */ if(s = = t)exception(TRAP);
teqi s,j	if(s = = j)exception(TRAP);
tge s,t	if((signed)s≥(signed)t)exception(TRAP);
tgei s,j	if((signed)s≥(signed)t)exception(TRAP);
tgeiu s,j	if((unsigned)s≥(unsigned)j) exception(TRAP);
tgeu s,t	if((unsigned)s(unsigned)t) exception(TRAP);

续表

汇编指令/机器指令	解　释
tlbp	地址查找表(TLB)管理指令 如果当前寄存器 EntryLo 中的虚拟页号能在地址查找表中找到,就把索引寄存器 Index 的值设为查找表中的相应项,否则就把索引寄存器 Index 的值设为无效值 0x80000000(即只把最高位置 1)
tlbr	地址查找表(TLB)管理指令 根据索引寄存器 Index 把地址查找表中的相应项复制到寄存器 EntryLo、EntryHi1、EntryHi0 和 PageMask 中
tlbwi tlbwr	地址查找表(TLB)管理指令 采用索引方式(tlbwi 指令)或随机方式(tlbwr 指令)地把寄存器 EntryLo、EntryHi1、EntryHi0 和 PageMask 中的内容复制到地址查找表的相应项中
tlt s,t	/* 其他条件陷阱指令 */ if((signed)s<(signed)t)exception(TRAP);
tlti s,j	if((signed)s<(signed)j)exception(TRAP);
tltiu s,j	if((unsigned)s<(unsigned)j = exception(TRAP);
tltu s,t	if((unsigned)s<(unsigned)t) exception(TRAP);
tne s,t	if(t≠s)exception(TRAP);
tnei s,j	if(t≠j)exception(TRAP);
u2r s	只在 LSI 公司的 ATMizer-Ⅱ机器上有实现,无符号数被转换成怪异的浮点编码格式。结果被存在 lo 寄存器中
uld d,addr→ ldl d,addr 1dr d,addr+7	在非对齐的地址上加载 64 位的数据。用向左加载、向右加载指令组合而成
ulh d,addr→ lb d,addr lbu at,addr+1 sll d,d,8 or d,d,at	在非对齐的地址上加载半字,并进行符号位扩展。根据不同的寻址方式,扩展操作可能会更复杂
ulhu d,addr→ lbu d,addr lbu at,addr+1 sll d,d,8 or d,d,at	在非对齐的地址上加载半字,高位用 0 补齐
ulw d,addr→ 1wl d,addr 1wr d,addr+3	在非对齐的地址上加载字,在 64 位的系统上还要进行符号位扩展(这里给出的是大尾端(big - endian)系统上的宏扩展)

续表

汇编指令/机器指令	解　释
usd d,addr→ sdl d,addr sdr d,addr+7	在非对齐的地址上存储64位的数据
ush addr→ sb d,addr+1 srld,d,8 sb d,addr	在非对齐的地址上存储半字
usw s,addr→ swls,addr swr s,addr+3	在非对齐的地址上存储字
waiti	挂起系统，直至某个中断发生。该指令仅在LSI公司上的MiniRISC处理器上有实现
wb addr	该指令仅在LSI公司上的MiniRISC处理器上有实现。当包含地址addr的长度为8个字的Cache行变得“dirty”的时候，该指令负责把它回写到存储器中。而在R4000处理器或类似的处理器上，该指令将由Cache指令代替
xor d,s,t	d = s^t;
xor d,s,j→ xori d,s,j xori d,s,j	d = s^j;
fs,ft	作为源操作数的浮点寄存器
fd	存放计算结果的浮点寄存器
fdhi fdlo	32位处理器中的一对浮点寄存器，一起用于存放一个双精度的浮点数。一般算术运算默认使用高位(奇数号)寄存器
M	浮点控制/状态寄存器中的一个条件标志位，bc1f和bc0t指令执行时要检查这个标志 这个标志位是不断发展变化的，MIPS Ⅰ到MIPS Ⅲ指令集只含有一个，而MIPS Ⅳ指令集则含有8个，在MIPS Ⅳ指令集中，如果不明确指出检查8个标志位中的哪一个，就会默认使用与前面指令集兼容的那个标志位

MIPS处理器有一套数量不多但行之有效的浮点处理指令，但是基于以下原因这些指令会变得很复杂。

(1) 几乎每条浮点处理指令都有一个单精度的版本和一个双精度的版本，助记符分别用.s和.d加以区分。

(2) 浮点处理指令集在发展变化的过程中，其变化频度远远高于整数指令集，因此要确定当前的MIPS处理器支持的是什么版本的浮点处理指令。

(3) 浮点数的计算和类型转换操作会触发异常。

浮点计算的指令集习惯用法如表7-7所示。

表 7-7 浮点计算指令集惯用法

惯 用 法	用 途
fs，ft	作为源操作数的浮点寄存器
fd	存放计算结果的浮点寄存器
fdhi fdlo	32 位处理器中的一对浮点寄存器，一起用于存放一个双精度的浮点数。一般算术运算默认使用高位(奇数号)计算器
M	浮点控制/状态寄存器中的一个条件标志位，bclf 和 bc0t 指令执行时要检查这个标志 这个标志位是不断发展变化的，MIPS Ⅰ 到 MIPS Ⅲ 指令集只含有一个，而 MIPS Ⅳ 指令集则有 8 个，在 MIPS Ⅳ 指令集中，如果不明确指出检查 8 个标志位中的哪一个，就会默认使用指令集兼容的那个标志位

按字母序排列的浮点指令列表如表 7-8 所示。

表 7-8 按字母序排列的浮点指令列表

汇编指令	所属指令集	解 释
abs. s fd，fs	Ⅰ	fd ＝ (fs＜0) ? -fs ：fs
add. s fd，fs，ft	Ⅰ	fd ＝ fs ＋ ft；
belf label belt label	Ⅰ	根据浮点单元的条件标志进行跳转的指令
c. eq. s M，fs，ft c. f. s M，fs，ft c. le. s M，fs，ft c. lt. s M，fs，ft c. nge.s M，fs，ft c. ngl. s M，fs，ft c. ngt. s M，fs，ft c. ole. s M，fs，ft c. olt. s M，fs，ft c. seq. s M，fs，ft c. sf. s M，fs，ft c. ueq. s M，fs，f tc. ule. s M，fs，ft c. ult. s M，fs，ft c. un. s M，fs，ft	Ⅰ	浮点数比较指令，将寄存器 fs 与寄存器 t 中的值进行比较，并把比较结果存入浮点单元的条件标志 M 位中
ceil. 1. d fd，fs ceil. l. s fd，fs	Ⅲ	将 fs 中的浮点数转换成大于或等于其值的最小带符号 64 位整数值
ceil. w. d fd，fs ceil. w. s fd，fs	Ⅱ	将 fs 中的浮点数转换成大于或等于其值的最小带符号 32 位整数值

续表

汇编指令	所属指令集	解释
cvt. d. l fd, fs	Ⅲ	浮点数类型转换指令,指令助记符中的 d、l、s 和 w(分别代表 double、long long、float 和 int)按顺序分别代表转换操作的目的类型和源类型,无论哪种转换都要丧失一定的精度,舍入的模式现在由浮点状态寄存器 FCR32(RM)域来定义,它决定了如何计算近似数对于整数转换,近似数的计算由算法指定,最好不要写出类似 floor. w. s 的指令(better off writing)。在 MIPS Ⅰ指令集的系统中这些指令是通过宏扩展来实现的,真正的物理实现是从 MIPS Ⅱ指令集才引入的
cvt. d. s fd, fs cvt. d. w fd, fs	Ⅰ	
cvt. l. d fd, fs cvt. l. s fd, fs	Ⅲ	
cvt. s. d fd, fs	Ⅰ	
cvt. s. l fd, fs	Ⅲ	
cvt. s. w fd, fs cvt. w. d fd, fs cvt. w. s fd, fs	Ⅰ	
div. s fd, fs, ft	Ⅰ	fd = fs / ft;
dmfcl rs, fd	Ⅲ	将 64 位的数据不加任何转换地从浮点处理单元(1#协处理器)复制到通用整数寄存器中
dmtcl rs, fd	Ⅲ	将 64 位的数据不加任何转换也不做检查地从通用整数寄存器复制到浮点处理单元(1#协处理器)中
floor. 1. d fd, fs floor. 1. s fd, fs	Ⅲ	将 fs 中的浮点数转换成小于或等于其值的最大带符号 64 位整数值
floor. w. d fd, fs floor. w. s fd, fs	Ⅱ	将浮点数转换成小于或等于其值的最大带符号 32 位整数值
1. dfd, addr→ ldel fd, addr	Ⅱ	/* 加载一个双精度浮点数,地址必须是 8 字节对齐的 */ fd = *((double *)(off + base));

1.d fd, addr→
lwel fdhi, addr
lwel fdlo, addr+4
	Ⅰ	/* 将双精度浮点数载入到寄存器对中,注意加载的方式(高低有效位各在地址上)与 CPU 是大尾端(big-endian)系统还是小尾端(little-endian)系统相关 */
		fd = *((double *)addr);

1.s fd, addr→ lwel fd, addr	Ⅰ	/* 加载单精度浮点数,地址必须是 4 字节对齐的 */ fd = *((float *)(off + base));
ldcl fd, disp(rs)	Ⅲ	与 1. d 指令等价,不过已废弃
ldxcl fd, ri(rs)	Ⅳ	显式的索引寻址方式的双精度浮点数加载机器指令。最好用 l.d 指令并采用适当的寻址方式
lwcl fa, disp(rs)	Ⅲ	与 1.s 指令等价,不过已废弃
lwxel fd, ri(rs)	Ⅳ	显式的索引寻址方式的单精度浮点数加载指令。最好用 1.s 指令并采用适当的寻址方式
madd. s fd, fr, fs, ft	Ⅳ	fd = fr + fs * ft;
mfcl rd, fs	Ⅰ	将 32 位的数据不加任何转换地从浮点处理单元(1#协处理器)复制到通用整数寄存器中
mov.s fd, fs	Ⅳ	fd = fs;

续表

汇编指令	所属指令集	解释
movf.s fd, fs, N	Ⅳ	if (! fpcondition(N))fd = fs;
movn.s fd, fs, t	Ⅳ	if (t = 0)fd = fs;/ * t是通用寄存器 * /
movt.s fd, fs,N	Ⅳ	if (fpcondition(N))fd = fs;
movz. sfd, fs,t	Ⅳ	if (t == 0)fd = fs;/ * t是通用寄存器 * /
msub.s fd, fr, fs, ft	Ⅳ	fd = fs * ft－fr;
mtcl rs, fd	Ⅰ	将32位的数据不加任何转换也不做检查地从通用整数寄存器复制到浮点处理单元(1＃协处理器)中
mul.s fd, fs, ft	Ⅰ	fd = fs * ft;
neg.s fd, fs	Ⅰ	fd =－fs;
nmadd.s fd, fr, fs, ft	Ⅳ	fd =－(fs * ft ＋ fr);
nmsub.s fd, fr, fs, ft	Ⅳ	fd = fr－fs * ft;
recip.s fd, fs	Ⅳ	fd = 1/fs; / * 快速算法,但不符合IEEE的精度标准 * /
round.l. d fd, fs round.1. sfd, fs	Ⅲ	将浮点数转换成等值的或者最接近的64位整数值
round. w. d fd, f sround. w. s fd, fs	Ⅱ	将浮点数转换成等值的或者最接近的32位整数值
rsqrt.s fd, fs	Ⅳ	/ * 快速算法,但不符合IEEE的精度标准 * / fd = sqrt(1/fs);
s.d ft, addr→ sdcl ft, addr	Ⅲ	/ * 存储双精度浮点数,地址必须是8字节对齐 * / * ((double *)addr) = ft; / * 第二种宏展开是专门针对32位处理器的指令组合 * /

s.d ft, addr→
swcl fthi, addr
swcl ftlo, addr＋4
	Ⅰ	

s.s ft, addr→ swcl ft, addr	Ⅰ	/ * 存储单精度浮点数,地址必须是4字节对齐 * / * ((float *)addr) = ft;
sdel fd, disp(rs)	Ⅲ	与s.d指令等价,不过已废弃
sdxcl fd, ri(rs)	Ⅳ	显式的索引寻址方式的双精度浮点数存储机器指令。最好用s.d指令并采用适当的寻址方式
sqrt. s fd, fs	Ⅲ	fd = sqrt(fs);/ * 与IEEE标准兼容 * /
sub. s fd, fs, ft	Ⅰ	fd = fs－ft;
swel fd, disp(rs)	Ⅲ	与s.s指令等价,不过已废弃
swxcl fd, ri(rs)	Ⅳ	显式的索引寻址方式的单精度浮点数加载机器指令。最好用s.s指令并采用适当的寻址方式
trunc. l. d fd, fs trunc. l. s fd, fs	Ⅲ	将浮点数转换成等值的64位整数值或者与该浮点数符号相同但更接近于0的绝对值最大的64位整数值

续表

汇编指令	所属指令集	解释
trunc. w. d fd, fs trunc. w. s fd, fs	Ⅱ	将浮点数转换成等值的32位整数值或者与该浮点数符号相同但更接近于0的绝对值最大的32位整数值

本章小结

本章介绍了MIPS体系结构的发展历程,MIPS体系结构家族经历了最初的MIPS Ⅰ到MIPS Ⅴ几个时代,它们在实现方式上有一些不同。MIPS32和MIPS64体系结构定义了兼容的32位和64位指令,使用条件编译或宏汇编指令能写出可同时在MIPS32和MIPS64上运行的程序。MIPS指令集是典型的RISC指令集。

本章还对RISC和CISC进行了比较和分析,以及MIPS与CISC体系结构的比较。MIPS机器中的缓存和其他机器一样,都是将内存中的一部分数据在缓存中保留一个备份,使这些数据能在一个固定的极短时间内被快速存取并返回给CPU,以保证流水线的连续运行。

MIPS汇编语言和普通的汇编语言类似,MIPS有自己的指令集,都有很多寄存器号,但是由于MIPS机器中的寄存器数量多,使其汇编程序更加晦涩难懂。

习题

7.1 简述MIPS的发展历程。

7.2 MIPS指令格式与80x86指令格式有何区别?

7.3 写一个MIPS程序,实现下述C源程序的比较选择功能。

C源程序:

```
#include "stdio.h"
main()
{
int num;
scanf("%d",&num);
num = (num >= 1) ?1:0;
printf("%d",num);
}
```

7.4 写一个MIPS程序,实现下述C源程序的循环功能。

C源程序:

```
#include "stdio.h"
main()
{
int n;
```

```
for(n = 1; n<=300;n++);
{if(n%3==0)
continue;
printf("%d", n);}
}
```

7.5 编写一个MIPS程序，实现下述功能：某公司对商品进行分购买量打折的活动。

x≤10	无折扣
10<x≤20	5%折扣
20<x≤30	10%折扣
30<x≤40	15%折扣
40<x	20%折扣

第8章　多核技术

在飞速运转的信息社会，计算机中央处理器的发展已经进入了多核时代。跟传统的单核 CPU 相比，多核 CPU 带来了更强的并行处理能力及更高的计算密度，并大大减少了散热和功耗。并行化、多核心等诸多新技术为中国的软件开发和应用行业提供了巨大的发展空间。随着全球的开发者日益重视并行编程，中国的软件开发人员也越来越感受到并行编程可以充分地发挥多核处理器的性能，从而让中国的软件企业在多核时代获得更多的发展动力及更大的竞争优势。

8.1　多核基本概念

8.1.1　多核技术发展趋势

在过去的几十年里，个人 PC 的 CPU 速度一直按照著名的摩尔定律发展，即芯片的晶体管数量每 18～24 个月翻一番，相当于处理器的时钟频率每 18～24 个月增加一倍。经过三十多年的发展，Intel 公司的 Pentium 4 处理器最高频率已接近 4GB，集成的晶体管数量有数亿个，半导体工艺已经达到了物理极限，同时，提高主频会增加处理器的功耗和设计的复杂度，以及提高主频所带来的高发热问题是不可克服的障碍，导致芯片运行不稳定，因此主频的提升空间已经不大。

对于单核处理器，提高性能的方法还包括：超标量处理器的方式、超流水线的方式。超标量处理器通常有两个或多个处理单元，利用这些硬件资源，需要对软件进行精心设计，同时需要对软件进行大量的修改来适应多流水线，这些会影响软件的可移植性。超流水线方式目前基本已达到饱和状态，再增加超流水线比较困难，也就是说，从指令级上提升 CPU 性能已经达到极限。

对单核 CPU 速度的提升也受到存储器访问速度匹配的制约，这样仍然使 CPU 的性能无法发挥，因此单纯提高单核 CPU 速度并不能促进计算机系统整体性能的提高。

多核处理器直接的发展普遍认为是始于 IBM。IBM 在 2001 年发布了双核 RISC 处理器 Power 4，将两个 64 位 Power PC 处理器内核集成在同一颗芯片上，成为首个采用多核设计的服务器处理器。后来，HP 和 Sun 两大公司也相继在 2004 年 2 月和 3 月发布了名为 PA-RISC8800 和 UltraSPARC Ⅳ的双内核处理器。AMD 在 2005 年 4 月推出了双核处理器 Opteron，专用于服务器和工作站，Athlon 64 X2 双核系列产品专用于台式计算机。2006 年 5 月，Intel 发布了服务器芯片 Xeon 系列的新成员——双核芯片 Dempsey，该产品使用了 65nm 制造工艺，主频为 2.67～3.72GHz，与其 Pentium D 系列产品相比，计算性能提高了 80%，能耗降低了 20%。继双核之后，Intel 在 2006 年 11 月推出了 4 核产品,目前微型计算机上也基本都采用了4核处理器。

8.1.2 多核概念

多核是指在一个单芯片上集成两个及两个以上处理器内核,其中每个内核都有自己的逻辑单元、控制单元、中断控制器、运算单元,一级Cache、二级Cache共享或独有,其部件的完整性和单核处理器内核相比完全一致。

多核处理器是单枚芯片,能够直接插入单一的处理器插槽中,但操作系统会利用所有相关的资源,将它的每个执行内核作为分立的逻辑处理器。通过在两个执行内核之间划分任务,多核处理器可在特定的时钟周期内执行更多任务。

多核技术能够使服务器并行处理任务,而在以前,这可能需要使用多个处理器,多核系统更易于扩充,并且能够在更纤巧的外形中融入更强大的处理性能,这种外形所用的功耗更低,计算功耗产生的热量更少。多核技术是处理器发展的必然,近二十年来,推动微处理器性能不断提高的因素主要有两个:半导体工艺技术的飞速进步和体系结构的不断发展。半导体工艺技术的每一次进步都为微处理器体系结构的研究提出了新的问题,开辟了新的领域;体系结构的进展又在半导体工艺技术发展的基础上进一步提高了微处理器的性能。这两个因素是相互影响、相互促进的。一般说来,工艺和电路技术的发展使得处理器性能提高约二十倍,体系结构的发展使得处理器性能提高约四倍,编译技术的发展使得处理器性能提高约1.4倍。但是今天,这种规律性的东西却很难维持。多核的出现是技术发展和应用需求的必然产物。这主要基于以下事实。

1. 晶体管时代即将到来

根据摩尔定律,微处理器的速度以及单片集成度每18个月就会翻一番。经过多年的发展,目前通用微处理器的主频已经突破了4GHz,数据宽度也达到64位。在制造工艺方面也同样以惊人的速度在发展,0.13μm工艺的微处理器已经批量生产,90nm工艺以下的下一代微处理器也已问世。照此下去,到2010年左右,芯片上集成的晶体管数目将超过10亿个。因此,体系结构的研究又遇到新的问题:如何有效地利用数目众多的晶体管?国际上针对这个问题的研究方兴未艾。多核通过在一个芯片上集成多个简单的处理器核充分利用这些晶体管资源,发挥其最大的能效。

2. 门延迟逐渐缩短,而全局连线延迟却不断加长

随着VLSI工艺技术的发展,晶体管特征尺寸不断缩小,使得晶体管门延迟不断减少,但互连线延迟却不断变大。当芯片的制造工艺达到0.18μm甚至更小时,线延迟已经超过门延迟,成为限制电路性能提高的主要因素。在这种情况下,由于片上多核处理器(Chip Multi-Processor,CMP)的分布式结构中全局信号较少,与集中式结构的超标量处理器结构相比,在克服线延迟影响方面更具优势。

3. 符合 Pollack 规则

按照 Pollack 规则,处理器性能的提升与其复杂性的平方根成正比。如果一个处理器的硬件逻辑提高一倍,性能至多能提高 40%,而如果采用两个简单的处理器构成一个相同硬件规模的双核处理器,则可以获得 70%~80%的性能提升。同时在面积上也同比缩小。

4. 能耗不断增长

随着工艺技术的发展和芯片复杂性的增加,芯片的发热现象日益突出。多核处理器里单个核的速度较慢,处理器消耗较少的能量,产生较少的热量。同时,原来单核处理器里增加的晶体管可用于增加多核处理器的核。在满足性能要求的基础上,多核处理器通过关闭(或降频)一些处理器等低功耗技术,可以有效地降低能耗。

5. 设计成本的考虑

随着处理器结构复杂性的不断提高和人力成本的不断攀升,设计成本随时间呈线性甚至超线性的增长。多核处理器通过处理器 IP 等的复用,可以极大降低设计的成本。同时模块的验证成本也显著下降。

6. 体系结构发展的必然

超标量(Superscalar)结构和超长指令字(VLIW)结构在目前的高性能微处理器中被广泛采用,但是它们的发展都遇到了难以逾越的障碍。Superscalar 结构使用多个功能部件同时执行多条指令,实现指令级的并行(Instruction-Level Parallelism,ILP)。但其控制逻辑复杂,实现困难,研究表明,Superscalar 结构的 ILP 一般不超过 8。VLIW 结构使用多个相同功能部件执行一条超长的指令,但也有两大问题:编译技术支持和二进制兼容问题。

未来的主流应用需要处理器具备同时执行更多条指令的能力,但是从单一线程中已经不太可能提取更多的并行性,主要有以下两方面的原因:一是不断增加的芯片面积提高了生产成本;二是设计和验证所花费的时间变得更长。在目前的处理器结构上,更复杂化的设计也只能得到有限的性能提高。

对单一控制线程的依赖限制了多数应用可提取的并行性,而主流商业应用,如在线数据库事务处理(Online Database Transaction)与网络服务(如 Web 服务器)等,一般都具有较高的线程级并行性(Thread Level Parallelism,TLP)。为此,研究人员提出了两种新型体系结构:单芯片多处理器(CMP)与同时多线程处理器(Simultaneous Multithreading,SMT)。这两种体系结构可以充分利用这些应用的指令级并行性和线程级并行性,从而显著提高了这些应用的性能。

从体系结构的角度看,SMT 比 CMP 对处理器资源利用率要高,在克服线延迟影响方面更具优势。CMP 相对 SMT 的最大优势还在于其模块化设计的简洁性。复制简单设计非常容易,指令调度也更加简单。同时 SMT 中多个线程对共享资源的争用也会影响其性能，而CMP对共享资源的争用要少得多，因此当应用的线程级并行性较高时，CMP性能一般要优于SMT。此外在设计上，更短的芯片连线使CMP比长导线集中式设计的SMT更容易提高芯片的运行频率，从而在一定程度上起到性能优化的效果。

总之，单芯片多处理器通过在一个芯片上集成多个微处理器核心来提高程序的并行性。每个微处理器核心实质上都是一个相对简单的单线程微处理器或者比较简单的多线程微处理器，这样多个微处理器核心就可以并行地执行程序代码，因而具有了较高的线程级并行性。由于CMP采用了相对简单的微处理器作为处理器核心，使得CMP具有高主频、设计和验证周期短、控制逻辑简单、扩展性好、易于实现、功耗低、通信延迟低等优点。此外，CMP还能充分利用不同应用的指令级并行和线程级并行，具有较高线程级并行性的应用如商业应用等，可以很好地利用这种结构来提高性能。目前单芯片多处理器已经成为处理器体系结构发展的一个重要趋势。

8.1.3 片上多核处理器体系结构

多核架构能够使目前的软件更出色地运行，并创建一个促进未来的软件编写更趋完善的架构。目前微型计算机上都使用了CMP架构。CMP就是将多个计算内核集成在一个处理器芯片中，从而提高计算能力。

CMP根据计算内核的对等与否，可以分为同构多核和异构多核。计算内核相同、地位对等的称为同构多核，Intel和AMD主推的多核处理器就是同构多核处理器；计算内核不同、地位不对等的称为异构多核，异构多核采用“主处理器核＋协处理器核”的设计，IBM、Sony、Toshiba等公司联手设计的Cell处理器就是典型的异构多核处理器。从理论上讲，异构多处理器似乎具有更好的性能。

基于片上互连的结构是指每个CPU内核具有独立的处理单元和Cache，各个CPU核心通过交叉开关或片上网络等方式连接在一起。下面以Intel最新的多核处理器和Cell处理器为例分别介绍典型的同构多核和异构多核架构。

Intel目前最新的架构是Core微架构，所有Intel生产的x86架构的新处理器，无论面向台式计算机、笔记本还是服务器，都将统一到Core微架构，如图8-1所示。

Core微架构拥有双核心、64b指令集、4发射的超标量体系结构和乱序执行机制等技术，使用65nm制造工艺生产，支持36b的物理寻址和48b的虚拟内存寻址，支持包括SSE4在内的Intel所有扩展指令集。Core微架构的每个内核拥有32KB的一级指令缓存、32KB的双端口一级数据缓存，两个内核共同拥有4MB或2MB的共享式二级缓存。基于Core微架构的移动平台的产品代号为“Merom”，桌面平台的产品代号为“Conroe”，而服务器平台的产品代号为“Woodcrest”。更令人期待的是，拥有如此强悍性能的Core微架构处理器在功耗方面将比先前的产品有大幅下降，每种产品都拥有自己的最高TDP（设计热功耗），Merom最高为35W，Conroe最高为65W，Woodcrest最高为80W。

基于Core核心的Conroe处理器的流水线从Prescott核心的31级缩短为14级，与目前的Pentium M相当。众所周知，流水线越长，频率提升潜力越大，但是一旦分支预测失败或者缓存不中的话，所耽误的延迟时间越长。如果一旦发生分支预测失败或者缓存不中的情

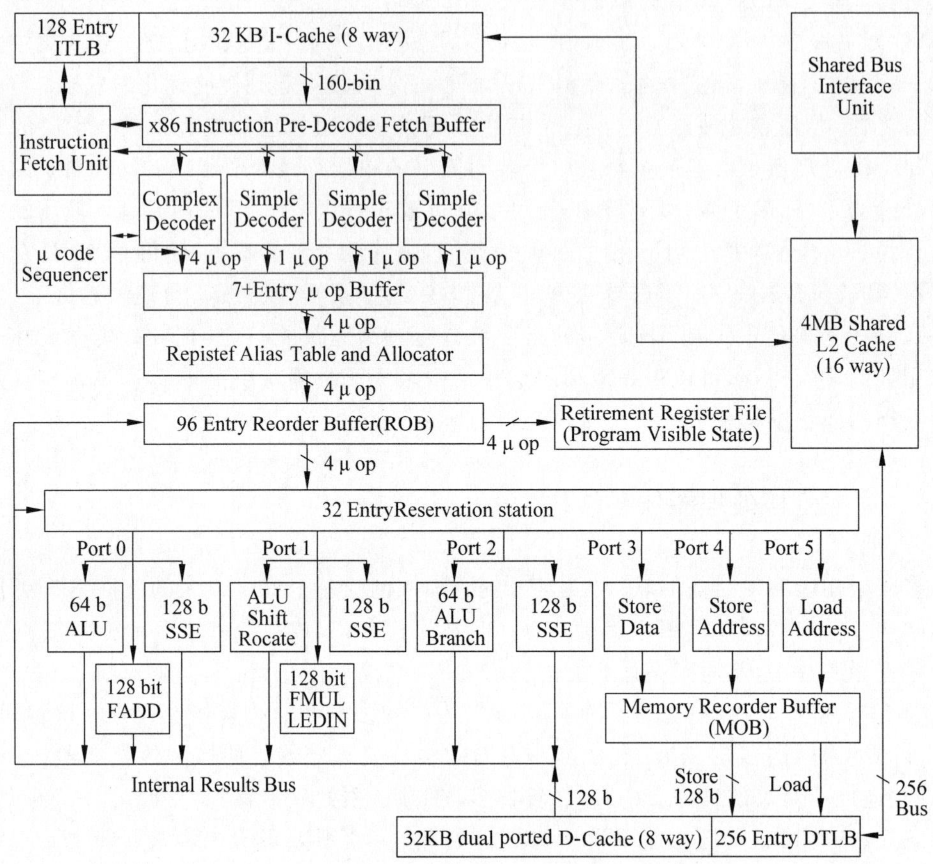

图 8-1　Intel Core 微架构

况，Prescott 核心就会有 39 个周期的延迟。这要比其他的架构延迟时间多得多。对于 Conroe 来说，14 级流水线的效率要比 Prescott 核心的 31 级要高很多，延时却要低得多。

在缩短流水线级数的同时，Core 微架构前端的改进还包括分支预测单元。分支预测行为发生在取指单元部分。首先，它使用了很多人们已经熟知的预测单元，包括传统的 NetBurst 微架构上的分支目标缓冲区（Branch Target Buffer，BTB）、分支地址计算器（Branch Address Calculator，BAC）和返回地址栈（Return Address Stack，RAS）。

另外，它还引入了两个新的预测单元——循环回路探测器（Loop Detector，LD）和间接分支预测器（Indirect Branch Predictor，IBP）。其中，循环回路探测器可以正确预测循环的结束，而间接分支预测器可以基于全局的历史信息做出预测。Core 微架构在分支预测方面不仅可以利用所有这些预测单元，还增加了新的特性，在之前的设计中，分支转移总是会浪费流水线的一个周期；Core 微架构在分支目标预测器和取指单元之间增加了一个队列，在大部分的情况下可以避免这一个周期的浪费。高效的流水线架构和更优秀的分支预测能力，使 Conroe 处理器的性能远胜于前代 Prescott 核心的 Pentium D，与 AMD 的 AM2 相比也要高出不少。

Core 架构采用了四组指令编译器，也就是四组解码单元，这与 Pentium M 处理器有些类似。这个变化可以说是 Core 微架构最大的特色之一。所谓四组解码单元，就是指能够在单一频率周期内编译四个 x86 指令。这四组解码单元由三组简单解码单元(Simple Decoder)与一组复杂解码单元(Complex Decoder)组成。除了在解码单元数量上提升之外，Core 微架构中的解码单元还拥有更多新特性，其中最为重要的一点就是宏指令融合技术(Macro-Op Fusion)。该技术可以把两条相关的 x86 指令融合为一条微指令。宏指令融合技术带来的效果是非常明显的。在一个传统的 x86 程序中，每 10 条指令就有两条指令可以被融合。也就是说，宏指令融合技术的引入可以减少 10%的指令数量。而当两条 x86 指令被融合的时候，4 组解码单元在单周期内一共可以解码 5 条 x86 指令。被融合的指令在后面的操作中完全是一个整体，这带来几个优势：更大的解码带宽，更少的空间占用和更低的调度负载。

Intel 微指令融合技术的目的就在于减少微指令的数目。处理器内部执行单元的资源有限，如果可以减少微指令的数目，就代表实际执行的 x86 指令增加了，可以显著提升执行效能。而且，微指令的数目减少还有助于降低处理器功耗，可谓有益无害。

Core 微架构采用共享二级缓存设计，即两个核心共享 4MB 的二级缓存。采用共享缓存的好处是非常明显的，除了缓存容量利用率较佳，也可以减少缓存数据一致性对缓存性能所造成的负面影响。此外，因共享 L2 缓存，两个核心的第一阶缓存可直接对传数据，无须通过外部的 FSB，进而改善性能。此外还有更为重要的一点，当其中一个核心空闲时，另一个核心可以使用全部 4MB 缓存，大大提高缓存的使用率，有效提高系统性能。

2005 年推出的由 IBM、索尼和东芝联合推出的 Cell 处理器是第一款实际商用的异构多核处理器。Cell 处理器具有一个运行 Power 指令的主核(PPE)和 8 个 SIMD 的辅助核(SPE)，通过一条高速总线(EIB)进行连接，其架构如图 8-2 所示。

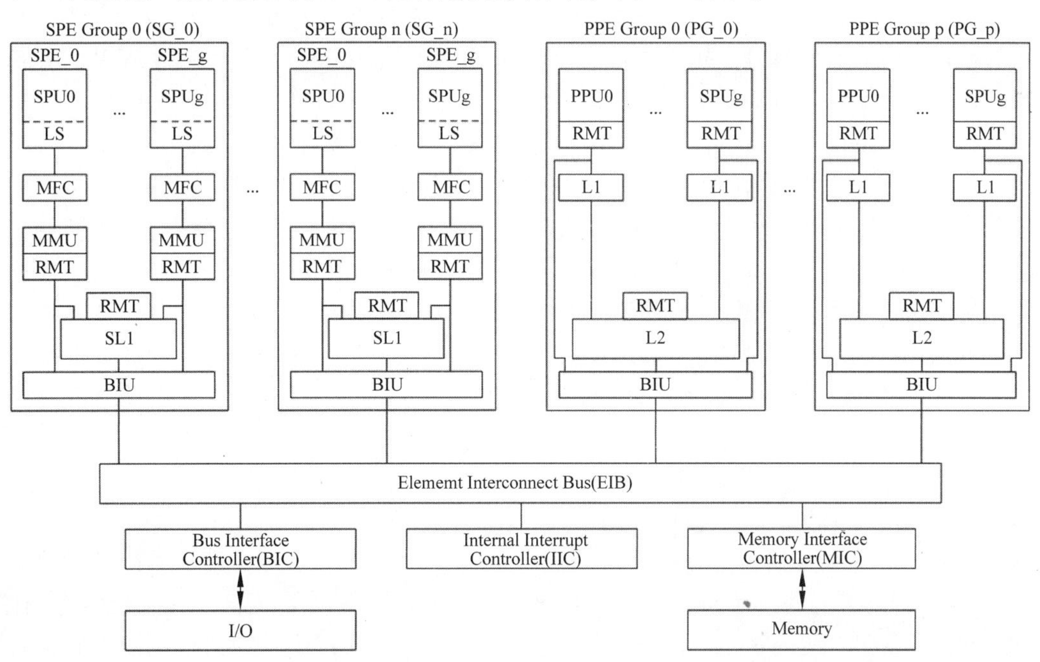

图 8-2 Cell 架构

用于Power下一代索尼PS3家用游戏机的Cell处理器,它只拥有一个处理器核心(包含一个由PowerPC 970简化而来PPE及8个称为SPE协作处理器),工作频率超过4GHz。Cell处理器是64b Power处理器,内建8个互相协作的处理单元,有处理分离式计算的能力,拥有单处理器运行多个操作系统的能力。未来Cell处理器将依照应用领域,将增加或者减少计算核心数目。IBM和Cell处理器合作伙伴,将为Cell处理器编程,提供开放源代码的工具。

Cell处理器其他技术参数如下。

Cell处理器首个版本工作频率超过4GHz,目前频率最高的Pentium处理器工作频率是3.8GHz。Cell处理器每秒可以执行2560亿次计算,即256Gigaflops。Cell处理器片上集成2.5MB缓存,数据交换速度100GB/s,使用授权于Rambus的XDR和FlexIO技术。Cell处理器内建2亿3400万晶体管,芯片尺寸221mm^2,采用0.09μm制程,核心面积为221mm^2,芯片规模与Intel的双核Pentium D相当,两者的制造成本处于同一条水平线上。在逻辑上,Cell处理器基于一个"Power处理单元(Power Processor Element,PPE,由PowerPC 970简化而来)",它可以支持SMT虚拟多线程技术,同步执行两个不相干的线程。此外,Cell内部还拥有8个基于SIMD的协处理器(Synergistic Processor Element,SPE),可支持多达10条线程的同步运行。另外,Cell还整合了XDR内存控制器,可配合25.6GB/s带宽的内存系统,而它的前端总线也采用96位、6.4GHz频率的FlexIO并行总线(原名称为"Redwood",RAMBUS公司所开发),这也是有史以来速度最快的计算机总线。

Cell所具有的高效能得益于高度优化的Power架构。Power是IBM为超级计算机所创立的RISC指令系统,而RISC架构具有与生俱来的高效性,处理器结构精简,技术上明显优于x86。正因为这一点,几乎所有的超级计算机系统都隶属于RISC体系,高度弹性的设计与分布式计算是Cell除高性能之外的两大亮点。IBM希望Cell可适用于从嵌入式设备到大型计算机等绝大多数计算设备中,所以将Cell设计为一个通用的处理器平台。根据不同的需求,Cell可以对处理内核的数量进行任意裁减,如针对嵌入式设备的产品只有单个核心,且工作在较低的频率上以实现较低的能耗;针对便携计算机和桌面PC的版本,可使用与PS3游戏机一样的标准Cell,或者对SPE数量进行适当裁减;如果要用于工作站/服务器系统,IBM可以将两枚Cell处理器直接集成在一起以获得更高的效能;若要用于大型计算机,Cell则可配置成包含4枚独立处理器的"MCM模块",此时它具有每秒万亿次浮点的运算能力,这也是IBM当初承诺的标准。Cell拥有一条超高速度的FlexIO芯片连接总线,基于Cell的不同计算设备可以借此连成一体,实现运算力与内存资源的分享。网络上的设备越多,所拥有的运算力就越强大。

前面介绍过,Cell处理器包括一个PPE处理单元、八个SPE协处理器、一个XDR内存控制器以及FlexIO接口,而Cell拥有高性能的关键便在于PPE与SPE的设计。PPE处理单元是Cell的控制与运算中枢,它应该是以IBM的Power 4处理器为基础进行设计的,可支持同步多线程技术。该处理单元内置了32KB一级缓存和512KB二级缓存,其规格与同出一脉的PowerPC 970处理器极其类似。在Cell中,真正负责浮点运算的应该是8个SPE协处理器。SPE由4个负责浮点运算的处理单元、4个负责整数运算的处理单元、128b×128 结构的寄存器和 256KB 局部缓存构成，它实际上就是一个完整的运算核心。根据 IBM 所公布的资料，SPE 的流水线长度为 18 级，这一点与 x86 处理器也非常不同——流水线越长，处理器提升工作频率就越容易，反之就越困难。20 级流水线的 Northwood Pentium 4 止步于 3.2GHz，31 级流水线的 Prescott 核心也不过到达 3.8GHz，而 Cell 以 18 级的短流水线却实现 4GHz 以上的高频运作。设计者对此做出详细的解释：x86 处理器必须完成大而全的运算功能，运算逻辑往往被设计得非常复杂，这也导致其频率提升非常困难；而 Cell 在基础架构上执行简单化的计算思想，每一个复杂的任务都可以被分解为多个简单的基础任务，Cell 中的 SPE 就专门针对这些基础任务所设计，这样它就可以在保持高效的同时拥有简单得多的逻辑结构，既然逻辑构成简单，实现高频率运作就没有什么悬念。从这里也可看出，Cell 与 x86 处理器最大的不同，还是在于它们对计算任务的不同理解。

尽管总线及寄存器都是 128 位结构，但 SPE 内的浮点单元和整数单元其实都只有 32 位，只是 IBM 通过 4 路并行运算来获得 128b SIMD 的效果，从外部看来，SPE 便相当于一个可执行 128b 指令的处理单元。SPE 内的浮点单元和整数单元各自拥有 3 条 128b 宽度的输入总线和一条 128b 宽度的输出总线，二者以全双工模式运作，数据输入/输出操作可同步进行。大家应该也发现这是一套不对等的方案，输入总线的带宽三倍于输出总线，原因在于计算所需的数据总量总是比运算的输出结果要多得多，总线宽度不同在设计上其实非常科学。而借助这两条总线，SPE 协处理器的整数/浮点运算单元再与一组包含 128 个、宽度为 128b 的寄存器阵列连接在一起，该寄存器阵列又通过一对全双工运作的、128b 总线同本地缓存(Local Store)相连——每个 SPE 协处理器都拥有 256KB 本地缓存，8 个 SPE 就一共拥有 2MB 缓存，再加上 PPE 处理单元的 512KB 二级缓存，Cell 处理器总共拥有超过 2.5MB 容量的缓存单元，对于一款拥有超级计算效能的处理器来说，如此低的指标同样令人感到诧异。

与常规的双核处理器不同的是，Cell 内的 1 个 SPE 和 8 个 SPE 具有相当强的独立性。其中，PPE 处理单元的任务是运行操作系统，这个任务对于一个结构类似 PowerPC 970、频率高达 4GHz 且可支持双线程运作的处理核心来说简直不费吹灰之力。但除了操作系统外，PPE 不管任何的事情，应用程序相关的线程运算完全由 SPE 协处理器运行。多个应用程序的线程会被平均散布到各个 SPE 中，整套系统负载均衡、设计得非常科学。这种纵向结构的多核心设计同 x86 业界鼓吹的双核处理器截然不同，不论是 Pentium D、Yonha 还是 AMD 的双核心 Athlon 64，它们的每个处理内核地位对等，每个核心都可以独立完成全部运算，所体现的是一种大而全的计算思想。Cell 的每个处理内核专注于自己的任务，彼此相互依赖、相互协作，针对任务的简单化也使得每个内核都可以被设计得精简高效，工作频率也轻易达到 x86 处理器无法企及的高度，最终实现了媲美超级计算机的惊人性能。在相互协作的同时，Cell 内的各个 SPE 协处理器保持着高度独立性，除了完成本机的计算任务外，SPE 还可以接受来自 Cell 计算网络中其他设备的计算请求，并执行相关的计算任务，所得结果再通过网络传输给任务发起者。换句话说，SPE 协处理器可以在基于 Cell 的计算网络中做平台无关的无缝漫游，网络上的任务可以被均匀分散到所有的 Cell 处理器上，并以最佳方式在最短的时间内完成。

Cell的功耗也很低,当工作频率为4GHz时,每个SPE协处理器的工作电压高于1.1V,但其功耗只有4W。若频率降到3GHz,工作电压只需要0.9V,此时其功耗只有2W。如果将频率降低到2GHz,每个SPE的功耗仅有1W。那么,Cell内所有SPE协处理器的功耗总和最高也不过4W×8=32W。至于PPE处理单元的核心部分,功耗水平也会控制在很低的水平,合乎逻辑的估计是Cell运算部分的功耗水平会在40W左右,即便加上缓存单元,整体功耗也可控制在较好的水平上。

8.2 操作系统对多核处理器的支持方法

8.2.1 调度与中断

软件开发在多核环境下的核心是多线程开发。多线程代表软件实现和硬件实现上都采用多线程技术,只有与多核硬件相适应的软件,才能真正地发挥多核的性能。多核对软件的要求包括对多核操作系统的要求和对应用软件的要求。

多核操作系统关注于进程的分配和调度。进程的分配将进程分配到合理的物理核上,因为不同的核在共享性和历史运行情况下都是不同的。有的物理核能够共享二级Cache,有的是独立的。如果将有数据共享的进程分配给有共享二级Cache的核上,将大大提升性能。反之,就有可能影响性能。

多核处理器系统的调度,目前还没有明确的标准和规范。由于系统有多个处理器核可用,必须进行负载分配,有可能为每个处理器核提供单独的队列。在这种情况下,一个具有空队列的处理器核就会空闲,而另一个处理器核会很忙,因此如何处理好负载均衡问题是这种调度策略的关键问题所在。

任务分配是多核时代提出的新概念。在单核时代,没有核的任务分配的问题,一共只有一个核的资源可被使用。在多核体系下,有多个核可以被使用,因此如果系统中有几个进程需要分配,就需要考虑将它们均匀地分配到各个处理器核,或是一起分配到一个处理器核,也可以按照一定的算法进行分配。

8.2.2 输入/输出系统

多核系统中,输入/输出系统是通过高级编程中断控制器(Advanced Programmable Interrupt,APIC)来处理中断的。APIC是基于中断控制器分散在两个基础功能单元——本地单元和I/O单元的分布式体系结构。APIC单元主要用于从中断源传送中断到中断目标。

具体功能如下。

(1) 减缓与中断相关的内存总线传输压力,从而使内存总线可用程度更高。

(2) 帮助核之间更好地处理来自其他核的中断。

多核体系处理器中,必须将中断处理分发给一组核处理。当系统中有多个核在并行执行时，必须有一个能够接收中断并将接收到的中断分发给一组核处理。当系统中有多个核在并行执行时，必须有一个能够接收中断并将接收到的中断分发给能够提供服务的核的机制。

在多核处理器系统中，APIC 还能够接收发送核内中断（Interprocessor Interrupt，IPI）消息。IPI 消息可以用来启动处理器核或者分配工作任务到不同的处理器核。

APIC 能够通过中断命令寄存器 ICR 来接收和发送 IPI 消息。ICR 的功能如下。

（1）发送中断到其他处理器核。

（2）允许处理器核转发接收到的不服务的中断到其他处理器核来服务。

（3）给处理器核自身发送中断。

（4）传递特殊 IPI 到其他处理器核。

由 IPI 消息产生的中断通过系统总线传送给其他处理器核。通过这种方式发送最低优先级的中断需要特别建造而且必须避免 BIOS 和操作系统软件干预。

8.2.3 存储管理与文件系统

多核环境中的存储管理需要对以下几方面进行改进。

库函数：为了充分使用多核的运算能力，很多库函数都要做成非阻塞调用方式，但是又会导致数据冲突或者不同步的问题，因此需要保证数据同步的机制。事务内存管理可以解决这个问题，在协调程序并行运行的同时，保证数据的同步。

多线程内存分配：为了提高内存分配的效率，可以使用多线程内存分配来提高效率，降低 Cache 冲突，特别有利于空间和时间关联性强的内存操作。

存储器带宽：单核处理器中随着 CPU 速度的加快，存储器成为程序运算的瓶颈。在多核处理器中，这个问题更加严重，需要采取特别措施来节省存储器带宽，避免存储器竞争。一般在多核处理器中，采取的措施是数据压缩或减少数据在执行核之间的移动。将数据压缩得更加紧致通常是比较直接的方法，并且对串行执行也是有益的。例如，将布尔型的数组压缩成用一位来表示一个布尔值，而不是用 1 字节来表示一个布尔值；也可以使用最短的整数类型来保存要求范围内的数值。

对于 Cache，减少数据的移动比压缩更加有效，因为主流的程序设计语言都没有显式的命令可用于在执行核和存储器之间移动数据。数据移动是由执行核对存储器的读写引起的。有两类数据移动需要考虑：一类是执行核与存储器之间的数据移动，另一类是执行核之间的数据移动。

执行核和存储器之间的数据移动在单核处理器中同样存在，因此减少数据移动对串行程序也是有益的。可以采用 Cache 遗忘分块或重组代码顺序的方法来解决。执行核之间有一种互操作不会引发数据移动，即两个执行核重复读取同一 Cache 行，而不对其进行写操作。这样如果多个执行核只对一个 Cache 行进行读操作，不对其进行写操作，就不会消耗存储带宽，每个执行核只是简单地保留 Cache 块的私有副本。

要减少存储总线流量，可以通过减少共享单元的数量来减少执行核的互操作。因此，如果某访存模式能够减少锁竞争，就能减少存储流量，因为只有共享状态才需要锁并产生竞争。让每个线程访问自己的局部数据副本，并在所有线程都完成工作后合并各自的副本是一种很高效的策略。

8.2.4 虚拟化技术

虚拟化是一个广义的术语，在计算机方面通常是指计算元件在虚拟的基础上而不是真实的基础上运行。虚拟化技术可以扩大硬件的容量，简化软件的重新配置过程。CPU 的虚拟化技术可以单 CPU 模拟多 CPU 并行，允许一个平台同时运行多个操作系统，并且应用程序都可以在相互独立的空间内运行而互不影响，从而显著提高计算机的工作效率。用虚拟化技术能够完成对多核体系结构的开发，比如需要修改指令集体系结构、编程模型、编程语言还有编译器，包括操作系统、应用环境等都需要改善。

虚拟化技术与多任务以及超线程技术是完全不同的。多任务是指在一个操作系统中多个程序同时并行运行，而在虚拟化技术中，则可以同时运行多个操作系统，而且每一个操作系统中都有多个程序运行，每一个操作系统都运行在一个虚拟的 CPU 或者是虚拟主机上；而超线程技术只是单 CPU 模拟双 CPU 来平衡程序运行性能，这两个模拟出来的 CPU 是不能分离的，只能协同工作。

虚拟化技术也与目前 VMware Workstation 等同样能达到虚拟效果的软件不同，是一个巨大的技术进步，具体表现在减少软件虚拟机相关开销和支持更广泛的操作系统方面。纯软件虚拟化解决方案存在很多限制。"客户"操作系统在很多情况下是通过 VMM (Virtual Machine Monitor，虚拟机监视器)来与硬件进行通信的，由 VMM 来决定其对系统上所有虚拟机的访问(注意，大多数处理器和内存访问独立于 VMM，只在发生特定事件时才会涉及 VMM，如页面错误)。在纯软件虚拟化解决方案中，VMM 在软件套件中的位置是传统意义上操作系统所处的位置，而操作系统的位置是传统意义上应用程序所处的位置。这一额外的通信层需要进行二进制转换，以通过提供到物理资源(如处理器、内存、存储、显卡和网卡等)的接口，模拟硬件环境。这种转换必然会增加系统的复杂性。此外，客户操作系统的支持受到虚拟机环境的能力限制，这会阻碍特定技术的部署，如 64 位客户操作系统。在纯软件解决方案中，软件堆栈增加的复杂性意味着，这些环境难于管理，因而会加大确保系统可靠性和安全性的困难。

CPU 的虚拟化技术是一种硬件方案，支持虚拟技术的 CPU 带有特别优化过的指令集来控制虚拟过程，通过这些指令集，VMM 会很容易提高性能，相比软件的虚拟实现方式会很大程度上提高性能。虚拟化技术可提供基于芯片的功能，借助兼容 VMM 软件能够改进纯软件解决方案。由于虚拟化硬件可提供全新的架构，支持操作系统直接在上面运行，从而无须进行二进制转换，减少了相关的性能开销，极大简化了 VMM 设计，进而使 VMM 能够按通用标准进行编写，性能更加强大。另外，在纯软件 VMM 中，目前缺少对 64 位客户操作系统的支持，而随着 64 位处理器的不断普及，这一严重缺点也日益突出。而 CPU 的虚拟化技术除支持广泛的传统操作系统之外，还支持 64 位客户操作系统。

虚拟化技术是一套解决方案。完整的情况需要 CPU、主板芯片组、BIOS 和软件的支持，例如 VMM 软件或者某些操作系统本身。即使只是 CPU 支持虚拟化技术，在配合

VMM 的软件情况下，也会比完全不支持虚拟化技术的系统有更好的性能。

两大 CPU 巨头 Intel 和 AMD 都想方设法在虚拟化领域中占得先机，但是 AMD 的虚拟化技术在时间上要比 Intel 落后几个月。Intel 自 2005 年年末开始便在其处理器产品线中推广应用 Intel Virtualization Technology（Intel VT）虚拟化技术。目前，Intel 已经发布了具有 Intel VT 虚拟化技术的一系列处理器产品，包括桌面平台的 Pentium 4 6X2 系列、Pentium D 9X0 系列和 Pentium EE 9XX 系列，还有 Core Duo 系列和 Core Solo 系列中的部分产品，以及服务器/工作站平台上的 Xeon LV 系列、Xeon 5000 系列、Xeon 5100 系列、Xeon MP 7000 系列以及 Itanium 29000 系列；同时绝大多数的 Intel 下一代主流处理器，包括 Merom 核心移动处理器，Conroe 核心桌面处理器，Woodcrest 核心服务器处理器，以及基于 Montecito 核心的 Itanium 2 高端服务器处理器都将支持 Intel VT 虚拟化技术。

AMD 方面也已经发布了支持 AMD Virtualization Technology（AMD VT）虚拟化技术的一系列处理器产品，包括 Socket S1 接口的 Turion 64 X2 系列以及 Socket AM2 接口的 Athlon 64 X2 系列和 Athlon 64 FX 系列等，并且绝大多数的 AMD 下一代主流处理器，包括即将发布的 Socket F 接口的 Opteron 都将支持 AMD VT 虚拟化技术。

实现虚拟化的方法不止一种。实际上，有几种方法都可以通过不同层次的抽象来实现相同的结果。下面介绍 Linux 中常用的 3 种虚拟化方法以及它们相应的优缺点。业界有时会使用不同的术语来描述相同的虚拟化方法。

硬件仿真：最复杂的虚拟化实现技术就是硬件仿真。在这种方法中，可以在宿主系统上创建一个硬件 VM 来仿真所想要的硬件。使用硬件仿真的主要问题是速度会非常慢。由于每条指令都必须在底层硬件上进行仿真，因此速度减慢 100 倍的情况也会出现。若要实现高度保真的仿真，包括周期精度、所仿真的 CPU 管道以及缓存行为，实际速度差距甚至可能会达到 1000 倍之多。硬件仿真也有自己的优点。例如，使用硬件仿真，可以在一个 ARM 处理器主机上运行为 PowerPC 设计的操作系统，而不需要任何修改，甚至可以运行多个虚拟机，每个虚拟器仿真一个不同的处理器。

完全虚拟化：也称为原始虚拟化，是另外一种虚拟化方法。这种模型使用一个虚拟机，它在客户操作系统和原始硬件之间进行协调。协调在这里是一个关键，因为 VMM 在客户操作系统和裸硬件之间提供协调。特定受保护的指令必须被捕获下来并在 hypervisor 中进行处理，因为这些底层硬件并不由操作系统所拥有，而是由操作系统通过 hypervisor 共享。虽然完全虚拟化的速度比硬件仿真的速度要快，但是其性能要低于裸硬件，因为中间经过了 hypervisor 的协调过程。完全虚拟化的最大优点是操作系统无须任何修改就可以直接运行。唯一的限制是操作系统必须要支持底层硬件（例如 PowerPC）。

超虚拟化：超虚拟化（Paravirtualization）是另外一种流行的虚拟化技术，它与完全虚拟化有一些类似。这种方法使用了一个 hypervisor 来实现对底层硬件的共享访问，还将与虚拟化有关的代码集成到了操作系统本身中。这种方法不再需要重新编译或捕获特权指令，因为操作系统本身在虚拟化进程中会相互紧密协作。超虚拟化技术需要为 hypervisor 修改客户操作系统，这是它的一个缺点。但是超虚拟化提供了与未经虚拟化的系统相接近的性能。与完全虚拟化类似，超虚拟化技术可以同时支持多个不同的操作系统。

操作系统级的虚拟化：操作系统级的虚拟化使用的技术与前面所介绍的有所不同。这种技术在操作系统本身之上实现服务器的虚拟化。这种方法支持单个操作系统，并可以将独立的服务器相互简单地隔离开来。操作系统级的虚拟化要求对操作系统的内核进行一些修改，但是其优点是可以获得原始性能。采用这项技术的有 Linux-VServer，Virtuozzo，OpenVZ，Solaris Containers 和 FreeBSD Jails。

应用程序虚拟化：在一个近似的虚拟机中运行本地桌面或者服务器应用，使用本地资源，与直接在本地运行应用不同。这样的虚拟化应用在一个很小的包含运行必要组件的虚拟化环境中执行，例如寄存器、文件、环境变量、用户界面元素和全局对象等。这样的虚拟环境是在应用与操作系统之间的一层，消除应用与应用操作系统之间的冲突。这样的虚拟机包括 Java Virtual Machine，Softricity，Thinstall，Altiris 和 Trigence。

资源虚拟化：资源虚拟化包括资源的合并、划分以及简化的模拟，例如存储管理、命名空间和网络资源等，具体有资源池、计算机集群、分区、封装等方面。

资源池指的是合并单个资源形成更大的资源，例如，RAID 和卷管理把很多磁盘合并成一个大的逻辑磁盘；物理存储资源聚合成为存储池，逻辑存储从存储池中创建；多个独立的存储设备可以被集中管理；信道绑定和网络设备利用将多重连接合并来提供一个更高带宽的连接；VPN 和 NAT 使用类似的技术在子网中和子网之间创建虚拟化的命名空间；多处理器和多核计算机系统通常表现为单一更高速的处理器。

计算机集群是一种计算机系统，它通过一组松散集成的计算机软件和/或硬件连接起来高度紧密地协作完成计算工作。在某种意义上，可以被看作一台计算机。集群系统中的单个计算机通常称为结点，通常通过局域网连接，但也有其他的可能连接方式。集群计算机通常用来改进单个计算机的计算速度和/或可靠性。一般情况下，集群计算机比单个计算机，比如工作站或超级计算机性能价格比要高得多。

分区是对单一资源，例如磁盘空间或者网络带宽划分成同种形式更易于管理的资源。

封装通过创建简化的接口来隐藏资源复杂性。例如，CPU 通常使用 Cache 和流水线来提高性能，但是这些元素并不会在它们的虚拟化外部接口中被反映出来。

8.2.5 支持多核的操作系统

现有的操作系统就可以对多核提供基本的支持。通用的操作系统都是支持多任务执行的，对唯一的一个计算核心通过分时处理，把 CPU 的运算时间划分成长短基本相同的时间片，轮流分配给各个任务使用，从而实现单个 CPU 执行多个任务的能力。对多核来讲，所有针对单核多处理器的软件优化方式都可以用在多核处理器系统上。例如，Windows NT 之后的 Windows 系列操作系统，其中对称多处理机（Symmetrical Multi-Processing，SMP）都可以支持多核。Linux 操作系统内核的 SMP 版本都能很好地支持多核 CPU，Linux 2.0 的内核是第一个支持对称多处理器硬件的内核，在改进的版本中，通过把操作系统的内核代码划分为临界区的方式，在保证系统完整性的前提下，提升了操作系统利用多处理器的性能优势。

目前完全针对多核架构的操作系统还有出现，也许随着计算机技术的发展和操作系统的不断开发，将会有多核操作系统发布，使多核处理器的潜能完全释放。

操作系统对多核的支持，只能提供任务一级的并行，而多核平台上的应用软件开发思想将大大不同于以前的软件编写思想。在多核系统的时代，软件的设计思路将发生很大的改变。设计者必须认识到底层多核的存在，为了使软件发挥最大的性能，必须把软件设计成多进程或多线程，并将这些进程或线程与底层的硬件处理器绑定，从而真正地使程序的不同部分同时在运行。

8.3 多线程技术

8.3.1 线程的定义

每个正在系统上运行的程序都是一个进程。每个进程包含一到多个线程。进程也可能是整个程序或者是部分程序的动态执行。线程是一组指令的集合，或者是程序的特殊段，它可以在程序里独立执行。也可以把它理解为代码运行的上下文。所以线程基本上是轻量级的进程，它负责在单个程序里执行多任务。通常由操作系统负责多个线程的调度和执行。线程是程序中一个单一的顺序控制流程。

线程和进程的区别在于，子进程和父进程有不同的代码和数据空间，而多个线程则共享数据空间，每个线程有自己的执行堆栈和程序计数器为其执行上下文。多线程主要是为了节约 CPU 时间，发挥利用，根据具体情况而定。线程的运行中需要使用计算机的内存资源和 CPU。

线程有三个层次的表现形式，如图 8-3 所示。

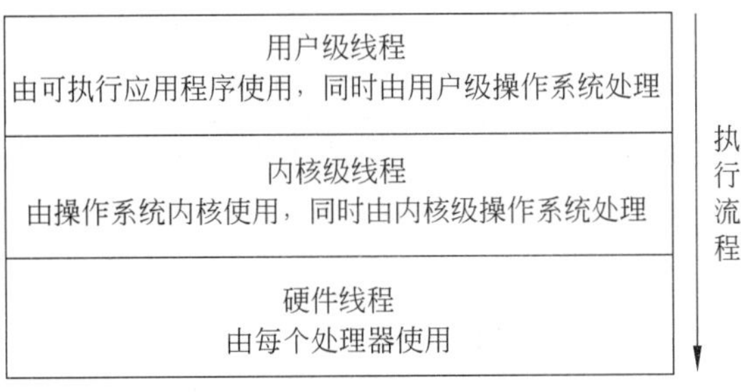

图 8-3 线程计算模型

用户级线程：在应用软件中所创建和操纵的线程。

内核级线程：操作系统实现大多数线程的方式。

硬件线程：线程在硬件执行资源上的表现形式。

单个程序线程一般都包括上述三个层次的表现：程序线程被操作系统作为内核级线程实现，进而作为硬件线程来执行。

线程的三个层次之间有相应的接口,这些接口一般都由执行系统自动完成。

8.3.2 多线程定义

在单个程序中同时运行多个线程完成不同的工作,称为多线程。多线程是为了同步完成多项任务,不是为了提高运行效率,而是为了提高资源使用效率来提高系统的效率。线程是在同一时间需要完成多项任务的时候实现的。

使用线程的好处有以下几点。

(1) 使用线程可以把占据长时间的程序中的任务放到后台去处理。

(2) 用户界面可以更加吸引人,这样比如用户单击了一个按钮去触发某些事件的处理,可以弹出一个进度条来显示处理的进度。

(3) 程序的运行速度可能加快。

(4) 在一些等待的任务实现上如用户输入、文件读写和网络收发数据等,线程就比较有用了。在这种情况下,可以释放一些珍贵的资源如内存占用,等等。

在 Win32 环境中常用的一些线程模型如下。

1. 单线程模型

在这种线程模型中,一个进程中只能有一个线程,剩下的进程必须等待当前的线程执行完。这种模型的缺点在于系统完成一个很小的任务都必须占用很长的时间。

2. 块线程模型(单线程多块模型 STA)

这种模型里,一个程序里可能会包含多个执行的线程。在这里,每个线程被分为进程里一个单独的块。每个进程可以含有多个块,可以共享多个块中的数据。程序规定了每个块中线程的执行时间。所有的请求通过 Windows 消息队列进行串行化,这样保证了每个时刻只能访问一个块,因而只有一个单独的进程可以在某一个时刻得到执行。相比单线程模型,这种模型的好处在于,可以响应同一时刻多个用户请求的任务而不只是单个用户请求。但它的性能还不是很好,因为它使用了串行化的线程模型,任务是一个接一个得到执行的。

3. 多线程块模型(自由线程块模型)

多线程块模型(MTA)在每个进程里只有一个块而不是多个块。这单个块控制着多个线程而不是单个线程。这里不需要消息队列,因为所有的线程都是相同的块的一个部分,并且可以共享。这样的程序比单线程模型和 STA 的执行速度都要块,因为降低了系统的负载,因而可以优化来减少系统 idle 的时间。这些应用程序一般比较复杂,因为程序员必须提供线程同步以保证线程不会并发地请求相同的资源,因而导致竞争情况的发生。这里有必要提供一个锁机制。但是这样也许会导致系统死锁的发生。

进程和线程都是操作系统的概念。进程是应用程序的执行实例,每个进程由私有的虚拟地址空间、代码、数据和其他各种系统资源组成,进程在运行过程中创建的资源随着进程的终止而被销毁,所使用的系统资源在进程终止时被释放或关闭。

线程是进程内部的一个执行单元。系统创建好进程后，实际上就启动执行了该进程的主执行线程，主执行线程以函数地址形式，如 main()或 WinMain()函数，将程序的启动点提供给 Windows 系统。主执行线程终止了，进程也就随之终止。

每一个进程至少有一个主执行线程，它无须由用户去主动创建，是由系统自动创建的。用户根据需要在应用程序中创建其他线程，多个线程并发地运行于同一个进程中。一个进程中的所有线程都在该进程的虚拟地址空间中，共同使用这些虚拟地址空间、全局变量和系统资源，所以线程间的通信非常方便，多线程技术的应用也较为广泛。多线程可以实现并行处理，避免了某项任务长时间占用 CPU 时间。要说明的一点是，目前大多数的计算机都是单处理器(CPU)的，为了运行所有这些线程，操作系统为每个独立线程安排一些 CPU 时间，操作系统以轮换方式向线程提供时间片，这就给人一种假象，好像这些线程都在同时运行。由此可见，如果两个非常活跃的线程为了抢夺对 CPU 的控制权，在线程切换时会消耗很多的 CPU 资源，反而会降低系统的性能。这一点在多线程编程时应该注意。Win32 SDK 函数支持进行多线程的程序设计，并提供了操作系统原理中的各种同步、互斥和临界区等操作。

8.3.3 多线程技术示例

1. 多线程在.NET 中工作

从本质上和结构来说，.NET 是一个多线程的环境。有两种主要的多线程方法是. NET 所提倡的：使用 ThreadStart 来开始进程，直接地(使用 ThreadPool.QueueUserWorkItem)或者间接地(如 Stream.BeginRead 或者调用 BeginInvoke)使用 ThreadPool 类。一般来说，可以“手动”为长时间运行的任务创建一个新线程。另外，对于经常需要开始的短时间运行的任务，进程池是一个非常好的选择。进程池可以同时运行多个任务，还可以使用框架类。对于资源紧缺需要进行同步的情况来说，它可以限制某一时刻只允许一个线程访问资源。这种情况可以视为给线程实现了锁机制。线程的基类是 System.Threading。所有线程通过 CLI 来进行管理。例如，

创建线程：创建一个新的 Thread 对象的实例。Thread 的构造函数接收一个参数：

```
Thread DummyThread = new Thread(new ThreadStart(dummyFunction));
```

执行线程：使用 Threading 命名空间里的 start()方法来运行线程：

```
DummyThread.Start():
```

组合线程：经常会出现需要组合多个线程的情况，就是某个线程需要其他线程的结束来完成自己的任务。假设 DummyThread 必须等待 DummyPriorityThread 来完成自己的任务，只需要这样做：

```
DummyPriorityThread.Join();
```

暂停线程：使得线程暂停给定的秒：

```
DummyPriorityThread.Sleep(<Time in Second>);
```

中止线程：如果需要中止线程可以使用如下代码：

```
DummyPriorityThread.Abort();
```

2. 多线程在 Java 中的应用

Java 对多线程的支持是非常强大的，屏蔽掉了许多技术细节，让我们可以轻松地开发多线程的应用程序。

Java 里实现多线程，有以下两个方法。

（1）继承 Thread 类，例如：

```
class MyThread extends Thread {
    public void run() {
        //线程的内容
    }
    public static void main(String[] args) {
        //使用这个方法启动一个线程
        new MyThread().start();
    }
}
```

（2）实现 Runnable 接口：

```
class MyThread implements Runnable{
    public void run() {
        //线程的内容
    }
    public static void main(String[] args) {
        //使用这个方法启动一个线程
        new Thread(new MyThread()).start();
    }
}
```

一般鼓励使用第二种方法，因为 Java 里只允许单一继承，但允许实现多个接口。第二种方法更加灵活。

3. Intel 的多线程技术 HT

超线程（HT）是英特尔所研发的一种技术，于 2002 年发布。超线程的英文是 HT（Hyper-Threading）。超线程技术原先只应用于 Xeon 处理器中，当时称为 Super-Threading，之后陆续应用在 Pentium 4 中，将技术主流化。早期代号为 Jackson。

通过此技术，Intel 成为第一个实现在一个实体处理器中提供两个逻辑线程的公司。之后的 Pentium D 不支援超线程技术，但集成了两个实体核心，所以仍有两个逻辑线程。超线程的未来发展是提升处理器的逻辑线程，Intel 有计划将 8 核心的处理器，加以配合超线程技术,使之成为16个逻辑线程的产品。

Intel表示,超线程技术让(P4)处理器增加5%的裸晶面积,就可以换来15%~30%的效能提升。但实际上,在某些程式或未对多执行编译的程式而言,超线程反而会降低效能。除此之外,超线程技术也需要操作系统的配合,普通支援多处理器技术的系统未必能充分发挥该技术。例如Windows 2000,Intel并不鼓励使用者在此系统中利用超线程。原先不支持多核心的Windows XP Home Edition却支持超线程技术。

4. AMD:使用超线程技术提高处理速度

2022年4月,AMD正式发布了基于Zen 3+架构的Ryzen Pro 6000系列,为商务和专业笔记本电脑提供了新选择。AMD锐龙6000系列处理器基于AMD升级的"Zen 3+"核心,优化后能提供惊人的每瓦性能。锐龙6000系列处理器的时钟速度最高可达5 GHz,成为速度最快的AMD锐龙移动处理器。与锐龙5000系列相比,处理速度最高提升1.3倍。AMD锐龙6000系列处理器拥有最多8个高性能核心,每个核心都能同时处理多项任务,提供最多16个线程的处理能力,超线程技术为超薄笔记本电脑带来更高性能,与上一代相比,单线程性能最高提升11%,多线程性能最高提升28%。

8.4 面向Intel多核处理器的多线程技术

8.4.1 基于硬件的多线程技术

多核处理器中,一个芯片上具有两个或者更多的执行核,即单芯片多核处理器CMP,每个执行核都独立地执行自己的硬件线程,同时通过共享存储方式来进行各线程之间的通信,如图8-4所示。

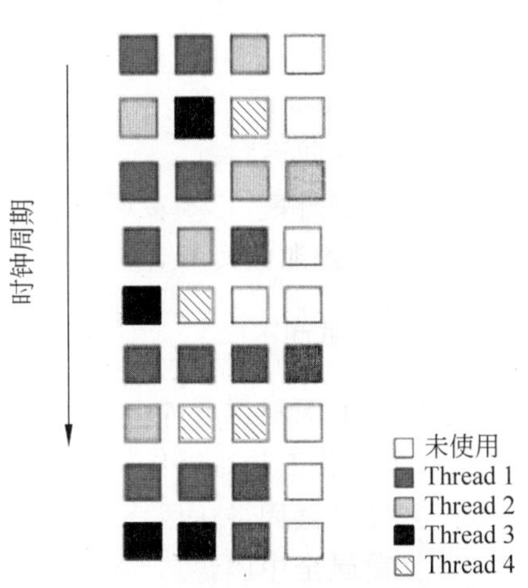

图8-4 CMP处理多个线程的情形

计算机发展史中,不同方面的科技进步对硬件多线程技术的发展起到了推动作用。

首先是工艺技术的进步,工艺技术的进步使得晶体管尺寸变得越来越小,从而能够在更小的封装中集成更多的晶体管,并且将一切都保持在一个合理的热度范围之内,即单个处理器所允许的发热量总和。对处理器来讲,运行过程中,处理器中可能有大量指令处于执行状态,它们分别处在不同的执行阶段,并且准备同时执行。要高效地处理众多正在执行的指令,并充分利用处理器资源,处理器就必须充分开发各种并行性。这正是促使处理器从超标量发展到同时多线程技术(Simultaneous Multi-Threading,SMT),进而发展到多核体系结构的主要原因。

Intel 在 1993 年的 Pentium 超标量处理器面世时就采用了多线程技术,是第一款采用线程技术的处理器。Intel 在 2000 年的 32 位处理器中引入了超线程技术(Hyper-threading Technology,HT Technology),2005 年发布了双核处理器。

8.4.2 超线程技术

超线程技术是一种硬件机制,支持在单个超标量处理器核上多个独立硬件线程在单个时钟周期内的同时执行,如图 8-5 所示。

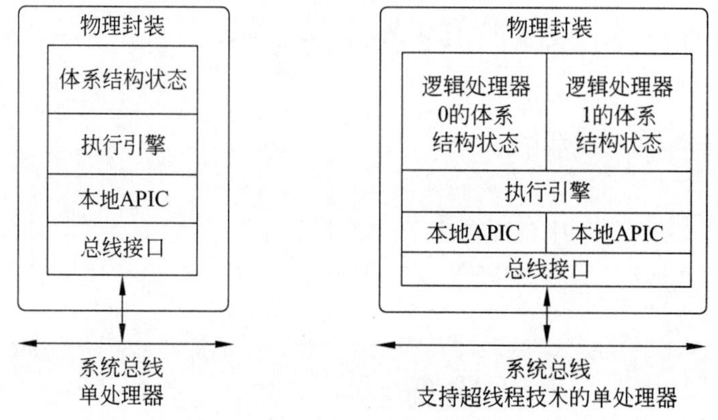

图 8-5 不支持超线程技术的单处理器系统与支持超线程技术的单处理器系统的对比

支持超线程技术的处理器是 Intel 公司第一款采用 SMT 技术的通用处理器,目前最新的 Pentium 4 处理器,只支持两个线程在单核平台上通过共享以及复制处理器资源的方法同时运行。在支持超线程技术的处理器中,两个线程共享单核上的资源,正因为如此,这两个线程通常称为逻辑处理器。就物理处理器核资源来讲,支持超线程技术的 Pentium 4 处理器与不支持超线程技术的 Pentium 4 处理器几乎完全相同。二者的不同仅限于支持超线程技术的处理器的基片尺寸稍微大一些,因为需要增加一些附加逻辑。对于两种处理器来讲,其内部寄存器的数量是相同的。显然,在任何时刻,两个线程中只能有一个使用共享资源。

多处理器技术通常简称 MP(Multiprocessor)。在 MP 中存在多个物理处理器,而超线程技术则仅使用一个物理处理器。在 MP 环境中,每个处理器都能够启用超线程技术,如图 8-6 所示。

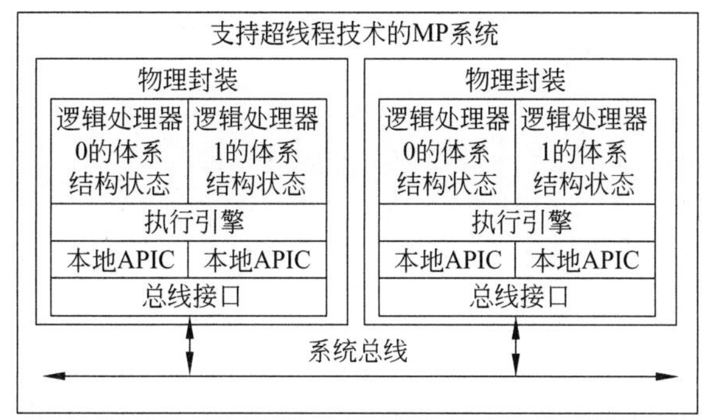

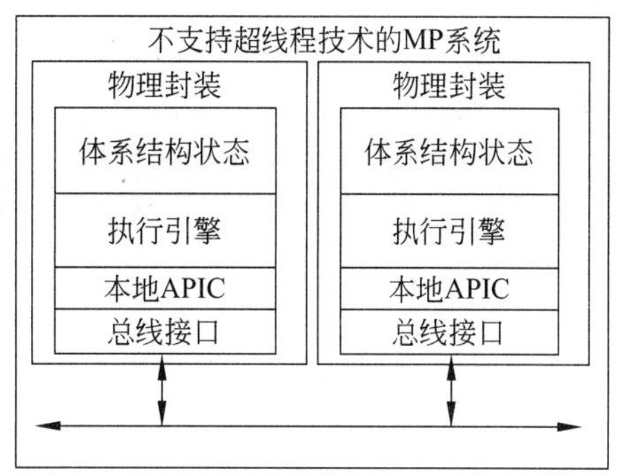

图 8-6 支持和不支持超线程技术的多处理器系统对比

对于不支持超线程技术的 MP 环境来讲，每个线程都能够动态地获得处理器中固定数量的专用功能模块，而在支持超线程技术的 MP 环境中，所有资源都由所有线程共享，并采用线程指派策略来决定资源的使用。

8.4.3 多核体系结构

在多核体系结构中，核是所有直接参与指令执行功能模块的集合。核既可以包括标准基片是哪个的最外层 Cache 以及前端总线接口单元，也可以不包括这两部分，这主要由处理器的配置所决定。各种不同配置的处理器核如图 8-7 所示。

处理器的核可以是 2 个、4 个、8 个甚至更多个，一般都是 2 的整数幂，即 2^n，从理论上讲，n 可以是任何大于 0 的正整数，不过这个值受限于可实现的技术，目前已公开的多核处理器的技术特征如表 8-1 所示。

表 8-1 已公开的多核处理器的技术特征

处理器品名	核的数量	最外层 Cache（LLC）大小	超线程技术	基础频率
Intel i5-10210U	4	1×8MB	支持	1.6GHz
Intel i5-9600K	6	1×9MB	不支持	3.7GHz
Intel i7-10710U	6	1×12MB	支持	1.1GHz
Intel i7-9700K	8	1×12MB	不支持	3.6GHz
Intel i9-9900K	8	1×16MB	支持	3.6GHz
Intel i9-7960X	16	1×22MB	支持	2.8GHz

表 8-1 列出了 Intel“酷睿”系列的几款处理器，从早期的“酷睿”i5 处理器到最高端的 Intel“酷睿”i9 处理器，提供了更多的核心来加速计算，提高了多任务处理性能。部分处理器中采用超线程技术，支持每个内核运行多条线程，能够更高效地利用处理器资源，提高了处理器吞吐量和整体性能。

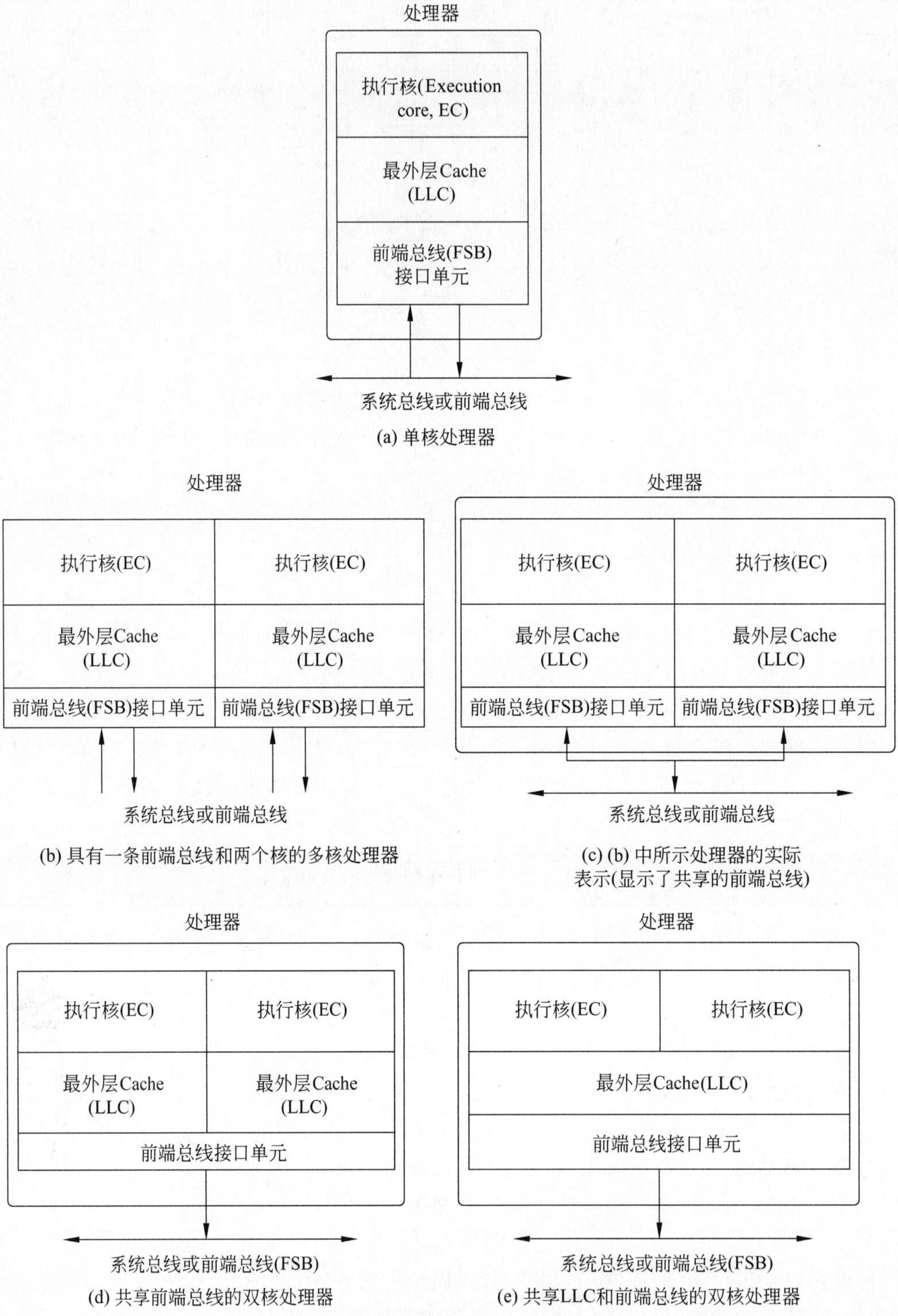

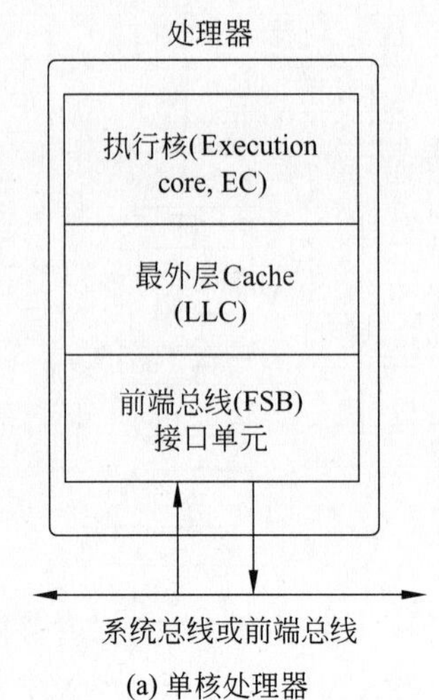

处理器
执行核(Execution core, EC)
最外层Cache (LLC)
前端总线(FSB)接口单元
系统总线或前端总线
(a) 单核处理器
处理器
执行核(EC)
执行核(EC)
最外层Cache (LLC)
最外层Cache (LLC)
前端总线(FSB)接口单元
前端总线(FSB)接口单元
系统总线或前端总线
(b) 具有一条前端总线和两个核的多核处理器
处理器
执行核(EC)
执行核(EC)
最外层Cache (LLC)
最外层Cache (LLC)
前端总线(FSB)接口单元
前端总线(FSB)接口单元
系统总线或前端总线
(c) (b) 中所示处理器的实际表示(显示了共享的前端总线)
处理器
执行核(EC)
执行核(EC)
最外层Cache (LLC)
最外层Cache (LLC)
前端总线接口单元
系统总线或前端总线(FSB)
(d) 共享前端总线的双核处理器
处理器
执行核(EC)
执行核(EC)
最外层Cache(LLC)
前端总线接口单元
系统总线或前端总线(FSB)
(e) 共享LLC和前端总线的双核处理器

图 8-7　各种不同配置的处理器核

8.5 多核发展趋势

多核处理器产生的直接原因是替代单处理器,解决微处理器的发展瓶颈,但发展多核的深层次原因还是为了满足人类社会对计算性能的无止境需求,而且这种压力还会持续下去。即便在当前,设计者已经有效地将多核性能提高到了一个新的水平,可是人们对性能的渴望并未就此泯灭。阻碍多核性能向更高水平发展的问题很多,可真正束缚多核发展的是低功耗和应用开发两个问题。由于现有的多核结构设计方法和技术还不能有效地处理好这两个问题,因此有必要在原有技术基础上探索新的思路和方法。下面的内容是为了实现高性能、低功耗和高应用性的目标多核处理器呈现的几种发展趋势。

(1) 多核上将集成更多结构简单、低功耗的核心。为了满足性能需求,通过集成更多核心来提高性能是必然选择,但是核心的结构也必须考虑。因为如果核心结构过于复杂,随着核心数量的增多,不仅不能提升性能,还会带来线延迟增加和功耗变大等问题。例如,2007 年,Tilera 公司和 Plurality 公司分别推出自己的 64 核处理器产品,而 Intel 公司也将推出 80 个核心的低功耗处理器。

(2) 异构多核是一个重要的方向。研究表明,将结构、功能、功耗、运算性能各不相同的多个核心集成在芯片上,并通过任务分工和划分将不同的任务分配给不同的核心,让每个核心处理自己擅长的任务,这种异构组织方式比同构的多核处理器执行任务更有效率,实现了资源的最佳化配置,而且降低了整体功耗。

(3) 多核上应用可重构技术。大规模高性能可编程器件的出现,推动了现场可编程门阵列(Field Programmable Gate Arrays,FPGA)技术的发展。在芯片上应用 FPGA 技术有高灵活性、高可靠性、高性能、低能耗和低成本多种优势。微处理器设计人员注意到了这种优势,并将 FPGA 等可重构技术应用到多核结构上,让结构具备可重构性和可编程性。这种创新思路大大提高了多核的通用性和运算性能,使处理器既有了通用微处理器的通用性,又有专用集成电路的高性能,使之兼具了灵活性、高性能、高可靠、低能耗等众多优良特点。

本章小结

本章介绍了多核的基本概念,以及多核技术的发展趋势。片上多核处理器 CMP 根据计算内核的对等与否,可以分为同构多核和异构多核。计算内核相同、地位对等的称为同构多核,Intel 和 AMD 主推的多核处理器就是同构多核处理器;计算内核不同、地位不对等的称为异构多核,Cell 处理器就是典型的异构多核处理器。

截至目前还没有专门针对多核处理器的操作系统,但是现有的操作系统也基本上可以支持多核架构。对多核架构支持的操作系统应该提供下述几方面的支持：调度与中断、输入/输出系统、存储管理与文件系统、虚拟化技术等。随着计算机技术的发展和操作系统的不断开发,将会有多核操作系统发布,使多核处理器的潜能完全释放。

在单个程序中同时运行多个线程完成不同的工作,称为多线程。多线程是为了同步完成多项任务,不是为了提高运行效率,而是为了提高资源使用效率来提高系统的效率。线程是在同一时间需要完成多项任务的时候实现的。

习题

8.1 请说明多线程的定义。

8.2 说明同构多核和异构多核的区别。

8.3 简述 Intel 多核与 IBM Cell 多核结构的区别。

8.4 简述多核体系结构。

8.5 简述虚拟化技术及其应用。

8.6 简述操作系统对多核处理的支持。

第 9 章　非冯·诺依曼型计算机

传统的非冯·诺依曼型计算机采用控制驱动方式，顺序地执行指令，因此很难最大限度开发出计算的并行性。基于此，提出了若干非冯·诺依曼型计算机，主要包括：基于数据驱动的数据流计算机、基于需求驱动的归约机、基于模式匹配驱动的智能计算机、光计算机和神经网络计算机。

9.1　数据流计算机

9.1.1　数据流计算机工作原理

1. 基本工作原理

数据流计算机结构中是以“数据驱动”方式启动指令的执行。按照这种方式，程序中任一条指令只要其所需的操作数已经全部齐备，且有可使用的计算资源就可立即启动执行(称为点火)。指令的运算结果又可作为下一条指令的操作数来驱动该指令的点火执行。这就是“数据驱动”的含义。

在数据流计算机模型中不存在共享数据，一条指令执行后不送存储器保存，以供其他指令共享，而是直接流向需要该结果的指令，作为新的操作数供下一条指令使用，每个操作数经过指令的一次使用后便消失。如果若干条指令要求使用相同的数据，那么就需要事先复制该数据的若干副本，分别供多条指令使用。

数据流计算机中也不存在指令计数器。指令得以启动执行的时机取决于操作数具备与否。程序中各条指令的执行顺序仅由指令间的数据依赖关系决定。因此，数据流计算机中指令的执行是异步并发进行的。在数据流程序中，由于“数据驱动”要求每条指令标明其运算结果的流向，也就是指向将本指令的运算结果作为操作数的那条目标指令，因此数据流程序中只有一条链路，即各条指令中指向目标指令的指针。

在数据流计算机中，没有变量的概念，也不设置状态，在指令间直接传送数据，操作数直接以“令牌”(Token)或“数值”的记号传递而不是作为“地址”变量加以访问。因此操作结果不产生副作用，也不改变机器状态，从而具有纯函数的特点。所有数据流计算机通常与函数语言有密切的关系。

2. 数据流计算机指令结构及指令的执行

先来分析一下数据流计算机的指令系统。在数据流计算机中，一条指令主要由操作包(Operation Packet)和数据令牌(Data Token)两部分组成，如图 9-1(a)所示。其中，操作包由操作码(Operation Code)，一个或几个源操作数(Source Data)及后继指令地址

(Next Address)等组成，如图 9-1(b)所示。这里的后继指令地址用来组成新的数据令牌，以便把本指令的运算结果送往需要它的目标指令中去。数据令牌通常由结果数值和目标地址等组成。其中的结果值是上条指令的运算结果，而目标地址直接取自上条指令的后继指令地址，如图 9-1(c)所示。

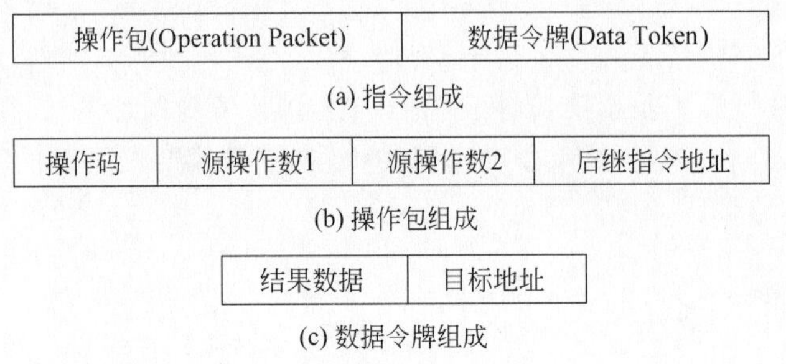

图 9-1　数据流计算机中指令的主要组成

如果一条指令的运算结果要送往几个目的地，则分别形成几个数据令牌。由如图 9-1 所示指令结构可以看出，在数据流计算机中允许有多个操作，包括多个数据令牌同时在各个操作部件之间传送，允许有多条指令并行执行。

在数据流计算机中，用数据令牌(Data Token)传送数据并激活指令，用一种有向图表示数据流程序。一条指令主要由一个操作符、一个或几个操作数及后继指令地址组成，后继指令地址也可能有几个，它的作用是把本命令的执行结果送往需要它的指令中。函数 $x=(a+b)\times(a-b)$在数据流计算机中的计算过程如图 9-2 所示。

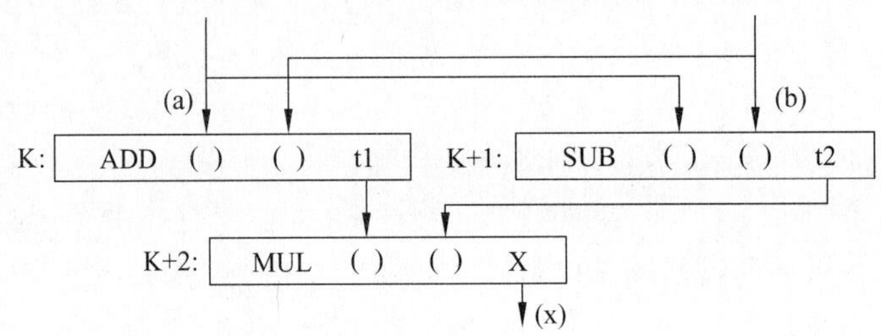

图 9-2　在数据流计算机中计算函数 $x=(a+b)\times(a-b)$时指令的执行过程

图中用符号()表示数据令牌所携带的操作数。

综上所述，可以看出数据流计算模型有以下两个特点。

(1) 数据(包括源操作数、中间结果及最后结果)作为数据令牌在指令间直接传送，与控制流计算机中按“地址”传送数据的概念截然不同。

(2) 只要指令所需要的源操作数的可用性均满足(即所有需要的数据令牌均到达)后，指令即可执行。因此，程序的执行过程只受到指令间数据相关性的限制。

根据以上两个特点，归纳数据流驱动有以下四个性质。

(1) 异步性(Asynchrony)。只要本条指令所需要的数据令牌都到达，指令即可独立地执行，而不必关心其他指令及数据的情况如何。

(2) 并行性(Parallelism)。可同时地并行执行多条指令,而且这种并行性通常是隐含的。

(3) 函数性(Functionalism)。由于不使用共享的数据存储单元,所以数据流程序不会产生诸如改变存储字这样的副作用(Side Effect)。也可以说,数据流运算是纯函数性的。

(4) 局部性(Locality)。操作数不是作为"地址"变量,而是作为数据令牌直接传送,因此数据流运算没有产生长远影响的后果,运算效果具有局部性。

上述数据流运算的异步性、并行性、函数性和局部性,使得它很适合采用分布方式实现。从这一点上看,也可以把数据流计算机看作一种分布式多处理机系统。

9.1.2 数据流程序图和数据流语言

数据流程序图有两种表示方法,其中一种称为活动片表示法(Activity Template)。组成这种活动片表示法的基本单元是活动片,每个活动片通常相当于一个或几个操作结点。一个活动片由一个操作码域,一个或几个操作数域,一个或几个后继指令地址域及有关标志等组成。活动片表示法更接近于常规计算机中的指令系统,比较容易理解。

数据流程序图的另一种表示为特殊的有向图(Directed Graph),用来描述数据流计算机的工作过程,它可以很直观地表示指令之间的相互关系及相互约束的条件。它由有限个结点(Node)集合以及把这些结点连接起来的单向分支线(Unidirectional Branch)组成。通过数据令牌沿有向分支线传送来表示数据在数据流程序图中的流动。用结点表示进行相应的操作,当一个结点的所有输入分支线上都出现数据令牌,且输出分支线上没有数据令牌时,该结点的操作即可执行。

图 9-3 是计算函数 x=(a+b) * (a-c)的数据流程序图。图中用圆点"・"表示数据令牌,有三个算术运算结点,执行加、减、乘操作。在图 9-3 (a)中的 a,b,c 三个圆点表示起始输入的三个数据令牌。图 9-3 (b)表示复制结点的操作执行之后的情况。图 9-3 (c)表示加法和减法两个操作结点同时执行后的情况。图 9-3 (d)表示执行乘法操作并最后输出结果 x。

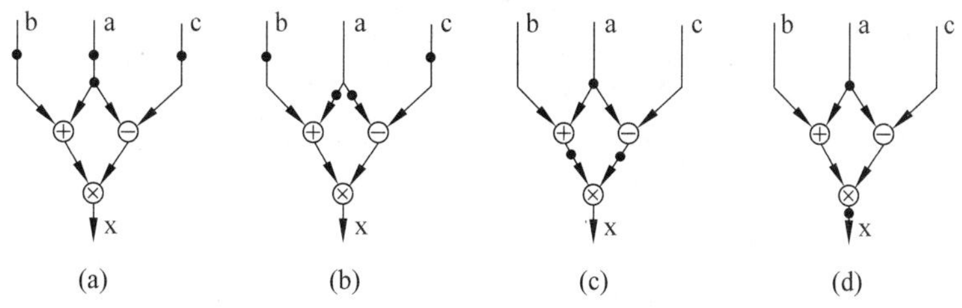

图 9-3 计算 x=(a+b) * (a−c)的数据流程序图执行过程

数据流程序图中的结点除表示一般的算术逻辑操作外,还可以表示常数产生、复制操作、判定操作和控制操作等,常用的结点操作种类如下。

(1) 逻辑运算结点:主要包括常用的加(+)、减(−)、乘(*)、除(/)以及逻辑运算与

(∧)、或(∨)等,如图 9-4(a)所示。

(2) 常数产生结点:它没有输入端,只产生常数,如图 9-4(a)所示。

(3) 复制操作结点:可以是数据也可以是控制量的多个复制。也称连接操作结点,如图 9-4(b)所示,数据令牌 d 经过复制结点激发后,执行复制操作变成多个数据令牌 d1,d2,d3…。控制复制操作类同。

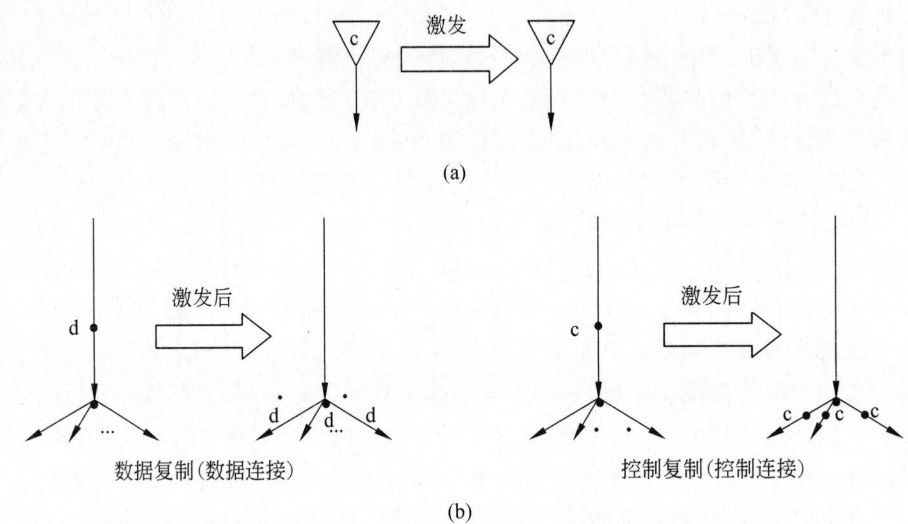

图 9-4 常数产生结点及数据和控制连接结点

(4) 控制操作结点:这类结点的特点是,其激发(或称点火)条件中要加上布尔控制端。常用的控制结点有如下四种,有 T 门、F 门、开关门和合并门等控制结点,如图 9-5 所示。

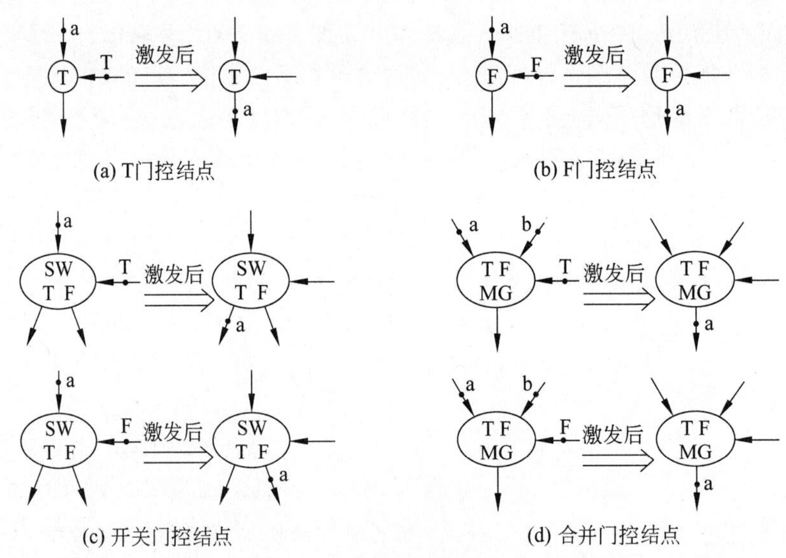

图 9-5 常用控制操作结点及其激发规则

① T门控结点：仅当布尔控制端为真且输入端有数据令牌，而输出端没有数据令牌时才能激发，然后在输出端产生数据令牌而输入端的数据令牌消失，如图9-5(a)所示。

② F门控结点：与T门控结点类似，仅当布尔控制端为假时，才能激发，如图9-5(b)所示。

③ 开关门控结点(SW结点)：有一个数据输入端和两个数据输出端和一个控制端，根据控制端令牌的真假确定T输出端或F输出端上带有输入端的数据令牌，如图9-5(c)所示。

④ 合并门控结点(MG结点)：有两个数据输入端和一个数据输出端和一个控制端，并受控制端控制。激发后，根据控制端值真假在输出端上产生来自T输入端还是F输入端上的数据令牌，如图9-5(d)所示。

⑤ 判断操作结点：判断输入数据(通常是单个或两个)是否满足某种条件，如输入数据是否小于0、等于0、大于0，两个输入数据的大小比较等。当满足条件时，将在输出端产生T的控制令牌，否则便产生F的控制令牌。数据流程序图中在空心箭头弧上流动的就是这类控制信号。如图9-6所示为单输入和双输入数据的判断操作工作情况。

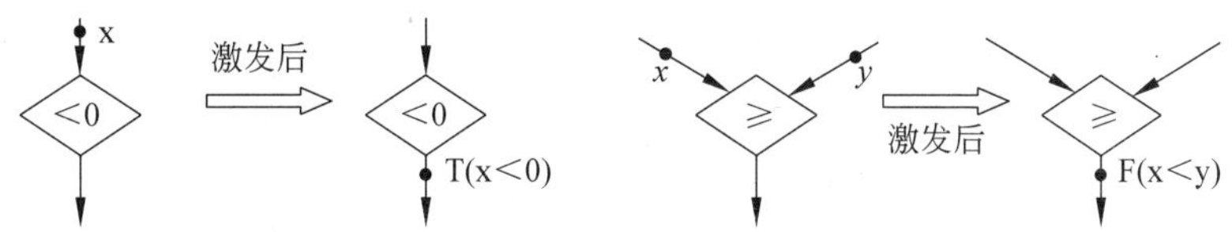

图9-6 判断操作结点及其激发规则

图9-6中在单输入端当 $x<0$ 条件满足时，在输出端产生一个带真值的控制令牌，否则，在输出端分支线上产生一个带假值的控制令牌。双输入端的条件判断操作与输入端的条件判断操作类似，不同的只是条件改为 $x \geq y$。

上述举例的结点是常用基本结点，根据需要还可设计出功能更强的复合类型结点。图9-7(a)中画出了条件结构的数据流程序图，用T门和F门分别控制THEN和ELSE部分。当条件为真满足时，合并门输出端产生来自T输入端上的数据令牌。图9-7(b)则给出了循环结构的数据流程序图。开始要输入一个初始数据令牌和一个初始控制令牌，采用一个合并门控结点的一个分支结点取得循环体的输入数据令牌，由条件产生的控制令牌来控制循环体的结束。

下面举一个实际例子来说明如何用前面介绍的各种操作结点构成一个实用的数据流程序图。给定一个自然数x，求它的阶乘x!。如果用C语言，可以描述如下。

```
main()
{int x,i;
    scanf("x=%d",x);
    for(i=x;i>1;i--)
        x=x*i;
    printf("x! =%d\n",x);
}
```

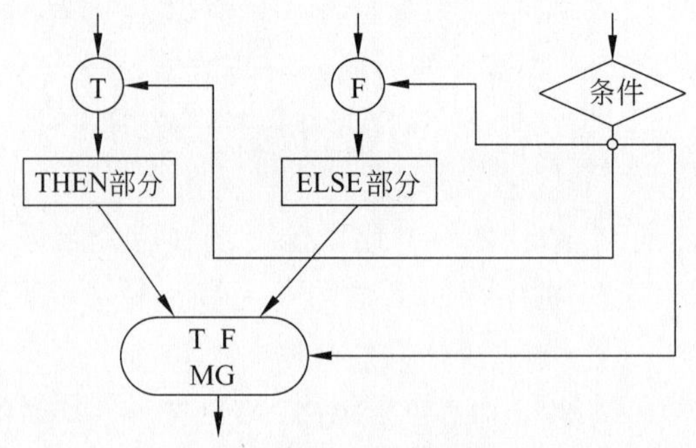

(a) 条件结构数据流图

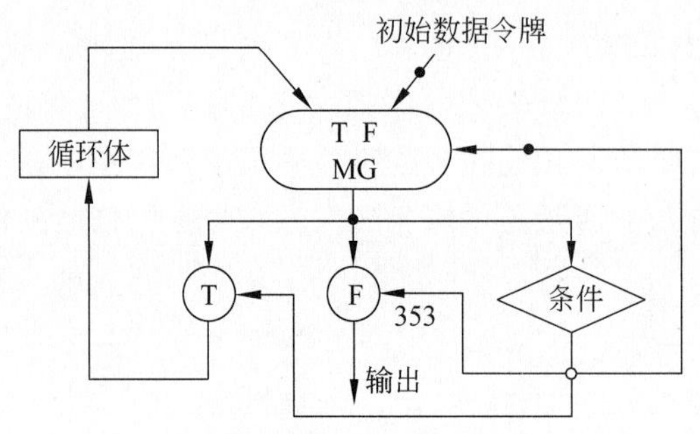

(b) 循环结构数据流图

图 9-7　具有条件结构和循环结构的数据流程序图

计算 x 阶乘的数据流程序图如图 9-8 所示。

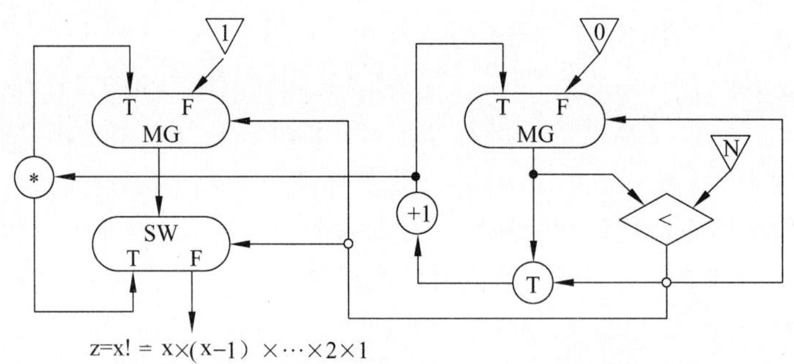

图 9-8　由常用结点所构成的计算 x 阶乘的数据流图

可以看出，它有两个并行执行的迭代循环，一个是乘法操作，另一个是减 1 操作。为了使这个数据流程序图能开始执行，首先要输入一个带有原始数值 x 的起始数据令牌和一个带有假值的起始控制令牌，通过复制结点把输入的起始数据令牌复制成相同的两个令牌，分别送入乘法操作循环和减 1 操作循环，然后在起始控制令牌的控制下，两个循环体同时分别开始执行。每执行一次循环，“i＞1”条件操作结点就产生一个带有真值的控制令牌，在它的控制下并行执行一次乘法循环和一次减 1 循环。当减 1 操作结点输出带有数值为 1 的数据令牌时，“＞1”条件操作结点就产生一个带有假值的控制令牌，在这个控制令牌的控制下停止乘法操作和减1操作的循环，并把乘法操作结点产生的最后一个数据令牌，作为最终计算结果输出到外部。这个数据令牌中携带的数值就是最终的运算结果 x 阶乘。

从图 9-8 中可以很明显地看到，数据流计算机操作执行的异步性和充分的并行性。并可以看出，数据流图的有向图表示法更接近一般的高级语言，具有可读性、直观性等优点。

数据流程序图相当于数据流计算机中的机器语言，对一般用户来说使用很不方便。与传统计算机中的高级语言和超高级语言相比，不易被人们接受，因此，必须研制适用于数据流计算机中使用的高级语言。这种高级语言应该能用近似于自然语言的方式，最大限度地描述隐含的并行性，又要能方便地被编译成数据流程图，以便在数据流计算机上执行，并具有易读、易于理解和调试、维护方便等优点。

常用的数据流语言有美国的 ID 和 VAL，法国的 LAU 以及英国曼彻斯特大学的 SISAL 语言等，它们大都是单赋值语言。单赋值的含义是指在程序中每个变量只能赋值一次，即同一变量在赋值语句的左部只允许出现一次，不允许对同一变量进行多次赋值。数据流语言一般必须具有如下两个特点。

(1) 遵循单赋值规则。这有利于运算并行性的开发，同时也可防止“副作用”。所谓“副作用”是指在程序执行过程中修改了某些参数的值。

(2) 指令的执行次序由数据依赖关系确定，这就是说，指令执行规则简单地只依赖于数据的可能性。

美国的麻省理工学院(MIT)是研究数据流机的发源地，由 Dennis 教授领导的研究小组提出了 VAL 数据流语言，主要用于他们所开发的 MIT 静态数据流机。而由 Arvind 教授领导的研究小组首次提出了动态数据流机概念，并开发了相应的 ID 数据流语言。对于点积这样的操作，若用 ID 语言则可写成如下过程。

```
procedure inner-product(a,b,n)
initial s←0
for i from 1 to n do
new s←s+(a[i]+b[j])
return s
```

9.1.3 数据流计算机的性能分析

目前，数据流计算机及与它相适应的函数语言的研究还处于萌芽阶段。虽然数据流驱动计算的想法早就有人提出，但直到最近几年才研制出可供使用的结构模型。人们普遍认为，在这个领域应该继续进行研究和探讨。

1. 数据流计算机的优点

数据流计算机在许多方面的性能优于传统的冯·诺依曼型计算机。下面就这个领域里的研究人员们提出的优点进行归纳总结，其中的一部分已得到模拟实验的验证。

1）高度并行运算

数据流方法本身就体现了操作的高度并行性。它不仅能开发程序中有规则的并行性，还能开发程序中任意的并行性。

在数据流方法中，由于没有指令执行顺序的限制。从理论上讲，只要硬件资源充分就能获得最大的并行性。已经通过程序验证，许多问题的加速倍数随处理机数目的增加而线性增长。

2）流水线异步操作

由于在指令中直接使用数值本身，而不是使用存放数值的地址，从而能实现无副作用的纯函数型程序设计方法，可以在过程级及指令级充分开发异步并行性，可以把实际串行的问题用简单的办法展开成并行问题来计算。例如，把一个循环程序的几个相邻循环体同时展开，把体内、体间本来相关的操作数直接互相替代，形成一条异步流水线，使不同次的循环体能并行执行。

目前，数据流方法已广泛应用于流水线处理、数组处理及多重循环处理中。

3）与VLSI技术相适应

虽然数据流计算机的结构比较复杂，但是它的基本组成具有模块性和均匀性，其中的指令存储器、数据令牌缓冲器及可执行指令队列缓冲器等存储部件，可以用VLSI存储阵列均匀构成。处理部件及信息包开关网络也可以分别用模块化的标准单元有规则地连接而成。因此，有可能研制出具有很高性能价格比的计算机系统。

4）有利于提高软件生产能力

在传统语言如FORTRAN，Pascal等中，由于大量使用全局变量和同义名变量而产生副作用，给软件的生产和调试带来很多困难。而在数据流计算机中，执行的是纯函数操作，使用函数程序设计语言来编程，从含义上取消了“变量”，取消了变量赋值机制，因而消除了巴科斯所说的冯·诺依曼赋值操作的瓶颈口。

用函数语言编写的程序符合程序设计方法学的要求，易读易懂。它良好的程序结构为程序的调试和验证提供了很好的基础。总之，数据流技术改善了软件研制环境，有可能提高软件的生产能力和可靠性。

2. 数据流计算机的缺点

数据流技术的反对者们指出的数据流计算机在指令级并行性上有许多潜在问题。确切地说，上述这些数据流技术的优点实际上只是理论化的数据流计算机模型才具备的。实际的数据流计算机为获得这些优点往往要付出巨大的代价，从而使得实际的数据流计算机具有许多明显的不足之处。

1）操作开销过大

与传统的计算机相比，数据流计算机中各种操作的开销要大得多，以至于使所获得的并行度在相当广泛的实际应用领域里得不到补偿。

数据流计算机中的每条指令除了包含操作码之外，还要提供两个操作数存储单元及存放多个后继指令地址的存储单元。所以，数据流计算机的每条指令都很长。这不仅要占用较多的存储单元，还使指令的存取复杂且费时间。

数据流计算机中有大量中间结果形成的数据令牌在系统中流动，使信息的流动相当频繁，冲突增加。为减小冲突，要设置许多局部缓冲器，这样不仅增加了开销，也延长了通信途径。

数据流计算机操作开销大的根本原因是把并行性完全放在指令级上。在一个实际的计算机系统中，并行可分为多级，例如任务级、作业级、进程级、过程级、函数级和指令级等。如果不适当地把高一级的并行性都依赖低级的并行性来实现，往往要付出过高的代价。如已经相当成熟的数组运算就是一例。

操作开销大的另一个原因是完全采用异步操作，没有集中控制。为解决这些异步操作和随即调度引起的混乱，需要花费大量的操作开销。

2）不能有效利用传统计算机的研究成果

数据流计算机完全放弃了传统计算机的结构，独树一帜，这样做一方面使它摆脱了传统结构的束缚，具有活跃的生命力；另一方面却使它不能吸取传统计算机已经证明行之有效的许多研究成果。

另外，数据流计算机企图摆脱困扰多机系统的许多问题，例如，存储器按模块访问引起的冲突、复杂昂贵的互连网络、多进程之间的同步与通信等，但是在实际实现时往往又以新的形式回到这些老问题上。所以在数据流计算机的设计中认真吸取传统计算机的研究成果是非常有益的。

在软件方面，由于采用全新的函数语言，人类已经长期积累的大量软件成果不能继承。这一基本问题如果不解决，数据流计算机将无法进入市场，无法与传统的计算机竞争。

3）数据流语言尚不完善

目前已经见到的数据流语言，如VAL及ID等都不完善，输入/输出操作因为不是函数运算至今未被引入到数据流语言中来。另外，数据流语言以隐含的方式描述并行性，而由编译器开发这种并行成分，但这种方式并非总是有效。因此，数据流语言还需要进一步不断地改进和完善。

在数据流程序中由于引入了大量隐含的并行性，使得程序的调试工作变得非常困难。直到目前还没有一种好的解决办法。另外，对数据流计算机操作系统的研究还很少，在这一方面的研究还很不成熟。

3. 数据流计算机设计中需要解决的几个主要问题

在分析了目前已经实现的几台数据流计算机模型的基础上，给出如下几个在数据流计算机设计中需要解决的主要技术问题。

(1) 研制易于使用、易于由硬件实现的高级数据流语言。

(2) 程序如何分解并如何把程序模块分配给各处理部件。

(3) 设计出性能价格比高的信息包交换网络，以支持资源仲裁和令牌分配等大量通信工作。

(4) 对静态和动态数据流计算机，研制智能式数据驱动机构。

(5) 如何在数据流环境中高效率地处理复杂数据结构，如数组等。

(6) 研制支持数据流运算的存储层次和存储分配方案。

(7) 在广泛的应用领域里，对数据流计算机的硬件和软件做出性能评价，估计各种系统开销，包括开发、运行及应用开销。

(8) 研究数据流计算机的操作系统。

(9) 开发数据流语言的跟踪和调试工具。

9.1.4 数据流计算机结构

按照对数据令牌的不同处理方法，数据流计算机可分为静态数据流计算机和动态数据流计算机两种。静态数据流计算机的典型代表是 Dennis 计算机，而典型的动态数据流计算机除了 Arvind 计算机之外，还有英国的 Machester 计算机及日本研制的 EDDY 计算机等。另外，除静态和动态两种典型的数据流计算机之外，近几年来又出现了几台其他类型的数据流计算机。如美国 Utah 大学研制的树状结构 DDM-1 计算机，法国 Toulouse 等人研制的总线型 LAU 计算机。

下面对几台典型的数据流计算机做简单的介绍，主要介绍它们的系统结构、机器组成、指令及数据令牌的格式等。

1. 静态数据流计算机结构

Jack Dennis 是静态数据流计算机的先驱者。他和助手们于 1972 年首先提出了静态数据流计算机模型，如图 9-9 所示，并研制了 Dennis 静态数据流计算机及在该机器上运行的 VAL 数据流语言。

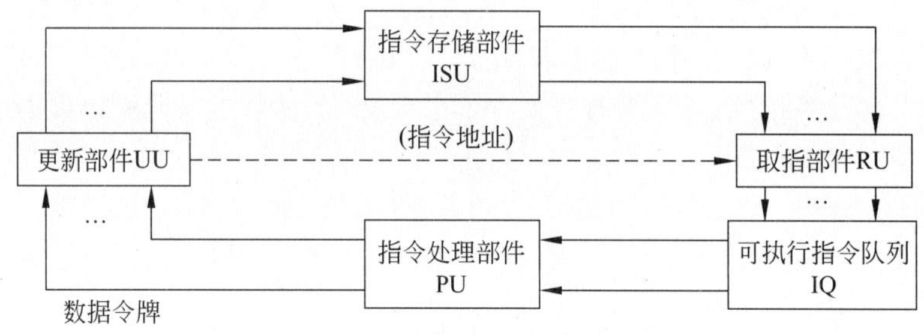

图 9-9　静态数据流计算机结构模型

静态数据流计算机的主要特点是：数据令牌不带任何标号，每条有向分支线上在某一个时刻只能传送一个数据令牌，每个结点一次只能执行一个操作。因此，静态数据流计算机的结点操作执行规则是：结点的每一条输入分支线上都有一个令牌出现（数据分支线上出现数据令牌，控制分支线上出现携带结点操作所要求控制信号的控制令牌），而且输出分支线上没有令牌时，该结点的操作才能够被执行。所以，静态数据流计算机中不仅要有数据令牌，还要有控制令牌，由这两种令牌同时来决定结点的操作是否执行。

在图 9-9 中，指令存储部件（ISU）中存放要执行的数据流程序，所有已收到全部所需数据令牌的指令将由取指令部件（RU）按更新部件（UU）送来的指令地址逐个取出，送到可执行指令队列(IQ)中,此时若有空闲的处理部件,分派程序将等待执行的指令按次序分配给指令处理部件(PU),使它们并发执行。执行后的结果形成新的数据令牌,它们被送到更新部件中,再按它们的目标地址送往指令存储部件内相应指令的有关位置,此时,更新部件将所有已收到所需数据令牌的指令地址传送给取指令部件,这样完成了一次循环流动。

图 9-10 是 Dennis 静态数据流计算机的结构框图。它有以下五个主要组成部分。

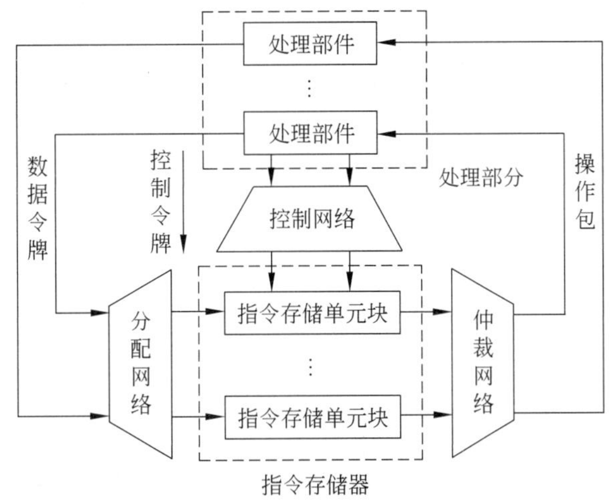

图 9-10 Dennis 静态数据流计算机结构框图

(1) 指令存储器。用于存放指令。每条指令有一个唯一的地址,也称为指令单元标识符。通常的一条指令由一个操作码、一个或几个操作数存储单元、一个或几个后继指令地址(目标地址)、一个或几个确认地址(回答信号地址)及有关标志等组成。其中,操作码唯一地确定了这条指令要执行的操作。操作数存储单元存放由激活本指令的数据令牌传送来的操作数。后继指令地址的作用是把本指令的执行结果送往需要它的那些指令中去,在本指令执行完后,由后继指令地址和结果值一起组成新的数据令牌。一条指令往往代表数据流程图中的一个或几个操作结点,还包括与这些操作有关的输入/输出连接符。

(2) 处理部件。主要由多个相同或不同的处理单元组成,主要完成数据的函数运算。

(3) 仲裁网络(Arbitration Network)。其主要作用是把操作包(由指令及指令所要求的操作数组成)从指令存储器传送到处理部件。

(4) 控制网络(Control Network)。其主要作用是把控制令牌从处理部件传送到指令存储器。

(5) 分配网络(Distributed Network)。其主要作用是把数据令牌从处理部件传送到指令存储器。

存放在指令存储器中的指令,在从分配网络得到数据令牌中携带的操作数,及从控制网络得到控制令牌后就允许执行,成为可执行指令。可执行指令从指令存储器中读出并和它所需要的操作数一起形成一个操作包,这个操作包通过仲裁网络传送到处理部件。在处理部件中,指令执行后产生的结果组合成新的数据令牌和新的控制令牌,这两种令牌分别通过分配网络和控制网络送到指令存储器中。在那里，这些令牌又激活其他指令。

Dennis 数据流计算机中的五个组成部分相互独立，没有统一的中央时钟，部件之间采用异步方式通信。需要传送的信息都组成有关信息包在各子系统之间传送。

由于在同一时刻可能有多条指令在等待执行，因此仲裁网络应设计成允许多个操作包同时通过。同样，分配网络和控制网络也要设计成能把密集的令牌同时分配到有关指令单元中去。通常一台数据流计算机中的处理单元有几十个到几千个，而指令存储单元的数目就更多了。因此，通信网络往往是数据流计算机工作时的瓶颈。换句话说，如何设计好三个通信网络就成为设计整个数据流计算机的关键。静态数据流的另一种结构是用多个独立的数据流处理单元通过通信网络连接而成系统。

2. 动态数据流计算机结构

动态数据流计算机模型图如图 9-11 所示，在动态数据流计算机中，每个数据令牌都带有标号（令牌标号及其他特征信息），从而使数据流程图中的一条有向分支线上可同时传送（带不同标号）几个数据令牌，它不需要用控制令牌来确认指令间数据令牌的传送。而是采用一个专门硬件（匹配部件）对数据令牌中的标号进行符合比较加以识别，匹配部件将标号加到数据令牌上并完成标号的匹配工作。

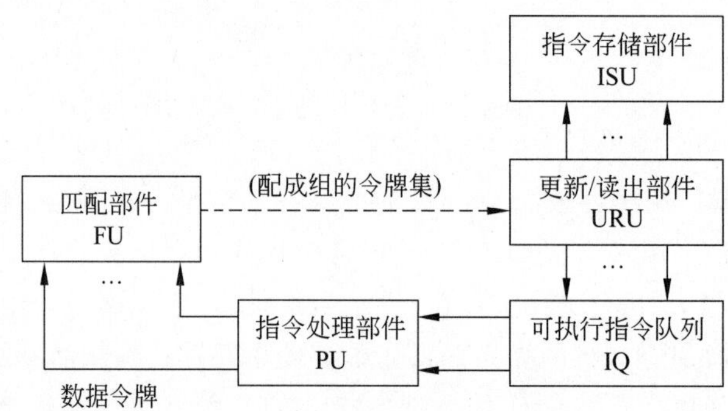

图 9-11　动态数据流计算机模型图

匹配部件将各个处理部件送来的结果数据令牌赋予相应的标号，并将流向同一指令的数据令牌进行匹配成对或成组，然后将它们送往更新/读出部件，当一条指令所要求的数据令牌都到齐后，就立即从指令存储器中取出这条指令，并把该指令与数据令牌中携带的操作数一起组成一个操作包形成一条可执行指令，送入可执行指令队列。如果指令所要求的数据令牌没有全部到齐（匹配失败），则把刚到达的数据令牌暂时存入匹配部件的缓冲存储器中，以供下次匹配时再使用。

从原理上分析，动态数据流计算机能更加充分地开发程序中的并行性，且中间结果不返回存储器，从而减少了操作开销。

动态数据流计算机从结构上分为三类，第一类是以 Arvind 为代表的网络结构型计算机，第二类是以 Manchester 为代表的环状结构计算机，第三类是以 EDDY 为代表的网状结构数据流计算机。下面仅介绍这种环状计算机的结构特点、工作原理、指令及数据令牌格式。

Manchester 动态数据流计算机是环状结构计算机的典型代表,其结构框图如图 9-12 所示。它的五个功能部件按顺时针方向进行通信,组成一条环状流水线。数据令牌是主要的通信单位,令牌主要由操作数、标号及目标结点指针等部分组成。

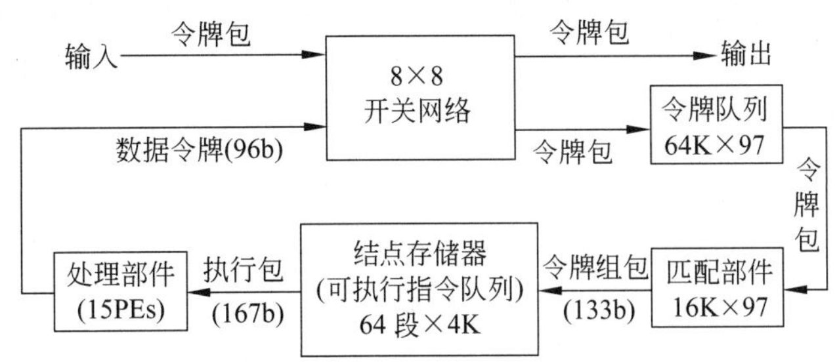

图 9-12 Manchester 动态数据流计算机结构框图

处理部件由 15 个 PE 组成,这些 PE 可并行地执行指令。它们可执行定点、浮点、数据转移及打标记等指令。每个 PE 都有输入缓冲器和输出缓冲器。

8×8 开关网络可同时提供多条通路与外部交换信息。令牌队列可存放 64K 个数据令牌。匹配部件按照令牌的特征值对令牌进行匹配,它内部有 16K×97 位的缓冲存储器。缓冲存储器由 8 组组相联存储器组成,采用硬件散列技术来减少相联比较器的位数。当从令牌队列中送来的数据令牌与匹配部件中已经存在的令牌相匹配(有相应的特征值)时,表示令牌中目标地址字段指示的指令为可执行指令,于是 97 位数据令牌和 36 位匹配特征值合在一起组成 133 位的令牌组包送往结点存储器。如果从令牌队列送来的数据令牌不能与匹配部件中已经存放的令牌相匹配时,则把新送来的令牌暂时存入匹配部件的缓冲存储器中。其指令与数据令牌格式如图 9-13 所示。

系统/计数标志	1位
特征(Tag)	36位
目标地址	32位
数值	37位

(a) 数据令牌格式

系统/计数标志	1位
特征值(Tag)	36位
操作码	12位
操作数1	37位
操作数2	37位
目标地址1	22位
目标地址2	22位

(b) 指令格式

图 9-13 Manchester 数据流计算机的指令与数据令牌格式

结点存储器按照匹配部件送来的令牌组包中给定的目标地址取出指令,并把令牌组包中携带的操作数代入指令中,形成 167 位的执行包送往处理部件。Manchester 动态数据流计算机采用高级数据流语言 Lapse 编程,这是一个单赋值的程序设计语言。其中的语法规则与 Pascal 语言基本相同。Lapse 语言还可用一个语句描述整个数组的运算。

3. 其他类型的数据流计算机

除上述静态和动态两种典型的数据流计算机之外，还有几种其他类型的数据流计算机。其中有的克服了典型数据流计算机某些方面的缺点，有的继承了传统计算机中已经证明行之有效的某些并行处理技术。因此，从某种意义上说，这些结构类型代表了目前数据流计算机的发展方向。如美国第一台实际可运行的数据流计算机 DDM-1(Data Device Machine-1)采用树状结构。其中的每个单元可以连到一个祖先单元和最多 9 个子单元。还有提高并行级别(利用复合函数驱动)的数据流计算机，同时采用多级并行(任务级、作业级、复合函数级、指令级多级驱动)的数据流计算机，同步与异步相结合的数据流计算机，还有控制流和数据流相结合的计算机系统。

最后给出一个建议，在高级数据流计算机中采用的硬件结构如图 9-14 所示，从这个结构出发，既可以设计出同步与异步相结合及同时采用多种并行级别的数据流计算机系统，也能设计出控制流与数据流相结合的计算机系统。

在如图 9-14 所示的硬件结构中，有一个全局控制器，用来控制多个处理机群、共享存储器和其他资源。而不像典型的数据流计算机那样强调分散控制。这个结构与传统的多处理机结构非常相似，所不同的只是在某一个或某几个级别上采用数据流驱动，因此被称为数据流计算机。

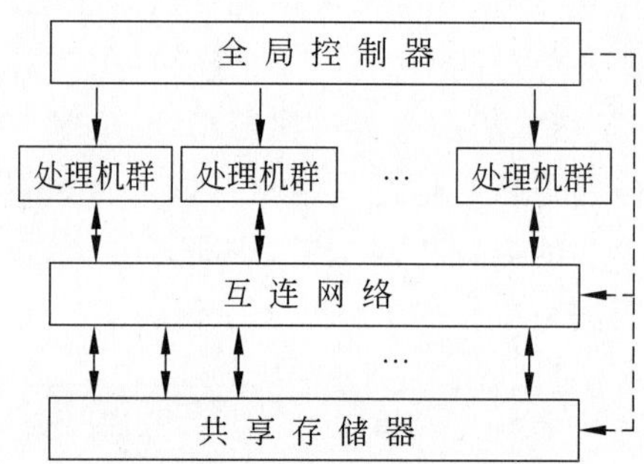

图 9-14　在高级数据流计算机系统中采用的硬件结构

9.1.5　数据流机器存在的问题

数据流计算机在提高并行处理效能上有着非常显著的优势，但也存在一些问题。

(1) 数据流计算机主要目的是提高操作级并行的开发水平，但如果题目本身数据相关性很强，内含并行性成分不多时，就会使效率反而比传统的 Von Neumann 型计算机还要低。

(2) 在数据流机器中为给数据建立、识别、处理标记，需要花费较多的辅助开销和较大的存储空间(可能比 Neumann 型的要大 2 倍以上)。但如果不用标记则无法递归并会降低并行能力。

(3) 数据流计算机不保存数组。在处理大型数组时，会因复制数组造成存储空间的大量浪费,增加额外数据传输开销。数据流机器对标量运算有利,而对数组、递归及其他高级操作较难管理。

(4) 数据流语言的变量代表数值而不是存储单元位置,使程序员无法控制存储分配。为有效回收不用的存储单元,增大了编译程序的难度。

(5) 数据流机器互连网络的设计困难,输入/输出系统仍不够完善。

(6) 数据库机器没有程序计数器,给诊断和维护带来困难。

因此,数据流机器在并行度低的小型计算机及需要高度并行的超级计算机上有潜在的发展余地。

9.2 归约机

归约机和数据流机一样,都是基于数据流的计算模型,只是其采用的驱动方式不同。数据流机是采用驱动,执行的操作序列取决于输入数据的可用性;归约机则是需求驱动,执行的操作序列取决于对数据的需求,对数据的需求又来源于函数式程序设计语言对表达式的归约。

9.2.1 函数式程序设计语言

函数式语言是一种全新的程序设计语言,也称为应用式语言或面向表达式语言。函数式程序没有诸如指令计数器、数据存储器和程序当前状态之类的概念。这种语言的程序是纯数学意义上的函数,它作用于程序的输入,得到的结果值就是程序的输出,因此它不具有副作用,保证了程序各部分的并发执行,不会影响正确结果的获得,对高度并行的系统结构,更适宜于采用函数式语言来设计并发程序。

在函数式程序设计系统中,程序是一个表达式,计算过程仅由函数来描述。对运算的顺序并无显式的描写,运算顺序只蕴涵于各函数调用之间的依赖关系中,且与运行程序的实际运算结构无关。

构成函数程序的主要成分是原函数、复合函数和定义。原函数的主要功能是实现由对象到对象的映射,或是把一个对象变换成另一个对象。常用的原函数有选择函数,算术函数,交叉置换函数,比较、测试函数,加1、减1函数,附加序列函数,分配函数,取序列尾函数等。复合函数的主要功能是利用函数构成算符,将已有的函数构成新的复杂函数,常用的程序构成算符有:组合算符“O”,构造算符“[]”,条件算符“→”,插入算符“/”,作用于全体(Apply to All)算符“α”等。复合函数只有经定义“f”并输入到机器后方能应用。用户定义的函数由形式参数表和函数体两部分组成。函数定义的过程即是建立形式参数表中形式参数与函数体中的变量之间的约束关系的过程。

函数式语言的主要特点是:①直接由原函数构成,层次分明,所编程序为静态的、非重复的,便于错误检测;②程序与数据分开,数据结构不是程序的组成部分,同一个函数程序可处理不同的对象,程序具有通用性;③程序中包括固有并行性,便于检测和并行;④程序无状态及数据存储单元的概念;⑤无赋值语句,不使用GOTO类控制语句,所使用的程序构成算符,遵从许多基本代数定理,因而由函数式语言所编写的程序的正确性,易于得到证明。

归约机是一种面向函数式程序设计语言的计算机,属于需求驱动的系统结构,指令的执行顺序取决于对这些指令产生结果数据的需求,而这种需求又源于函数式程序设计语言对表达式的归约。归约操作主要是函数作用和子表达式变换,归约过程就是将每个最内层可归约表达式用其值来替换,这样又形成了新的最内层可归约表达式,然后再对其进行归约,最后,整个程序全部被归约,仅留下最终结果。

9.2.2 函数式语言的归约机结构

归约机按机器内部对函数表达式所用存储方式不同分为串归约和图归约两类。

以表达式 z = (y−1) * (y + x)为例,假定 x 和 y 赋予 2 和 5。

串归约方式是当提出求函数 z = f(u) 的请求后,立即转换成执行由操作符 * 和两个子函数 g 和 h 的作用所组成的“指令”。g 和 h 的作用又引起“指令”(y,−1)和(+y,x)的执行。从存储单元中分别取出 y 和 x 的值,算出 y-1 和 y+x 的结果,然后将返回值再各自取代 g 和 h,最后求(* 4,7),得到结果 28。这种归约方式表示见图 9-15(a)。串归约方式实际上是一种不断地在定义表达式集合中去查找和复制的过程,而且对每次函数作用都要重复执行,因而时间和空间的辅助开销都比较大。

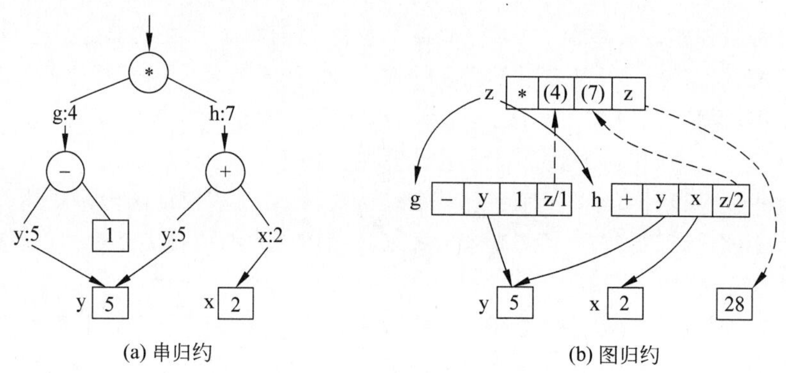

图 9-15 串归约和图归约

图归约和串归约方式主要的不同在于,定义表达式时设置了 z/1、z/2 等指针,如图 9-15(b)所示。因此,下一层作用的返回结果将直接取代上一层作用的自变量,省去了归约时的复制开销,实现了自变量返回值的共享,不用对同一函数作用重复执行,就可以直接引用此函数求值的结果。

根据机器所用归约方式不同,有串归约机和图归约机两类。串归约机以字符串形式存储,图归约机以图的形式存储。

1. 串归约机

串归约机可以看成一种特殊的符号串处理机，函数定义、表达式和目标都以字符串的形式存储在机器中。函数式语言源程序可以不经翻译，直接在串归约机上进行处理。串归约机的例子是 Mago 提出的细胞树状结构多处理机 FFP。FFP 机系统如图 9-16 所示，由四部分组成。

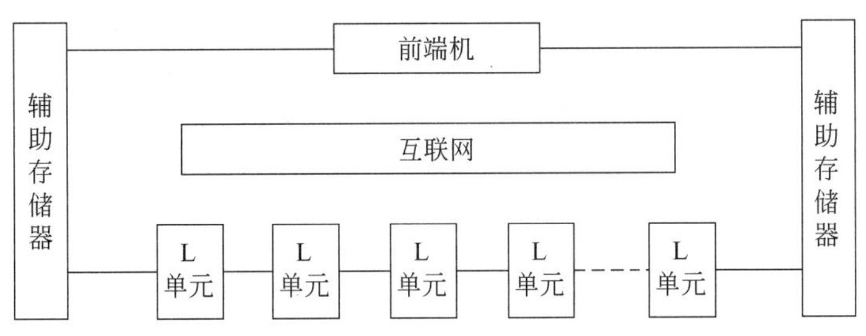

图 9-16 FFP 归约机结构示意图

图中线性 L 单元阵列是一个带有逻辑功能的存储系统，L 单元不仅存放 FFP 表达式（程序和数据），还执行机器中大部分的工作，因而它又是一个 PE（处理单元），相邻的 L 单元互连成一个线性阵列，这一线性连接仅为了进行存储管理。前端机控制整个系统，包括对 FFP 机使用的基本操作进行定义，控制辅助存储器与管理 I/O。辅助存储器同 L 阵列的两端相连，随后机器从辅助存储器取出信息到阵列，使其开始工作。若 L 阵列中的信息超出其存储容量，把溢出部分移入辅助存储器，L 单元间经由互联网进行通信，并具有某些处理功能。

FFP 机的实现方案有多种，图 9-17 的二叉树互联网结构是最简单的方案，二叉树网络的内部结点称为 T 单元，叶结点是 L 单元，树根连到前端机。这种结构具有易于构造和易于扩展的优点。

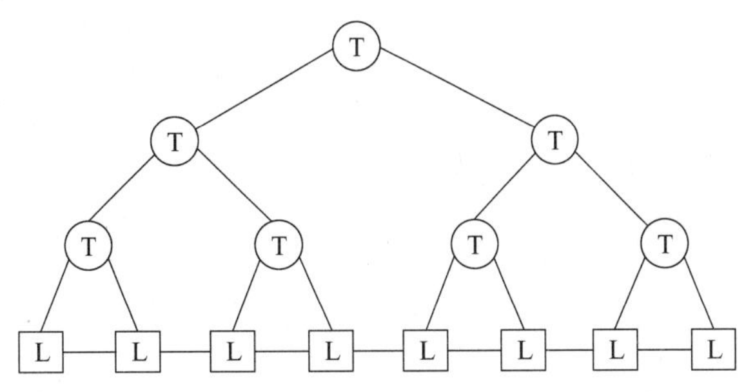

图 9-17 二叉树结构的 FFP 机

FFP 机的工作过程可分为多个操作周期，每个周期又可分为三个阶段——分解阶段、执行阶段和存储管理阶段。FFP 机能较好地完成程序自动分解，机器运行时按程序的实际需要可不断重构系统。机器以函数式语言 FFP 编程，无须程序员干预而自动地开发并行性。

2. 图归约机

图归约机将函数定义、表达式和目标以图的形式存储于机器中,因此进行归约的对象是图,最常用的是二叉树和 N 叉树,英国帝国理工学院的 ALICE 多处理器系统,其目标语言 HOPE 是纯函数式语言,程序由函数定义集组成。函数通过重写来加以归约,由存放在函数定义数据库中代码替换函数加以实现。ALICE 图归约机样机的结构如图 9-18(a)所示。

它是一个由 16 个处理器和 24 个存储模块构成的多处理器系统,由全互连的 Delta 交叉开关网(见第 7 章)实现处理器和存储模块之间的互连。

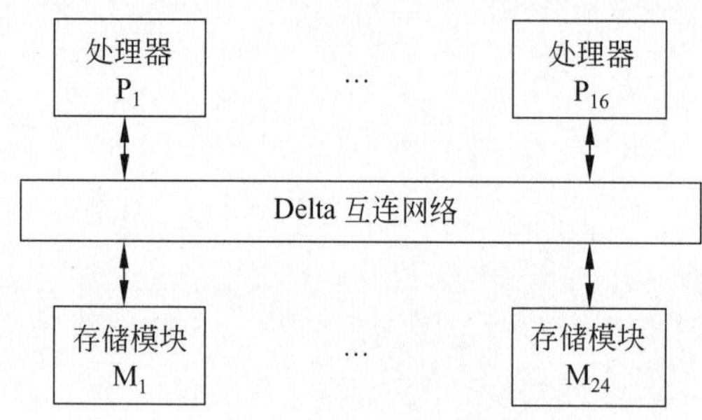

(a) ALICE图归约机结构

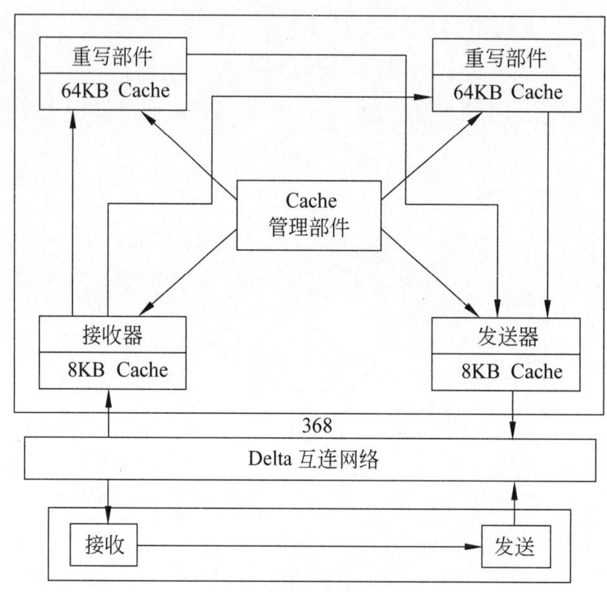

(b) 处理器存储模块内部结构

图 9-18 ALICE 图归约机多处理机系统

图 9-18(b)为处理器存储模块的内部结构。每个处理器含有 5 个 Transputer,其中两个从事重写操作,每个带有 64KB Cache;第三个用作 Cache 的管理;另两个分别做接收和发送信息包用。存储模块的内部较简单,只有一个 Transputer,进行信息包的发送和接收操作,存储容量为 2MB。

9.3 人工智能计算机

近年来,人工智能技术已经在许多领域中得到了广泛的应用,例如自然语言理解、计算机视觉和机器人等。随着人工智能应用从实验室走向现实世界以及人工智能软件复杂性日益增加,计算吞吐率和成本已成为设计人工智能计算机时需要仔细权衡的因素。由于传统的冯·诺依曼计算机主要是为顺序的和确定性数值计算而设计的,因此不适宜于人工智能方面的应用。

9.3.1 人工智能计算特征

由于人工智能的应用领域与传统的冯·诺依曼计算机不一样,因此两者的计算特征有很大的差别。人工智能计算具有如下特征。

(1) 人工智能计算的主要对象是符号而不是数值,常用的基本符号操作包括比较、选择、排序、匹配、逻辑集合运算、分类以及模式检索和识别等。在更高层次上,符号操作还应包括如句子、语音、图形和图像等的模式操作。

(2) 人工智能计算是非确定计算。即很多人工智能算法具有不确定性,这是由于缺少对求解问题的完全理解和缺少相应知识造成的。因而在求解时,往往要对所有的可能性进行穷尽的枚举或是对求解空间进行有控制的搜索。

(3) 人工智能计算是动态进行的。由于缺少完整知识和对求解过程的预见性,往往需要在求解过程中建立新的数据结构和函数。求解问题过程中对存储空间及其他资源进行动态的分配和回收任务可能是动态建立的,通信拓扑也可能需要动态地变换。

(4) 具有并行和分布处理的巨大潜力。在确定性算法中,往往存在有一组独立任务可以并发地进行处理,这类并行性称为 AND 并行性。

(5) 知识管理问题。在减少人工智能求解问题的复杂性方面,知识起着很重要的作用,有用的知识越多意味着无用的搜索越少。由于知识量很大,因此必须加以管理。需要指出的是,在许多人工智能应用中,求解时需要用的知识可能是不完善的,因为在求解问题时,可能知识来源还不知道,或者在设计时无法预见将来的环境变化,所以人工智能系统应设计成开放的,允许不断求精和能够获得新知识。

总体来讲,改善人工智能任务求解的计算效率有两个基本方法,即使用探测知识指导搜索和使用更高速的计算机。人工智能处理的基本要点是有关知识的获取、知识表示和智慧地加以应用。就知识获取而言,人工智能系统应能从视觉、声音和书写等各种信息源获取信息。由于这些信息的来源往往是不完整、不精确甚至是相互矛盾的,因此必须对它们进行正确的识别和理解。

9.3.2 人工智能计算机的结构

人工智能机的一般结构如图 9-19 所示。

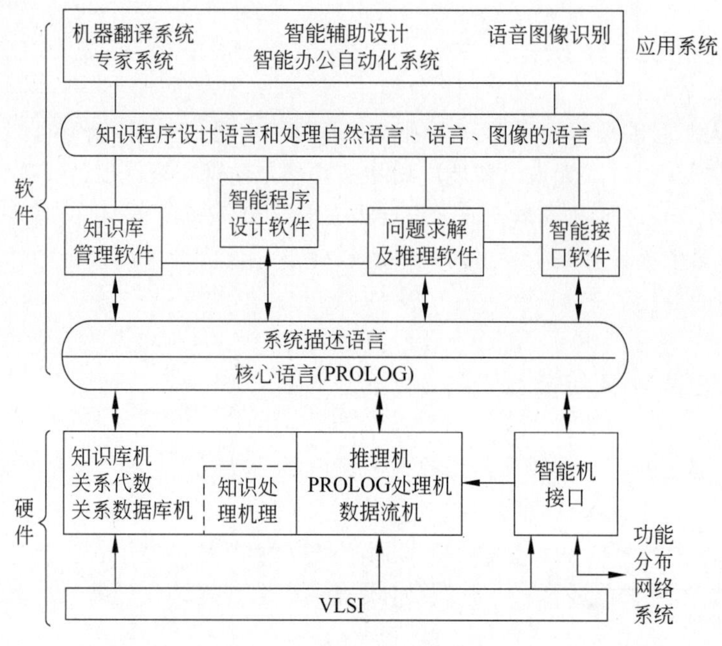

图 9-19　智能机的结构框图

图 9-19 中包括软件部分和硬件部分。软件部分的知识库管理软件包括对知识进行存储管理的部分、关系数据库管理系统、知识描述系统以及为所有知识库管理要用到的基本程序和常用程序。知识库以高效可用形式存放有各种知识、语义和规则,通常又有通用知识库和专用知识库之分。通用知识库的知识由系统提供,用于存放用户要用到的通用知识。知识库的效能直接影响整个智能机的性能,因此至关重要的是必须保证知识库机能快速有效地存储和检索出知识数据项。另外,知识库子系统还隐含解决对知识的基本操作进行全面管理的知识库基本机理,快速进行知识的存储、查找、更新、数据变换的并行关系运算及知识运算机理的软硬件支持。

问题求解及推理软件由用来进行快速演绎推理的并行推理基本软件和用于对问题建立高效算法的解题软件两部分组成。智能程序设计软件可使用户在给定题目时,不用编制"怎样解题"的程序,而只需提出"想解决什么"的问题描述即可。由计算机在知识库、解题-推理系统和知识库管理系统中找出所需的模块,自动合成高效优质的核心语言一级的计算机程序。

硬件部分的推理机从某种意义上可相当于传统机器中的中央处理机,希望能每秒进行高达数百亿次到数千亿次的逻辑推理操作,这就要求推理机硬件可能要由上万个微处理器构成,且能并行工作。

智能机中所采用的程序设计语言一般是面向逻辑程序设计的语言,如以 PROLOG 语言为基础加以扩展的语言。它只能作为智能机内的机器语言,由于用户用自然语言与系统进行交互通信,所以使用户程序设计者不必再需要接受专门的编程训练。

9.3.3 人工智能计算机分类

人工智能计算机一般可分为以下四类。

1. 基于语言的人工智能计算机

这类机器的设计目标是高效地执行像LISP、PROLOG和FP等面向人工智能的高级程序设计语言。在这类机器中设有专门的硬件以支持有关语言的基本操作。如LISP计算机中采用面向堆栈的带标志位的系统结构。FP计算机中采用图或链来表示程序和数据,通常用多处理机来加以实现。PROLOG计算机则需要有硬件支持模式匹配和归一的基本操作,并应有逻辑推理功能部件。

2. 基于知识的人工智能计算机

这类人工智能计算机要求能对具体所采用的知识表示方法,如语义网络、框架、规则、对象等给以支持。比较常见的有:基于规则的AI计算机,如DADO2以及NON-VON计算机;基于语义网络的AI计算机,如Connection machine;基于对象的人工智能计算机,如FAIM-1、Dorada和SOAR。这些AI计算机中通常包含大量处理器,每个处理器的功能比较简单且带有一个小容量的局部存储器。

3. 连接式人工智能计算机

在这种人工智能计算机中,知识不是用符号来表示的,而是直接编码成处理单元间的互连模式。这些处理单元既协同又相互竞争地求解问题。连接式人工智能计算机主要使用连接来实现信息的存储,类似于神经或细胞的互连。系统中每一个连接被赋有一定的权值,有权值的模式来形成知识的表示。连接式人工智能计算机的最大优点是,它能同时将整个知识库系统作用于求解问题,所有细胞元是并发的活跃的,所有计算直接受控于编码在网络连接中的知识库,故具有较强的容错能力。连接式人工智能计算机的最大弱点是可编程性和可维护性较差,因此这种人工智能计算机仍处于实验研究阶段。

4. 带智能接口的人工智能计算机

在这种人工智能计算机中,通常在人-机之间提供语音识别、自然语言理解、图像处理和计算机视觉等智能接口。这种人工智能计算机的应用针对性和实用性较强,因此有较广阔的应用前景。应指出的是,在这种系统中不单纯进行符号处理,数值计算也占有相当比例,如对语音和图像的低层处理主要是数值计算,仅在高层次上才对音素和图像的符号表示加以处理。

总之,智能化计算机的研究必须建立在人工智能、软件工程、计算机系统结构、VLSI技术、专家系统、语言识别、计算机视觉和网络等多方面研究基础上,这些领域的研究进展将有力促进新一代计算机的发展。

9.4 光计算机

计算机的功率取决于其组成部件的运行速度和排列密度，光在这两方面都很理想。光子的速度即光速，为每秒30万千米，是宇宙中最快的速度。激光束对信息的处理速度可达现有半导体硅器件的1000倍。1990年，贝尔实验室推出了一台由激光器、透镜和反射镜等组成的计算机，这就是光计算机的雏形。随后，英、法、比、德和意等国的七十多名科学家研制成功了一台光计算机，其运算速度比普通的电子计算机快1000倍。光计算机是利用纳米电浆子元件作为核心来制造，通过光信号来进行信息运算的，这种利用光作为载体进行信息处理的计算机被称为光计算机，又称为光脑。

光计算机是由光代替电子或电流，实现高速处理大容量信息的计算机。其基础部件是空间光调制器，并采用光内连技术，在运算部分与存储部分之间进行光连接，运算部分可直接对存储部分进行并行存取。突破了传统的用总线将运算器、存储器、输入和输出设备相连接的体系结构。运算速度极高、耗电极低。

光计算机就是充分利用光的特性，与电计算机相比，它具有无法比拟的各种优点。

第一，光器件允许通过的光频率高、范围大，也就是所谓的带宽非常大，传输和处理的信息量极大。两束光要发生干涉，必须频率相同，振动方向一致和有不变的初始位相差。因此，同一根光导纤维中能并行地传输很多波长不同或波长相同但振动方向不同的光波，它们之间不会发生干涉。有人计算每边长1.5cm左右的三棱镜，信息通过能力比全世界现有的全部电话电缆的通过能力还大好多倍。

第二，信息传输中畸变和失真小，信息运算速度高。光和电在介质中传播速度都极快，但光和电不同，光计算机是“无”导线计算机，光在光介质中传输不存在寄生电阻、电容和电感问题，光器件又无接地电位差，因此，传输所造成的信息畸变和失真极小，光器件的开关速度比电子器件快得多。光计算机的运算速度在理论上可达每秒千亿次以上，其信息处理速度比电子计算机要快数百万倍。

第三，光传输和转换时，能量消耗极低。尽管集成电路中的电流十分微弱，但由于集成度的提高，功耗仍然是个大问题，对于巨型计算机，问题更为严重。光计算机却不同，除了激光源需要一定的能量以外，光在传输和转换时，能量消耗却极低。

光计算机正在蓬勃发展，研究者以运算速度更快、能量利用更高效、器件集成度更高为研究方向。在未来，光计算机的运用也非常广泛，特别是在一些特殊领域，比如预测天气，气候等一些复杂而多变的过程；还可应用在电话的传输上。使用光波而不是电流来处理数据和信息对于计算机的发展而言是非常重要的一步。因此，通过充分利用光本身的优势有潜力实现低功耗、高性能的光子计算机。光子计算机一旦研制成功，将开启崭新的运算时代。

9.5 神经网络计算机

具有模仿人的大脑判断能力和适应能力、可并行处理多种数据功能的神经网络计算机，可以判断对象的性质与状态，并能采取相应的行动，而且可同时并行处理实时变化的大量数据,并引出结论。神经计算机除有许多处理器外,还有类似神经的结点,每个结点与许多点相连。若把每一步运算分配给每台微处理器,它们同时运算,其信息处理速度和智能会大大提高。神经电子计算机的信息不是存在存储器中,而是存储在神经元之间的联络网中。若有结点断裂,计算机仍有重建资料的能力,它还具有联想记忆、视觉和声音识别能力。

早在20世纪40年代,McCulloch和Pitts已开始了以神经元作为逻辑器件的研究。20世纪60年代,Rosenblatt提出了模拟学习和识别功能的"感知机"模型,其构造和规则曾轰动一时,但终因此类机器严格的局限性而很快冷落下来。到1982年,Hppfield出了一种新的理论模型。这一模型简明地反映了大脑神经系统的分布式记忆存储、内容寻址、联想以及局部细胞损坏不灵敏等特性。与此同时,神经网络在解决"推销员旅行"问题、语音识别、音乐片段的学习创作、英语智能读音系统等方面,都取得了令人鼓舞的结果。因此人工神经网络的研究热潮在20世纪80年代初期又重新兴起,成为多学科共同关注的跨学科新领域。不同学科研究神经网络的方法虽不尽相同,但目的都是为了探索大脑智能的机制和实现智能计算机。人工神经网络研究的进展,使研制神经网络计算机的历史任务落到了现代高科技的面前。这是社会对智能计算机的迫切需要。人类对大脑认识的深入以及当今的科技水平已具备了这一可能,它既是一个挑战,也是一个机会。

人工神经网络的主要特点是大量神经元之间的加权互连。这就是神经网络与光学技术相结合的重要原因。电子技术与光学技术相比,精确度高,便于程序控制,抗噪声能力强。但是,随着计算机芯片集成度和速度的提高,计算机中的引线问题已成为一个严重的障碍。由于电子引线不能互相短路交叉,引线靠近时会发生耦合,高速电脉冲在引线上传播时要发生色散和延迟,以及电子器件的扇入和扇出系数较低等问题,使得高密度的电子互连在技术上有很大困难。超大规模集成电路(VLSI)的引线问题造成的时钟扭曲,严重限制了诺依曼型计算机的速度。而另一方面,光学互连是高度并行的,光线在传播时可以任意互相交叉而不会发生串扰,光传播速度极快,其延时和色散可以忽略不计,加上光学元件的扇入和扇出系数都很高,因此光学互连具有明显的优势。

正因如此,许多科学家早已开始研究采用光学互连来解决VLSI的引线问题,以及芯片之间、插板之间的连接问题。此外,光学运算的高度并行性和快速实现大信息量线性运算的能力,如矩阵相乘、二维线性变换、二维卷积、积分等,也是用光学手段实现人工神经网络的有利条件。光学信息处理虽有高速度及大信息量并行处理的优点,但要满足模糊运算和随机处理的要求还是远远不够的。光学信息处理性能的改进,要求在传统的线性光学处理系统中引入非线性,而这些问题的解决与神经网络的光学实现恰好不谋而合。光学信息处理中的许多课题,如光计算、图像变换、相关滤波、特征提取、边缘增强、联想存储、噪声消除等,都可以用神经网络的方法来完成。

关于光学神经网络的研究,国内外已提出许多不同的硬件系统。例如,基于光学矢量矩阵相乘的Hopfield网络的外积实现,采用全息存储和共轭反射镜(PCM)的全光学系统,采用液晶开关阵列、液晶光阀以及其他空间光调制器(SLM)的内积型光学神经网络,光电混合全双极"WTA"网络,等等。光学神经网络已成为人工神经网络研究的一个重要组成部分。

神经网络计算机已取得重要的进展，但仍存在许多亟待解决的问题，如处理精确度不高，抗噪声干扰能力差，光学互连的双极性和可编程问题以及系统的集成化和小型化问题等。这些问题直接关系到神经网络计算机的进一步发展、性能的完善及广泛的实用化。

本章小结

传统的 Von Neumann 型计算机采用控制驱动方式，非 Neumann 型计算机主要包括：基于数据驱动的数据流计算机、基于需求驱动的归约机、基于模式匹配驱动的智能计算机、神经网络计算机、光计算机。

数据流计算机结构中是以“数据驱动”方式启动指令的执行。归约机是需求驱动，执行的操作序列取决于对数据的需求，对数据的需求又来源于函数式程序设计语言对表达式的归约。人工智能计算机是基于模式匹配驱动的智能计算机。人工智能计算机一般可分为四类：基于语言的人工智能计算机、基于知识的人工智能计算机、连接式(Connectionist)人工智能计算机、带智能接口的人工智能计算机。

计算机及其系统结构要研究的课题是非常广泛的，在这个领域仍然有源源不断的创新。未来利用光学原理和光学元件构成的光计算机以及仿照人脑组织结构和思维过程构成的神经元计算机都将给人类带来巨大的惊喜。

习题

9.1 解释下列术语。

控制驱动；数据驱动；需求驱动；数据流计算机；归约机；人工智能计算机；函数式程序设计语言。

9.2 举例说明串行控制流和并行控制流的计算机。

9.3 静态、动态数据流计算机的主要区别在哪里？

9.4 用常用结点画出以下各式的数据流程序图。

(1) $Z=X_n$

(2) if(a=b)and(c<d))

then c←c−a

else c←c+a

(3) $X=(-b\pm\sqrt{b^2-4ac})/(2a)$

9.5 用常用结点画出下面的矩阵相乘表达式的数据流程序图。

$$C_{ij}=\sum_{k-1}^{n}A(i,k)\times B(k,j)$$

其中，k 为最内层循环中的下标变量，i 和 j 为外层循环中的下标变量。为简化起见，可用 Get 结点表示自 I-结构存储器中读取 $A(i,k)$ 和 $B(k,j)$，可用 Store 结点表示存放 $C(i,j)$ 到 I-结构存储器中。

9.6 归约机的主要原理分为哪两类?

9.7 叙述人工智能计算机的主要特征。

9.8 人工智能机一般分为哪几类?它们的主要特点是什么?

9.9 为进行智能信息处理,智能计算机应具有哪些功能?从系统结构上怎样来支持这些功能的实现?

第10章 异构计算

在高速发展的大数据时代，同构计算已经不能满足数据处理的需求，异构计算开始成为计算方式的主流。与同构计算相比，异构计算提高了算法性能和数据并行处理能力，并大大降低了延时和功耗。现代计算机应用受大数据时代影响，在内存、功耗、灵活性方面有所限制，计算力遭遇瓶颈，因此引入特定计算单元进行异构计算是一种必然趋势。近年来，异构网络计算系统出现，从而使异构计算成为并行/分布计算领域中的主要研究热点之一。

10.1 概述

10.1.1 异构计算基本概念

异构计算技术诞生于20世纪80年代，因具有经济有效地获取高性能计算能力、可扩展性好、计算资源利用率高、发展潜力巨大等特点，近年来备受关注。人们从不同角度对异构计算下过定义，综合起来本书给出以下定义。

异构计算(Heterogeneous Computing)，又译为异质运算，主要是指使用不同类型指令集和体系架构的计算单元组成系统的计算方式，常见的计算单元类别包括CPU、GPU等协处理器、DSP、ASIC、FPGA等。

理想异构计算能够协调使用性能、结构各异的机器以满足不同的计算需求，并合理使用代码(或代码块)获得最大总体性能。概括来说，理想的异构计算具有以下要素。

(1) 它所使用的计算资源具有多种类型的计算能力，如SIMD、MIMD、向量、标量、专用等。

(2) 它需要识别计算任务中各子任务的并行性需求类型。

(3) 它需要协调运行不同计算类型的计算资源。

(4) 它既要开发应用问题中的并行性，更要开发应用问题中的异构性，即追求计算资源所具有的计算类型与它所执行的任务(或子任务)类型之间的匹配性。

(5) 它追求的最终目标是获得计算任务的最短执行时间。

可见，异构计算技术是一种使计算任务的并行性类型与机器能有效支持的计算类型最匹配、最能充分利用各种计算资源的并行和分布计算技术。

10.1.2 异构计算工作原理

异构计算需要在析取计算任务并行性类型基础上，将具有相同类型的代码段划分到同一子任务中,然后根据不同并行性类型将各子任务分配到最适合执行它的计算资源上加以执行,使得计算任务总执行时间最短。下面通过一个例子说明异构计算的基本工作原理。

假设在某一基准串行计算机上执行某一给定计算任务的时间为 ts,其中,向量、多指令多数据(MIMD)、单指令多数据(SIMD)以及单指令单数据(SISD)各类子任务所占执行时间的百分比分别为 30%、36%、24%和 10%。假设某向量机执行上述各类子任务相对于基准串行机的加速比分别为 30、2、8 和 1.25,则在该向量机上执行此任务所需的总时间为:tv=30%ts/30+36%ts/2+24%ts/8+10%ts/1.25=0.30ts,故相应的加速比为:sv=ts/tv=ts/0.3ts=3.33。若上述向量机与其他的 MIMD 机、SIMD 机以及一台高性能工作站(SISD 型)构成一个异构计算系统,并假设 MIMD 机、SIMD 机以及工作站执行相匹配子任务的加速比分别为 36、24 和 10,则在该异构计算系统上执行同样任务所需时间变为:thet=30%ts/30+36%ts/36+24%ts/24+10%ts/10+tc,其中,tc 为机器间交互开销时间,假设其为 2%ts,则 thet=0.06ts,从而相应的加速比为 shet=ts/0.06ts=16.67。

由上例可见,异构计算系统可比同构计算系统获取更高的加速比,这主要是因为同构计算系统只靠并行性开发获取加速比,而异构计算系统中的加速比除了依靠并行性开发,更主要的是依靠开发异构性获得的(即不同类型的子任务与相应类型的计算资源相匹配),尽管此时会有相应的交互开销,但总体性能有所提高。交互开销越小,异构计算的优越性就越明显。

10.1.3 异构计算的实现

整个异构计算处理过程可分为以下四个阶段。

第一阶段主要是对各台机器进行计算特征的分类,得出异构计算系统所能完成的计算类型;按代码块统计应用对计算特征的需求并加以分类;用基准程序测试各机器的性能参数,包括速度参数及机器间通信性能参数,生成对应的两个机器速度性能矩阵和通信带宽矩阵。将程序按计算类型分类划分;估算各子任务的计算量和子任务间通信量,生成相应的任务 dag 图。dag 图中结点上的数值表示子任务计算量,弧上的数值表示两结点间通信量。

第二阶段主要是根据 dag 图和速度性能矩阵计算出每个子任务在各台机器上的执行时间,生成时间性能矩阵;根据通信性能矩阵和子任务的通信量计算各子任务间的通信时间,生成通信时间矩阵。

第三阶段根据前两个阶段结果,给出各子任务到各机器的映射和符合任务 dag 图偏序关系的调度。映射和调度可以是静态或动态的,动态调度需根据机器负载和网络状态信息进行。

第四阶段为执行。

10.1.4 发展趋势

目前异构并行计算更多的是围绕算法发展,即软件开发人员将算法移植到异构并行计算平台上,未来将会出现越来越多的为异构并行计算平台设计的算法。异构并行计算发展迅猛,整体来说,其主要的几个发展方向如下。

(1) 集群计算。这是传统高性能计算的领域。但是今天高性能计算已经演变成了异构并行计算的一部分,越来越多的高性能计算集群使用 GPU、MIC、FPGA 等。

(2) 单机计算。推动单机计算向异构并行计算发展的主要动力是游戏、计算机辅助设计等,而主要表现是 GPU+CPU 的异构计算。Intel X86 处理器的计算能力不能满足游戏渲染的需求,因此需要 GPU 的协同处理。

(3) 移动计算。随着手机功能的愈加完善,人们倾向于把更多工作内容转移到手机上,因此对手机的需求大于对 PC 的需求。移动处理器一开始并不以高性能为目标,因此目前几乎所有的移动芯片都采用异构方式来提高性能。

(4) 嵌入式计算。在一些恶劣的工作环境下,只有 DSP 和 FPGA 能够满足要求,在 DSP 和 FPGA 上优化程序性能需要的技能和 x86/GPU 具有明显的区别。

10.2 OpenCL 编程简介

10.2.1 OpenCL 基本概念

开放计算语言(Open Computing Language,OpenCL)是一个为异构平台编写程序的框架,此异构平台可由 CPU、GPU、DSP、FPGA 或其他类型的处理器与硬件加速器所组成。OpenCL 由一门用于编写内核函数的语言和一组用于定义并控制平台的应用程序接口(Application Programming Interface,API)组成。OpenCL 提供了基于任务分割和数据分割的并行计算机制。OpenCL 是第一个面向异构系统通用目的并行编程的开放式、免费标准,也是一个统一的编程环境,OpenCL 相较于其他 CPU 编程语言的最显著特征是其引入了编程平台和设备的概念。OpenCL 支持跨平台,它采用运行时编译的方法实现同一段代码跨平台多设备的兼容。

OpenCL 由苹果公司开发,并在与 AMD、IBM、Intel 和 NVIDIA 技术团队合作后初步完善,如今 OpenCL 由非营利技术组织 Khronos Group 进行管理。除 OpenCL 外,另外两个开放性工业标准 OpenAL 和 OpenGL 分别应用于计算机音频方面和三维图形。

10.2.2 OpenCL 程序工作流程

在 OpenCL 编程模型中,CPU 被称为主机,主机通过总线连接设备(如 GPU、FPGA),并通过 API 对设备进行操作。编程人员通过 OpenCL C 代码定义主机和设备的行为,OpenCL C 代码执行在 OpenCL 平台上,被称为程序,是 kernel 函数的集合。

OpenCL 程序运行时,一般由 CPU 执行串行程序,由 GPU 负责数据量大、并行度高的任务的计算,即 GPU 执行由大量并行执行的线程所组成的 kernel 函数。OpenCL 程序的工作流程总结如下。

（1）获取平台：平台是指主机和 OpenCL 管理框架下的若干设备构成的可以运行 OpenCL 程序的完整硬件系统，这是运行 OpenCL 程序的基础，所以第一步要选择一个可用的 OpenCL 平台。

（2）选择设备：选择好平台后需要查询当前平台下包含的所有设备。

（3）创建上下文：OpenCL 上下文是相关设备、存储对象和命令队列的容器，存在于主机端。创建上下文时需要指定其基于的设备类型，即在上下文中声明所要使用的设备。

（4）创建命令队列：OpenCL 中通过命令队列来实现指令的管理，命令队列里定义了设备要完成的操作，以及各个操作的运行次序，因此每个设备至少创建一个命令队列。

（5）分配存储对象：程序执行时需要访问存储器中的数据，OpenCL 中设备访问的存储器以存储对象的形式分配给上下文，每个命令队列均可访问存储对象。

（6）主机数据写入内存。

（7）执行主机代码：在 OpenCL 运行时，主机可通过接口向设备命令队列提交命令。

（8）数据复制：通过主机端 API，将设备代码所需数据复制到设备的存储对象中。

（9）执行设备端代码。

（10）读取执行结果：kernel 函数执行完毕后，取回设备存储对象中的数据，供主机进一步处理。

（11）释放 OpenCL 资源：工作完成之后需要释放所有的 OpenCL 资源。

以上 11 个步骤，步骤 1～步骤 5 以及步骤 11 是每个 OpenCL 程序必需的，其他步骤可根据实际情况调整顺序或增删。

10.2.3 OpenCL 存储器模型

异构平台内存资源丰富，以 CPU＋GPU 为例，CPU 存储资源包括寄存器、片外存储器及相关缓存；GPU 存储资源包括寄存器、片外存储器和片上高速存储器。本文主要介绍 GPU 存储体系。

从物理空间角度划分，GPU 存储器资源包括寄存器、片外存储器和片上高速存储器，其中，片外存储器从逻辑上可划分为常量存储器和全局存储器。从逻辑空间角度划分，GPU 存储资源包括私有存储器、局部存储器、常量存储器和全局存储器，具体介绍如下。

（1）私有存储器：GPU 中一个内核对应一个寄存器堆，寄存器堆为内核中的每一个线程分配一个私有寄存器，其他线程无法访问使用。私有存储器变量使用_private 关键字进行标识，无关键字标识的变量，默认是私有存储器变量。

（2）局部存储器：GPU 的每个内核配备一定容量的片上存储器，OpenCL 中片上存储器被称为局部存储器。内核中一个工作组内的所有线程可以共享一个局部存储器变量，不同工作组之间不可见。局部存储器的访问速度与寄存器相当。局部存储器变量使用_local 关键字进行标识。

（3）常量存储器：GPU 片外存储器的一部分，其内容初始化后不可更改。常量存储器能自动获得 GPU 内部专用的常数缓存支持，运行速度较快，并且可以被所有线程访问。常量存储器变量使用_constant 关键字进行标识。

（4）全局存储器：GPU片外物理存储器，可被全体线程访问。CPU定义数据后将数据复制到全局存储器，之后GPU通过数据指针访问全局存储器中的数据。OpenCL中将全局存储器中的数据称为内存对象，其具体类型包括缓存、图像和管道。缓存包括数组和自定义的结构体；图像包括以图形格式存储的一维、二维、三维的对象；管道是一个数据队列，主要采用流水线方式计算和传输数据。全局存储器变量使用_global关键字进行标识。

10.2.4 OpenCL 并行编程基础

为支持通用编程，OpenCL提供了丰富的数据类型，包括标量数据类型、矢量数据类型、抽象数据类型和保留数据类型。其中，标量数据类型和矢量数据类型由C语言派生而来。

OpenCL支持标量数据类型。除后5个数据类型外，其他数据类型均与C语言相同。因为部分GPU不支持双精度浮点数据类型(double)，因此double作为保留数据类型，如表10-1所示。

表10-1 OpenCL 标量数据类型

数据类型	说明
void	空数据类型
bool	布尔数据类型
chart	8位有符号整数
short	16位有符号整数
int	32位有符号整数(32位系统)
long	64位有符号整数
unsigned char	8位无符号整数
unsigned short	16位无符号整数
unsigned int	32位无符号整数(32位系统)
unsigned long	64位无符号整数
float	32位单精度浮点数
half	16位单精度浮点数
size_f	32位或64位无符号整数，用于sizeof运算符的返回值，具体取值取决于GPU地址宽度
ptrdiff_t	32位或64位有符号整数，用于计算两个指针的差，具体取值如上
intptr_t	32位或64位有符号整数，用于与void指针进行相互类型的转换，具体取值如上
uintptr_t	32位或64位无符号整数，用于与void指针进行相互类型的转换，具体取值如上

OpenCL支持矢量数据类型。矢量数据类型由相应标量数据类型＋n表示，其中，n

可为 2、4、8、16，如表 10-2 所示。

表 10-2 OpenCL 矢量数据类型

数据类型	说明
charn	8 位有符号整数矢量
shortn	16 位有符号整数矢量
intn	32 位有符号整数矢量
longn	64 位有符号整数矢量
ucharn	8 位无符号整数矢量
ushortn	16 位无符号整数矢量
uintn	32 位无符号整数矢量
ulongn	64 位无符号整数矢量
floatn	32 位单精度浮点数矢量

OpenCL 支持保留数据类型。因为目前这些数据类型不能被所有 GPU 所支持，所以 OpenCL 先将这些数据类型作为关键字被保留下来，这些关键字不能作为函数名或者变量名使用，如表 10-3 所示。

表 10-3 OpenCL 保留数据类型

数据类型	说明
booln	布尔类型矢量
halfn	半精度浮点数矢量
double，doublen	双精度浮点数和矢量
quad，quadn	128 位浮点数和矢量
complex half，complex halfn	16 位复数（实部和虚部各 16 位）及矢量
imaginary half，imaginary halfn	16 位虚数及矢量
complex float，complex floatn	32 位复数（实部和虚部各 32 位）及矢量
imaginary float，imaginary floatn	32 位虚数及矢量
complex double，complex doublen	64 位复数（实部和虚部各 64 位）及矢量
imaginary double，imaginary doublen	64 位虚数及矢量
complex quad，complex quadn	128 位复数（实部和虚部各 128 位）及矢量
imaginary quad，imaginary quadn	128 位虚数及矢量
long double，long doublen	长双精度浮点数和矢量
floatn×m	32 位复数矩阵，维度为 $n \times m$，n 和 m 为正整数，矩阵列优先存储

续表

数 据 类 型	说　　明
doublen×m	64 位复数矩阵，其他同上
long long，long longn	128 位有符号整数和矢量
unsigned long long，ulong long，ulong longn	128 位无符号整数和矢量

OpenCL 支持抽象数据类型。OpenCL 中的抽象数据类型是异构计算用来承载硬件平台与软件程序相关信息的特殊数据类型，如表 10-4 所示。

表 10-4　OpenCL 抽象数据类型

数 据 类 型	说　　明
cl_platform_id	硬件平台 ID
cl_device_id	GPU 设备 ID
cl_context	上下文
cl_command_queue	任务队列
cl_mem	存储器对象
cl_program	OpenCL 程序对象
cl_kernel	OpenCL 内核对象
cl_event	OpenCL 事件对象
cl_sample	OpenCL 样本对象

除上述类型外，OpenCL 还包含其他数据类型，如表 10-5 所示。

表 10-5　OpenCL 其他数据类型

数 据 类 型	说　　明
image2d_t	二维图像
image3d_t	三维图像
sampler_t	OpenCL 样本对象
event_t	事件

OpenCL 支持的常见运算符用法与 C 语言一致，因此本书不再赘述。

10.3　图形处理器

10.3.1　GPU 概述

图形处理器(Graphics Processing Unit，GPU)，又名显示核心、视觉处理器、显示芯片或绘图芯片，是一种外接在PCI-E接口上的扩展的计算设备。GPU的功能是将计算机系统所需要的显示信息进行转换驱动，并以行扫描的方式正确显示在显示器上，它是连接显示器和个人计算机主板的重要原件，也是“人机对话”的重要设备之一。GPU和CPU都属于通用处理器，不过GPU侧重于执行复杂的数学和几何计算，其硬件资源被大量用作逻辑运算单元(ALU)，小部分用作控制电路，这为大规模的数据并行处理提供了基础。

GPU在浮点计算、并行计算等方面的性能是CPU的数十倍到数百倍，因此GPU通用计算技术的发展已经引起业界的广泛关注。GPU的两个主要厂商是ATI(2006年被AMD公司收购)和NVIDIA。1985年，ATI公司使用ASIC技术开发出了第一款图形芯片和图形卡；1991年，推出了自己的第一块图形加速卡——Mach8；1994年，首块能够对影像提供加速功能的显卡Mach64诞生；1998年4月，ATI被IDC评选为图形芯片工业的市场领导者，但直到AMD收购ATI之后其图形芯片才正式以GPU命名。NVIDIA公司在1999年发布GeForce 256图形处理芯片时首先提出GPU的概念，此后其显卡的处理器以GPU命名。

10.3.2 GPU工作原理

GPU是从硬件上支持多边形转换和光源处理(Transform and Lighting，T&L)的显示芯片。T&L是3D渲染中的一个重要部分，其作用是计算多边形的3D位置与处理动态光线效果，也称为“几何处理”。GUP具体图形流水线如下。

(1) 顶点处理：GPU读取描述3D图形外观的顶点数据并根据顶点数据确定3D图形的形状及位置关系，建立起3D图形的骨架。在支持DX系列规格的GPU中，这些工作由硬件实现的定点着色器(Vertex Shader)完成。

(2) 光栅化计算：显示器实际显示的图像由像素组成，我们需要将生成图形上的点和线通过一定算法转换到相应的像素点。把一个矢量图形转换为一系列像素点的过程就称为光栅化。

(3) 纹理贴图：顶点单元生成的多边形只构成了3D物体的轮廓，而纹理映射工作完成对多变形表面的贴图，简而言之，就是将多边形的表面贴上相应图片，从而生成“真实”的图形。Texture Mapping Unit(TMU)即是用来完成此项工作的。

(4) 像素处理：在对像素进行光栅化处理期间，GPU完成对像素的计算和处理，从而确定每个像素的最终属性。在支持DX8和DX9规格的GPU中，这些工作由硬件实现的像素着色器(Pixel Shader)完成。

(5) 最终输出：光栅化引擎(ROP)完成像素的最终输出，1帧渲染完毕后，被送到显存帧缓冲区。

总结：GPU的工作通俗来讲就是完成3D图形的生成，将图形映射到相应的像素点上，对每个像素进行计算确定最终颜色和位置并完成输出，如图10-1所示。

10.3.3 GPU架构

市面上GPU架构种类繁多，本文以NAIDIA的6种架构为例进行简单介绍。为更

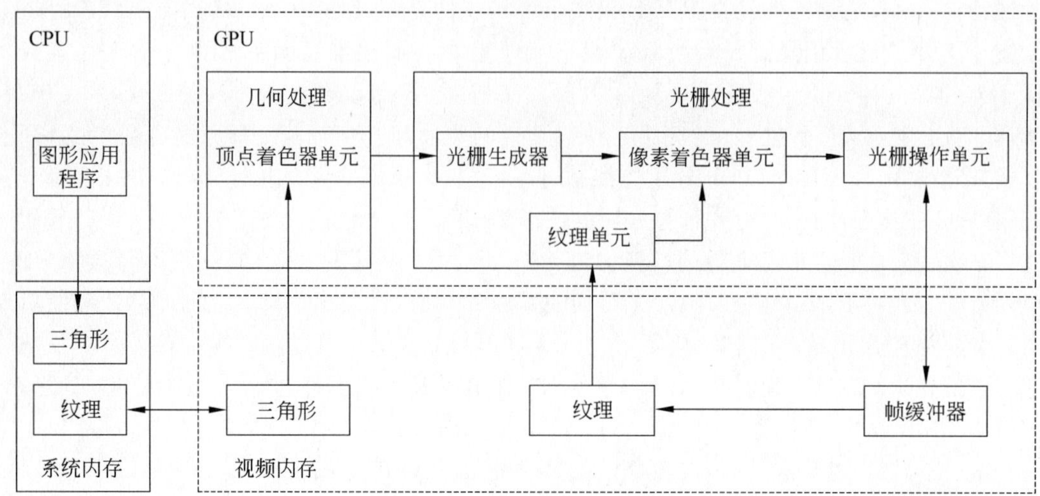

图10-1　GPU流程示意图

好地认识GPU体系结构，先介绍几个GPU体系结构相关术语。

流处理器(Streaming Processor，SP)：GPU运算最基本的处理单元，是真正执行指令和任务的部件，包含浮点及整数处理单元和寄存器。

CUDA核：Fermi架构将SP更名为Core，Core采用IEEE754—2008标准，支持双精度运算和完整32位整数运算。

特殊功能单元(Special Function Unit，SFU)：用来执行超越函数、插值以及其他特殊运算，每个SM包含两个SFU。

双精度浮点运算单元(DP)：专用于双精度浮点运算的运算单元。

流式多处理器(SM)：SM是一种单指令多线程(Single Instruction MultipleThread，SIMT)架构的处理器，包含指令发射单元，若干个SP、SFU和DP，可快速访问的共享存储器以及指令和常量缓存，现在也称为MP。1.x硬件1个SM包含8个SP，2.0硬件1个SM包含32个SP，2.1硬件1个SM包含48个SP，3.0和3.5硬件1个SM包含192个SP。

SMX：Kepler架构(SM3.0和3.5)下的SM。

SMM：Maxwell架构下的SM。

线程处理器簇(Thread Processor Cluster，TPC)：由SM和L1 Cache组成。

1. Tesla架构

Tesla是一个新的显示核心系列品牌，主要用于服务器高性能计算机运算，当前，Tesla有以下三个系列。

(1) Tesla GPU运算处理器：外形与普通显卡大致相同，C870采用GeForce 8显示核心，而C1060采用GeForce 200显示核心，不设任何显示输出。

(2) Tesla GPU Deskside Supercomputer：桌面平台用，外形与QuadroPlex相似，D870包含两个C870运算处理器，可通过接线互连多个设备。Tesla 10系列中没有相关产品。

(3) Tesla GPU Server：服务器使用，外形与1U服务器相似，S870包含四个C870运算处理器，而S1070包含四个C1060运算处理器，可通过接线互连多个设备。

Tesla架构属于计算能力1.x，其不同版本具体功能上也有区别，比如1.0不支持原子操作和双精度运算；1.1添加了全局存储器的32位字原子操作函数，开始支持原子操作；1.2开始支持共享存储原子操作功能(原子操作性能差，不适合实际应用)，并添加了全局存储器的64位字原子操作函数；1.3中增加了DP，开始支持双精度运算。

Tesla架构主要核心型号有G80和GT200，G80 TPC由2个SM、1个16KB L1 Cache和1个SM控制器组成；GT200 TPC由3个SM、1个24KB L1 Cache和1个SM控制器组成。其中，SM包含8个SP、2个SFU(1.3版本后增加了DP)，同时包含寄存器、共享存储、常量存储等存储单元，如图10-2所示。

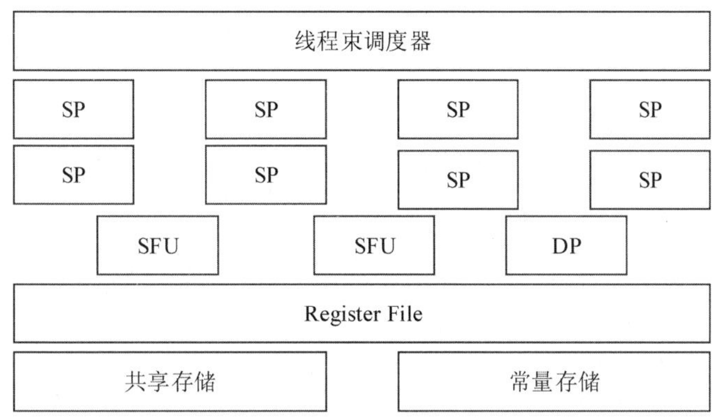

图10-2 SM 1.x架构

2. Fermi架构

从高层次上看，Fermi和GT200结构形似，但流处理器(SP)数量增加，并且更名为CUDA核心(CUDA Core)，至此正式出现核心(Core)概念。

Fermi架构的Core都符合IEEE754—2008标准，支持双精度浮点运算和完整32位整数算法(过去只是模拟，仅支持24b整数乘法)，此时可脱离DP进行双精度运算。Fermi架构对原子操作进行了巨大改进，该功能真正可行。

Fermi架构由4个GPC、6个存储控制器、1个PEI-E接口和1个线程调度引擎组成，GPC由4个SM和1个光栅单元组成。与Tesla架构不同，Fermi架构核心SM 2.0包含32个SP、4个SFU，并且删除MUL，不再支持单/双指令执行计算率，如图10-3所示。

3. Kepler架构

2012年4月，NVIDIA发布第一款专注于节能的图形处理器微架构——Kepler，该架构主要应用于大多数GeForce 600系列、GeForce 700系列和部分GeForce 800系列显卡上。Kepler架构是Fermi架构的继承者，例如，GK110(主攻高性能计算)引入SMX代替SM，增加了动态并行功能。

与Fermi构架中SM单元不同，SMX(SM3.0)单元中包含192个CUDA Core，是

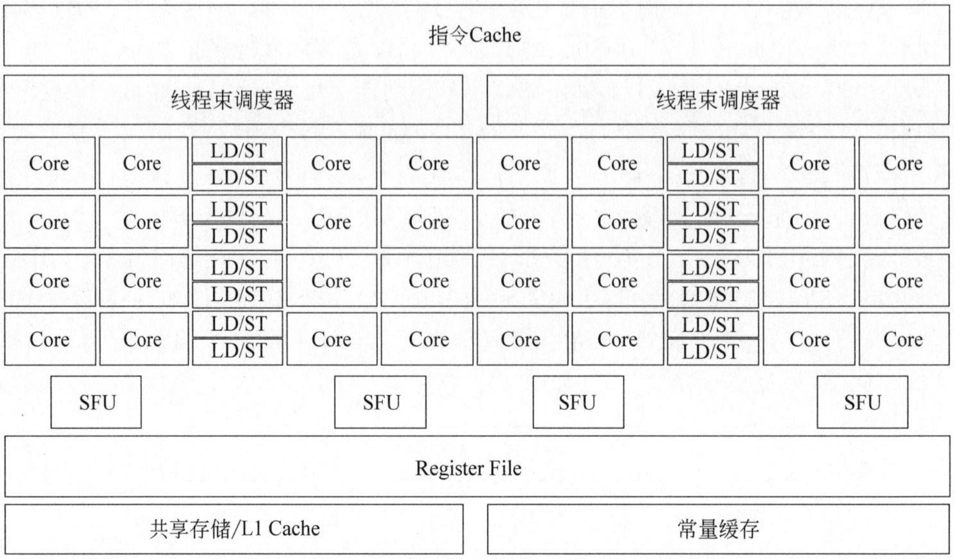

指令Cache

线程束调度器	线程束调度器

Core	Core	LD/ST LD/ST	Core	Core	Core	Core	LD/ST LD/ST	Core	Core
Core	Core	LD/ST LD/ST	Core	Core	Core	Core	LD/ST LD/ST	Core	Core
Core	Core	LD/ST LD/ST	Core	Core	Core	Core	LD/ST LD/ST	Core	Core
Core	Core	LD/ST LD/ST	Core	Core	Core	Core	LD/ST LD/ST	Core	Core

SFU SFU SFU SFU

Register File

共享存储/L1 Cache	常量缓存

图 10-3 SM 2.0

Fermi 架构中 SM 单元 CUDA Core 数量的 6 倍。为了满足 CUDA Core 的调度需求，SMX 中配备了 4 个 Warp Scheduler 以及 8 个 Instruction Dispatcher，大大加强了 CUDA Core 的任务派发能力。除此以外，SMX 单元中 SFU 数量增加到 32 个，单精度 CUDA Core 符合 IEEE 754—2008 标准，支持单精度核双精度运算，并且增加了 64 个 DP，增强了双精度运算能力。SMX 结构如图 10-4 所示。

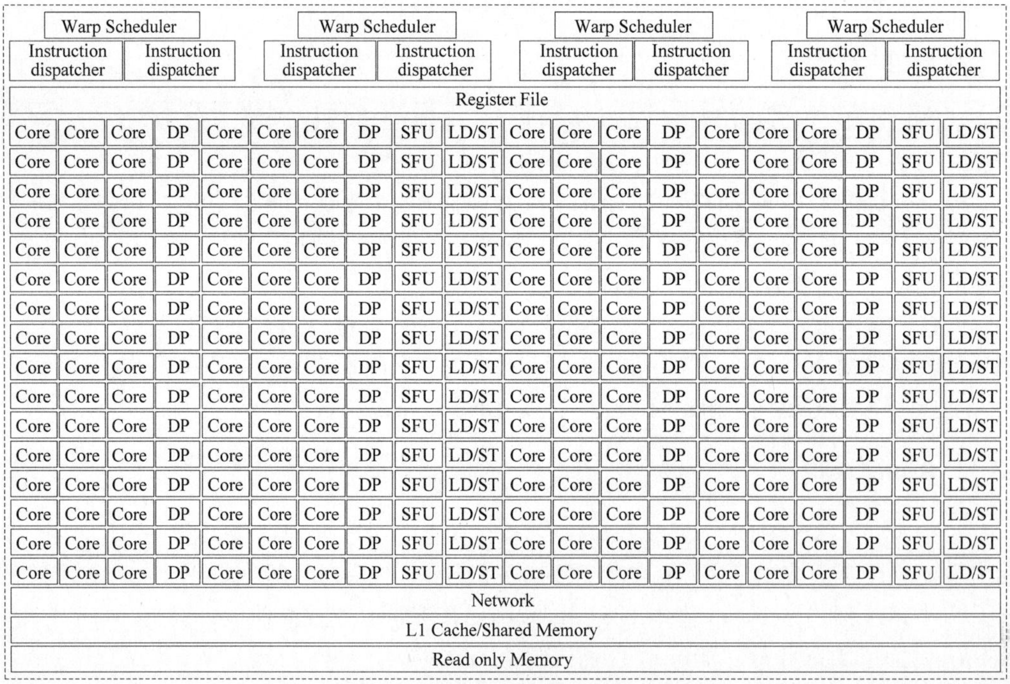

Warp Scheduler	Warp Scheduler	Warp Scheduler	Warp Scheduler

Instruction dispatcher	Instruction dispatcher	Instruction dispatcher	Instruction dispatcher	Instruction dispatcher	Instruction dispatcher	Instruction dispatcher	Instruction dispatcher

Register File

Core	Core	Core	DP	Core	Core	Core	DP	SFU	LD/ST	Core	Core	Core	DP	Core	Core	Core	DP	SFU	LD/ST
Core	Core	Core	DP	Core	Core	Core	DP	SFU	LD/ST	Core	Core	Core	DP	Core	Core	Core	DP	SFU	LD/ST
Core	Core	Core	DP	Core	Core	Core	DP	SFU	LD/ST	Core	Core	Core	DP	Core	Core	Core	DP	SFU	LD/ST
Core	Core	Core	DP	Core	Core	Core	DP	SFU	LD/ST	Core	Core	Core	DP	Core	Core	Core	DP	SFU	LD/ST
Core	Core	Core	DP	Core	Core	Core	DP	SFU	LD/ST	Core	Core	Core	DP	Core	Core	Core	DP	SFU	LD/ST
Core	Core	Core	DP	Core	Core	Core	DP	SFU	LD/ST	Core	Core	Core	DP	Core	Core	Core	DP	SFU	LD/ST
Core	Core	Core	DP	Core	Core	Core	DP	SFU	LD/ST	Core	Core	Core	DP	Core	Core	Core	DP	SFU	LD/ST
Core	Core	Core	DP	Core	Core	Core	DP	SFU	LD/ST	Core	Core	Core	DP	Core	Core	Core	DP	SFU	LD/ST
Core	Core	Core	DP	Core	Core	Core	DP	SFU	LD/ST	Core	Core	Core	DP	Core	Core	Core	DP	SFU	LD/ST
Core	Core	Core	DP	Core	Core	Core	DP	SFU	LD/ST	Core	Core	Core	DP	Core	Core	Core	DP	SFU	LD/ST
Core	Core	Core	DP	Core	Core	Core	DP	SFU	LD/ST	Core	Core	Core	DP	Core	Core	Core	DP	SFU	LD/ST
Core	Core	Core	DP	Core	Core	Core	DP	SFU	LD/ST	Core	Core	Core	DP	Core	Core	Core	DP	SFU	LD/ST
Core	Core	Core	DP	Core	Core	Core	DP	SFU	LD/ST	Core	Core	Core	DP	Core	Core	Core	DP	SFU	LD/ST
Core	Core	Core	DP	Core	Core	Core	DP	SFU	LD/ST	Core	Core	Core	DP	Core	Core	Core	DP	SFU	LD/ST
Core	Core	Core	DP	Core	Core	Core	DP	SFU	LD/ST	Core	Core	Core	DP	Core	Core	Core	DP	SFU	LD/ST
Core	Core	Core	DP	Core	Core	Core	DP	SFU	LD/ST	Core	Core	Core	DP	Core	Core	Core	DP	SFU	LD/ST

Network

L1 Cache/Shared Memory

Read only Memory

图 10-4 SMX

4. Maxwell 架构

2014 年，NVIDIA 推出了极其高效的 NVIDIA Maxwell 架构，其新颖的设计显著提升了能效。Maxwell 针对流式多处理器全新设计为 SMM，可大幅提高每瓦特性能和每单位面积的性能。SMM 在效率上远超 Kepler SMX，结构也发生了本质的变化，SMM 单元中包含 128 个 CUDA Core，其中每 32 个 DUDA Core 组成一个独立子团簇 SM，每个独立子团簇拥有独立的 Register File、Warp Scheduler、Instruction Dispatcher 和 Dispatch Unit，每两个 SM 共享一个 Texture/L1 Cache，而 SMX 中 192 个 CUDA Core 共享一组资源，这种结构的改变进一步提高了每个 CUDA Core 获取的 Register 资源量。SMM 结构如图 10-5 所示。

5. Pascal 架构

2016 年，NVIDIA 公司推出新一代 GPU 架构 Pascal，用于接替 Maxwell 架构。Pascal 是当今市场上极为强大的 GPU 计算架构，能让普通计算机变身为性能强劲的超级计算机，包括可为 HPC 工作负载提供超过 5 万亿次的双精度浮点运算能力。在深度学习方面，与当代 GPU 架构相比，搭载 Pascal 架构的系统使神经网络的训练速度提高了 12 倍多(将训练时间从数周缩短为数小时)，并且将深度学习推理吞吐量提升了 7 倍。

6. Turing 架构

2018 年，NVIDIA 推出新的系统架构 Turing，Turing 架构集实时光线追踪、AI、模拟和光栅化于一身，为计算机图形带来了根本性变革。相比上一代 Pascal 架构，Turing 架构能够借助增强的图形管线和全新可编程着色技术显著提高光栅性能。

基于 Turing 的 GPU 搭载新型流式多处理器 (SM) 架构，支持高达 16 万亿次浮点运算，同时能够并行执行 16 万亿次整数运算。开发者可以利用多达 4608 个 CUDA 核心及 NVIDIA CUDA 10、FleX 和 PhysX 软件开发套件 (SDK) 创建复杂的模拟，如用于科学可视化、虚拟环境和特效的粒子或流体动力学。

10.3.4 GPU 存储体系

随着 GPU 功能越来越强大，它逐渐成为继 CPU 后的另一个计算核心，与 CPU 架构不同，GPU 主要用来处理计算性强而逻辑性不强的计算任务。GPU 采用鲜明的层次存储，相较于 CPU，GPU 在具备大量重复数据集运算和频繁内存访问等特点的应用场景中更具优势。为了更好地提高 GPU 性能，必须掌握 GPU 存储模型，具体如图 10-6 所示。

GPU 的存储系统包括寄存器(Register)、共享存储(Shared Memory)、纹理存储(Texture Memory)、局部存储(Local Memory)、全局存储(Global Memory)和常量存储(Constant Memory)。从层次结构看，GPU 被划分为 Grid→Block→Thread。从图 10-6 可以看出：

Thread 模块私有 Register 和 Local Memory。Register 是速度最快的存储单元，位

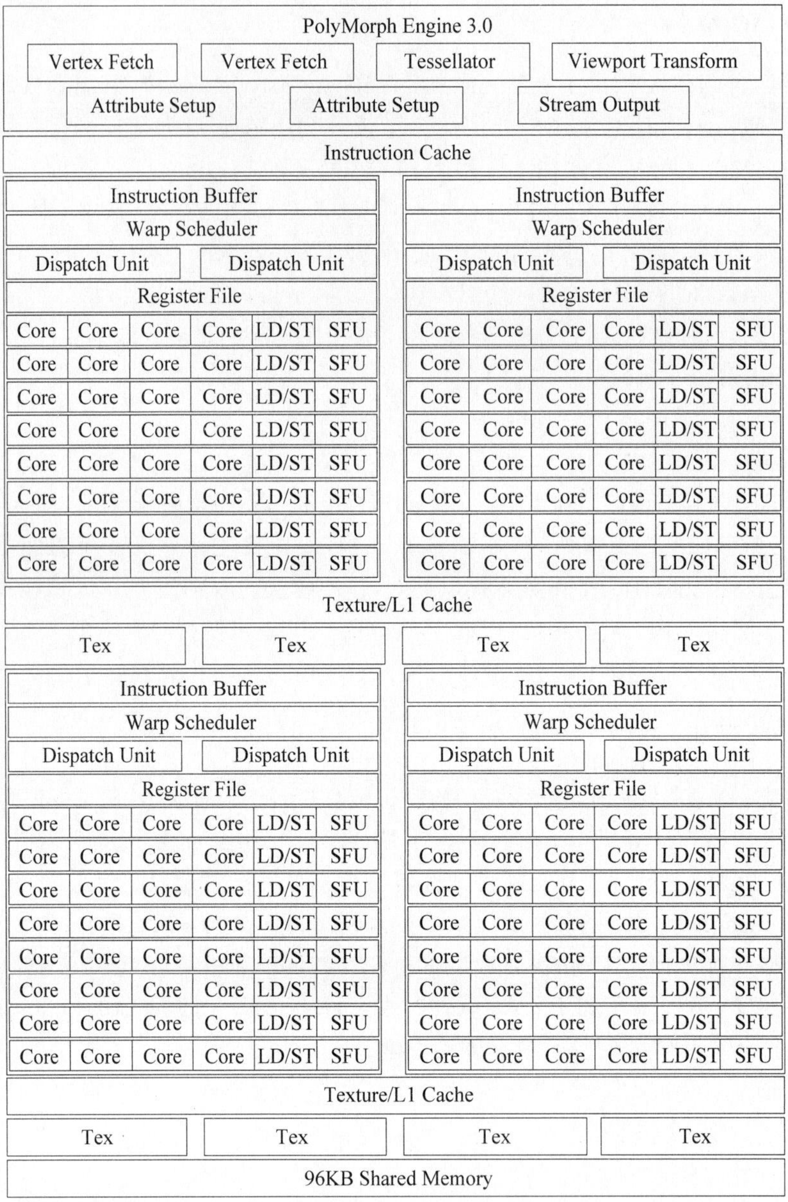

图 10-5　SMM

于 GPU 芯片的 SM 上，用于存储局部变量，Thread 运行时动态获取 Register；Local Memory 是在 Register 无法满足存储需求的情况下设计的，主要是用于存放单线程的大型数组和变量。Local Memory 本身没有特定的存储单元，是从 Global Memory 虚拟出来的地址空间，因此它的访问速度接近 Global Memory。

Block 模块包含 Shared Memory。Shared Memory 位于 GPU 芯片上，访问延迟仅次于 Register。Shared Memory 可以被一个 Block 中的所有 Thread 访问，可以实现 Block 内线程间的低开销通信。在 SMX 中，L1 Cache 与 Shared Memory 共享一个 64KB 的存

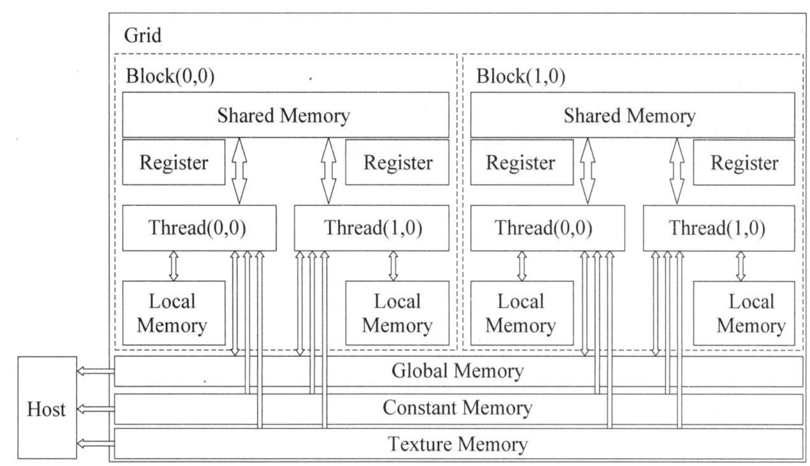

图 10-6　GPU 存储模型

储单元。

Grid 模块包含 Constant Memory、Global Memory、Texture Memory 和 Local Memory(physics)。Constant Memory 类似于 Local Memory，没有特定的存储单元，是 Global Memory 的虚拟地址，并且 Constant Memory 只读，简化了缓存管理，硬件无须管理复杂的回写策略；Global Memory 和 Texture Memory 都位于显存中，Texture Memory 实际上也是 Global Memory 的一部分，但是它有自己专用的只读 Cache。

10.3.5　GPU 计算能力

计算能力是 NVIDIA 公司在发布统一计算架构(Compute Unified Device Architecture，CUDA)时提出的一个概念。GPU 计算能力是指 GPU 架构或 GPU 支持的功能，与 GPU 运算性能无关。衡量 GPU 计算能力的两个重要指标是 CUDA 核数量和存储器大小，衡量 GPU 性能的两个重要指标是计算性能峰值和存储器带宽。由此也可以看出，GPU 计算能力不等同于 GPU 性能。

NVIDIA 不同时期产品的功能不同，计算能力也不同，为了以示区分，NVIDIA 在不同时期的产品上提出了相应版本的计算能力 x.x。从最初的计算能力 1.0 到目前计算能力 7.0，GPU 经历了 Tesla 架构、Fermi 架构、Kepler 架构、Maxwell 架构、Pascal 架构、Volta 架构(NVIDIA 没有推出对应的消费级产品)和 Turing 架构。

计算能力 1.0：主要产品包括 8800 Ultras 和许多 8000 系列卡以及 Tesla C/D/S870s 卡，与这些显卡对应发布的是 CUDA1.0。以 GeForce 8800Ultra 为例，其 GPU 核心为 G80，显卡内置 128 个流处理器，显存容量 768MB。

计算能力 1.1：主要产品是 9000 系列卡。以 GeForce 9800GTX 为例，其 GPU 核心为 G92，显卡内置 128 个流处理器，显存容量 512MB。

计算能力 1.2：主要产品是 GT200 系列卡。以 GeForce GTX 260 为例，其 GPU 核心为 GT200，显卡内置 192 个流处理器，显存容量 896MB。

计算能力1.3：由GT200升级到GT200 a/b修订版时提出，此版本中增加了DP，开始支持双精度运算。

计算能力2.0：计算能力2.x开始采用第二代Fermi架构。计算能力2.0主要产品包括Geforce GTX 465、Geforce GTX 470、Geforce GTX 480、Geforce GTX 570和Geforce GTX 580等。以GeForce GTX 580为例，其GPU核心为GF110，显卡包含512个流处理器，显存容量1536MB。

计算能力2.1：主要产品包括Geforce GTX 450、Geforce GTX 460、Geforce GTX 550 Ti和Geforce GTX 560 Ti等。以Geforce GTX 460为例，其GPU核心为GF104，显卡包含336个流处理器，显存容量1GB。

计算能力3.0：计算能力3.x开始采用第三代Kepler架构。计算能力3.0主要产品包括GT600系列的高端卡和GT700系列的高端卡。以Geforce GTX 770为例，其GPU核心为GK104，显卡包含1536个流处理器，显存容量2GB。

计算能力3.5：主要产品包括GT700系列的高端卡和TITAN系列。以Geforce GTX TITAN Z为例，其GPU核心为GK110，显卡包含5760个流处理器，显存容量12GB。

计算能力3.7：主要产品是Tesla K80，其GPU核心为GK210，显卡包含4992个流处理器，显存容量24GB。

计算能力5.0：计算能力5.x开始采用第四代Maxwell架构。计算能力5.0主要产品包括Geforce GTX 750、Geforce GTX 750 Ti、Geforce GTX 960M等。以Geforce GTX 750为例，其GPU核心为GM107，显卡包含512个流处理器，显存容量1GB。

计算能力5.2：主要产品包括GT900系列高端卡。以Geforce GTX 980 Ti为例，其GPU核心为GM200-310，显卡包含2816个流处理器，显存容量6GB。

计算能力6.0：计算能力6.x属于第五代Pascal架构。计算能力6.0主要产品有Tesla P100，其GPU核心为GP100，显卡包含3584个流处理器，显存容量16GB。

计算能力6.1：主要产品包括Tesla P40、Tesla P4、NVIDIA TITAN X、Geforce GTX 1060/1070/1080等，与这些显卡对应发布的是CUDA8.0。以Geforce GTX 1060为例，其GPU核心为GP106，显卡包含1280个流处理器，显存容量6GB。

计算能力7.0：主要产品是NVIDIA TITAN V，其GPU核心为GV100，显卡包含5120个流处理器，显存容量12GB。

10.4 现场可编程门阵列

10.4.1 FPGA组成要素

现场可编程门阵列(Field Programmable Gate Array，FPGA)是在PAL、GAL、CPLD等可编程逻辑器件的基础上进一步发展的产物。它作为专用集成电路领域中的一种半定制电路，既解决了全定制电路的不足，又克服了原有可编程逻辑器件门电路数有限的缺点。

FPGA 大体上由三部分组成：可编程的逻辑单元、可编程的布线和可编程的 I/O 模块。各部分简单介绍如下。

可编程的逻辑单元：基本结构由某种存储器（如 SRAM）制成的 4 输入或 6 输入 1 输出的“真值表”加上一个 D 触发器构成。编程逻辑单元值时，只需要修改“真值表”中的值即可改变组合逻辑，并且任何的时序逻辑都可以转换为组合逻辑＋D 触发器来完成。

可编程布线：连接逻辑块与逻辑块或逻辑块与 I/O 块，主要由布线通道、连接块和开关块组成。布线资源中的开关可通过编程进行配置，利用内置的布线资源可以形成任意的布线通路。

可编程的 I/O：连接 I/O 引脚和内部布线要素，I/O 单元通常包含上下拉电阻、输入/输出的方向和极性等控制电路。任何芯片都必然有输入引脚和输出引脚，可编程的 I/O 可以任意地定义某个非专用引脚的功能，还可以设置 I/O 的电平标准。

10.4.2 FPGA 逻辑实现

为了说明 FPGA 的逻辑实现方式，以下面两种方法为例进行介绍。

1. 基于乘积项的逻辑实现

GAL、CPLD 之类都是基于乘积项的可编程结构，由 PAL 器件构成。PLA 由 1 个与阵列和 1 个或阵列连接构成，两个阵列都具有可编程的连接结构。为了减少片上资源使用量，需要计算逻辑函数最小积之和，并使用与阵列和或阵列实现“与项”和“或项”的分开。

与阵列内部，输入信号和各个与门的输入通过可编程的开关连接；或阵列中，与门的输出和或门的输入也通过可编程开关连接。一般情况下，与阵列可以实现 k 个最大输入数为 n 的逻辑与项，之后这 k 个输出将作为或阵列的输入，或阵列可以实现 m 个 k 输入的逻辑或项。

2. 基于查找表的逻辑实现

查找表中 1 个字只有 1 位，字数取决于地址的位数。在数字电路中，n 位查找表可以使用多路复用器或 ROM 来实现。使用多路复用器实现时，选择线采用 LUT 的输入，输入为常数；使用 ROM 实现时，将输入连到地址线上即可直接从数据线读取结果。n 位 LUT 通过将布尔逻辑函数建模为真值表从而可以编码任意 n 位输入，n 输入的查找表可以实现 4^n 种逻辑函数。FPGA 的主要组件是 4 位 LUT。

使用查找表时，首先根据查找表的输入数对真值表进行转换，然后将函数值写入配置内存，当需要实现的逻辑函数的输入值比查找表的输入多时，可以使用多个查找表进行实现。

10.4.3 FPGA 设计流程

设计流程是指根据开发者的需求、目标性能、约束条件等描述，加上各种参数设定，使开发对象具象化的过程。FPGA 设计流程如下。

设计定义:最重要的一步,将需求转换为具体的逻辑功能实现的过程。需要将要实现的逻辑功能自上而下地分解为多个功能模块,把每个模块之间的接口信号及相应的时序关系定义清楚。

设计输入:将逻辑关系用计算机工具软件能够理解的语言方式撰写清楚,可以使用原理图或描述电路逻辑的代码(Verilog HDL 或者 VHDL)。

RTL 仿真:又称为功能仿真,主要用来检查代码中的错误和代码行为的正确性。

综合仿真:将输入的文件转换成具体的门电路。

布局布线:针对具体的 FPGA 器件进行资源分配,分配的过程中需要给出分配资源的约束条件。

门级仿真:主要用来验证设计的数字逻辑电路的实际工作情况是否符合设计要求。

配置 FPGA:从布局布线结果生成配置数据并写入器件。

实机功能验证:向 FPGA 写入配置数据后,在实机上进行用户电路的功能验证。

10.5 深度学习芯片案例分析

10.5.1 寒武纪

"寒武纪"是中国科学院计算技术研究所发布的全球首个能够进行"深度学习"的"神经网络"处理器芯片。2017 年 11 月 7 日,中国科学院在北京发布了全球新一代人工智能芯片"寒武纪"系列——分别包括三款面向智能手机等终端的"寒武纪"处理器 IP,两款面向服务器等云端的"寒武纪"高性能智能处理器,以及一款专门为开发者打造的人工智能软件平台。

"寒武纪"是中科寒武纪公司的产品。中科寒武纪成立于 2016 年,由联想创投、阿里巴巴、科大讯飞、中科院创投、国新等公司或资本方投资,同年该公司发布寒武纪 1A 处理器(Cambricon-1A),该处理器采用自主架构、基于 CNN 神经网络进行设计,主要应用于计算机视觉、语音识别、自然语言处理等领域,是一款可以进行深度学习的神经网络专用处理器。

10.5.2 XPU

2017 年,百度联合赛灵思(Xilinx)共同发布 XPU,这是一款 256 核、基于 FPGA 的云计算加速芯片。FPGA 高效并专注于特定计算任务,因此 XPU 可以进行密集型、基于规则的多样化计算任务,其效率和性能还有望进一步提高。

2013 年,百度 CEO 李彦宏提出建立专注于深度学习的研究院——IDL(Institute of Deep Learning)。百度是中国互联网企业中第一个将深度学习作为核心技术创新的企业。百度设计的芯片架构突出多样性,着重于计算密集型、基于规则的任务,同时确保效率、性能和灵活性的较大化。近些年,百度在深度学习领域,尤其是基于 GPU 的深度学习领域取得了不错的进展。

10.5.3 TPU

TPU(Tensor Processing Units)是由谷歌针对 TensorFlow 上的机器学习工作负载量身定制的专用集成电路(Application-Specific Integrated Circuit,ASIC)。2016 年谷歌 I/O 大会上,谷歌首次公布了自主设计的 TPU,第一代 TPU 仅用于推理,但 Cloud TPU 适用于推理和机器学习培训。2017 年谷歌 I/O 大会上,谷歌正式推出第二代 TPU 处理器,TPU 2.0 加深了人工智能在学习和推理方面的能力。2018 年谷歌 I/O 大会上,谷歌发布了 TPU 3.0,TPU 3.0 的性能相比 TPU 2.0 提高了 8 倍。2018 年 Next 云端大会上,谷歌又发布了 Edge TPU,专为在设备上运行 TensorFlow Lite ML 模型而设计。

2016 年 3 月,AlphaGo 与围棋世界冠军、职业九段棋手李世石进行围棋人机大战,以 4∶1 的总比分获胜,当时 AlphaGo 上部署了 48 个 TPU;2016 年年末至 2017 年年初,AlphaGo 在中国棋类网站上与中、日、韩数十位围棋高手对决,60 局全胜;2017 年 5 月,在中国乌镇围棋峰会上,AlphaGo 与世界围棋冠军柯洁对战,以 3∶0 的总比分获胜。

10.5.4 DPU

2018 年,深鉴科技发布基于 DPU 的"听涛"系列 SoC。该 DPU 是深鉴科技自主研发的人工智能处理器核心,基于 FPGA 深度学习处理单元,属于完全卷积神经网络 IP,支持传统的 1×1 和 3×3 卷积层,能够实现高效的目标识别和加速。在该架构基础上,深鉴科技做出了第一代 5×5 FPGA 产品。

深鉴科技(Deephi Tech)成立于 2016 年,专注于深度学习处理器与编译器技术。截至 2018 年,该公司已获得金沙江创投、蚂蚁金服、三星风投、华创资本、高榕资本等多家机构的投资。2018 年 7 月 18 日,深鉴科技被赛灵思收购。收购之后的深鉴科技将继续在其北京办公室运营,成为拥有两百余名员工的赛灵思大中华区大家庭的一部分。另外,此次交易的具体财务条款未对外披露。赛灵思致力于通过开发高度灵活和自适应的处理平台,加速从端点到边缘再到云端各个应用领域的技术创新。赛灵思是 FPGA、硬件可编程 SoC 及 ACAP 的发明者,旨在为业界提供最具活力的处理器技术,实现高度灵活、智能互联的未来世界。

本章小结

本章主要介绍了异构计算的基本概念和工作原理,在此基础上对 OpenCL 编程进行了介绍。目前异构并行计算更多的是围绕算法发展,即软件开发人员将算法移植到异构并行计算平台上,未来将会出现越来越多的为异构并行计算平台设计的算法。

图形处理器 GPU 和 CPU 都属于通用处理器,不过 GPU 侧重于执行复杂的数学和几何计算，其硬件资源被大量用作逻辑运算单元（ALU），小部分用作控制电路，这为大规模的数据并行处理提供了基础。

本章介绍了目前市场上比较常用的几款芯片。

习题

10.1　什么是异构计算？异构计算具有哪些要素？

10.2　简述异构计算工作原理。

10.3　简述实现异构计算的四个阶段。

10.4　什么是 OpenCL？

10.5　简述 OpenCL 工作流程。

10.6　OpenCL 存储器如何分类？各类存储器有什么作用？

10.7　什么是 GPU？与 CPU 相比，GPU 侧重于哪些工作？

10.8　以 NVIDIA 为例，简述 GPU 各阶段架构及特点。

10.9　简述 FPGA 概念及基本要素。

第 11 章　云计算技术

人类文明一直依赖于信息的处理，云计算技术则是计算科学正在经历的一场革命。

在过去的几十年里，计算科学已经与人们的工作生活紧密连接在了一起。然而，即使在互联网高度发达的今天，几乎所有的计算资源都是在本地进行的，而这也大大制约了个体用户的计算能力。随着云计算的发展，越来越多的计算资源被托管在互联网上，而不是在公司、家庭的计算机上。传统的应用需求正在变得越来越复杂：需要支持更多用户同时使用，需要更强大的计算能力，需要信息安全的保密性。而其中服务器、存储、带宽等硬件设备成本，以及数据库、软件的维护成本也随之越来越高，这无形中就会给企业以及研发人员带来巨大的成本。而云计算则很好地解决了以上的问题，为企业在云计算的时代潮流中节省了成本，提高了算力，增加了安全性。

11.1　简介

本节主要对云计算进行一个简要的介绍，通过明确云计算的相关概念，介绍云计算与互联网、大数据的关系和云计算的发展过程，让读者了解云计算的大概框架。

11.1.1　云计算概念

云计算目前并没有一个统一的定义，现在对云计算的定义方式主要包括以下几种。

1. 美国国家标准与技术研究院提出的云计算

云计算是一种按使用量付费的模式，这种模式提供可用的、快捷的、按需的网络访问，进入可配置的计算资源共享池(其中资源包括网络、服务器、存储、应用软件和服务)，这些资源能够被快速提供，只需投入很少的管理工作，或与服务供应商进行很少的交互。

2. 维基百科云计算定义

云计算将共享的软、硬件资源和信息以服务的方式提供给用户，允许用户在不了解提供服务的技术、没有相关知识以及设备操作能力的情况下，通过 Internet 获得需要的服务。

在对比不同的定义之后，可以发现云是一个包含大量的可用虚拟资源(例如硬件、软件资源以及 I/O 服务)的资源池。这些虚拟资源可以根据不同的负载动态地重新分配，以达到更优化的资源利用率。

简而言之，云计算是一种通过互联网以服务的方式提供动态可伸缩的虚拟化资源的计算模式。云计算是基于互联网的相关服务的使用和交付模式，通过互联网来提供动态伸缩的虚拟化互联网共享。云是一种比喻,云计算可以分为狭义云计算和广义云计算:狭义云计算指的是IT基础设施的交付和使用模式,指通过网络以按需、易扩展的方式获得所需资源;广义云计算是指服务的交付和使用模式,指通过网络以按需、易扩展的方式获得所需服务,这种服务包括大数据服务、云计算安全服务、弹性计算服务、应用开发的接口服务、互联网应用服务、数据存储备份服务等。广义云计算意味着计算能力也可以作为一种商品通过互联网进行流通,让用户摆脱本地算力的束缚。

云计算的硬件资源是以分布式系统为底层架构,上层通过虚拟化技术进行业务的弹性伸缩,以互联网的形式提供具有等级协议(Service-Level Agreement, SLA)的服务。该协议是云服务供应商和客户之间的一份商业保障合同,而非一般的服务承诺。终端用户不需要了解“云”中基础设施的细节,不必具有相应的专业知识,也无须直接进行控制,只关注自己真正需要的资源以及如何通过网络来得到相应的服务。

综上所述,云计算技术具有以下特点。

(1) 云计算系统提供的是虚拟资源的服务。服务的实现机制对用户透明,用户无须了解云计算的具体机制,就可以获得需要的服务。

(2) 用冗余方式提供可靠性。云计算系统由大量商用计算机组成集群向用户提供数据处理服务。随着计算机数量的增加,系统产生错误的概率也随之增加,在没有专用的硬件可靠性部件的支持下,采用软件的方式,即数据冗余和分布式存储来确保数据的可靠性。

(3) 高可用性。通过集成海量存储和高性能计算,云能提供可观的服务质量,并且云计算系统能够自动检测失效的结点,并将已经失效的结点排除,使其不影响系统的正常运行。

(4) 高层次编程模型。云计算系统提供高层次的编程模型。用户通过自己简单的学习就可以编写云计算程序,并使其在云系统上执行,满足用户需求。现在云计算系统主要采用 Map-Reduce 模型。

(5) 低成本。组建一个采用大量的商业机构成集群的成本相对于同等级别的超级计算机要低很多。

11.1.2 云计算与互联网和大数据

云计算与互联网和大数据有着密不可分的联系。互联网和大数据直接影响了云计算的发展。

从20世纪60年代的第一波信息化革命开始,即计算机革命的开始,造就了很多计算机巨头的崛起,并将计算机广泛应用到业务当中;再到20世纪90年代的第二波信息化革命,即互联网革命,互联网直接促进了云计算的产生。互联网的诞生给全球信息的交流和传播带来了革命性的变化,打开了人们获取信息的方便之门。

今天,我们正处于一个风云巨变的时代,云计算、大数据和移动办公是IT未来发展的大趋势。而在计算机和互联网发展的过程中,数据一直陪伴始终,数据的交互由最开始的KB到现在的ZB(1ZB等于10亿TB)。随着计算机和互联网的不断发展,数据总量呈几何式爆发增长,截至2020年年底,全球数据总量达到35～45ZB。

大数据聚合在一起的数据量是非常大的，根据国际数据公司(IDC)的定义至少有超过 100TB 可供分析的数据。数据量大是大数据的基本特征，导致数据大规模增长的原因有很多：例如，首先因为随着互联网技术的发展，使用网络的企业、机构和个人等大规模增长，数据和信息的获取方式变得简单快捷；其次，随着各种传感器数据获取能力的大幅提高，人们获取的数据也越来越贴近真实事务的本身面貌，在最初阶段人为通过图表的方式收集、存储、整理的方式得到的数据，大多都存在抽象化等特点，为用户对真实数据进行统计分析带来了困难。另外，大数据还体现了人们思维方式的转变，人们在获得数据的方式和理念上有了巨大变化。早期人们对事务的认知受限于获取、分析数据的能力，较多地使用采样的方式，以少量的数据来近似描述事务的全貌。然而通过采样方式获取到的部分样本，可能会出现分析得到的数据和实际的数据存在相反的结论。所以为了让分析结果更加准确，通过云计算和大数据的结合则显得尤为重要，必须通过调取大量的数据，并经过复杂且规模庞大的计算，从接近事务本身的数据开始着手，从更多的细节来解释事务本身所具有的特征。

传统的结构化数据通常按照特定的应用对事务进行对应的抽象，而大数据在获取信息时不会对事务进行抽象、归纳和整理，而是会获取事务的全部细节，在分析时直接采用最原始的数据，减少了在采样和抽象过程中所带来的非相关性，但是大数据在分析过程中也会带来大量的无意义信息。所以，相对于特定场景的应用，大数据关注非结构化数据的价值密度较低。

数据在生活中无处不在，并且不只局限于传统的企业数据中的信息管理系统、数据库等，还包括各种智能传感设备、智能仪表、监控探头和 GPS 定位等数据，同时各种社交媒体和互联网也是数据的主要来源。随着互联网的发展，个人用户对互联网应用的需求也越来越强烈，并追求更好的用户体验。此外，在政府机构和大型企业中对信息化的需求也是越来越高，政府机构越来越强调行政措施的公开性、透明性和实时性，这样能够让人民群众更好、更快、更直接地了解政府的相关政策。大型企业也非常注重信息的实时更新，专注当今社会的热点信息能够为企业带来可观的效益利润，同时也能降低员工之间的交互成本。数据每时每刻都在产生，这是大数据的主要来源。在未来，大数据无处不在，大数据中的“大”并不只是数据量多，也是指数据的价值和质量，大数据要求数据的种类多、实时性强、蕴藏价值大。

11.1.3 云计算的发展过程

如今我们正处于互联网大数据的时代，大数据的出现促进了云计算的发展。我们可以通过云计算的强大处理能力分析和挖掘出更有价值的信息内容，为企业和社会提供更有指向性的建议。在对大数据的存储和运算中，传统的 IT 架构(客户端/服务器模式)已经难以解决突发性的高流量、高密度的业务访问，以及处理业务高峰后的资源闲置问题。企业也需要不断追求利益最大化，在业务不断增加的背景下，需要降低各种生产、运维和人力成本，并且企业经常要面对资源闲置、维护成本高等问题。这时，云计算的出现很好地解决了这些问题，并使得云计算快速发展。

在技术方面,随着分布式存储、并行计算、虚拟化、互联网技术的不断发展与成熟,使得基于互联网提供包括弹性的IT基础设施、大数据挖掘、云安全服务成为可能。Google在2006年的搜索引擎大会(SES San Jose 2006)上提出了"云计算"的概念及体系结构,并迅速得到了业界的认可。从此,云计算拉开了序幕。

目前,云计算已经从新兴技术发展成为如今的热门技术。从Google公开发布的核心文件到Amazon EC2(亚马逊弹性计算云)的商业化应用,再到国内阿里巴巴、华为、腾讯等一众公司在云计算方面的崛起,云计算从节约成本的工具到盈利的推动器,从ISP(互联网服务提供商)到电信企业,依然成功地从内置的IT系统演变为公共服务。云计算对大众生活的影响越来越多,其发展将势不可当。

1984年,Sun公司提出"网络就是计算机"这一具有云计算启发性的特点;2006年,Google提出云计算概念;2008年,云计算全面进入中国,并在2009年召开中国首届云计算大会,此后国内外云计算开始了快速发展。

从云计算概念的提出到如今云计算的蓬勃发展,云计算的成长阶段大概可以分为四个阶段:电厂模式、效应计算、网格计算和云计算。

(1)电厂模式阶段:电厂模式就好比是利用电厂的规模效应,来降低电力的价格,并让用户使用起来更方便,且无须维护和购买任何发电设备。云计算就是这样将大量分散资源集中在一起,进行规模化管理,降低成本,方便用户的一种模式。

(2)效应计算阶段:1960年左右,计算设备的价格是非常高昂的,远非普通企业、学校和机构所能承受,所以很多人产生了共享计算资源的想法。1961年,人工智能之父麦肯锡在一次会议上提出了"效用计算"这个概念,其核心借鉴了电厂模式,具体目标是整合分散在各地的服务器、存储系统以及应用程序来共享给多个用户,让用户能够像把灯泡插入灯座一样来使用计算机资源,并且根据其所使用的量来付费。

(3)网格计算阶段:网格计算研究如何把一个需要非常巨大的计算能力才能解决的问题分成许多小的部分,然后把这些部分分配给许多低性能的计算机来处理,最后把这些计算结果综合起来攻克大问题。可惜的是,由于网格计算在商业模式、技术和安全性方面的不足,使得其并没有在工程界和商业界取得预期的成功。

(4)云计算阶段:云计算的核心与效用计算和网格计算非常类似,也是希望IT技术能像使用电力那样方便,并且成本低廉。但与效用计算和网格计算不同的是,2014年在需求方面已经有了一定的规模,同时在技术方面也已经基本成熟了。

大数据、云计算以互联网为基础的信息化应用,推动了信息化与工业化的融合,并由此引发了整个IT的变革,对人们的生产和生活方式产生了颠覆性的影响。云计算为这些海量、多样化的大数据提供了存储和运算平台,通过对不同来源数据的管理、处理、分析与优化,把结果应用到实际事件中,并产生巨大的经济和社会价值。

11.2 云计算的体系结构

本节主要讲述云计算的体系结构,通过介绍云计算的逻辑结构、物理结构和特征来描述云计算的本质特征。

11.2.1 云计算的逻辑结构

云计算的基本原理是通过将庞大的计算任务分布在大量的计算服务器上，而不是传统的本地计算机或远程服务器中，这使得企业能够将资源切换到需要的应用上，根据需求访问计算机和存储系统。

云计算的逻辑架构是以Google提出的云计算逻辑架构而发展的。Google的云计算基础设施包括4个相互独立又互相联系在一起的系统：GFS(Google File System)分布式文件系统、分布式程序调节器Chubby、针对Google应用特点提出的MapReduce编程模式和大规模分布式数据库BigTable。Google云计算框架如图11-1所示。

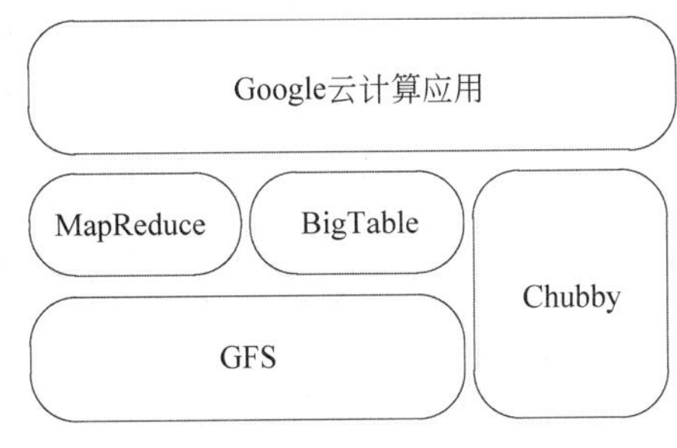

图11-1 Google云计算框架图

1. GFS的体系结构

GFS将整个系统的结点分为三类角色：Client(客户端)、Master(主服务器)和Chunk Server(数据块服务器)。Client是GFS提供给应用程序的访问接口，以库文件的形式提供应用程序直接调用这些库函数，并与该库链接在一起。Master是GFS的管理结点，在逻辑上只有一个，它保存系统的元数据，负责整个文件系统的管理，是GFS文件系统中的"大脑"。Chunk Server负责具体的存储工作。数据以文件的形式存储在Chunk Server上，Chunk Server的个数可以有多个，它的数目直接决定了GFS的规模。GFS将文件按照固定大小进行分块，默认是64MB，每一块称为一个Chunk(数据块)，每个Chunk都有一个对应的索引号。

2. MapReduce的体系结构

MapReduce是Google提出的一个软件架构，是一种处理海量数据的并行编程模式，用于大规模数据集的并行运算。其主要思想是Map(映射)和Reduce(化简)。它具有函数式编程语言和矢量编程语言的共性，非常适合非结构化和结构化的大数据运算环境(搜索、挖掘、分析、机器学习)。

3. BigTable的体系结构

BigTable是一个Google开发的基于GFS和Chubby的结构化分布式存储系统，它的设计目标是广泛的适应性,很强的可扩展性,高可用性和简单性。BigTable是一个分布式多维映射表,表中的数据通过一个行关键字和一个列关键字以及一个时间戳来进行索引。

BigTable与传统的数据库之间的区别是:从系统架构的角度说,互联网应用更看重系统性能以及伸缩性,而传统的企业级应用都是比较看重数据的完整性和数据安全性;传统数据库是面向行存储的,适用于事务性要求严格的场合。但是云计算的数据库是BigTable、HBase这种面向列存储的,这样就可以实现高性能的并发读写操作,有较好的水平伸缩性。

云计算作为公共的服务器集群,它们使用数据中心的资源按需分配,并进行共同的云服务或分布式应用。云平台的4个主要设计目标是可扩展性、虚拟化、有效性、可靠性。云支持Web 2.0应用。云管理器接受用户请求,找到正确的资源,然后调用配置服务并启用云资源。云管理器软件需要同时支持物理机器和虚拟机。共享资源的安全性和数据中心的共享访问为设计提出了另一个挑战。平台需要确立超大规模的HPC基础设施,结合起来的硬件和软件系统使得操作更加简单、高效。集群的体系结构有益于系统的可扩展性。如果一个服务消耗了大量处理资源、存储容量或网络宽带,只需要简单地为其增加服务器和带宽即可。

集群的体系结构也有益于系统的可靠性。数据可以被存储在多个位置。例如,用户的邮件可以存放在三个不同地理位置的数据中心的磁盘上,在这种情况下,即使有一个数据中心突发崩溃,仍可以访问用户的数据。云体系结构也很容易扩展,只需要增加服务器和相应地增加网络连接即可。

云架构被想象为大量的服务器集群。这些服务器按需配置,使用数据中心资源执行集体Web服务或分布式应用。云平台根据配置或移除服务器、软件和数据库资源动态形成。云服务器可以是物理机器或虚拟机。用户接口被用于请求服务,配置工具对云系统进行了拓展,以发布请求服务。云平台的软件基础设施必须管理所有资源并自动维护大量任务。软件必须探测每个进入和离开的结点服务器的状态,并执行相关任务。云计算逻辑架构如图11-2所示。

随着云计算技术的不断发展,云计算的架构也逐渐完善,提供的应用服务也更加广泛和丰富。如图11-2所示的架构中,提供的服务可分为三层:第一层是基础设施,第二层是平台,第三层是应用服务,各自对应的是SaaS(Software as a Service),PaaS(Platform as a Service)和IaaS(Infrastructure as a Service)。基础设施即服务层包括虚拟或实体计算机、存储、网络、负载均衡等硬件设备;平台即服务层包括弹性计算服务、存储服务、认证服务和访问服务、各种程序的运行服务、ERP、CRM、电子商务网站等。用户可以通过多种方式、各种互联网终端设备访问和使用这些服务。

11.2.2 云计算的物理结构

云计算主要关注如何充分地利用互联网上软件、硬件和数据的能力,以及如何更好地使各个计算设备协同工作并发挥最大效用的能力,其基本思想是“把力量联合起来,给其

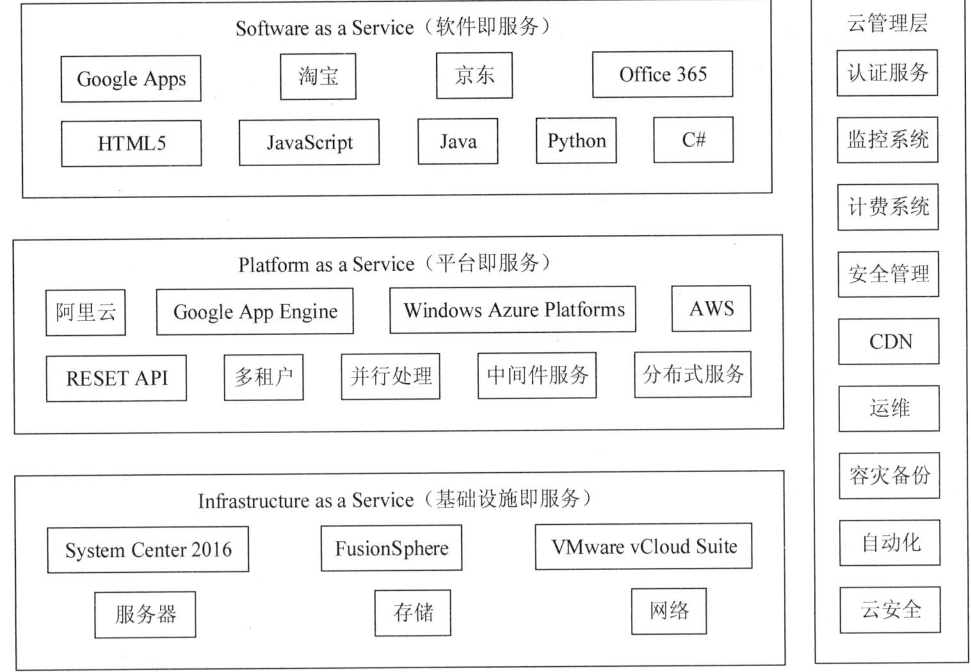

图 11-2　云计算逻辑架构示意图

中的每一个成员使用”，它采用共享基础架构的方法将巨大的系统池连接在一起为用户提供多种 IT 服务。通过使计算分布在大量的分布式计算设备上，云端被作为数据存储以及应用服务的中心，企业可将云端资源切换到其所需的应用上，根据具体需求来选购相应的计算和存储服务。

在 Web 应用的初期，所有的应用程序都运行在一台服务器上，安装如 IIS、Tomcat 的信息服务平台，用 ASP/JSP 等编程语言编写代码并部署在该平台上，后台使用 JDBC/ADO/ADO.NET 进行数据库的连接和操作，数据库选用 Access、MySQL、SQL Server、Oracle。

随着 Web 应用的发布和访问量逐步上升，随后把数据库和前端 Web 服务器拆开，即应用服务器和数据库分离，有效地提高系统的访问能力。随着访问量的继续增加，一台服务器已经无法满足需求。所以服务器从一台也就增加至多台，把用户的请求分散到不同的服务器中，从而提高负载能力，多台应用服务器之间没有直接的联系，各自对外提供 Web 服务。整体架构采用传统面向对象的经典三层架构或 MVC(Model View Controller)架构等。

随着访问量的不断提高，数据库的负载也在慢慢变大，使用数据读写分离、搜索引擎倒排索引和缓存技术来完成大量的查询工作，但随着数据库压力的不断增加，传统的数据库压力也在逐渐加大，此时有将数据垂直拆分和水平拆分两种方法：数据垂直拆分是指把数据库中不同的业务数据拆分到不同的数据库中；水平拆分是指把大表中的数据拆分到不同的数据库中相同的表中。

应用程序需要根据业务的需求变得更加灵活，以适应不断变化的市场环境，传统面向对象的三层框架或 MVC 架构是紧耦合的，紧耦合意味着应用程序的不同组件之间的接口与其功能和结构是紧密相连的，因而当需要对部分或整个应用程序进行某种形式的更改时，它们显得十分脆弱。

SOA(Service-Oriented Architecture)架构是把一个紧耦合的应用分解到多个松散的模块中，每一个模块都有一个对外提供服务的接口，通过 Web Service 对接口的调用实现应用之间的耦合，松耦合还有两个优点：一是便于异构系统的调用，使其变得更加灵活；另一个是业务的修改不依赖于其他模块。虽然基于 SOA 系统不能排除使用面向对象来构建单个服务，但是其整体设计却是面向服务的。

随着业务的不断增加，整个架构中将包含不同平台的硬件系统和不同语言开发的模块，并且会部署在同一个平台上。所以此时就需要一个平台来传递可靠的、与平台和语言无关的数据，把这些异构的平台或模块进行统一的整合，采用消息队列的模式解决各个模块间的通信问题。这样即使双方永远不会同时联机，或双方无法在完全相同的时间来接收消息，消息服务也可以确保能够传送信息。消息中间件架构如图 11-3 所示。

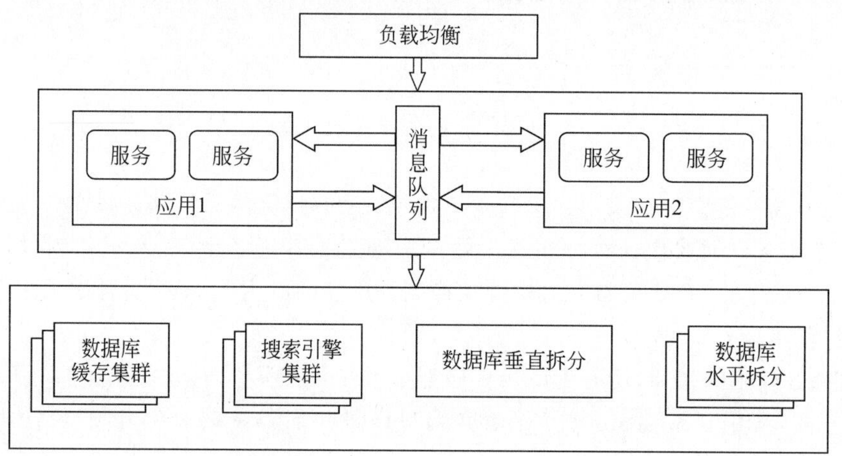

图 11-3　消息中间件架构图

“云”是一个由并行的网络所组成的巨大服务网络，它通过虚拟化技术来扩展云端的计算能力，以使得各个设备发挥最大的效能。数据的处理及存储均通过“云”端的服务器集群来完成，这些集群由大量普通的工业标准服务器组成，并由一个大型的数据处理中心来负责管理，数据中心按照用户的需求来分配计算资源，进而达到与超级计算机算力相同的效果。云计算体系结构模型如图 11-4 所示。

在云计算体系结构模型中，前端的用户交互界面(User Interaction Interface)允许用户通过服务目录(Services Catalog)选择所需的服务，当服务请求发送并通过验证之后，由系统管理(System Management)来找到正确的资源，借助呼叫服务提供工具(Provisioning Tool)来挖掘服务云中的资源，服务提供工具需要配置正确的服务栈或 Web 应用。

云存储是在云计算概念上延伸和发展的一种新存储模型，通过集群应用、网络技术和

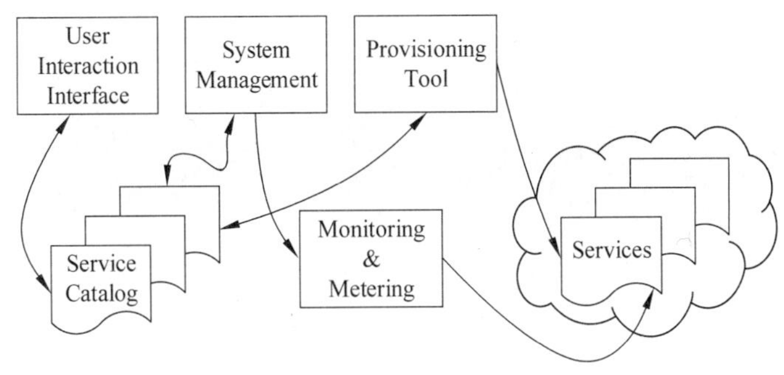

图 11-4 云计算体系结构模型

分布式文件系统等功能，将网络中大量不同类型的网络设备、存储设备、服务器和客户端程序等通过应用软件集合起来协同工作，共同对外提供数据存储和业务访问。当云计算系统的运算和处理核心为海量数据的存储和管理时，则需要配备大量的存储设备，此时云计算系统就转变为一个云存储系统。因此，云计算系统以数据运算和处理为核心，而云存储系统以数据存储和管理为核心并以超大容量存储空间为特征。云计算与云存储体系结构如图 11-5 所示。

云计算的架构多采用最外层由智能 DNS(Domain Name System，域名系统)和 CDN (Content Delivery Network，内容分发网络)对访问内容进行加速；应用层则采用以 SOA 松耦合架构，通过消息队列为各个模块进行通信；数据层以分库、分表、缓存、索引等技术提高增删改查的响应速度，通过数据库的镜像和日志传送提供备份功能；底层则采用分布式架构，硬件资源进行统一的抽象和池化后提供给应用层备用。云计算物理架构如图 11-6 所示。

在整个系统中，底层硬件采用分布式架构，进行分布式计算和分布式存储；中间层采用面向服务 SOA 的松耦合服务架构，把任务分解成各个小的角色，把这些角色以 Web 服务的形式对外开放，每个小的角色对应一个服务，服务与服务之间是 SOA 架构，底层通过分布式架构实现；上层通过硬件负载均衡，把流量分解到不同的 Web 应用前端，通过用户的 URL 在前端服务器处理后，分发到不同的角色服务器中，角色服务器再和后台数据库进行增加、删除、修改和查询，这样前端根据角色分开访问，后端的分布式系统又把数据进行拆分存储和读取。

后端在分布式架构中采用镜像主备方式，保证数据的高可用性，数据通过镜像和日志传送进行容灾和备份，同时整个系统架构在多层 CDN 和 DNS 服务中，系统的静态数据和动态数据分离，从最近的镜像中获取数据，保证业务对应高吞吐量、高并发、低延时的突发访问量。

11.2.3 云计算的特征

云计算主要有按需自助服务、无处不在的网络接入、与位置无关的资源池、快速弹性和按使用付费 5 个特征。

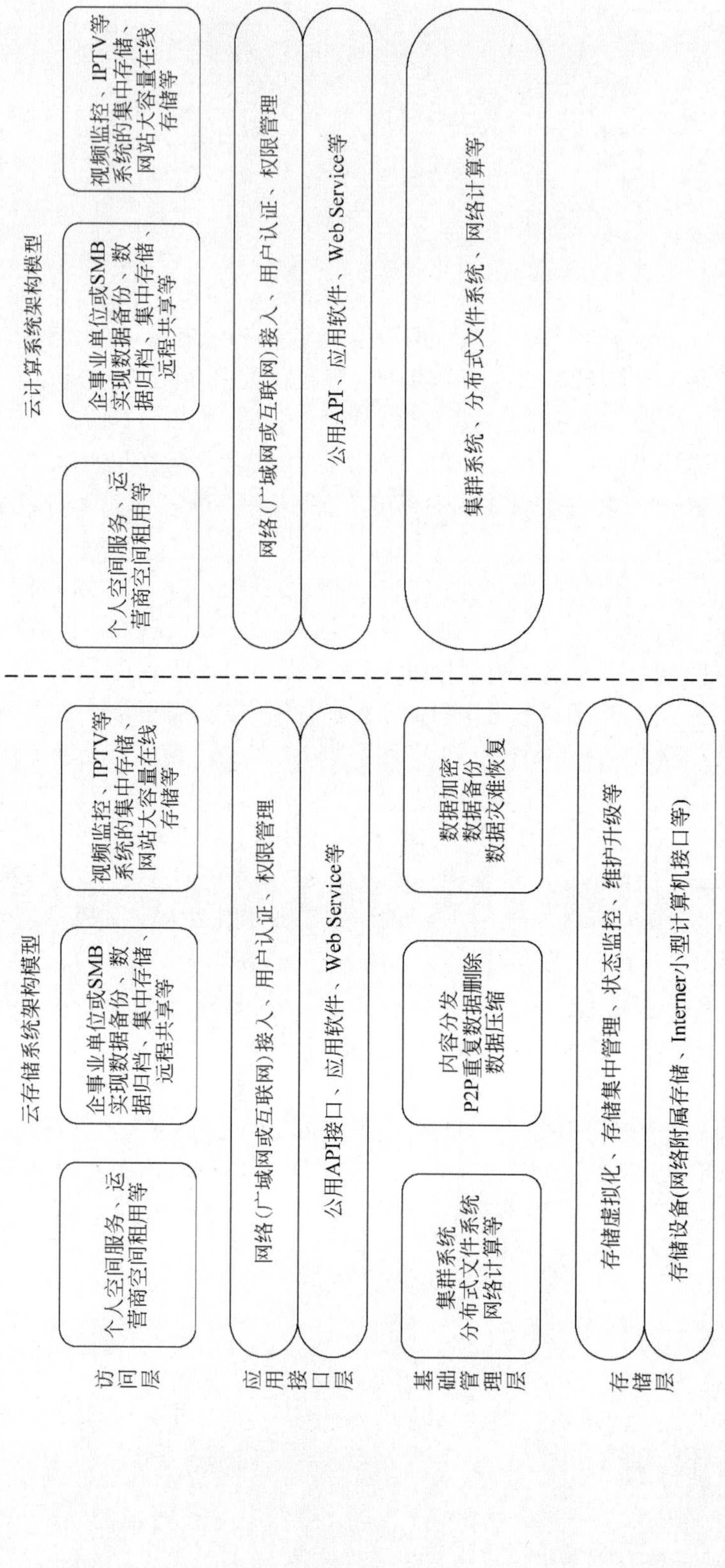

云存储系统架构模型

访问层

个人空间服务、运营商空间租用等

企事业单位或SMB实现数据备份、数据归档、集中存储、远程共享等

视频监控、IPTV等系统的集中存储、网站大容量在线存储等

应用接口层

网络(广域网或互联网)接入、用户认证、权限管理

公用API接口、应用软件、Web Service等

基础管理层

集群系统
分布式文件系统
网络计算等

内容分发
P2P重复数据删除
数据压缩

数据加密
数据备份
数据灾难恢复

存储层

存储虚拟化、存储集中管理、状态监控、维护升级等

存储设备(网络附属存储、Interner小型计算机接口等)

云计算系统架构模型

个人空间服务、运营商空间租用等

企事业单位或SMB实现数据备份、数据归档、集中存储、远程共享等

视频监控、IPTV等系统的集中存储、网站大容量在线存储等

网络(广域网或互联网)接入、用户认证、权限管理

公用API、应用软件、Web Service等

集群系统、分布式文件系统、网络计算等

图 11-5　云计算与云存储体系结构

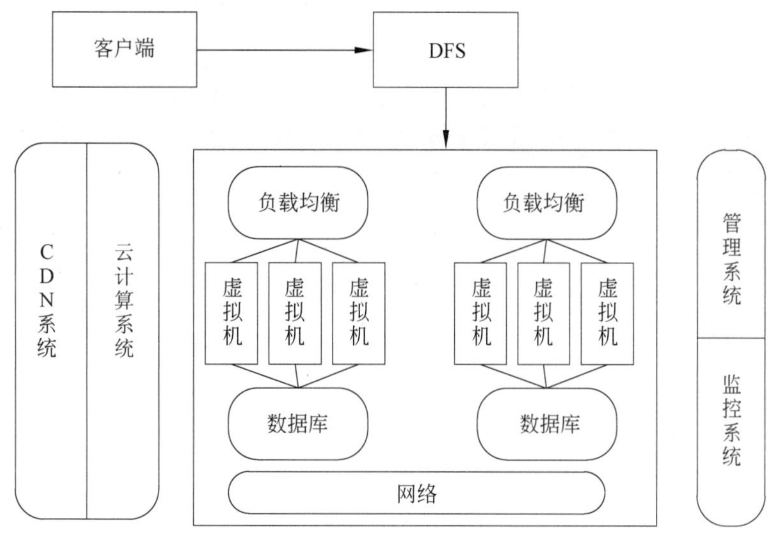

图 11-6　云计算物理架构

1. 按需自助服务

在云计算中，客户可以根据业务的需求，自助向云端申请资源，如服务器和网络存储，省去了与服务供应商人工交互的过程，避免了人力、物理资源的浪费，提高了工作效率，节约了成本。

2. 无处不在的网络接入

受益于高速发展的网络技术，21 世纪是信息全球化的时代，互联网普及千家万户。云计算的出现，使得全球各地的用户借助一些客户端产品能够通过互联网访问到云，进而获得各种所需的资源，同时不同的物理机和虚拟机资源可根据客户的需求动态分配。

3. 与位置无关的资源池

资源池中的这些资源包括存储器、处理器、内存、网络宽带等。供应商的资源被集中，以便以多用户租用的模式提供服务，同时不同的物理机和虚拟机资源可根据客户的需求动态分配。

客户一般无法控制或知道资源的确切位置，只需要根据自身的需求申请相应的资源即可。而客户所获得的资源可能是来自于北京云计算中心的资源，也可能是来自上海云计算中心的资源。

4. 快速弹性

在传统 IT 环境中，如果客户需要部署一套业务系统，需要售前方案的制定、成本预算的评估、设备及场地的购置与协调、设备的安装与调试、业务的部署等。一个业务的部署需要花费几个星期、几个月甚至几年的时间，大大增加了人力成本和时间成本。在云计算环境中,部署业务时就省去很多传统 IT 环境部署业务流程。部署服务所需要的能力均以资源服务的形式提供,而不是以真实物理设备的形式。这些资源来自于服务供应商的云计算中心,消费者只需要利用这些资源部署自己的业务即可,不再需要额外租用场地、购买相关设备等,同时硬件的运维成本也得到降低,有效地缩短了业务的部署周期。这就是云计算关键特征"快速"的体现。

对用户来说,可以租用的资源看起来似乎是无限的,并且可在任何时间购买任何数量的资源。这些资源可以根据客户自身的需要进行扩容或者兼容,实现资源的有效利用和节约成本。当现有资源已经无法承载现有的业务时,只需要向服务提供商增加租赁资源扩容到业务系统中即可。如果当前业务减少了,现有资源承载业务会有大量资源的盈余,在传统的 IT 环境中,一般不会对服务器进行减容,在线减容工作量大、存在风险,盈余资源只能让它闲置。而在云计算环境中,消费者可以根据需求减少资源的租赁,释放多余的资源,从而节约租赁资源的成本,实现云计算的关键特征"弹性"。

5. 按使用付费

在云计算环境中,为了促进资源的优化利用,将收费普遍分为两种情况:一种是基于用量的收费方式,另一种是基于时间的收费方式。

云计算的概念从集群、网格和效用计算发展而来。集群和网格计算并行使用大量计算机可以解决任何规模的问题。效用计算和 SaaS 将计算资源作为服务进行按需付费。云计算利用动态资源为终端用户传递大量服务。云计算是一种高吞吐量计算范式,它通过大的数据中心或服务群提供服务。云计算模型使得用户可以随时随地通过他们的互连设备访问共享资源。

云计算服务可以分为公有云、私有云和混合云三种形式。

(1) 公有云

公有云构建在互联网之上,任何已付费的用户都可以访问。公有云属于服务供应商,用户通过订阅即可访问。目前已存在一些公有云,包括 GAE(谷歌应用引擎)、AWS(亚马逊 Web 服务)、微软 Azure、IBM 蓝云。这些云由商业提供商提供公共可访问的远程接口,通过这些接口可以在它们各自的基础设施中创建和管理虚拟机实例。公有云交付了一个选定集合的商业流程。应用程序和基础设施服务可以通过一种灵活的、按次使用付费的方法提供。

(2) 私有云

私有云构建在局域网内部,属于一个独立的组织。因此,它属于客户,由客户管理,而且可访问范围限制在所属客户及其合作者之中。部署私有云并不是在互联网之上通过公共可访问的接口售卖容量。私有云为本地用户提供了一个灵活的、敏捷的私有云基础设施,可以在他们的管理域中运行服务负载。私有云可以实现更有效、更便利的云服务。它可能会影响云的标准化,但可以获得更大的可定制化和组织控制力。

(3) 混合云

混合云由公有云和私有云共同构成。通过用外部公有云的计算能力补充本地基础设施,私有云也能支持混合云模式。公有云促进了标准化,节约了资金投入,为应用程序提供了很好的灵活性；私有云尝试进行定制化，可以提供更高的有效性、弹性、安全性和隐私性；混合云处于两者之间，在资源共享方面进行了折中。

云计算通过低廉的成本，敏捷快速，扩展性好，在以信息化为背景的社会环境中脱颖而出。

11.3 云计算核心技术

11.3.1 分布式系统概述

在大多数分布式系统中，计算机是松耦合的。因此，一个分布式系统自然有多个系统镜像。这主要是由于所有结点机器运行独立的操作系统，为了提升资源共享和结点机器间快速通信，最好有一个分布式系统的一致、有效地管理所有资源。这样的系统非常像一个封闭的系统，它可能依靠消息传递和 RPC 进行内部结点通信。应该指出的是，分布式操作系统对于升级分布式应用、效率和灵活性都是至关重要的。

Tanenbaum 提出了分布式计算机系统中三种分布式资源管理方法。第一种方法是在大量的异构操作系统平台上搭建一个网络操作系统，这样一个操作系统对用户提供最低的透明性，本质是一个结点独立地以文件共享作为通信方式的分布式文件系统；第二种方法是开发一个有限度的资源共享中间件；第三种方法是开发一个真正的分布式操作系统以获取更高的使用和系统透明性。

分布式系统由多个结点组成，每个结点由廉价分布式系统的终端组成一个独立的运算单元，把它们分散在不同的地理位置，基于通信网络互联来执行任务。分布式系统包括分布式操作系统、分布式文件系统和分布式数据库系统等。

分布式对于用户来说，就像一台计算机一样，作为整体对外向用户提供资源，但对用户而言整个系统是透明的。分布式系统根据网络的体系结构分为总线型和网状；根据系统架构分为分布式存储和分布式计算。分布式存储主要有分布式文件系统、分布式块存储、分布式对象存储和分布式数据库系统。互联网上的所有资源，最终都会以文件形式放在具体的物理机器的存储设备上。

分布式系统具有以下特点：

(1) 分布性。分布式系统由多台计算机组成，它们在地域上是分散的，可以散布在一个单位、一个城市、一个国家，甚至全球范围内。整个系统的功能是分散在各个结点上实现的，因而分布式系统具有数据处理的分布性。

(2) 自治性。分布式系统中的各个结点都包含自己的处理机和内存，各自具有独立的处理数据的功能。通常，彼此在地位上是平等的，无主次之分，既能自治地进行工作，又能利用共享的通信线路来传送信息，协调任务处理。

(3) 并行性。一个大的任务可以划分为若干子任务，分别在不同的主机上执行。

(4) 全局性。分布式系统中必须存在一个单一的、全局的进程通信机制，使得任何一个进程都能与其他进程通信，并且不区分本地通信与远程通信。同时，还应当有全局的保护机制。系统中所有机器上有统一的系统调用集合，它们必须适应分布式的环境。在所有 CPU 上运行同样的内核，使协调工作更加容易。

(5) 容错性。当一个结点出现故障时，系统中其他结点能够提供正常的服务，并对该结点进行删除和增加操作。

11.3.2 分布式计算

随着互联网的飞速发展，文档的抓取、索引的建立、页面的查询统计等应用相继实现，同时产生的数据量相当巨大，只能将这些应用进行分布式计算。分布式计算是一门计算机科学，它研究如何把一个需要巨大的计算能力才能解决的问题分成许多小的部分，然后把这些小部分分配给许多计算机同时进行处理。专业定义分布式计算在近几年才提出来，即分布式计算就是让两个或多个软件互相共享信息，这些软件既可以在同一台计算机上运行，也可以通过网络连接起来的多台计算机同时运行，然后完成同一个或多个任务，并最终得到结果。对于用户而言，不用关心分布式计算内部的运行机制，他们只需要输入条件，并得到运算结果即可。不用关心数据是如何计算的、数据是如何被分发的等复杂细节，大大降低了上手的难度，分布式计算将这些问题都封装在一个类库中，提供接口，让用户直接调用即可。

网格计算属于分布式计算的一种，它就像电力网格一样，一个计算网格提供一个基础设施，可以把计算机、软件/中间件、特殊指令、人和传感器结合起来。网格通常被架构在 LAN、WAN 或者地区性、全球性或全球规模的互联网骨干网络上。企业或组织将网格呈现为集成的计算资源。它们也可以视为支持虚拟组织的虚拟平台。网格中的计算机主要是工作站、服务器、集群和超级计算机。个人计算机、笔记本和 PDA 可以作为访问网格系统的设备。

分布式计算的优势在于：①稀有的资源可以共享，进而降低设备成本；②通过分布式计算可以在多台计算机上平衡计算负载；③可以把程序放在最适合运行它的计算机上。

2004 年，Google 公司的 Dean 发表文章对 MapReduce 这一编程模型在分布式系统中的应用进行了介绍，从此 MapReduce 分布式编程模型进入了人们的视野。

MapReduce 是一个软件框架，可以支持大规模数据集上的并行和分布式计算。这个框架抽象了在分布式计算系统上运行一个并行程序的数据流，并以两个函数的形式提供给用户两个接口：Map(映射)和 Reduce(化简)。用户可以重载这两个函数以实现交互和操纵运行其程序的数据流。MapReduce 框架如图 11-7 所示。

MapReduce 的主要吸引力在于：它支持使用廉价的计算机集群对规模达到 PB 级的数据集进行分布式并行计算。MapReduce 的用途是进行批量处理，而不是进行实时查询，即特别不适用于交互式应用。通过对 MapReduce 的封装并以编程的模式提供给用户使用，不仅能处理如日志分析、简历搜索的索引、基于统计的机器翻译、排序等大规模数据，而且能让开发人员不必关注 MapReduce 的内部细节，如负载均衡、并行处理、清晰、合并等过程，极大地简化了开发人员的工作量。

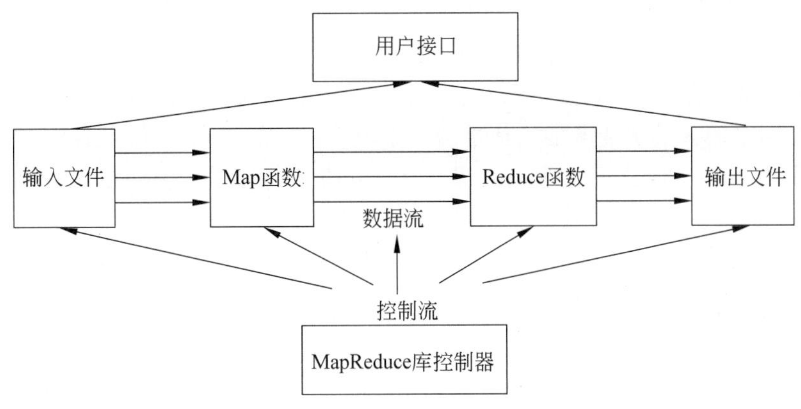

图 11-7 MapReduce 框架

11.3.3 分布式存储

分布式存储系统是将数据分散存储在多台独立设备上。传统的网络存储系统采用集中的存储服务器存放数据，存储服务器成为系统性能的瓶颈，也是可靠性和安全性的焦点，不能满足大规模存储应用的需要。分布式网络存储系统采用可扩展的系统结构，利用多台存储服务器分担存储负荷，它不仅提高了系统可靠性、可用性和存储效率，还易于扩展。

从数据结构特征来分类，数据主要可以分为：结构化数据、非结构化数据和半结构化数据。结构化数据是指用二维表来逻辑表达实现的数据，简单来说就是关系型数据库。非结构化数据是指字段长度不等，每个字段的记录可以由可重复或不可重复的子字段构成的数据。非结构化数据是相对结构化数据而言的，非结构化数据不方便用二维表来逻辑表达数据。半结构化数据是介于结构化数据和非结构化数据之间的数据结构，它具有一定的结构，但又没有形成二维表结构(关系型数据库模型)。不同的分布式存储系统适合处理不同类型的数据，这样可以将分布式系统分为四类：分布式文件系统、分布式对象存储、分布式块存储和分布式数据库。

分布式文件系统就是分布式＋文件系统。分布式文件系统使得分布在多个结点上的文件如同位于同一个位置，而且便于动态扩展和维护。但由于分布式文件系统中的数据可能来自多个不同的结点，它所管理的数据也可能存储在不同的结点上，这就使得分布式文件系统中有很多设计和实现与本地文件系统存在巨大的区别，例如，常见的 GFS、HDFS、FastDFS 等都属于分布式文件系统。

分布式对象存储的主要特征在于：①远程访问，对象存储为云计算而生，存储设备在数据中心，用户遍布世界各地，并可以通过 Web 服务协议实现对象的读写和存储资源的访问；②海量用户，各个用户之间可以相互共享、授权，并且还可以保证数据不会泄露；③无限扩容，用户产生的海量数据需要分布式对象存储，支持用户存储的数量无限多个。

块存储指的是在一个 RAID 集中，提供固定大小的 RAID 块作为 LUN(逻辑单元号)

的卷，它的使用方式与普通硬盘的使用方式类似。分布式块存储以 FusionStorage 为例是为了满足云计算数据中心存储技术设施需求而设计的一种模式。FusionStorage 融合了分布式哈希数据路由、分布式缓存、全局负载均衡等诸多存储技术，保证客户业务高效稳定运行的同时还提升了业务的敏捷性与竞争力。

分布式数据库以 BigTable 为例被设计用来处理海量数据。BigTable 体系架构主要包括三部分：Master 服务器结点，用来处理元数据相关的操作并支持负载均衡；Tablet 服务器结点，根据业务需求可动态增减，主要用于存储数据库的 Tablet，客户端可以对 Tablet 服务器结点数据进行读写访问；最后是需要向客户端提供访问 Tablet 服务器结点的数据读写接口。

11.3.4 Hadoop

Hadoop 是一款支持数据密集型分布式应用程序并以 Apache 2.0 许可协议发布的开源软件框架。它支持在商品硬件构建的大型集群上运行的应用程序。Hadoop 是根据 Google 公司发布的 MapReduce 和 Google 文件系统为核心，以及一些支持 Hadoop 的其他子项目的通用工具组成的分布式计算系统。所有的 Hadoop 模块都有一个基本假设，即硬件故障是常见情况，应该由框架自动处理。

Hadoop 框架透明地为应用提供可靠性和数据移动。它实现了名为 MapReduce 的编程范式：应用程序被分割成许多小部分，而每个部分都能在集群中的任意结点上运行。此外，Hadoop 还提供了分布式文件系统，用以存储所有计算结点的数据，这为整个集群带来了非常高的带宽。MapReduce 和分布式文件系统的设计使得整个框架能够自动处理结点的故障。现在普遍认为整个 Hadoop 平台包括 Hadoop 内核、MapReduce、Hadoop 分布式文件系统（HDFS）以及一些相关项目，如 Apache Hive 和 Apache HBase 等。

目前，Hadoop 已经发展成为包含许多项目的集合，形成以 Hadoop 为中心的生态系统（Hadoop Ecosystem）。此生态系统提供了互补性服务或在核心层上提供了更高层的服务，使 Hadoop 应用更加方便快捷。Hadoop 生态系统如图 11-8 所示。

在 Hadoop 生态系统中，Yarn 是资源管理、任务调度的框架，采用主从式框架，实现一个分布式操作系统的功能；HBase 是基于 HDFS 作为底层存储的分布式数据库，它是基于 Google 的 BigTable 原理设计并实现的具有高可靠性、可伸缩性、实时读写的分布式数据库系统，适合存储非结构化数据，主从服务器架构；Hive 是 Hadoop 大数据生态圈中的数据仓库，以表格形式来组织管理 HDFS 上的数据；Pig 是海量数据的分析工具，也是一种编程语言；ZooKeeper 集群主要负责各个进程之间的协作问题，它是一个开放源码的分布式应用程序协调服务，使用 ZooKeeper 的协调机制来统一系统的各种状态；Sqoop 主要用来在 Hadoop 和关系数据库中传递数据。

Hadoop 的优势在于处理大规模分布式数据的能力，而且所有的数据处理作业都是批处理，所有要处理的数据都要求在本地，任务处理是高延迟的。所以 Hadoop 主要用于海量数据处理，构建大型分布式集群、数据仓库、数据分析、数据挖掘等应用领域。与 MapReduce 相比，MapReduce 的处理过程虽然是基于流式的，但是处理的数据不是实时

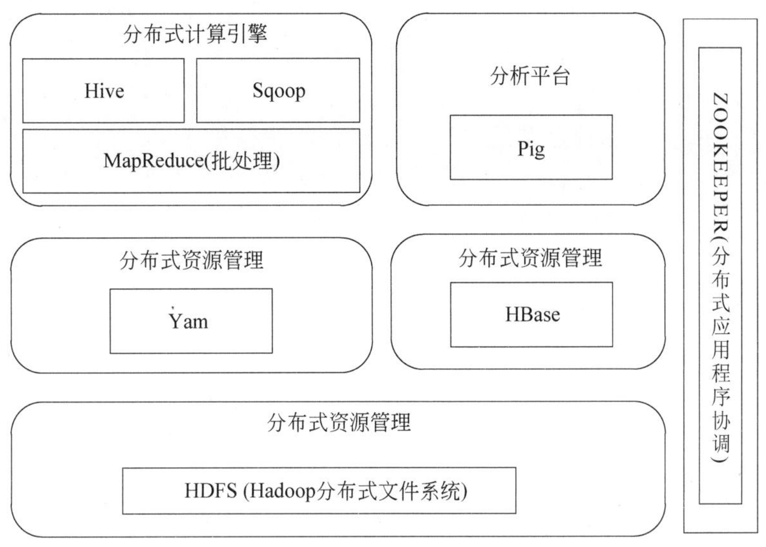

图 11-8　Hadoop 生态系统

数据库,也就是说,Hadoop 在处理实时数据时较弱。

11.4　云平台实例

云计算技术的发展改变了人们的生活,之前已经介绍了云计算的相关技术,本节将聚焦国内外成熟的云计算商用案例。

11.4.1　IBM"蓝云"计算平台

IBM 在 2007 年 11 月 15 日推出了"蓝云"计算平台,包括一系列的云计算产品,使得用户不再受本地计算机或远程服务器(即服务器集群)的算力限制,通过架构一个分布式、可全球访问的资源结构,使得数据中心在类似于互联网的环境下运行计算。

IBM 的"蓝云"计算平台是一套软件硬件综合的平台,将 Internet 上使用的技术扩展到企业平台上,支持开放标准与开放源代码软件。"蓝云"基于 IBM Almaden 研究中心的云基础架构,采用了 Xen 和 PowerVM 虚拟化软件,Linux 操作系统映像以及 Hadoop 软件(Google File System 以及 MapReduce 的开源实现)。IBM 已经正式推出了基于 x86 芯片服务器系统的"蓝云"产品。

"蓝云"计算平台由一个数据中心、IBM Tivoli 部署管理软件(Tivoli Provisioning Manager)、IBM Tivoli 监控软件(IBM Tivoli Monitoring)、IBM WebSphere 应用管理器和 IBM DB2 数据库以及一些开源信息处理软件、开源虚拟化软件共同组成。

"蓝云"建立在 IBM 大规模计算领域的专业技术基础上,基于 IBM 软件、系统技术和服务支持的开放标准和开源软件研发出来。"蓝云"基于 IBM Almaden 研究中心(Almaden Research Center)的云基础架构,其中包括 Xen 和 PowerVM 虚拟化,Linux 操作系统映像以及 Hadoop 文件系统与并行构建。“蓝云”由 IBM Tivoli 软件支持，通过管理服务器来确保基于需求的最佳性能。这包括通过能够跨越多服务器实时分配资源的软件，为客户带来一种无缝体验，加速性能并确保在最苛刻环境下的稳定性。IBM 发布的“蓝云(Blue Cloud)”计划，能够帮助用户进行云计算环境的搭建。它通过将 Tivoli、DB2、WebSphere 与硬件产品(目前是 x86 刀片服务器)集成，能够为企业架设一个分布式、可全球访问的资源结构。根据 IBM 的计划，首款支持 Power 和 x86 处理器刀片服务器系统的“蓝云”产品将于 2008 年正式推出，并且计划随后推出基于 System z“大型主机”的云环境，以及基于高密度机架集群的云环境。

1. “蓝云”中的虚拟化

在蓝云结构框架中，每一个结点运行的软件栈与传统的软件栈的不同在于蓝云内部使用了虚拟化技术。虚拟化的方式在蓝云计算中从两个级别上得以实现：一个是在硬件级别上实现虚拟化，通过使用 IBM P 系列的服务器，从而获得硬件的逻辑分区 LPAR。逻辑分区的 CPU 资源通过 IBM Enterprise Workload Manager 来管理。之后通过在实际使用过程中的资源分配策略，从而将资源合理地分配到各个逻辑分区。另一个虚拟化级别则是通过软件来获得。在蓝云计算平台中使用了 Xen 虚拟化软件——Xen 是一个开源的虚拟化软件，它能够在现有的 Linux 基础上运行另一个操作系统，并通过虚拟机的方式灵活地进行软件部署和操作。

蓝云通过虚拟化的方式，使得云计算平台能够获得灵活的特性，进而避免了很多运算方面的局限性。

2. “蓝云”中的存储结构

蓝云计算平台中的存储体系结构对于云计算也是非常重要的一个方面，无论是操作系统、服务程序还是用户应用程序的数据都保存在存储体系中。云计算不排斥任何一种有用的存储体系结构，而是根据应用程序的需求结合起来才能获得最好的性能提升。

在蓝云计算平台上，SAN 系统与分布式文件系统(如谷歌的 Google File System)并不是相互对立的，而是构建集群系统的时候可供选择的两种方案。SAN 提供块设备接口，并在此基础上构建文件系统才能被上层应用程序所使用。至于如何使用还是需要由建立在云计算平台之上的应用程序来决定。

11.4.2 阿里云平台

阿里云成立于 2009 年 9 月 10 日，在中国公有云市场份额名列前茅，处于国内公有云服务商的领头羊地位，并在世界的公有云市场占有一席之地。阿里云的架构值得我们去学习了解。

阿里云依托强大的基础设施，遍布全国五百多个 CDN 结点，为用户提供了优质的网络安全服务，提供运营商多个 BGP 接入，使用户访问网络均有同样优质的用户体验。阿里云拥有国内最大规模的数据中心集群，为用户提供了高质量的弹性云计算能力，大数据计算服务 MaxComputer 提供分布式 TP 或 PB 级的海量数据处理,并在云安全领域拥有全球首张云安全认证,产品云盾为淘宝、支付宝、蚂蚁金融等产品提供了安全可靠的服务,为用户信息安全保驾护航。阿里云架构如图 11-9 所示。

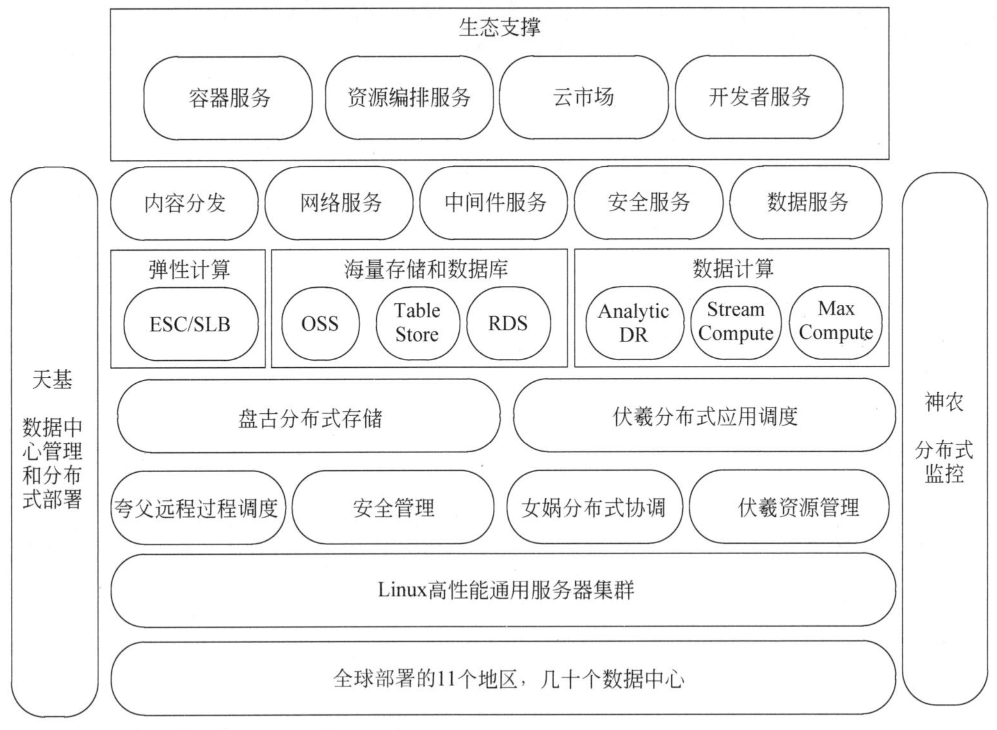

图 11-9　阿里云架构

飞天是阿里云开发的一个大规模分布式计算系统,其中包括飞天内核和飞天开放服务。飞天内核负责管理数据中心 Linux 集群的物理资源,包括控制分布式程序运行,隐藏下层故障恢复和数据冗余等细节操作,有效地提供了弹性计算和复杂均衡。飞天体系架构主要包含四大块内容:资源管理、安全、远程过程调用等构建分布式系统所用的底层服务,分布式文件存储系统,任务调度,集群部署和监控。

1. 分布式文件系统——盘古

盘古是一个分布式文件系统,盘古系统是为了将大量通用机器的存储资源聚合在一起,节省空间资源,防止资源浪费,为用户提供大规模、高可靠、高可用、高吞吐量和可扩展的存储服务,是飞天平台内核中的重要组成部分。

盘古分布式文件系统具有大规模、数据可靠性、服务高可用性、高吞吐量和高可扩展性的特点。盘古能够支持数十 PB 量级的存储大小(1PB=1024TB),总文件数量达到亿量级;盘古能够保证数据和元数据(Metadata)是持久保存并能够正确访问的,其中所有数据存储在处于不同机架的多个结点上面,这样即使集群上的部分结点出现硬件和软件的故障,系统能够检测到故障并自动进行数据的备份和迁移,保证数据的安全存在。盘古总体架构如图 11-10 所示。

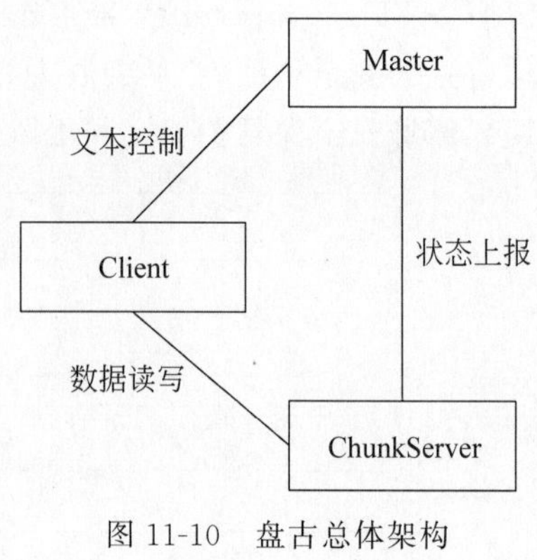

图 11-10　盘古总体架构

盘古分为三部分：Client，Master，ChunkServer。需要发起一次写入的时候，Client 向 Master 创建一个文件，并且打开这个文件，此时 Master 会选好三个副本的位置反馈给 Client。Client 根据三个副本的位置找到 ChunkServer，把数据写进去。也就是说，Client 做整体的控制，Master 提供源数据的存储，ChunkServer 提供数据的存储。系统中的单点是非常脆弱的。盘古的第一步是加入一个 Paxos，也就是说，用很多台 Master 组成一个 group 来实现高可用。即使用很多台服务器来实现高可用，最终对外服务的只能是一台服务器，当内存数据足够多的时候，就需要水平扩展。MountTable 可以把目录树划分成 volume，通过不同的 volume 就可以实现 Master 的水平扩展。

2. 分布式应用调度——伏羲

伏羲是飞天平台内核中负责资源管理和任务调度的模块，同时也为应用开发提供了一套编程基础框架。伏羲同时支持强调响应速度的在线服务和强调处理数据吞吐量的离线任务。在伏羲中，这两类应用分别简称为 Service 和 Job。

分布式调度系统需要解决两个问题：一个是任务调度，如何将海量的数据分片在上万台机器上并行处理，并最终汇聚成用户所需的结果；另一个是资源调度，分布式计算是面向多用户、多任务的，如何让多个用户能够同时共享集群资源，并在多个任务之间调度资源使得每个任务公平地得到资源，不会产生饿死的现象。伏羲系统架构如图 11-11 所示。

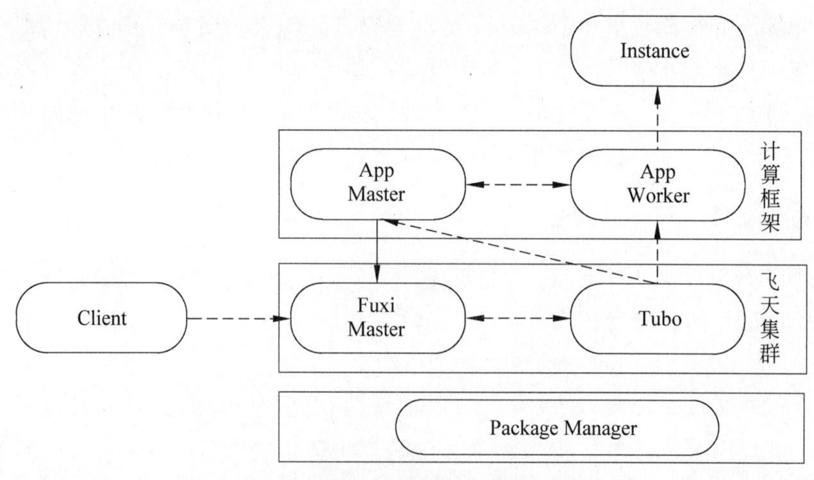

图 11-11　伏羲系统架构

伏羲对上述两个问题的解决方法是：当飞天集群部署完毕后，主控为 Fuxi Master，Package Manager 为代码包。Fuxi Master 和 Tubo 之间彼此有心跳通信，当用户通过

Fuxi Master 向系统提交任务时，Fuxi Master 会通过调度选择一台 Tubo 启动 App Master。App Master 启动后会联系 Fuxi Master 将其需求发送给 Fuxi Master 触发调度，Fuxi Master 经过资源调度并将结果返回给 App Master，App Master 先与相关资源上的 Tubo 联系，启动 App Worker。App Worker 也会上报到 App Master 准备开始执行任务。App Master 将分片后的任务发送给 App Worker 开始执行，每个分片称为 Instance。App Master 和 App Worker 一起称为计算框架。伏羲系统是多任务系统，可以同时运行多个计算框架。

伏羲架构也是资源调度和任务调度分离，两层架构，易于横向扩展，资源管理和调度模块仅负责资源的整体分配，不负责具体任务调度，所以可以轻松扩展集群结点规模；具有容错性，当某个任务出现问题时不会影响其他任务的执行，同时资源调度失败也不会影响任务调度；并且具有良好的可扩展性和高效率，计算 framework 决定资源的生命周期，可以复用资源，提高资源交互效率。

11.4.3 华为云实例

2017 年 3 月，华为成立了 Cloud BU，全力构建并提供可信、开放、全球线上线下服务能力的公有云。截至 2017 年 9 月，华为共发布了 13 大类 85 个云服务，除服务于国内企业，还服务于欧洲、美洲等全球多个区域的众多企业。

华为云立足于互联网领域，并依托公司强大的云计算研发能力，面向互联网增值服务运营商、大中小型企业、政府、科研院等广大企事业用户提供云主机、云托管、云存储等基础云服务。

华为是全球领先的信息与通信解决方案供应商。华为云是以公有云为平台的云服务产品，其中主要包括计算服务、存储服务、网络服务、云安全、软件开发等云服务产品。并针对企业 IT 的不同应用场景，为用户提供了弹性、自动化的基础设施，按需的服务模式和更敏捷的 IT 服务，其中包含数据中心虚拟化解决方案、桌面云解决方案和如下四个主要产品。

(1) 基于 OpenStack 架构，以 FusionSphere OpenStack 为基础的面向行业客户推出的云操作系统，提供更强大的虚拟化功能和资源池管理，帮助客户水平整合数据中心的物理和虚拟资源。

(2) FusionInsight 是企业级大数据存储、查询和分析的统一平台。它以海量数据处理引擎和实时数据处理引擎为核心。

(3) FusionStorage 分布式存储系统是为了满足云计算数据中心存储基础设施需求而设计的一种分布式块存储系统，是为了满足云计算数据中心存储设施需求而设计的一种分布式块存储软件，可以将通用 x86 架构的服务器的本地 HDD、SDD 等存储介质通过分布式技术组成一个大规模存储资源池，并对上层应用和虚拟机提供工业界标准的 SCSI 和 iSCSI 接口，类似一个虚拟的分布式 SAN 存储。

(4) FusionCube 超融合一体机融合计算、存储、网络、虚拟化、管理于一体，具有高性能、低延时和快速部署的特点，并内置了华为自研分布式存储引擎，深度融合计算和存储，消除性能瓶颈，灵活扩容。

1. 计算服务

(1) 弹性云服务器(Elastic Cloud Server)是一种可随时自动获取、可弹性伸缩的云服务器，保证服务持久稳定地运行，提升运维效率。

(2) 云容器引擎(Cloud Container Engine)是一种高性能可扩展的容器服务，基于Docker容器技术开发，秒级扩容，为企业应用提供快速打包/部署、自动化运维等基于容器的全生命周期管理能力。

(3) 裸金属服务器(Bare Metal Server)为用户提供专属的物理服务器，提供卓越的计算性能，满足核心应用对高性能及稳定性的需求。

2. 存储服务

(1) 云硬盘(Elastic Volume Service)是一种基于分布式架构，可弹性扩展的虚拟块存储服务。用户就像使用传统服务器硬盘一样，可以对挂载到云服务器上的云硬盘做格式化、创建文件系统等操作，并对数据做持久化存储。

(2) 弹性文件服务(Scalable File Service)为用户的弹性云服务器(ECS)提供一个完全托管的共享文件存储，符合标准文件协议(NFS)，能够弹性伸缩至PB规模，具备可扩展的性能，为海量数据、高带宽型应用提供有力支持。

11.4.4 Google云实例

Google有世界上最大的搜索引擎，同时其在大规模数据处理方面有着丰富而又独到的经验，这使得它所使用的Google云计算框架非常值得我们学习。Google有上百个数据中心，并在全世界安装了四十六万多台服务器，所以Google有充足的数据中心为云应用提供服务，并且Google数据中心和服务器会定期备份处理以防出现故障。Google云计算框架拥有分布式文件系统(GFS)、海量数据并行处理(MapReduce)、分布式锁服务(Chubby)、海量结构化数据存储技术(BigTable)。Google云计算架构图如图11-12所示。

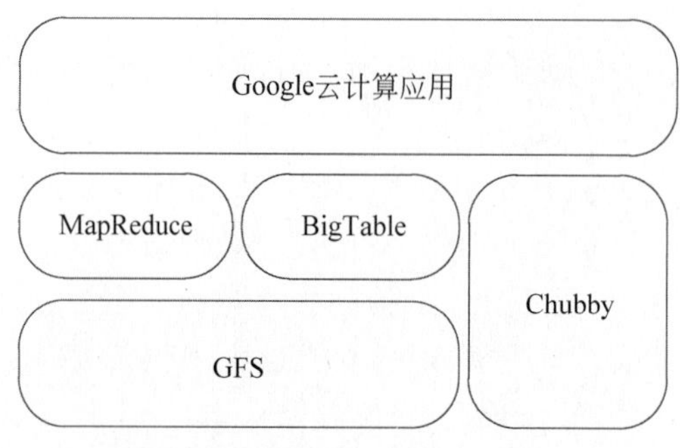

图11-12　Google云计算架构图

1. 分布式文件系统(GFS)

GFS是一个可扩展的分布式文件系统,是由Google早期的两位创始人编写的Big Files文件管理系统发展而来。GFS不同于传统的分布式文件系统,其针对大规模数据处理和Google应用特征进行了特殊设计,其凭借一个主服务器(Master)和大量的低成本的块服务器(Chunk Server)为用户提供高性能的文件管理系统。GFS架构图如图11-13所示。

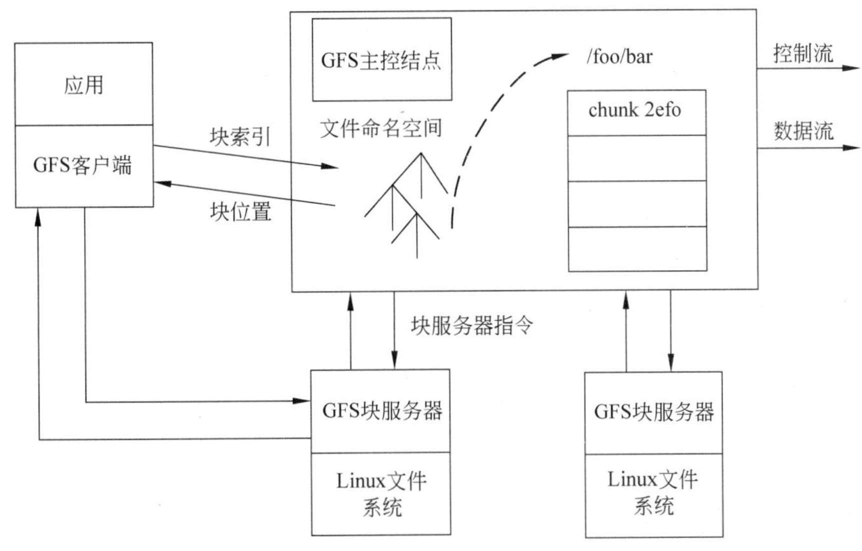

图11-13 GFS架构图

Master用于存放文件系统中所有元数据,包含名字空间、存储控制、文件分块信息、文件块位置信息等;并控制着系统范围活动,如块租约块管理,Chunk Server块之间的迁移和孤儿块的垃圾收集等操作。为避免大量读操作使主服务器成为系统瓶颈,客户端不直接通过主服务器读取数据,而是从主服务器获取目标数据块的位置信息后,直接和块服务器交互进行读操作。

GFS凭借大量的廉价商用计算机群构建分布式文件系统,在大幅降低运营成本的同时为用户提供了海量分布式文件系统,并接受住了市场的考验。

2. 海量数据并行处理(MapReduce)

MapReduce是一种云计算的核心计算模式,是一种分布式运算技术,也是简化的分布式并行编程模式,主要用于大规模并行程序。MapReduce自动将一个大程序拆分成Map(映射)和Reduce(化简)的方式。MapReduce流程图如图11-14所示。

一个映射函数就是对一些独立元素组成的概念上的列表中每一个元素进行指定操作。其中每个元素都是相互独立进行操作的,通过创建一个新的列表用于保存新的答案,使得原始列表中的数据没有被更改。所以Map是可以进行高度并行操作,将一个高要求的复杂运算拆解成很多相互独立的小运算。而化简操作是指对一个列表中的元素进行适

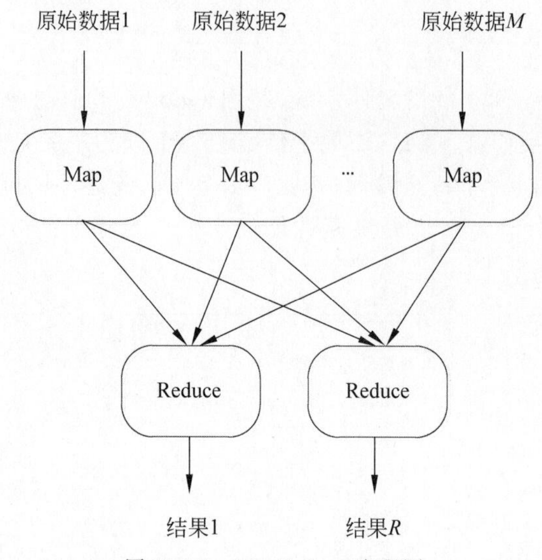

图 11-14　MapReduce 流程图

当的合并，并根据上一次合并的结果递归地进行下一次合并。虽然化简操作不具有映射操作的高并行性，但是可以通过化简最终得到一个答案。大规模的运算相对独立，所以化简函数在高度并行环境下也很有用。

3. 分布式锁服务(Chubby)

Chubby 是一个面向分布式系统的锁服务，通常用于为一个由大量小型计算机构成的松耦合分布式系统提供可靠的锁服务。Chubby 允许各个小型客户端彼此同步进行操作，并对当前系统环境的基本信息保持一致。Chubby 系统结构图如图 11-15 所示。

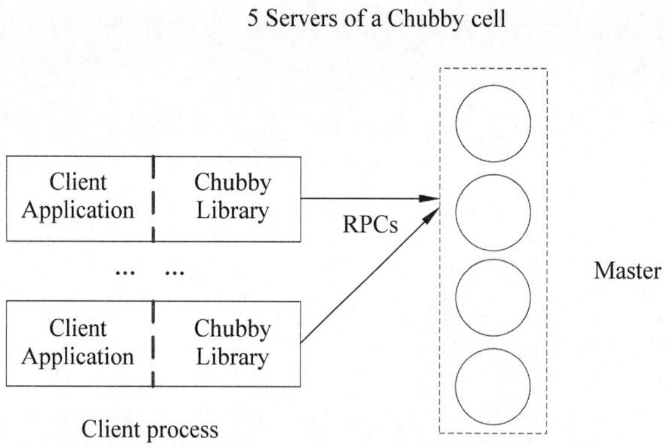

5 Servers of a Chubby cell

Client Application | Chubby Library

… …

Client Application | Chubby Library

RPCs

Master

Client process

图 11-15　Chubby 系统结构图

4. 海量结构化数据存储(BigTable)

BigTable 是一个大型的分布式数据库，它解决了海量数据的可靠性与伸缩性，并且与 GFS 相配合，极大优化了写入性能。BigTable 是一个系数、分布式、持久化存储的多维有序映射表。其中表的索引是行关键字、列关键字和时间戳。并行数据库和内存数据库已经具备可扩展性和很高的性能，但是 BigTable 提供了一个和这些系统完全不同的接口。BigTable 不支持完整的关系数据模型；与之相反，BigTable 为客户提供了简单的数据模型，利用这个模型，客户可以动态控制数据的分布和格式，用户也可以自己推测底层存储数据的位置相关性。数据的下标是行和列的名字，名字可以是任意的字符串。BigTable 将存储的数据都视为字符串，但是 BigTable 本身不去解析这些字符串，客户程序通常会在把各种结构化或者半结构化的数据串行化到这些字符串里。通过仔细选择数据的模式，客户可以控制数据的位置相关性。最后，可以通过 BigTable 的模式参数来控制数据是存放在内存中还是硬盘上。BigTable 整体架构如图 11-16 所示。

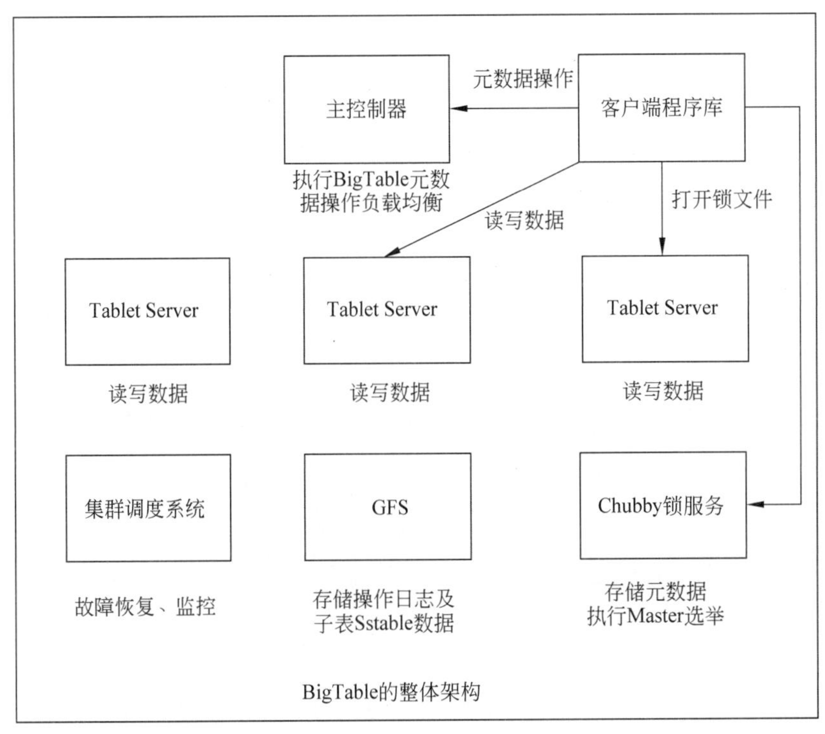

图 11-16 BigTable 整体架构

在 PaaS 层面，Google App Engine 提供一整套开发组件让用户能够轻松地在本地构建和调试网络应用，之后能让用户在 Google 强大的基础设施上部署和运行网络应用程序，并自动根据应用承受的负载对应用进行扩展，免去用户对应用和服务器的维护工作。

本章小结

本章主要介绍了云计算的基本概念和发展过程，并对云计算的体系结构进行了详细的说明，云计算已经从新兴技术发展成为如今的热门技术，并进入实用化阶段。

云计算主要有按需自动服务、无处不在的网络接入、与位置无关的资源池、快速弹性和按使用付费 5 个特征。

本章通过几个云平台实例使读者对云计算目前的应用有所了解并对其进行使用。

习题

11.1 简述云计算的概念。

11.2 简述云计算的关键特征。

11.3 简述是什么推动了云计算的发展？为什么？

11.4 云计算有哪些分类？

11.5 私有云与公有云的主要区别在哪里？

附录 A　RISC-Ⅴ指令集

RISC-Ⅴ(读作“RISC-FIVE”)是基于精简指令集计算(RISC)原理建立的开放指令集架构(ISA),Ⅴ表示为第五代 RISC(精简指令集计算机),表示此前已经有四代 RISC 处理器原型芯片。每一代 RISC 处理器都是在同一人带领下完成的,即加州大学伯克利分校的 David A. Patterson 教授。与大多数 ISA 相反,RISC-Ⅴ ISA 可以免费地用于所有希望的设备中,允许任何人设计、制造和销售 RISC-Ⅴ芯片和软件。它虽然不是第一个开源的指令集(ISA),但它很重要,因为它是第一个被设计成可以根据具体场景选择的指令集架构。基于 RISC-Ⅴ指令集架构可以设计服务器 CPU、家用电器 CPU、工控 CPU 和用在比手指头小的传感器中的 CPU。其目标是成为指令集架构领域的 Linux,应用覆盖 IoT(Internet of Things)设备、桌面计算机、高性能计算机等众多领域。其产生是因为 UCB 的研究人员在研究指令集架构的过程中,发现当前指令集架构存在如下问题。

(1) 绝大多数指令集架构都是受专利保护的,比如 x86、MIPS、Alpha,使用这些架构需要授权,限制了竞争的同时也扼制了创新。

(2) 当前的指令集架构都比较复杂,不适合学术研究,而且很多复杂性是因为一些糟糕的设计或者背负历史包袱所带来的。

(3) 当前的指令集架构都是针对某一领域的,例如,x86 主要是面向服务器、ARM 主要是面向移动终端,为此对应的指令集架构针对该领域做了大量的领域特定优化,缺乏一个统一的架构可以适用多个领域。

(4) 商业的指令集架构容易受企业发展状况的影响,例如,Alpha 架构就随着 DEC 公司被收购而几近消失。

(5) 当前已有的各种指令集架构不便于针对特定的应用进行自定义扩展。为此,加州大学伯克利分校的研究人员 Krste Asanovic、Andrew Waterman、Yunsup Lee 决定设计一种新的指令集架构,并决定以 BSD 授权的方式开源,希望借此可以有更多创新的处理器产生、有更多的处理器开源,并以此降低电子产品成本。

RISC-Ⅴ自 2014 年正式发布以来,受到了包括 Google、IBM、Oracle 等在内的众多企业以及包括剑桥大学、苏黎世联邦理工大学、印度理工学院、中国科学院在内的众多知名学府与研究机构的关注和参与,围绕 RISC-Ⅴ的生态环境逐渐完善,并涌现了众多开源处理器及采用 RISC-Ⅴ架构的 SoC,这些处理器既有标量处理器,也有超标量处理器,既有单核处理器,也有多核处理器。

RISC-Ⅴ是一个典型三操作数、加载-存储形式的 RISC 架构,包括 3 个基本指令集和 6 个扩展指令集,其中,RV32E 是 RV32I 的子集,不单独计算。其指令集组成如附表 1 所示。

附表 1　RISC-Ⅴ指令集组成

	名称	指令数	说　　明
基本指令集	RV32I	47	整数指令，包含：算术、分支、访存。32 位寻址空间，32 个 32 位寄存器
	RV32E	47	指令与 RV32I 一样，只是寄存器数量变为 16 个，用于嵌入式环境
	RV64I	59	整数指令，64 位寻址空间，32 个 64 位寄存器
	RV128I	71	整数指令，128 位寻址空间，32 个 128 位寄存器
扩展指令集	M	8	包含 4 条乘法、2 条除法、2 条余数操作指令
	A	11	包含原子操作指令，比如：读-修改-写，比较-交换等
	F	26	包含单精度浮点指令
	D	26	包含双精度浮点指令
	Q	26	包含四倍精度浮点指令
	C	46	压缩指令集，其中的指令长度是 16 位，主要目的是减少代码大小

基本指令集的名称后缀都是 I，表示 Integer，任何一款采用 RISC-Ⅴ架构的处理器都要实现一个基本指令集，根据需要，可以实现多种扩展指令集。例如，如果实现了 RV32IM，表示实现了 32 位基本指令集和乘法除法扩展指令集；如果实现了 RV32IMAFD，那么可以使用 RV32G 来表示，表示实现了通用标量处理器指令集。

RV32I 指令集有 47 条指令，能够满足现代操作系统运行的基本要求，47 条指令按照功能可以分为如下几类。

（1）整数运算指令：实现算术、逻辑、比较等运算。

（2）分支转移指令：实现条件转移、无条件转移等运算，并且没有延迟槽。

（3）加载存储指令：实现字节、半字、字的加载、存储操作，采用的都是寄存器相对寻址方式。

（4）控制与状态寄存器访问指令：实现对系统控制与状态寄存器的原子读-写、原子读-修改、原子读-清零等操作。

（5）系统调用指令：实现系统调用、调试等功能。

基本 RISC-Ⅴ ISA 具有 32 位固定长度指令，并且必须在 32 位边界对齐。附图 1 展

			xxxxxxxxxxxxxxaa	16位(aa≠11)
	…xxxx	xxxxxxxxxxxxxxxx	xxxxxxxxxxxbbb11	32位(bbb≠111)
	…xxxx	xxxxxxxxxxxxxxxx	xxxxxxxxxx011111	48位
	…xxxx	xxxxxxxxxxxxxxxx	xxxxxxxxx0111111	64位
	…xxxx	xxxxxxxxxxxxxxxx	xnnnxxxxx1111111	(80+16*nnn)位，nnnn≠1111
	…xxxx	xxxxxxxxxxxxxxxx	x111xxxxx1111111	保留给≥192位
字节地址：	基址+4	基址+2	基址	

附图 1　RISC-Ⅴ指令长度编码

示了标准 RISC-Ⅴ指令长度编码约定。

RISC-Ⅴ项目的目标之一,就是可被用作一个稳定的软件开发目标机。为了这个目的,我们定义了一个基本 ISA(RV32I 或 RV64I)加上一些标准扩展(IMAFD)作为"通用"ISA,对这个 IMAFD 的指令集扩展组合,缩写为 G。V32G 和 RV64G 的操作码映射表和指令集列表如附表 2 所示。

附表 2 RISC-Ⅴ指令的基本操作码映射表

Inst[4:2] / Inst[6:5]	000	001	010	011	100	101	110	111 (>32b)
00	LOAD	LOAD-FP	*custom-0*	MISC-MEM	OP-IMM	AUIPC	OP-IMM-32	48b
01	STORE	STORE-FP	*custom-1*	AMO	OP	LUI	OP-32	64b
10	MADD	MSUB	NMSUB	NMADD	OP-FP	*reserved*	*custom-2/rv128*	48b
11	BRANCH	JALR	*reserved*	JAL	SYSTEM	*reserved*	*custom-3/rv128*	≥80b

RV32I 基本指令格式如附表 3 所示。

附表 3 RV32I 基本指令格式

31 25	24	19 15	14 12	11 7	6 0	
funct7	rs2	rs1	funct3	rd	opcode	R类
imm[11:0]		rs1	funct3	rd	opcode	I类
imm[11:5]	rs2	rs1	funct3	imm[4:0]	opcode	S类
imm[12|10:5]	rs2	rs1	funct3	imm[4:1|11]	opcode	SB类
imm[31:12]				rd	opcode	U类
imm[20|10:1|11|19:12]				rd	opcode	UJ类

RV32I 基本指令集如附表 4 所示。

附表 4 RV32I 基本指令集

imm[31:12]				rd	0110111	LUI
imm[31:12]				rd	0010111	AUIPC
imm[20|10:1|11|19:12]				rd	1101111	JAL
imm[11:0]		rs1	000	rd	1100111	JALR
imm[12|10:5]	rs2	rs1	000	imm[4:1|11]	1100011	BEQ
imm[12|10:5]	rs2	rs1	001	imm[4:1|11]	1100011	BNE
imm[12|10:5]	rs2	rs1	100	imm[4:1|11]	1100011	BLT
imm[12|10:5]	rs2	rs1	101	imm[4:1|11]	1100011	BGE
imm[12|10:5]	rs2	rs1	110	imm[4:1|11]	1100011	BLTU

续表

imm[12|10:5]		rs2	rs1	111	imm[4:1|11]	1100011	BGEU
imm[11:0]			rs1	000	rd	0000011	LB
imm[11:0]			rs1	001	rd	0000011	LH
imm[11:0]			rs1	010	rd	0000011	LW
imm[11:0]			rs1	100	rd	0000011	LBU
imm[11:0]			rs1	101	rd	0000011	LHU
imm[11:5]		rs2	rs1	000	imm[4:0]	0100011	SB
imm[11:5]		rs2	rs1	001	imm[4:0]	0100011	SH
imm[11:5]		rs2	rs1	010	imm[4:0]	0100011	SW
imm[11:0]			rs1	000	rd	0010011	ADDI
imm[11:0]			rs1	010	rd	0010011	SLTI
imm[11:0]			rs1	011	rd	0010011	SLTIU
imm[11:0]			rs1	100	rd	0010011	XORI
imm[11:0]			rs1	110	rd	0010011	ORI
imm[11:0]			rs1	111	rd	0010011	ANDI
0000000		shamt	rs1	001	rd	0010011	SLLI
0000000		shamt	rs1	101	rd	0010011	SRLI
0100000		shamt	rs1	101	rd	0010011	SRAI
0000000		rs2	rs1	000	rd	0110011	ADD
0100000		rs2	rs1	000	rd	0110011	SUB
0000000		rs2	rs1	001	rd	0110011	ALL
0000000		rs2	rs1	010	rd	0110011	SLT
0000000		rs2	rs1	011	rd	0110011	SLTU
0000000		rs2	rs1	100	rd	0110011	XOR
0000000		rs2	rs1	101	rd	0110011	SRL
0100000		rs2	rs1	101	rd	0110011	SRA
0000000		rs2	rs1	110	rd	0110011	OR
0000000		rs2	rs1	111	rd	0110011	AND
0000	Pred	Succ	00000	000	00000	0001111	FENCE
0000	0000	0000	00000	001	00000	0001111	FENCE.I
000000000000			00000	000	00000	1110011	ECALL
000000000001			00000	000	00000	1110011	EBREA

续表

csr	rs1	001	rd	1110011	CSRRW
csr	rs1	010	rd	1110011	CSRRS
csr	rs1	011	rd	1110011	CSRRC
csr	zimm	101	rd	1110011	CSRRW
csr	zimm	110	rd	1110011	CSRRSI
csr	zimm	111	rd	1110011	CSRRCI

R、R4、I、S 类指令格式如附表 5 所示。

附表 5 R、R4、I、S 类指令格式

31	25	24 20	19 15	14 12	11 7	6 0	
funct7		rs2	rs1	funct3	rd	opcode	R 类
rs3	funct2	rs2	rs1	funct3	rd	opcode	R4 类
imm[11:0]			rs1	funct3	rd	opcode	I 类
imm[11:5]		rs2	rs1	funct3	imm[4:0]	opcode	S 类

RV64I 基本指令集如附表 6 所示。

附表 6 RV64I 基本指令集(除 RV32I 之外)

imm[11:0]		rs1	110	rd	0000011	LWU
imm[11:0]		rs1	011	rd	0000011	LD
imm[11:5]	rs2	rs1	011	imm[4:0]	0100011	SD
000000	shamt	rs1	001	rd	0010011	SLLI
000000	shamt	rs1	101	rd	0010011	SRLI
010000	shamt	rs1	101	rd	0010011	SRAI
imm[11:0]		rs1	000	rd	0011011	ADDIW
0000000	shamt	rs1	001	rd	0011011	SLLIW
0000000	shamt	rs1	101	rd	0011011	SRLIW
0100000	shamt	rs1	101	rd	0011011	SRAIW
0000000	rs2	rs1	000	rd	0111011	ADDW
0100000	rs2	rs1	000	rd	0111011	SUBW
0000000	rs2	rs1	001	rd	0111011	SLLW
0000000	rs2	rs1	101	rd	0111011	SRLW
0100000	rs2	rs1	101	rd	0111011	SRAW

RV32M 标准扩展格式如附表 7 所示。

附表 7　RV32M 标准扩展

0000001	rs2	rs1	000	rd	0110011	MUL
0000001	rs2	rs1	001	rd	0110011	MULH
0000001	rs2	rs1	010	rd	0110011	MULHSU
0000001	rs2	rs1	011	rd	0110011	MULHU
0000001	rs2	rs1	100	rd	0110011	DIV
0000001	rs2	rs1	101	rd	0110011	DIVU
0000001	rs2	rs1	110	rd	0110011	REM
0000001	rs2	rs1	111	rd	0110011	REMU

RV64M 标准扩展(除 RV32M 之外)格式如附表 8 所示。

附表 8　RV64M 标准扩展(除 RV32M 之外)

0000001	rs2	rs1	000	rd	011011	MUL W
0000001	rs2	rs1	100	rd	011011	DIV W
0000001	rs2	rs1	101	rd	011011	DIV UW
0000001	rs2	rs1	110	rd	011011	REM W
0000001	rs2	rs1	111	rd	011011	REMU W

RV32A 标准扩展如附表 9 所示。

附表 9　RV32A 标准扩展

00010	a	rl	00000	rs1	010	rd	0101111	LR.W
00011	a	rl	rs2	rs1	010	rd	0101111	SC.W
00001	a	rl	rs2	rs1	010	rd	0101111	AMO SWAP.W
00000	a	rl	rs2	rs1	010	rd	0101111	AMO ADD.W
00100	a	rl	rs2	rs1	010	rd	0101111	AMO XOR.W
01100	a	rl	rs2	rs1	010	rd	0101111	AMO AND.W
01000	a	rl	rs2	rs1	010	rd	0101111	AMO OR.W
10000	a	rl	rs2	rs1	010	rd	0101111	AMO MIN.W
10100	a	rl	rs2	rs1	010	rd	0101111	AMO MAX.W
11000	a	rl	rs2	rs1	010	rd	0101111	AMO MINU.W
11100	a	rl	rs2	rs1	010	rd	0101111	AMO MAXU.W

RV64A 标准扩展(除 RV32A 外)如附表 10 所示。

附表 10　RV64A 标准扩展(除 RV32A 外)

00010	a	rl	00000	rs1	011	rd	0101111	LR.D
00011	a	rl	rs2	rs1	011	rd	0101111	SC.D
00001	a	rl	rs2	rs1	011	rd	0101111	AMO SWAP.D
00000	a	rl	rs2	rs1	011	rd	0101111	AMO ADD.D
00100	a	rl	rs2	rs1	011	rd	0101111	AMO XOR.D
01100	a	rl	rs2	rs1	011	rd	0101111	AMO AND.D
01000	a	rl	rs2	rs1	011	rd	0101111	AMO OR.D
10000	a	rl	rs2	rs1	011	rd	0101111	AMO MIN.D
10100	a	rl	rs2	rs1	011	rd	0101111	AMO MAX.D
11000	a	rl	rs2	rs1	011	rd	0101111	AMO MINU.D
11100	a	rl	rs2	rs1	011	rd	0101111	AMO MAXU.D

RV32F 标准扩展如附表 11 所示。

附表 11　RV32F 标准扩展

imm[11:0]			rs1	011	rd	0000111	FLM
imm[11:5]		rs2	rs1	rm	imm[4:0]	0100111	FSM
rs3	00	rs2	rs1	rm	rd	1000011	FMADD.D
rs3	00	rs2	rs1	rm	rd	1000111	FMSUB.D
rs3	00	rs2	rs1	rm	rd	1001011	FNMSUB.D
rs3	00	rs2	rs1	rm	rd	1001111	FNMADD.S
0000001		rs2	rs1	rm	rd	1010011	FADD.S
0000101		rs2	rs1	rm	rd	1010011	FSUB.S
0001001		rs2	rs1	rm	rd	1010011	FMUL.S
0001101		rs2	rs1	rm	rd	1010011	FDIV.S
0101101		00000	rs1	rm	rd	1010011	FSQRT.S
0010001		rs2	rs1	000	rd	1010011	FSGNJ.S
0010001		rs2	rs1	001	rd	1010011	FSGNJN.S
0010001		rs2	rs1	010	rd	1010011	FSGNJX.S
0010001		rs2	rs1	000	rd	1010011	FMIN.S
0010001		rs2	rs1	001	rd	1010011	FMAX.S
0100000		00001	rs1	rm	rd	1010011	FCVT.W.S

续表

0100001	00000	rs1	rm	rd	1010011	FCVT.WU.S
1010001	rs2	rs1	010	rd	1010011	FMV.X.A
1010001	rs2	rs1	001	rd	1010011	FEQ.S
1010001	rs2	rs1	000	rd	1010011	FLT.S
1110001	00000	rs1	001	rd	1010011	FLE.S
1100001	00000	rs1	rm	rd	1010011	FCLASS.S
1100001	00001	rs1	rm	rd	1010011	FCVT.S.W
1101001	00000	rs1	rm	rd	1010011	FCVT.S.WU
1101001	00001	rs1	rm	rd	1010011	FMV.S.X

RV64F 标准扩展(除 RV32F 之外)如附表 12 所示。

附表 12　RV64F 标准扩展(除 RV32F 之外)

1100000	00010	rs1	rm	rd	1010011	FCVT.L.S
1100000	00011	rs1	rm	rd	1010011	FCVT.LU.S
1101000	00010	rs1	rm	rd	1010011	FCVT.S.L
1101000	00011	rs1	rm	rd	1010011	FCVT.S.LU

RV32D 标准扩展如附表 13 所示。

附表 13　RV32D 标准扩展

imm[11:0]			rs1	011	rd	0000111	FLD
imm[11:5]		rs2	rs1	rm	imm[4:0]	0100111	FSD
rs3	00	rs2	rs1	rm	rd	1000011	FMADD.D
rs3	00	rs2	rs1	rm	rd	1000111	FMSUB.D
rs3	00	rs2	rs1	rm	rd	1001011	FNMSUB.D
rs3	00	rs2	rs1	rm	rd	1001111	FNMADD.D
0000001	rs2	rs1	rm	rd	1010011		FADD.D
0000101	rs2	rs1	rm	rd	1010011		FSUB.D
0001001	rs2	rs1	rm	rd	1010011		FMUL.D
0001101	rs2	rs1	rm	rd	1010011		FDIV.D
0101101	00000	rs1	rm	rd	1010011		FSQRT.D
0010001	rs2	rs1	000	rd	1010011		FSGNJ.D
0010001	rs2	rs1	001	rd	1010011		FSGNJN.D

续表

0010001	rs2	rs1	010	rd	1010011	FSGNJX.D
0010001	rs2	rs1	000	rd	1010011	FMIN.D
0010001	rs2	rs1	001	rd	1010011	FMAX.D
0100000	00001	rs1	rm	rd	1010011	FCVT.S.D
0100001	00000	rs1	rm	rd	1010011	FCVT.D.S
1010001	rs2	rs1	010	rd	1010011	FEQ.D
1010001	rs2	rs1	001	rd	1010011	FLT.D
1010001	rs2	rs1	000	rd	1010011	FLE.D
1110001	00000	rs1	001	rd	1010011	FCLASS,D
1100001	00000	rs1	rm	rd	1010011	FCVT.W.D
1100001	00001	rs1	rm	rd	1010011	FCVT.WU.D
1101001	00000	rs1	rm	rd	1010011	FCVT.D.W
1101001	00001	rs1	rm	rd	1010011	FCVT.D.WU

RV64D标准扩展(除RV32D之外)如附表14所示。

附表14　RV64D标准扩展(除RV32D之外)

1100001	00010	rs1	rm	rd	1010011	FCVT.L.D
1100001	00011	rs1	rm	rd	1010011	FCVT.LU.D
1110001	00000	rs1	000	rd	1010011	FMV.X.D
1101001	00010	rs1	rm	rd	1010011	FCVT.D.L
1101001	00011	rs1	rm	rd	1010011	FCVT.D.L
1111001	00000	rs1	000	rd	1010011	FMV.D.X

图书资源支持

感谢您一直以来对清华版图书的支持和爱护。为了配合本书的使用，本书提供配套的资源，有需求的读者请扫描下方的“书圈”微信公众号二维码，在图书专区下载，也可以拨打电话或发送电子邮件咨询。

如果您在使用本书的过程中遇到了什么问题，或者有相关图书出版计划，也请您发邮件告诉我们，以便我们更好地为您服务。

我们的联系方式：

地　　址：北京市海淀区双清路学研大厦 A 座 714

邮　　编：100084

电　　话：010-83470236　010-83470237

客服邮箱：2301891038@qq.com

QQ：2301891038（请写明您的单位和姓名）

资源下载：关注公众号“书圈”下载配套资源。

资源下载、样书申请

书圈

图书案例

清华计算机学堂

观看课程直播